德令哈市地震小区划

杨丽萍　主　编
苏　旭　副主编

地 震 出 版 社

图书在版编目（CIP）数据

德令哈市地震小区划 / 杨丽萍主编 . — 北京：地震出版社，2017.3

ISBN 978-7-5028-4765-4

Ⅰ. ①德… Ⅱ. ①杨… Ⅲ. ①地震区划—研究—德令哈市 Ⅳ. ① P315.5

中国版本图书馆 CIP 数据核字（2016）第 143490 号

地震版 XM3830

德令哈市地震小区划

杨丽萍 主 编

苏 旭 副主编

责任编辑：刘 丽

责任校对：孔景宽

出版发行：地震出版社

北京市海淀区民族大学南路 9 号　　邮编：100081

发行部：68423031 68467993　　传真：88421706

门市部：68467991　　传真：68467991

总编室：68462709 68423029　　传真：68455221

http: //www.dzpress.com.cn

经销：全国各地新华书店

印刷：北京地大彩印有限公司

版（印）次：2017 年 3 月第一版 2017 年 3 月第一次印刷

开本：889 × 1194 1/16

字数：456 千字

印张：16.25

书号：ISBN 978-7-5028-4765-4/P (5461)

定价：105.00 元

《德令哈市地震小区划》
编委会

主　　编： 杨丽萍

副 主 编： 苏　旭

参加人员： 姚生海　黄　伟　都昌庭　夏玉胜　绽蓓蕾
刘　炜　苏永奇　刘　薇　李智敏　涂德龙
张加庆　殷　翔　蔡丽雯　段永祥

前 言

一、概述

“德令哈市活断层探测与地震小区划”项目的法人单位为海西州地震局，2011 年由青海诚鑫招标有限公司公开招标，青海省地震局工程地震研究院为中标单位。2011 年 9 月海西州地震局与青海省地震局工程地震研究院正式签订了技术服务合同。在项目实施过程中考虑到“活断层探测”和“地震小区划”的工作重点存在一定差异，执行的规范、标准有所不同，从二者的关系来说，活断层探测工作的结论是为地震小区划服务的，是地震小区划的基础工作之一。因此，将项目分解为两个相对独立的专题——“德令哈市活断层探测与地震危险性评价”和“德令哈市地震小区划”。本书是在“德令哈市地震小区划报告”的基础上编写而成的。

二、项目概况

“德令哈”系蒙古语，意为“金色的世界”。地处柴达木盆地东北边缘，辖区面积 2.77 万 km^2，属高原大陆性气候，四季不分明，太阳辐射强，昼夜温差大，干旱多风。

德令哈市是海西蒙古族藏族自治州首府，全州政治、教育、文化的中心，总人口近 11 万，有蒙古，藏、回、撒拉、土、汉等 19 个民族。市区海拔 2980m，规划面积 127km^2，是青海省第三大城市，近年来，分别被命名为“全国双拥模范城”、“全省卫生城市”、“全省精神文明建设先进市、全国科技进步先进市”等荣誉称号。境内丰富的矿产水电资源、发达的交通通信设施和美丽神奇的旅游景点，使其具备了发展循环经济和高原生态旅游的独特优势条件。德令哈地区是柴达木循环经济试验区“一区四园”之一的盐碱化工工业园，也是柴达木循环经济试验区的中心枢纽，经济地位突出。

德令哈市地震小区划的目标是以德令哈市 2011 ~ 2030 年确定的城市总体规划范围（简称目标区）进行地震小区划（图 0.1），给出德令哈市规划区范围的地震动峰值加速度区划图、地震动特征周期区划图和地震地质灾害区划图，并建立德令哈市地震小区划基础数据库。该项目是集研究和应用于一体的项目，其内容必须满足《工程场地地震安全性评价》（GB 17741 — 2005）的要求，其成果必须达到德令哈市规划区范围内一般工程抗震设防应用的目标。

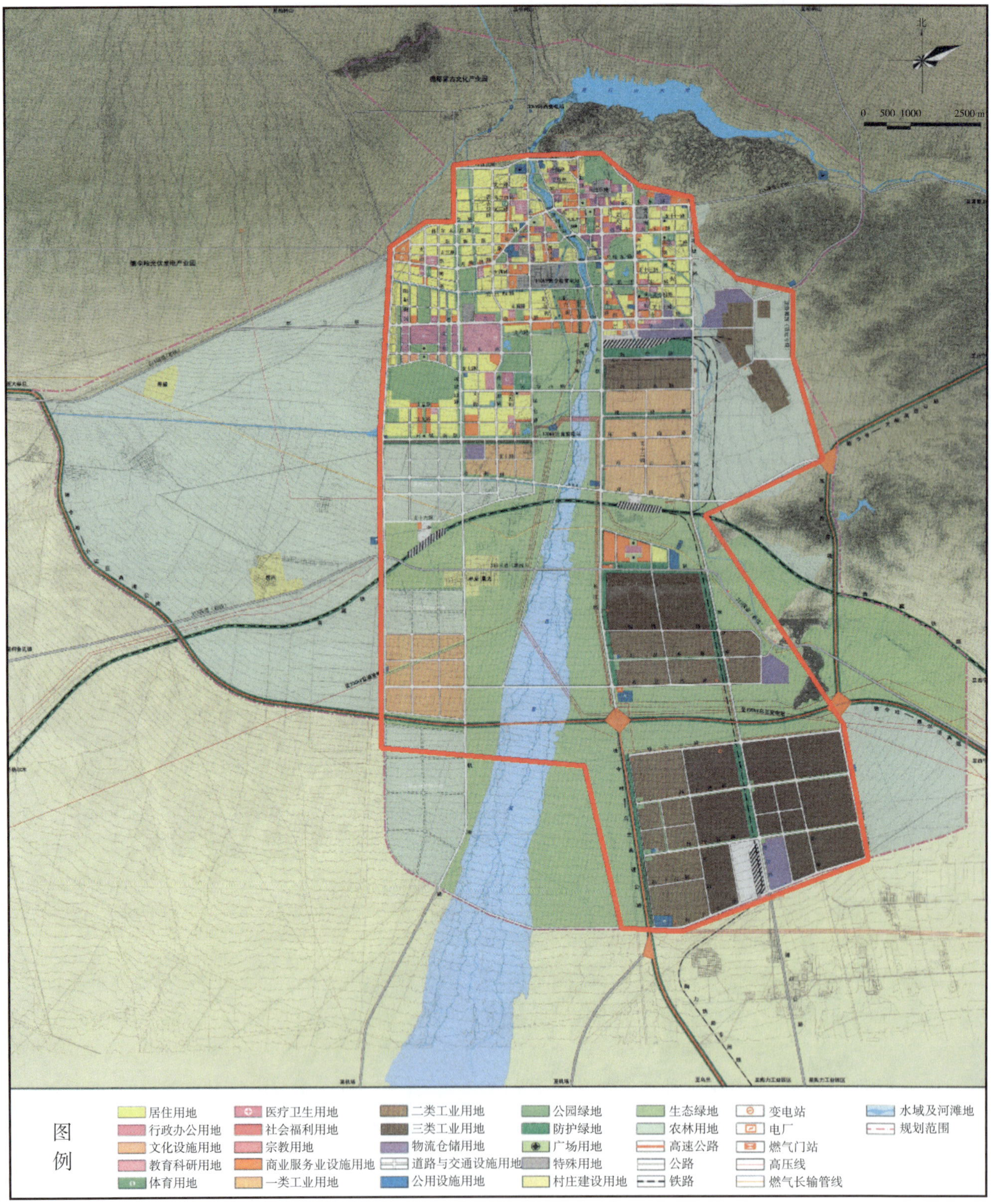

图 0.1　德令哈市地震小区划工作范围示意图（2011 ~ 2030）

三、工作依据及技术规范

（1）《工程场地地震安全性评价》（GB 17741 — 2005）

（2）《中国地震动参数区划图》（GB 18306 — 2001）

（3）《建筑抗震设计规范》（GB 50011 — 2010）

（4）《岩土工程勘察规范》（GB 50021 — 2001）（2009 版）

四、工作内容

根据《工程场地地震安全性评价》（GB 17741 — 2005）及招标文件、施工设计等要求，对目标区进行Ⅲ级地震小区划工作，其主要工作内容有：

（1）区域地震活动特性和地震构造评价；

（2）近场区地震活动特性和地震构造评价；

（3）确定地震统计区域地震活动性参数；

（4）确定场地周围潜在震源区划分方案，并确定其地震活动性参数；

（5）确定适合本区的地震动衰减关系；

（6）完成场地基岩地震危险性概率分析，给出场地基岩地震动参数；

（7）目标区工程场地地震工程地质条件勘察，根据勘察结果进行工程地质分区，完成钻探、剪切波速测试、脉动测试、常规实验及其动力参数实验；

（8）地震动小区划，即地震动峰值加速度及反应谱小区划：通过场地地震反应分析，确定各勘探控制点未来 50a 超越概率 63%、10% 和 2% 的地面设计地震动加速度峰值、反应谱特征周期，并结合工程地质分区，编制相应的地震动加速度峰值分区图、反应谱特征周期分区图及说明书；

（9）地震地质灾害小区划：对目标区地震地质灾害的类型、程度及其分布特征进行综合评价，编制地震地质灾害小区划说明书。

五、工作量

1. 评价范围

按照国家标准《工程场地地震安全性评价》（GB 17741 — 2005）的要求，本项目分区域、近场区和目标区三部分进行评价。区域范围是以目标区四周边界外延不小于 150km 的地区，其地理坐标范围为：35.80° ~ 38.75°N，95.60° ~ 99.15°E；近场区范围是以目标区四周边界外延不小于 25km 的地区，其地理坐标范围为：36.99° ~ 37.62°N，97.03° ~ 97.74°E；目标区的地理坐标范围为：37.229° ~ 37.384°N，97.319° ~ 97.439°E，面积约 127km^2。

2. 完成工作量

地震小区划工作的目的是为目标区的一般建设工程抗震设防标准的确定、抗震参数选取及防震减灾对策提供科学依据。与全国区划图不同，它更加注重场地工程地质条件特别是局部的场地条件在地震动作用下的反应，更为详细地研究周围的地震活动环境、地质构造环境对场地的影响，进行更为详细的地震危险性分析，并将地震环境与场地条件密切结合起来，选择更适合的计算模型进行土层反应分析。德令哈地区自 2003 年怀头他拉 6.6 级地震以后，分别于 2008 年和 2009 年在德令哈西北部发生 6.3 级和 6.4 级地震，2013 年 3 月在德令哈可鲁克镇发生 4.0 级有感震群活动，显示地震活动水平增强的趋势。而对于德令哈地区的地震构造研究相对薄弱，因此本项工作首先是进行了德令哈地区活动断层探测工作的研究，对德令哈及周边地区的活动构造进行了较为详细的研究和调查，对德令哈起主要作用的潜在震源区进行了厘定。在活断层探测工作的基础上在小区划目标区内开展了钻孔勘探和剪切波速原位测试，并保证每个孔揭露到坚硬土层（剪切波速大于500m/s）以下，且完成必要的动三轴试验。实际工作量见表0.1。

表0.1 主要工作量一览表

工作类别		完成工作量
地震活动性评价	区域地震活动性	1902 ~ 2014年3月，区域震中分布图
	近场地震活动性	1970 ~ 2014年3月，近场震中分布图
	地震带研究	2个地震带
	震源机制解	143个
	小震精定位	1268
	地震活动性图件	12幅
地震构造评价	遥感信息的处理与解释	33景
	区域地震构造图	100万，11条断裂
	地质图数字化处理	4幅（20万）
	近场区活动断层调查和断层活动评价	6条断裂
	探槽开挖	7个
	跨断层联合剖面钻孔	12个孔/1条剖面线
	普通地质地貌调查点	400个
	断层面露头调查点	5处
	浅层地震勘探	89.72km
	孢粉样品	36个
	年龄样品（OSL/ESR、^{14}C、）	148个
	近场地震构造图	1幅（20万）
场地工程地质小区划	勘察钻孔	2655.4m/70个
	收集勘察钻孔	5018.9m/604（49）个
	动三轴试验样	19个
	剪切波速测试	2440.2m/66个
	地脉动测试	44个
	室内土工试验	常规试验（含密度、液塑限、固结、黄土湿陷性）20件
		颗粒分析484件
		含水量分析159件
		黏粒含量分析20件
	工程地质单元分区	3个区
地震危险性概率分析计算	地震动衰减关系	1套
	潜在震源区划分	20个潜源，重新厘定2个
	危险性计算	50年超越概率63%、10%、2%，3个控制点
场地地震动参数确定	人造地震动时程	27条
	土层地震反应分析	
	场地地震动参数区划	1个分区，提供设计地震动参数
地震地质灾害评价	场地地震地质灾害区划	调查目标区127km^{2}区域内的各类地质灾害
数据库		1套
送审报告、正式报告		报告各章节编写、汇总和修改，图件编制审定，编写总报告及评审、修改、定稿

六、技术思路

本次工作是在对区域和近场区地震地质条件、发震构造及地震活动性进行深入细致调查研究的基础上，确定出合理的潜在震源区和地震活动性参数，通过分段泊松模型概率方法，计算出不同给定概率水平条件下场地基岩水平峰值加速度和基岩加速度反应谱。依据场地工程地质条件，采用一维多质点非线性模型进行土层反应计算，给出场地设计地震动参数。主要工作流程及技术思路见图 0.2。

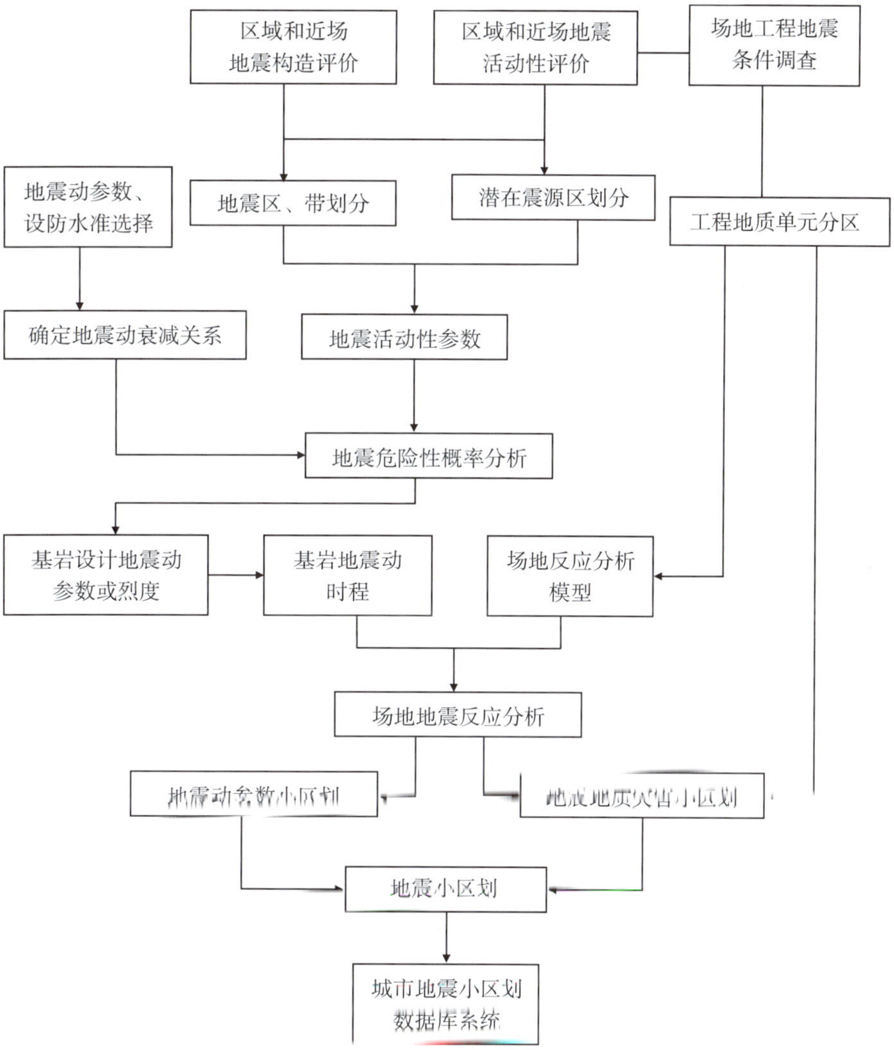

图 0.2 德令哈市地震小区划工作技术路线框图

1. 地震活动性评价

对区域和近场区范围的历史与现代地震进行核定、整理，编制地震目录，编制地震震中分布图，分析区域地震活动的时空分布特征，评估未来 100a 区域地震活动趋势。通过对震源机制解、活动构造的综合研究，确定区域现代构造应力场。收集破坏性地震资料，评价破坏性地震对场地影响。

2. 地震构造评价

在分析区域地质构造环境、地球物理场、现代构造运动特征的基础上，收集前人工作成果，对区域、近场区范围内主要发震构造进行实地追踪，运用测量、探槽、物探及第四纪年龄测定等多种手段，综合确定断裂的几何学、运动学特征和断裂的活动特点以及与地震的关系，为潜在震源区的划分提供充分依据。

3. 地震危险性概率分析

划分场地所在区域的地震区、带及潜在震源区，确定潜在震源区的震级上限。根据地震活动的时空不均匀性，分别确定地震带及各潜在震源区地震活动性参数。利用国内外历史地震烈度影响和加速度记录资料，建立适合本区域的基岩峰值加速度及其反应谱的衰减关系，采用分段泊松模型的概率性方法计算场地不同概率水平下基岩加速度及反应谱。

4. 场地地震工程地质条件

收集、整理已有的水文地质、工程地质资料，采取必要的勘探、测试手段，调查了解场地地形地貌特征、地基土的物理力学性质和空间分布规律。按照场地地基土层性质和抗震性能进行工程地质分区，分析评价各工程地质单元地形地貌、工程地质与水文地质条件，划分场地土类型，编制场地大比例尺工程地质分区图。

5. 地震动小区划与地震地质灾害小区划

在地震危险性概率分析计算结果的基础上，根据场地地震工程地质条件勘测结果，采用一维多质点非线性模型，计算各控制点的地震反应，确定各控制点的地震动参数。综合分析各控制点的地震动参数，并结合场地工程地质单元分区结果，进行场地地震动参数小区划。根据地震动小区划结果，编制 50a 超越概率 10% 的场地地震动峰值加速度和反应谱分区图，并给出相应分区的设计地震动参数。

根据各工程地质单元地形地貌、工程地质与水文地质条件，参照地震动峰值加速度和反应谱分区结果，对场地地震地质灾害进行分区评价。

七、人员及分工

项目总负责：杨丽萍（高级工程师，国家一级注册地震安评师）

项目技术负责：苏旭（高级工程师，国家一级注册地震安评师）

地震活动性评价：杨丽萍、夏玉胜（高级工程师，国家二级注册地震安评师）、刘炜（工程师）

地震构造环境评级：苏永奇（副研究员，国家一级注册地震安评师）、姚生海（工程师，国家二级注册地震安评师）、李智敏（高级工程师，国家二级注册地震安评师）、殷翔（工程师）

地震危险性概率分析：苏旭、刘薇（工程师）、绽蓓蕾（工程师）

场地工程地质与地震地质灾害区划：黄伟（工程师，国家二级注册地震安评师）、都昌庭（高级工程师，国家二级注册地震安评师）、涂德龙（高级工程师）、张加庆（工程师，国家二级注册地震安评师）、邹海宁（工程师）

场地地震动参数区划：苏旭、刘薇、绽蓓蕾

致谢

本项目实施过程中，始终得到中国地震局震害防御司的大力支持，得到海西州人民政府、德令哈市人民政府、海西州地震局的大力支持，得到中国地震局地壳应力研究所、中国地震局地质研究所、北京震科工程监理有限责任公司、中煤科工集团西安研究院有限公司、甘肃省地震局、黑龙江第六地质勘察院、青海九零六工程勘察设计院物探分院等单位的大力支持与协助。在项目实施和验收过程中徐锡伟研究员、杨主恩研究员、袁道阳研究员多次亲临现场检查和指导工作。在此一并表示衷心感谢。

目　录

第一章　区域地震活动环境 …… 1
1.1　地震资料概况 …… 1
1.2　地震区、带的划分 …… 3
1.3　地震活动的空间分布特征 …… 5
1.4　地震活动的时间分布特征 …… 9
1.5　历史地震对场地的影响 …… 12
1.6　区域地震活动性综合评价 …… 16
第二章　区域地震地质环境 …… 17
2.1　区域大地构造环境概述 …… 17
2.2　区域地貌特征 …… 20
2.3　区域地球物理场及地壳结构特征 …… 21
2.4　区域新构造运动特征 …… 24
2.5　区域构造应力场特征 …… 26
2.6　区域主要活动断裂带 …… 28
2.7　区域地震构造特征 …… 58
第三章　近场区地震构造条件评价与地震活动性 …… 60
3.1　近场区地貌、地层特征 …… 60
3.2　近场区新构造运动特征 …… 63
3.3　近场区主要断裂及活动性评价 …… 64
3.4　近场区地震活动性特征 …… 95
3.5　近场地震地质与地震活动环境综合评价 …… 97
第四章　地震危险性分析 …… 98
4.1　分析方法概述 …… 98
4.2　潜在震源区的综合判定 …… 99
4.3　地震活动性参数的确定 …… 105
4.4　地震动衰减关系 …… 110
4.5　地震危险性分析结果 …… 113
第五章　场地地震工程地质条件 …… 121
5.1　场地概况 …… 121

5.2 地形地貌 …… 121
5.3 第四纪沉积环境特征 …… 122
5.4 浅层地震勘探和钻探 …… 124
5.5 工程地质分区 …… 135
5.6 目标区场地土层剪切波速测试 …… 138
5.7 地脉动测试 …… 191

第六章 地震地质灾害评价 …… 194

6.1 德令哈小区划目标区地质地貌概况 …… 194
6.2 气象、水文特征 …… 195
6.3 砂土液化判别 …… 196
6.4 软土震陷判别 …… 198
6.5 滑坡、崩塌、泥石流 …… 199
6.6 断层影响评价 …… 201

第七章 场地地震反应分析 …… 202

7.1 基岩输入地震动的确定 …… 203
7.2 场地地震反应分析计算 …… 206
7.3 场地地震反应计算结果 …… 208

第八章 地震小区划 …… 234

8.1 地震动参数小区划 …… 234
8.2 地震动小区划图说明书 …… 236
8.3 地震地质灾害区划 …… 236

第九章 结 论 …… 238

9.1 区域地震活动性 …… 238
9.2 区域地震构造环境 …… 238
9.3 近场区地震构造 …… 239
9.4 地震危险性概率分析 …… 239
9.5 场地地震工程地质条件评价 …… 239
9.6 场地地震动参数确定 …… 240
9.7 地震地质灾害分区评价 …… 240

参考文献 …… 241

第一章 区域地震活动环境

地震活动性研究主要是通过对工程场地区域和近场地震活动在空间和时间上的分布特征、历史地震对场地的影响等，对工程场地的地震活动做出评价，为合理划分潜在震源区和确定地震活动性参数提供依据。

1.1 地震资料概况

1.1.1 资料范围

德令哈市位于青海省西部地区。根据《工程场地地震安全性评价》(GB 17741 — 2005) 的要求，区域的范围为德令哈规划区外延不小于 150km 的范围，近场区为工程场地外延不小于 25km 的范围，本次德令哈市地震小区划工作的区域范围为：35.80° ~ 38.75°N，95.60° ~ 99.15°E；近场范围为：36.99° ~ 37.62°N，97.03° ~ 97.74°E。该区位于青藏地震区西北部的青海省境内。在进行地震时、空分布特征分析时，地震资料的整理与搜集将以区域所跨各地震带作为空间范围。

1.1.2 资料来源

地震资料主要以目前最新的正式地震目录为主，对于关键地震事件依据不同版本的地震目录及有关文献进行对比确定地震参数，地震目录包括历史地震目录和现代小震目录。

（1）强震资料：2010 年 5 月以前取自《中国地震目录》（中国地震局监测预报司预报管理处整编）、中国地震台网中心强震目录；2010 年 6 月 ~ 2014 年 4 月取自中国地震台网中心的地震数据库。

（2）近代小地震资料（1970 年 ~ 2014 年 4 月）：取自中国地震台网中心的地震数据库。

1.1.3 资料概况

（1）区域地震监测概况：我国于 20 世纪 50 年代着手建立全国基准台网，70 年代后区域地震台网逐步完善。据青海省地震局统计分析，“九五”前全省监测能力 M_L4.5，“九五”期间全省大部分地区监测能力达到 M_L3.5，海东地区地震监测能力达到 M_L2.5。在“十五”期间进行了全省台网数字化改造，增设了多个台点，大大提高了资料的完整性和可靠性，全省监测能力 M_L3.5，西部地区地震监测能力可达到 M_L3.0（图 1.1）。区域及周围现有都兰、德令哈、格尔木等地震台，1970 年以来 M_L3.0 以上地震基本不漏记。

（2）震级标度：震级是衡量地震大小的标度。以往历史地震震级采用的是 M_S，这部分地震为 $M_S \geq 4.7$ 以上地震。其中，无仪器记录的地震，其震级的确定均由史料记载评定其震中烈度，再按震

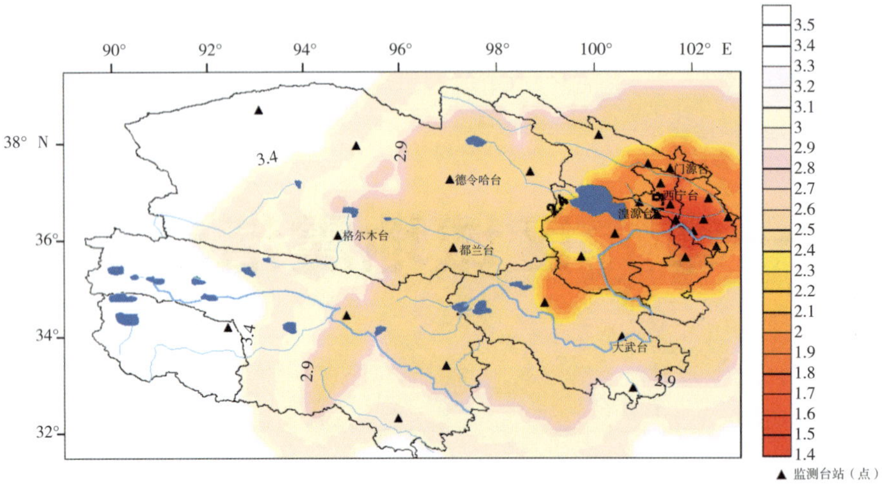

图 1.1　青海省地震监控能力图

级（M_S）与震中烈度的经验关系换算出；凡有仪器记录的地震，其震级以仪器测定的为准。现代小震震级多采用 M_L。

由于以上两种不同震级标度的目录经常需要统一使用，这就存在由 M_L 转换为 M_S 的问题。自 20 世纪 70 年代以来，国内普遍采用 1971 年郭履灿等根据邢台地震余震资料得出的经验关系进行 M_S 与 M_L 之间的转换，见式（1.1）。

$$M_S=1.13M_L-1.08 \tag{1.1}$$

2010 年，汪素云等根据 1990 ~ 2000 年《中国地震年报》和 2001 ~ 2008 年《中国数字地震台网观测报告》的大量数据，研究了测定面波震级 M_S 与近震震级 M_L 的不确定性；采用双随机变量的回归方法，重新统计回归了 M_S 与 M_L 的转换关系，见式（1.2）。

$$M_S=0.03+0.98M_L \tag{1.2}$$

该转换关系已为第五代中国地震动参数区划图所使用。按该转换关系 M_S 与 M_L 的差别很小，可以近似的认为 $M_S=M_L$。地震活动性分析和参数统计中，现代小震的震级 M_L 将不再转换为 M_S 而直接使用，且统一表示成 M。

（3）区域地震记录概况：本区域位于青藏地震区的西北部，历史地震记录不全。区内最早记载到也是最大地震为 1902 年 11 月 4 日青海秀沟 6.9 级地震。自有记录以来区域内共记录到 $M_S \geqslant 4.7$ 地震 58 次；1970 年以来（截至 2014 年 4 月）记录到 $3.0 \leqslant M \leqslant 5.0$ 小震 811 次；各震级档次地震频次的分布情况见表 1.1。

表1.1　地震在不同震级档的分布

$M \geqslant 4.7$		$3.0 \leqslant M \leqslant 5.0$	
震级档	地震数目	震级档	地震数目
4.7 ~ 4.9	10	3.0 ~ 3.9	692
5.0 ~ 5.9	37	4.0 ~ 4.9	114
6.0 ~ 6.9	11	5.0	5
总计	58	总计	811

1.2 地震区、带的划分

划分地震区、带是为了反映地震活动在空间上的不均匀性。同一地震区、带地震活动特点和地震构造条件都密切相关，因而它常作为地震活动性参数的统计单元，也是地震发震构造条件和震级上限确定的构造类比单元。

1.2.1 地震区、带划分的原则

1. 地震区划分的原则

（1）地震活动性相似的区域。包括地震活动的强弱程度大致相近、地震活动重复周期大致相同、8½级地震和一组 7½ ~ 8 级地震与其他次级地震间具有明显的比例关系和成因上的联系等。

（2）现代构造应力场和现代构造变形特征相似的区域。包括现代构造应力场方向相同或由一组相对独立的应力场所控制、现代构造变形特征相一致，往往由一组统一的变形场分布单元所控制等。

（3）新构造活动性相似的区域。包括活动断裂的区域分布特征、活动性质和强度相似，以及新构造运动的强度、活动性质的分区相一致。

（4）大地构造、地壳结构和地球物理场相似的区域。大地构造、地壳结构和地球物理场是地壳长时期运动和发展的产物，地震关系不如以上几点密切，但地壳结构、地球物理场和大地构造的分布格局，对地震的分区仍具有一定的控制作用。

2. 地震带划分的原则

地震带是地震区内的次级地震统计单元，其划分依据除与地震区划分依据相同外，地震带内的地震活动和地质构造的特征更趋一致。

（1）地震活动性的一致性。包括地震活动空间上连接成带或相对集中；带内地震活动具有相同的地震活动期和平静期，一个或一组 7 ~ 8 级地震与带内其他地震之间具有较好的比例关系和成因上的联系。

（2）现代构造应力场和变形场特征的一致性。包括由一组单一的现代构造应力场和变形场所控制；现代构造变形场特征相一致。

（3）新构造运动的性质和强度大致相同。

（4）发震断裂运动特征和运动性质相一致。

3. 地震区、带边界确定的原则

（1）活动构造单元的外界。

（2）活动构造单元的转折带。

（3）中强地震及小地震活动密集分布区的外界。

1.2.2 地震区、带划分结果

根据上述划分原则，参照中国地震动参数区划图提供的全国地震区、带的划分方案，将本地区划分如下结果（表 1.2 和图 1.2）。

区域内主要涉及青藏地震区内青藏高原北部地震亚区的六盘山 — 祁连山地震带（V2-2）和柴达木 — 阿尔金地震带（V2-3）。故在此将这两个地震带的基本特征分别进行阐述：

表1.2 区域地震区、带划分

地 震 区		地 震 带
青藏地震区 V	青藏高原北部地震亚区 V2	龙门山地震带 V2-1
		六盘山 — 祁连山地震带 V2-2
		柴达木 — 阿尔金地震带 V2-3
	青藏高原中部地震亚区 V3	巴颜喀拉山地震带 V3-1
		鲜水河 — 滇东地震带 V3-2
	青藏高原南部地震亚区 V4	喜马拉雅地震带 V4-1
		滇西南地震带 V4-2
		藏中地震带 V4-3

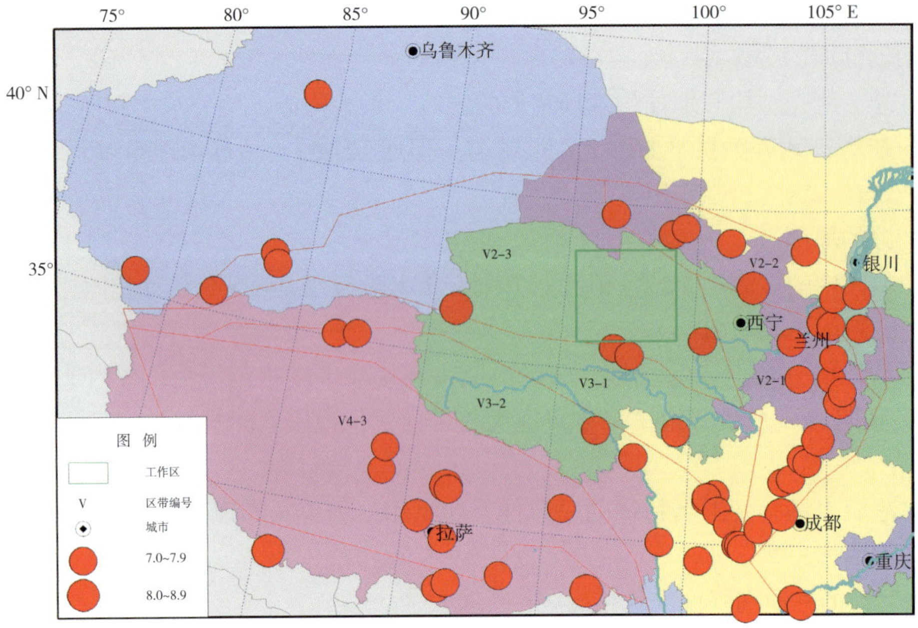

图 1.2 区域地震区、带划分简图

1. 柴达木—阿尔金地震带（V2-3）

柴达木 — 阿尔金地震带位于青藏地震区青藏高原北部地震亚区的西部，包括阿尔金山、柴达木盆地、共和盆地、祁曼塔格山和甘肃敦煌等地区。

该带边缘大都为重力异常梯度带，分布有以正异常为主的宽缓高磁异常，地壳厚度为 43 ~ 53km，带内新构造运动强烈。地震带内沿 NWW 向展布的断裂有柴达木盆地北缘断裂带、柴达木盆地两条中央断裂带、哇玉香卡 — 拉干隐伏断裂带等；沿 NEE 向展布的断裂有阿尔金断裂带等。

柴达木 — 阿尔金地震带 20 世纪前地震记载缺失严重，1832 年至 2014 年 4 月共记载到 $M \geq 5$ 地震 139 次，其中 M 5.0 ~ 5.9 地震 111 次，M 6.0 ~ 6.9 地震 23 次，M 7.0 ~ 7.9 地震 5 次，最大地震为 2008 年 3 月 21 日新疆西藏交界（新疆于田南）的 M 7.3 地震。带内以中强地震活动为主，在空间上具有成带分布的特征，集中分布在阿尔金断裂带、柴达木盆地南侧的茫崖 — 乌图美仁及北侧的达布逊湖 — 北霍布逊湖、共和盆地的哇玉香卡 — 拉干隐伏断裂带的东段等。区域涉及柴达木 — 阿尔金地震带的东端。

2. 六盘山—祁连山地震带（V2-2）

该地震带处于青藏地震区青藏高原北部地震亚区的东北缘，包括整个祁连山地区及河西走廊、六盘山、宁夏南部的中宁、海原、固原等地，其总体位于加里东期地槽褶皱系内，属加里东期中朝准地台西南边缘的裂陷带。沿祁连山重力异常梯级带宽达 300km，也是青藏高原地区东北边缘的地壳厚度变异带，地壳厚度平均约 55km。带内新构造运动强烈，以挤压褶皱、高角度逆冲断裂为主要特征。该地震带内的主要活动断裂带分 NWW 和 NNW 两个方向组，前者如北部的河西走廊活动断裂系的榆木山北缘断裂、祁连山北缘断裂、皇城 — 双塔断裂等；后者如东部的庄浪河断裂等。

公元 180 年至 2014 年 4 月共记载到 *M* 5 以上地震 96 次，其中 *M* 5 ～ 5.9 地震 66 次，*M* 6 ～ 6.9 地震 19 次，*M* 7 ～ 7.9 地震 9 次，*M* 8 ～ 8.9 地震 2 次，最大的为 1920 年 12 月 16 日海原 8.5 级地震。带内地震活动强度大、频度高，具有成带分布特征。区域涉及六盘山 — 祁连山地震带西北部。

1.3 地震活动的空间分布特征

1.3.1 地震震中的平面分布特征

图 1.3 为区域强震震中平面分布图。区域范围内 *M*4.7 以上破坏性地震共 58 次，其中，6.0 ～ 6.9 地震 11 次，5.0 ～ 5.9 地震 37 次，4.7 ～ 4.9 地震 10 次，强震目录见表 1.3。

由图 1.3 中可以看出区域内地震活动在空间上呈明显的不均匀分布，场地的北部和西部地震活动频繁，东部、南部地震活动较弱，地震集中分布在三湖地区及附近、德令哈西北和哈拉湖东部地区。

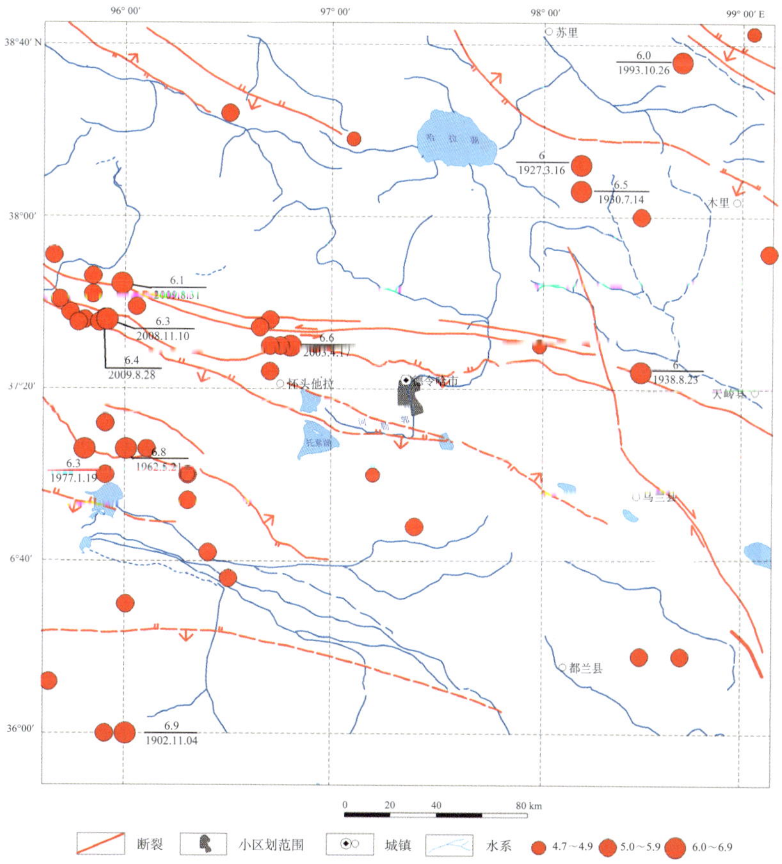

图 1.3 区域破坏性地震震中分布图

区域西南部的三湖地区是柴达木盆地内现代小震活动最为活跃的地区，亦是中强震活动集中区。该区是距场地最近的一个中强震地区，该地区南、北霍布逊湖是赛什腾—锡铁山断裂带和柴达木盆地北中央断裂带的交会地带，由于断裂带的规模所限，地震活动呈现频度高而强度低的特点。

图 1.4 为区域内小震震中平面分布图。图中显示区域具有弱震密集成丛的特点，且这些小震成丛区多处于历史上强震震中区附近，自 2003 年 4 月 17 日德令哈西北 6.6 级地震以来，地震活动的频度与强度明显增强，一系列余震主要分布在德令哈以西地段，德令哈东段地震活动较弱。显示了中强震发生的构造带特征，有利于判定中强震孕育的环境。

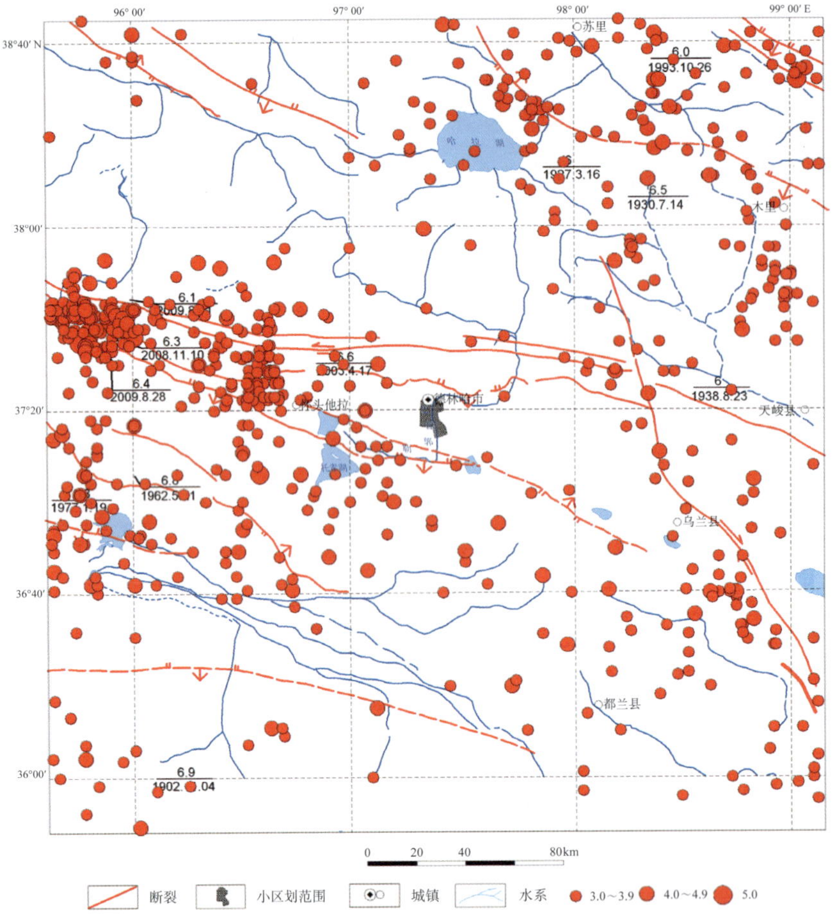

图 1.4　区域小震震中分布图（1970 年 1 月至 2014 年 4 月）

表1.3　区域破坏性地震目录$M \geqslant 4.7$（1902.11～2014.4）

序号	发震时刻	震中位置			震级 / *M*	精度	深度 / km
	年－月－日	北纬 / °	东经 / °	参考地名			
1	1902-11-04	36	96	青海秀沟	6.9	5	
2	1927-03-16	38.2	98.2	青海哈拉湖东	6.0	4	
3	1930-03-26	36.5	96.0	格尔木东	5½		
4	1930-07-14	38.1	98.2	青海哈拉湖东	6½	2	
5	1933-04-01	36.8	97.4	青海都兰西北	5¼		

续表

序号	发震时刻	震中位置			震级 / M	精度	深度 / km
	年 – 月 – 日	北纬 / °	东经 / °	参考地名			
6	1933–05–20	38.0	98.5	青海木里附近	5¼		
7	1934–03–12	38.4	96.5	青海哈拉湖西	5¾		
8	1938–04–10	36.3	98.7	青海都兰东	5¾	4	
9	1938–08–23	37.4	98.5	青海天峻西	6.0	3	
10	1952–03–21	36.3	98.5	青海都兰附近	5.0	4	
11	1952–03–28	37.5	98.0	青海天俊西	4¾		
12	1957–03–23	38.0	98.5	青海天俊北	5.0	5	
13	1957–05–04	36.9	96.3	青海霍布逊湖东	5½	3	
14	1957–05–05	37.0	96.3	青海霍布逊湖东	4¾		
15	1961–10–21	38.3	97.1	青海哈拉湖西	4.9	2	25
16	1962–05–21	37.1	96.0	北霍布逊湖	6.8	2	25
17	1962–05–21	37.0	95.9	北霍布逊湖	5½		25
18	1962–05–21	37.2	95.9	北霍布逊湖	5.9	2	
19	1962–05–21	37.1	95.8	北霍布逊湖	5		40
20	1962–05–22	37.1	95.8	北霍布逊湖	4¾		25
21	1962–05–22	37.1	95.8	北霍布逊湖	5	3	
22	1962–05–22	37.1	95.8	北霍布逊湖	4.7	3	40
23	1962–05–22	37.1	95.8	北霍布逊湖	4¾	3	
24	1962–05–23	37.1	95.8	北霍布逊湖	4.7	3	40
25	1962–05–23	37.0	96.3	北霍布逊湖	5		25
26	1962–05–23	37.0	96.3	北霍布逊湖	4.9	3	
27	1962–05–23	37.2	95.9	北霍布逊湖	5.2	2	55
28	1963–07–02	37.1	96.1	北霍布逊湖	5	2	25
29	1972–08–30	36.70	96.40	青海南霍布逊湖东	5.5	1	15
30	1972–08–31	36.70	96.40	青海南霍布逊湖东	5.2	1	15
31	1972–08–31	36.60	96.20	青海南霍布逊湖东	5.5	1	15
32	1973–06–16	37.70	95.70	青海北霍布逊湖北	5.1	1	
33	1977–01–19	37.10	95.80	北霍布逊湖	6.3		18
34	1978–11–18	37.0	97.2	青海德令哈西南	4.8		
35	1980–04–18	37.86	99.13	青海天俊北	5.2	1	15
36	1983–07–27	38.71	99.05	青海祁连西北	4.9	1	25
37	1985–08–12	36.2	95.63	青海格尔木附近	5.2	1	33
38	1993–10–26	38.6	98.7	青海祁连	6.0		
39	1997–02–09	36.01	95.94	青海秀沟	5.4		

续表

序号	发震时刻	震中位置			震级 / *M*	精度	深度 / km
	年 - 月 - 日	北纬 / °	东经 / °	参考地名			
40	2003-04-17	37.5	96.8	青海德令哈	6.6		
41	2004-02-25	37.50	96.68	德令哈西北	5.0		33
42	2004-03-17	37.57	96.67	德令哈西北	5.2		33
43	2004-05-04	37.50	96.75	德令哈西北	5.5		20
44	2004-05-04	37.50	96.70	德令哈西北	5.1		20
45	2004-05-11	37.40	96.70	德令哈西北	5.9		20
46	2008-11-10	37.63	95.73	大柴旦	6.3		
47	2008-11-12	37.73	95.90	大柴旦	5.1		
48	2009-08-28	37.60	95.80	大柴旦	6.4		10
49	2009-08-28	37.60	95.80	大柴旦	5.5		6
50	2009-08-28	37.70	95.80	大柴旦	5.0		7
51	2009-08-29	37.70	95.80	大柴旦	5.2		10
52	2009-08-31	37.70	95.70	大柴旦	5.3		10
53	2009-08-31	37.70	95.90	大柴旦	6.1		7
54	2009-09-01	37.65	96.05	大柴旦	5.1		8
55	2009-09-18	37.68	95.68	青海海西	5.0		7
56	2009-11-05	37.59	95.77	青海海西	5.3		5
57	2009-12-21	37.50	96.70	青海德令哈	5.0		6
58	2013-06-05	37.59	95.87	青海海西	5.2		10

1.3.2 地震震源深度分布特征

仅利用区域给出震源深度参数来判断区内平均震源深度，会造成判断的偏颇，必须结合区域所跨的各地震带震源深度分布特征进行综合分析。

图 1.5 分别揭示了柴达木 — 阿尔金地震带、六盘山 — 祁连山地震带及区域震源深度分布特征。柴达木 — 阿尔金地震带震源深度分布在 1 ~ 50km，优势分布层位在 10 ~ 35km；六盘山 — 祁连山地震带震源深度分布在 1 ~ 40km，优势分布层位在 5 ~ 30km。据统计，区域内中强以上地震和近代小震所给出的震源参数中 98% 的地震震源深度分布在 1 ~ 40km，优势分布层位在 5 ~ 30km。

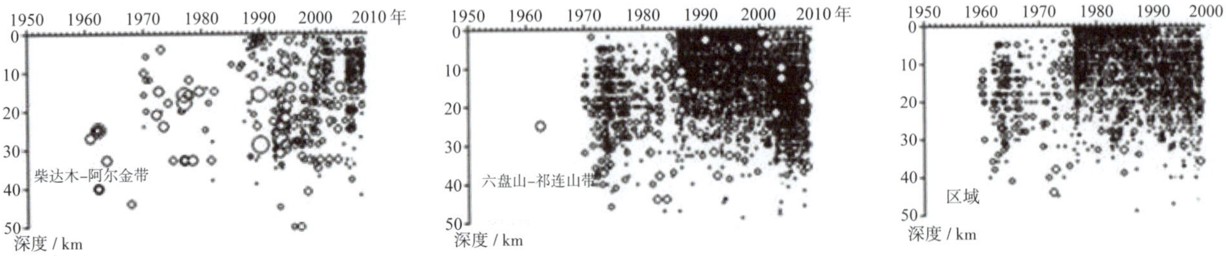

图 1.5 柴达木—阿尔金地震带、六盘山—祁连山地震带、区域震源深度分布图

利用区域内地震震源深度参数，并结合其涉及的各地震带震源深度分布综合分析判定，区域内的地震属于地壳中上层的浅源构造地震范畴。

1.4 地震活动的时间分布特征

地震活动随时间呈现时强时弱、疏密相间的间歇性活动特征，即各地震区或地震带中的地震活动常呈现相对平静与显著活动相互交替转化的过程。因此，分析区域地震活动的时间分布特征，可从区域所涉及的地震带的地震危险性入手做出评价。

1.4.1 利用 *G–R* 关系推算各地震带地震活动准周期

设 M 震级档地震的年平均发生率为 γ，则 $G–R$ 关系式 $\lg N=a-bM$ 可变形为：

$$\lg\gamma=@-bM \tag{1.3}$$

在利用式（1.3）估算地震带的震级上限时，需将式（1.3）还原成 $\lg N=@-bM$ 的形式，并令 $N=1$，即可求得 M_{uz}。因 $N=\gamma T_0$，故 $a=@+\lg T_0$，所以

$$M_{uz}=（@+\lg T_0）/ b \tag{1.4}$$

T_0 为地震资料的折算年限（或统计年限）。

由此可见，当地震带的 b 值一定时，利用 $G–R$ 关系式求得的 M_{uz} 值随“折算年限 T_0（或统计年限）”的增大而增大，因为，当 $N=\gamma$，$T_0=1$ 时，$T_0=1/\gamma=T$，T 为年平均发生率为 γ 震级档地震的平均重现期，故由 $G–R$ 关系式求得的 M_{uz} 的实质为：“平均重现期 T 与折算年限（或统计年限）相等的震级档地震的震级”。因此，用此方法求得的各地震带的地震震级“上无限”（只要 T_0 足够长，使得 a 值增加或纵轴截距上移，进而横轴截距右移），当折算年限 T_0（或统计年限）较短时，估算值又较小，都与实际情况不符。所以，取折算年限 T_0（或统计年限）为一个地震活动周期来估算区域地震震级上限是合理的，即地震带必须积累、同时也只需积累发生一个上限震级地震及与之成一定比例（b）的其他地震能量的时间才是它的一个地震活动准周期 T_0。

各地震带的 M_{uz} 值应主要依靠地质构造方法和已发生的最大地震来确定，利用 $G–R$ 关系式求得的 M_{uz} 值只能作为参考。但是利用式（1.4）和区域地震震级上限却可反推区域的地震活动准周期 T_0，此数据可辅助 $M–t$ 图对历史资料不太完整的地震带进行时间分布特征分析以及不同时期历史地震资料的信度评价。

一个地震带在其一个准活动周期内，发生的最大地震（标志性地震）应小于等于震级上限 M_{uz}、一般大于等于震级上限 M_{uz} 的前一档地震（M_{uz}–0.5），故一个地震带的一个准活动周期不是一个固定值，而是介于震级上限 M_{uz} 的平均复发周期和上一档地震（M_{uz}–0.5）的平均复发周期（一般情况下）之间（表 1.4）。

表1.4 利用*G–R*关系式求得的各地震带不同震级档地震的平均重现期（a）

震　级	5.0	5.5	6.0	6.5	7.0	7.5	8.0	8.5
祁连 — 六盘山 $\lg\gamma=3.8-0.75M$	0.9	2	5	12	28	67	158	376
柴达木 — 阿尔金 $\lg\gamma=4.44-0.84M$	0.6	1.5	4	10	27	72	191	500

从表 1.4 的数据可初步判断：

（1）祁连山 — 六盘山地震带：平均约每 30a 发生 1 次 7 级以上地震、每 150 年发生 1 次 8 级以上地震。

（2）柴达木 — 阿尔金地震带：平均约每 200a 发生 1 次 8 级以上地震。

1.4.2 区域所涉及各地震带地震活动的时间分布特征分析

1. 柴达木—阿尔金地震带

柴达木 — 阿尔金地震带至今共记载到 5 级以上地震 139 次，最大为 2008 年 3 月 21 日新疆西藏交界（新疆于田县南）7.3 级地震。因该地震带可靠的历史地震记载时间太短（不足一个完整的地震活动准周期），故无法利用 *M*–*t* 图（图 1.6）进行地震活动期次分析，只在下一部分利用概率方法对其进行趋势预测。

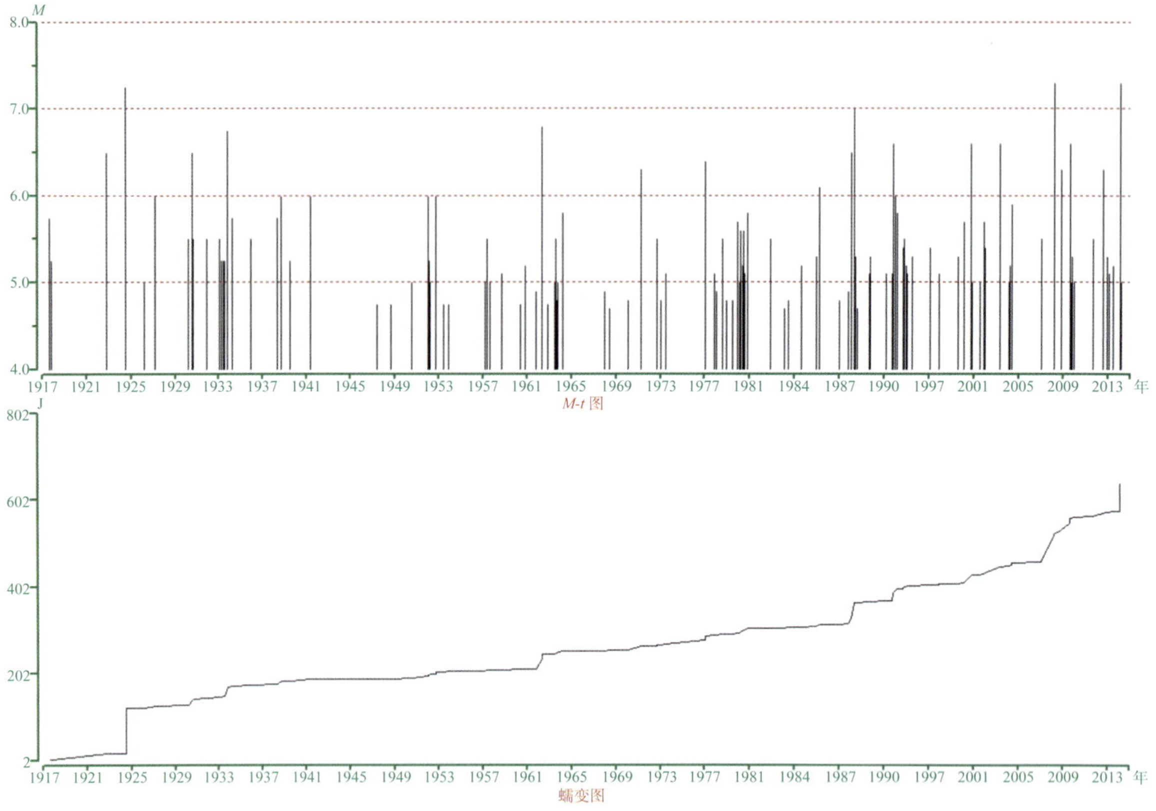

图 1.6 柴达木—阿尔金地震带 *M*-*t* 图、能量蠕变图

2. 六盘山—祁连山地震带

图 1.7 是六盘山 — 祁连山地震带 *M*–*t* 图和能量蠕变图。通过分析计算得该地震带的平均活动准周期约为 300a，自 1500 年以来地震带大致经历了 2 个地震活动期。第一个活动期内（1500 ~ 1800 年）发生 7 级以上地震 4 次，标志性地震为 1709 年 7.5 级地震；第二个活动期内（1800 ~ 2100 年）已发生 7 级以上地震 6 次，标志性地震为 1920 年 8.5 级地震和 1927 年 8.0 级地震；目前正处于第二个活动期的后期，估计未来百年内，其地震活动将处于剩余能量释放阶段。

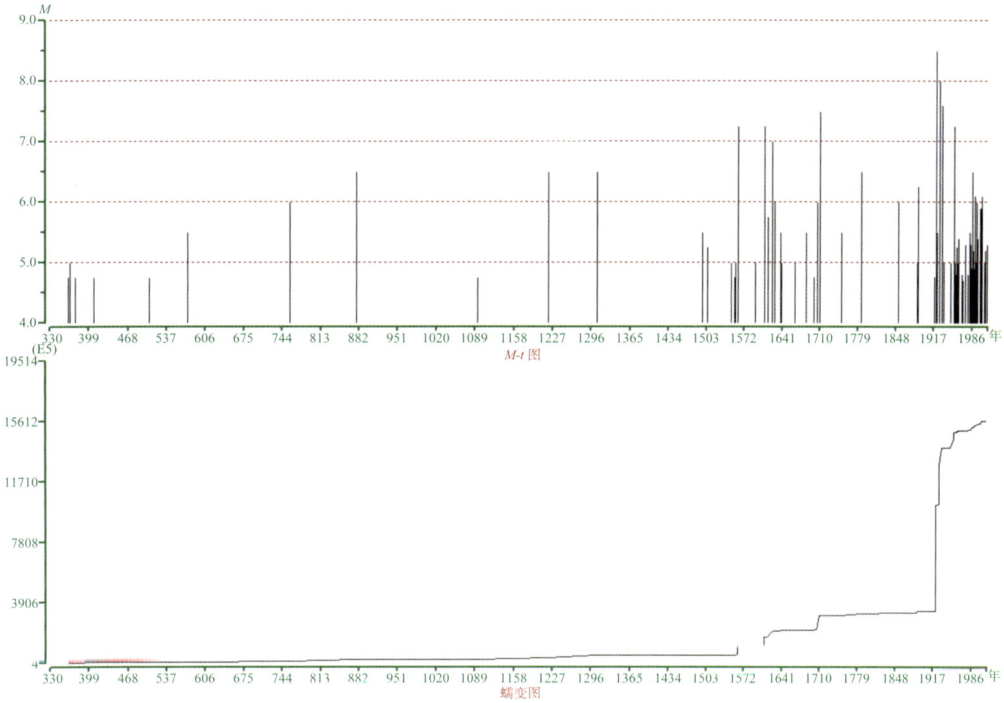

图 1.7 六盘山—祁连山地震带 M-t 图、能量蠕变图

1.4.3 各地震带未来地震趋势预测

1. 预测方法

假定：（1）地震带的地震时间过程符合分段泊松过程；

（2）地震带内大小地震的比例遵从修正的震级－频度关系：

$$(\lg\gamma = @-bM)$$

则未来一定时间内（t_0）发生震级大于等于 M_j 地震的概率为：

$$P(M \geqslant M_j) = 1-\exp(-t/T)$$

式中，$t = t_0+t'$，t' 为离逝时间（即最近一次 $M \geqslant M_j$ 地震事件到现在的时间）；T 为该地震事件的平均重现期（$T=1/\gamma$）。

未来一定时间内（t_0）发生震级大于等于 M_j 地震次数的期望值为：

$$N(M \geqslant M_j) = t_x\gamma$$

2. 各地震带未来地震趋势预测结果

1）祁连山—六盘山地震带

由分析结果（表 1.5）看，祁连山—六盘山地震带未来 100a 内会有数次 7 级以上地震并伴有 8 级地震发生，总体处于地震平均活动时段。

表1.5 祁连山—六盘山地震带地震趋势预测结果

地震震级分档	未来 100a 内发震概率（地震次数期望值）
$M \geqslant 8.0$	0.70（1）
$M \geqslant 7.0$	0.997（5.7）

2）柴达木—阿尔金地震带

由分析结果（表 1.6）看，该地震带未来 100a 内会有数次 7 级以上地震并伴有 8 级地震发生，总体处于地震平均活动时段。

表1.6　柴达木—阿尔金地震带未来地震趋势分析结果

地震震级分档	未来 100a 内发震概率（地震次数期望值）
$M \geqslant 8.0$	≥ 0.65(1)
$M \geqslant 7.0$	0.98（3.7）

1.5　历史地震对场地的影响

历史地震影响烈度，系指用烈度来衡量历史地震对工程场地的影响程度。历史地震影响烈度分析，是评价工程场地地震危险性的重要组成部分。本节主要收集区域及附近有地震记载以来的 5 级以上中强震，尤其是震级较大的强震对场地的影响，得到在区域内历史地震对场地的最大影响烈度值，为场地的地震安全性评价提供依据。

自有地震记载以来，由于种种历史原因，有地震考察详细记载震害影响的地震并不多，因此在统计历史地震影响时，除了统计区域范围之内大震外，还统计了区域周边对工程场地有一定影响的破坏性地震。现将区域及周围有考察记录并对场区有一定影响的 5 次中强震分别叙述如下：

（1）1962 年 5 月 21 日北霍布逊湖 6.8 级地震，震中烈度达Ⅷ度，等震线长轴方向为 EW 向展布，Ⅷ度区的长轴长 120km，短轴长 80km。Ⅵ度区包括达布逊湖、霍布逊湖、诺木洪等，地震时震感强烈。Ⅴ度区包括格尔木、大柴旦、鱼卡、马海、德令哈、都兰等，该区内部分旧房屋墙体开裂或倒塌，陡坡上石头滚落，大柴旦电厂停电，地震时震感强烈。该地震对德令哈市的影响烈度为Ⅴ度。

（2）2001 年 11 月 14 日昆仑山口西 8.1 级地震，震中位于青新交界无人区，地震烈度的考察非常困难，现有资料表明，Ⅹ度区包括 109 国道 2894km 附近地震形变带通过处及其垂直方向数百米范围内。Ⅸ度包括中铁 5 局 1 项目部、2 项目部。地震时，行人摔到，房屋部分倒塌，地表裂缝。Ⅷ度区包括中铁 5 局 3 项目部、4 项目部、5 项目部、7 项目部，格—拉输油管线。昆仑山口泵站，中铁 14 局 6 处，中铁 12 局指挥部、3 处、4 处。地震中在现场的人摇晃颠簸，行走困难，厂房的结构柱出现横向裂纹，地表裂缝。Ⅶ度包括西大滩泵站、中铁 14 局 1 处、2 处、3 处（三叉河）、4 处及中铁 12 局 1 处、2 处，地震时，人们惊逃户外，站立不稳，电视等物翻落，厂房结构柱完好，房屋墙体裂缝。Ⅵ度区包括纳赤台至南山口，地震时人站立不稳，房屋裂缝。Ⅴ度区包括格尔木市区，该区内人们普遍震感强烈，不稳定器物晃动，部分房屋裂缝。该地震对德令哈市的影响烈度小于Ⅴ度。

（3）2003 年 4 月 17 日德令哈 6.6 级地震，震中烈度为Ⅷ度，烈度等震线为 NW 向分布的椭圆，长轴沿 306° 方向展布，长轴约 17.4km、短轴约 11.3km，围限面积 157km^2。Ⅷ烈度区主要包括：查伊沟、卡格图村、艾木特、达呼尔等，宏观震中位于查伊沟上游。震害以山体崩塌，滚石及房屋倒塌为主。Ⅶ度区主要包括大哇图，辉特乌兰嘎诺山，青新公路 28 道班，多为无人区，震害特征以地震地质灾害为主。表现为地表裂缝，主要以崩塌、滑塌、喷砂冒水为主。Ⅵ度区沿长轴方向以北仅见 2 户有牧民，居住帐篷。以南有数个居民点包括：怀头他拉镇、怀头他拉农场、戈壁乡、大煤沟等地（图 1.8）。该地震对德令哈市的影响烈度为Ⅴ度。

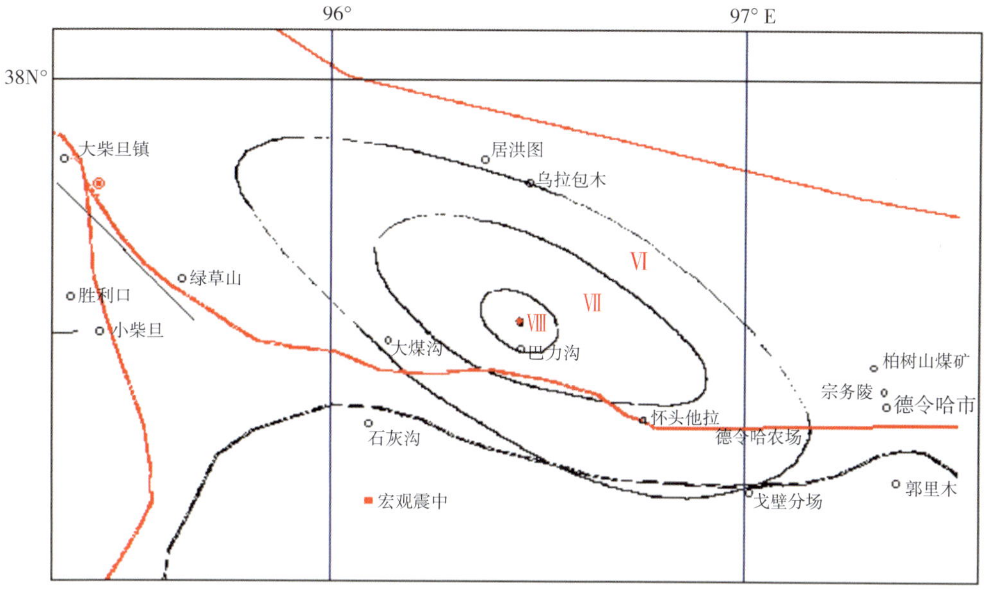

图 1.8 2003 年 4 月 17 日德令哈西北 6.6 级地震烈度图

（4）2008 年 11 月 10 日青海省海西州大柴旦东南 6.3 级地震。震中烈度为Ⅶ度，烈度等震线为 NW 向分布的椭圆，长轴沿 340° 方向展布，长轴约 194km，短轴约 94km。Ⅶ度区：等震线长轴方向呈 NW 向展布，总面积 1141km^2。区域内主要建筑为大煤沟煤矿和开源煤矿，据调查，地震时人头晕，能听到似重型机械的通过的轰隆声，地摇晃，周围山体尘土飞扬。房屋墙体有贯通横裂缝，裂缝宽约 0.5 ~ 1.0cm，长度 6m，外墙沿贯通裂缝有 2 ~ 3mm 的位移，矿井坑道严重受损，大煤沟煤矿锅炉混凝土支座破损，锅炉东西向有 5mm 的位移。在 315 国道通往开源煤矿的路上到处可见山体崩塌和滚石等宏观现象。Ⅵ度区：等震线长轴方向呈 NW 向展布，总面积 6664km^2。Ⅵ度区以长轴方向为界两侧分布有居民点，以人感及房屋震害调查为主，此区也是震害评估的主要地区之一，该区居民点主要分布于大柴旦、小柴旦、石灰沟、居洪图、巴力沟等地。区内居民点较密，震害现象主要表现为房屋的损坏。地震时人均感到震动强烈，惊逃户外。区内土木结构的房屋部分出现墙体开裂、裂缝宽约 0.5 ~ 1.0cm，墙皮震落，围墙多处出现倒塌。Ⅴ度区：等震线长轴方向呈 NW 向展布，总面积 33525km^2。Ⅴ度区包括德令哈市市区、怀头他拉镇、柯鲁柯镇、尕海镇大部分、格尔木盐场、郭里木等地，该区内部分土木结构的房屋及土坯墙产生裂缝。室内普遍、室外多数人有感觉，多数人梦中惊醒；不稳定器物摇动或翻倒（图 1.9）。该地震对德令哈市的影响烈度为Ⅴ度。

（5）2009 年 8 月 28 日青海省海西州大柴旦东南 6.4 级地震。震中烈度为Ⅶ度，烈度等震线为 NW 向分布的椭圆。野外科考组对羊肠子、大煤沟、开源煤矿、宽沟煤矿、绿草沟煤矿、锡铁山矿业、德令哈市、格尔木市等地进行了详细调查。这次地震没有造成人员伤亡。羊肠子沟输气管道泵站室内多数人有感觉；大煤沟煤矿部分房屋轻微破坏；开源煤矿进厂公路有 20 余处被山体滑坡阻塞，在矿区现场调查发现，两间房屋毁坏，40 余间房屋严重破坏，矿区松软土层多处出现 5 ~ 50m 裂缝；宽沟煤矿有 5 间房屋和 20 多米围墙倒塌；绿草沟煤矿房屋有轻微破坏，挡土墙开裂，地震波 SN 向震动；锡铁山矿业室内普遍人有感觉；德令哈市室内多数人有感觉；格尔木市室内少数人有感觉；察尔汗盐湖发展有限公司，察尔汗东、西路社区，察尔汗原盐厂门窗作响；国道涵洞出现裂缝等。根据等震线资料（图 1.10），该地震对德令哈市的影响烈度为Ⅴ度。

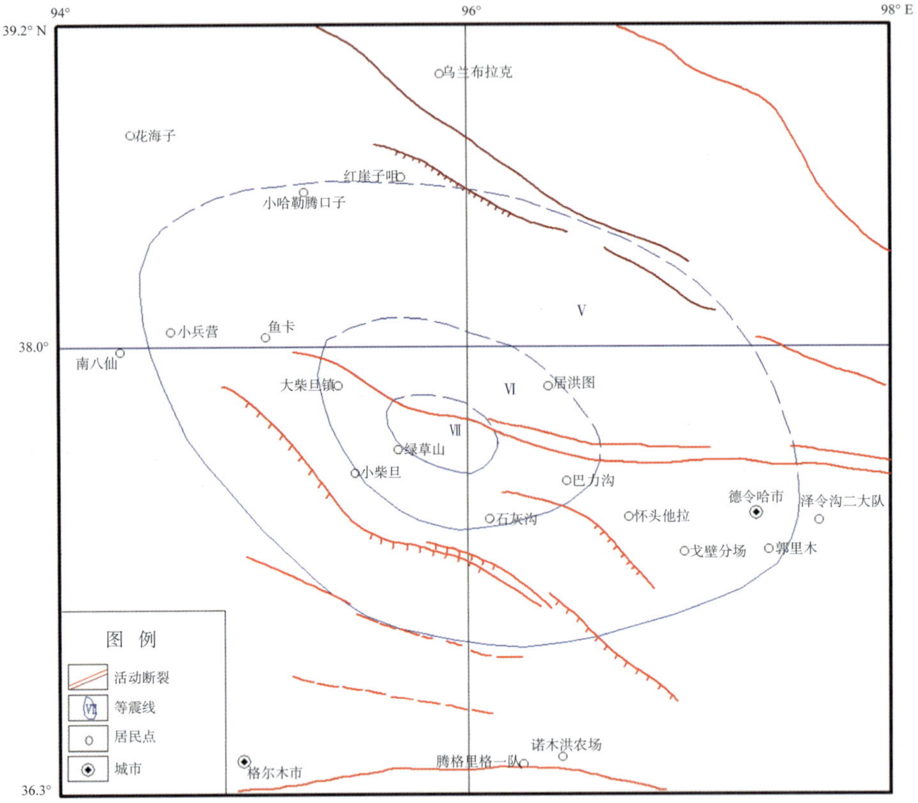

图 1.9　2008 年 11 月 10 日大柴旦东南 6.3 级地震烈度图

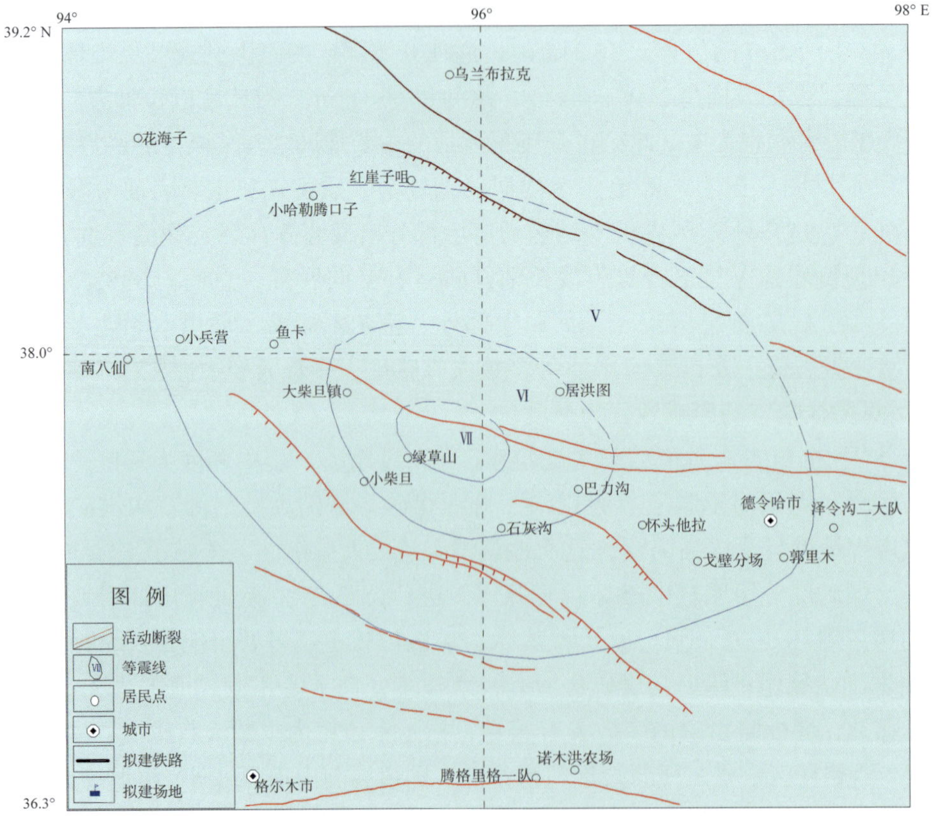

图 1.10　2009 年 8 月 28 日大柴旦东南 6.4 级地震烈度图

对于无考察记载的地震影响情况，利用《中国地震综合等震线图》(1990)、《甘肃省地震等震线图集》(1987)、《青海省地震等震线图集》等资料来综合评价；由于资料所限无法给出确切的震中烈度及对场区的影响烈度的地震，根据适合青海地区的“中国西部地震烈度衰减关系”以及震级、震中距场地的最小距离等推测来评价。在表 1.7 中列出了综合利用这些方法评定的对场地有一定影响的 7 次中强震的地震参数。

表1.7 历史地震对场地的影响烈度

发震时刻	震中			震级 / M	震中烈度	震中距场地的最小距离 / km	对场地影响烈度
年 . 月 . 日	北纬 / °	东经 / °	参考地名				
1902.11.04	36°00′	96°00′	青海秀沟	7.0	Ⅸ	185	<Ⅴ
1962.05.21	37°06′	96°00′	青海霍布逊湖	6.8	Ⅷ	118	Ⅴ
1977.01.19	37°06′	95°48′	青海霍布逊湖	6.3	Ⅷ	166	<Ⅴ
2001.11.14	36°12′	90°54′	青海昆仑山口西	8.1	Ⅺ	618	<Ⅴ
2003.04.17	37°40′	96°34′	青海德令哈西	6.6	Ⅷ	47	Ⅴ
2008.11.10	37°33′	95°48′	大柴旦东南	6.3	Ⅶ	160	Ⅴ
2009.08.28	37°36′	95°48′	大柴旦东南	6.4	Ⅶ	162	Ⅴ

在国家地震局编制的《中国地震综合等震线》(1990)基础上，根据目前收集到的等震线资料，增补了 1987 年之后有影响的一些地震，编制了本次工作的区域综合等震线图（图 1.11）。

综上所述，历史地震对德令哈市的最大影响烈度为Ⅴ度，其影响主要来自于中远场强震。

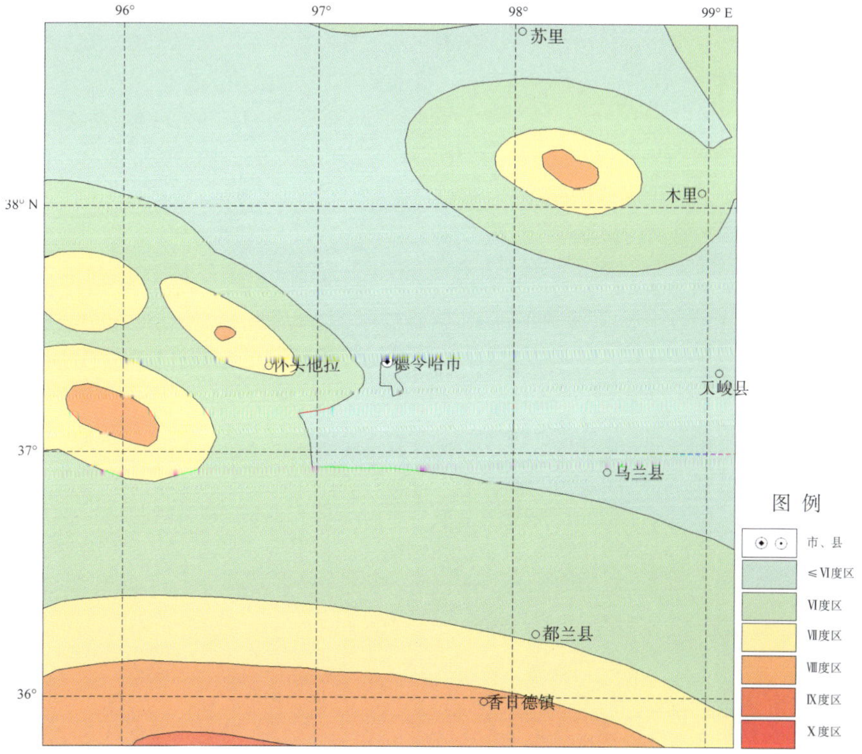

图 1.11 区域综合等震线图

1.6 区域地震活动性综合评价

区域位于青藏地震区的西北部，历史地震记载不全，自有地震记载以来区域内共记录到 M4.7 以上强震 58 次，其中，6.0 ~ 6.9 级地震 11 次，5.0 ~ 5.9 级地震 37 次，4.7 ~ 4.9 级地震 10 次，最大地震为 1902 年 11 月 4 日青海秀沟 6.9 级地震。

区域内地震活动在空间上呈明显的不均匀分布，场地的北部和西部地震活动频繁，东部、南部地震活动较弱，地震集中分布在三湖地区及附近、德令哈西北部和哈拉湖东部地区。区域西南部的三湖地区是柴达木盆地内现代小震活动最为活跃的地区，亦是中强震活动集中区。该区是距场地最近的一个中强震地区，该地区南、北霍布逊湖是赛什腾—锡铁山断裂带和柴达木盆地北中央断裂带的交会地带，由于断裂带的规模所限，地震活动呈现频度高而强度低的特点。区域内小震具有弱震密集成丛的特点，且这些小震成丛区多处于历史上强震震中区附近，自 2003 年 4 月 17 日德令哈西北 6.6 级地震以来，地震活动的频度与强度明显增强，一系列余震主要分布在德令哈以西地段，德令哈东段地震活动较弱。显示了中强震发生的构造带特征，有利于判定中强震孕育的环境。

区内地震震源深度多集中在 5 ~ 30km，属浅源构造地震范畴。

未来 100a 内，祁连山—六盘山地震带、柴达木—阿尔金地震带都处于地震平均活动时段。

历史地震对德令哈市的最大影响烈度为Ⅴ度，其影响主要来自于中远场强震。

第二章 区域地震地质环境

根据《工程场地地震安全性评价》(GB 17741 — 2005)的要求，区域范围应不小于德令哈市外延150km 范围，同时应兼顾远场大震对德令哈市的影响。对于本地区在选取区域范围时，应重点考虑柴达木盆地北缘断裂系中强地震，特别是近年来地震频发的德令哈西北地区中强地震对德令哈市的影响，即35.80° ~ 38.75°N，95.60° ~ 99.15°E 内，该范围大约 $300 \times 300km^2$。主要研究内容是本区域内的地震构造条件，目的是找出区域内构造活动与地震活动的相互关系。因此，本章将对本区域内的大地构造环境、地球物理场及地壳结构特征、新构造特征、构造应力场特征、主要活动断裂带和地震构造运动特征等六个方面的内容进行阐述。

2.1 区域大地构造环境概述

2.1.1 区域大地构造单元的划分

依据《中国大地构造及其演化》(任纪舜等，1980) 中的划分原则及方法，并参考《中国岩石圈动力学概论》(丁国瑜等，1991) 中的有关章节，对本研究区域进行了大地构造单元的划分。划分结果见表 2.1 和图 2.1。

从图 2.1 中可以看出，区域内共划分出了 3 个一级构造单元，9 个二级构造单元。

表2.1 区域大地构造单元划分简表

一级构造单元	二级构造单元
祁连褶皱系 Ⅰ	北祁连优地槽褶皱带 Ⅰ -1
	祁连中间隆起带 Ⅰ -3
	南祁连褶皱带 Ⅰ -4
东昆仑褶皱系 Ⅱ	达肯达坂褶皱带 Ⅱ -1
	欧龙布鲁克隆起带 Ⅱ -2
	柴达木北缘优地槽褶皱带 Ⅱ -3
	柴达木拗陷 Ⅱ -4
	布尔汉布达优地槽褶皱带 Ⅱ -7
秦岭褶皱系 Ⅲ	南秦岭冒地槽褶皱带 Ⅲ -1

续表

一级构造单元	二级构造单元
松潘—甘孜褶皱系Ⅳ	巴颜喀拉褶皱带Ⅳ-1
	雅江褶皱带Ⅳ-2
	玉树—义敦褶皱带Ⅳ-3

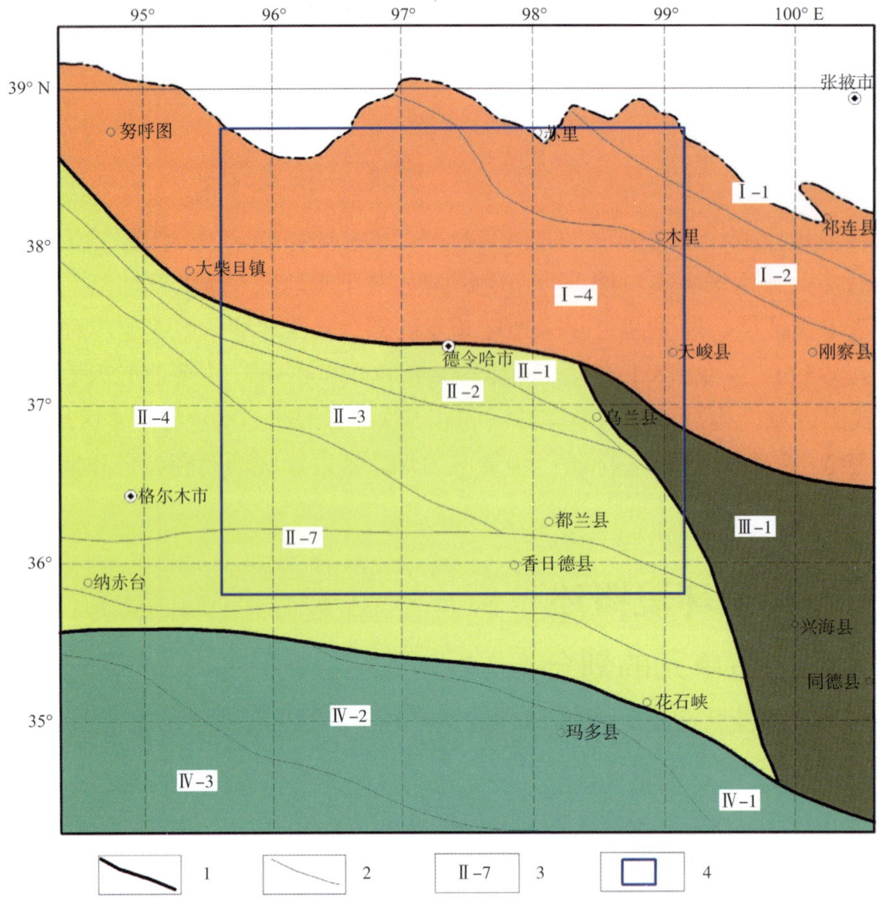

图 2.1 区域构造单元划分图

1. 一级构造单元界线；2. 二级构造单元；3. 构造单元编号；4. 区域范围

2.1.2 主要构造单元特征及其发育简史

这里着重介绍与区域紧密相关的二级构造单元的主要特征及其发育简史。

1. 北祁连优地槽褶皱带（Ⅰ-1）

地槽发育阶段，内部分异较大，在深拗陷背景下，有若干条带状、由晚元古代褶皱构成的隆起带。拗陷带内有中基性岩浆侵入和喷溢活动。中奥陶世末，加里东运动使上奥陶统不整合于蛇绿岩套之上。早古生代地层普遍遭受区域变质作用。

2. 祁连中间隆起带（Ⅰ-2）

该带是中国地台褶皱基底的残余，由晚元古代的扬子褶皱的变质杂岩构成。早古生代期间一直处于隆起状态。志留纪的晚加里东运动，产生了以NW向为主的紧密状褶皱系和巨大的压性大断裂。经晚加里东运动后，经历了泥盆系的强烈上升和夷平，石炭纪时又被海水淹没，沉积了浅海相的灰岩和海陆交互相的含煤岩系。二叠、三叠纪时，以中祁连北缘深断裂为界，南为浅海滨相沉积，北为陆相盆地沉积。三叠晚期的印支运动后，随着我国西南巨大的印支褶皱系的形成，该区上升为陆地，结束海浸历史。进入新生代，尤其是喜马拉雅运动使该区隆升加剧。

3. 南祁连褶皱带（Ⅰ-4）

为一优地槽褶皱带。除拉脊山地区具较好的蛇绿岩套外，中、上寒武系至中、下奥陶统中的火山岩一般为安山质和安山玄武火山岩等，仅在与中祁连交界处，沿中祁连南缘深断裂带木里等地见较大规模的超基性－基性岩体分布。中奥陶世该带遭受了强烈的加里东运动，并使该地槽发生分化；志留纪处于地槽封闭前夕，志留纪中晚期海水逐步退缩；经晚古生代缓慢抬升，于中生代晚期才转化为褶皱带；新生代又进入强烈隆起阶段。

4. 达肯达坂褶皱带（Ⅱ-1）

该带南北边界均为断裂围陷，其内部具有前震旦系结晶基底及下古生界地台型构造。晚古生代进入活化期，泥盆－下二叠统构造成南北地槽型构造层。进入新生代后该区不断抬升，造成断裂发育。出露地层为下元古界结晶基底和长城系－青白口系浅变质岩，有较多华力西期、印支期中酸性岩体呈带状分布。

5. 欧龙布鲁克隆起带（Ⅱ-2）

西起柴达木湖，东至全吉山。主要由长城系中－深变质岩结晶基底及其上三套地台盖层组成：长城系－青白口系浅变质岩、震旦系－中奥陶统和上泥盆系－石岩系岩层；中、新生界盖层由侏罗系－第四系组成。在寒武纪至泥盆纪地层是以地台型沉积建造为主（碳酸岩），上奥陶－中泥盆统地层缺失，第四系其隆升程度较强烈。主要构造线方向为NW—NWW。

6. 柴达木北缘优地槽褶皱带（Ⅱ-3）

位于柴达木拗陷的东北缘。其最老地层是前长城系中－深变质岩系，其上为长城系－蓟县浅变质地台型盖层，呈若干条带，周围为断裂围陷。寒武纪－泥盆纪以地槽型沉积建造为主，发育比较典型的蛇绿岩套地层，晚泥盆世地槽发展已基本结束，为陆相、海陆交互相碎屑岩、火山岩等；石炭纪－二叠纪沉积转化为地台型碳酸岩沉积建造；中生代继承着晚古生代阶段的发育并缓慢抬升，至喜马拉雅运动以来强烈抬升，造就了该区第三系与下更新统之间的角度不整合。整个区域超基性岩较为发育，呈带状分布，延展方向和区域构造方向一致。

7. 柴达木拗陷（Ⅱ-4）

柴达木拗陷是一个中、新生代的大型山间拗陷，是中生代，特别是新生代以来中国西部特提斯－喜马拉雅构造区域强烈活动的结果。柴达木盆地的基底是一个“拼盘”：北半部为柴达木北缘早华力西优地槽褶皱基底；西段茫崖一带为祁曼塔格晚华力西褶皱基底；东段达布逊湖和柴达木河地区为布尔汉布达中间隆起带的扬子褶皱基底。基底上部主要为上泥盆统和石炭系盖层，地表主要由新生界组成。早古生代阶段该区脱离中国地台相对向南移动，中晚寒武世其南部为古陆剥蚀区，晚古生代其西北缘形成了隆起剥蚀区，此时，整个地区开始沉降且向W倾斜，至二叠纪该区大部分成为陆地；陆相盆地沉积始于侏罗纪，说明侏罗纪时该区已具盆地雏形；进入新生代后，周边山系不断抬升，断裂活动加剧，两侧山系向盆地对冲，盆地基底强烈下陷，形成一个被山系包围的宽阔堆积区。

8. 南秦岭冒地槽褶皱带（Ⅲ-1）

西临东昆仑褶皱系布尔汉布达优地槽褶皱带，南北两侧为昆仑褶皱系与祁连褶皱系，东端超覆于武当—淮阳隆起之上。带内山脉走向与地质构造线走向均呈 NWW 方向。这是一个典型的印支冒地槽褶皱带。震旦系至奥陶系基本上为地台型，志留纪才开始地槽沉积。其西段迭部—武都一带出露最老的地层为志留纪变质中基性火山岩，显示加里东旋回并具优地槽特点。志留系下部为笔石页岩夹炭硅质岩，上部为砂页岩、灰岩夹炭硅质岩。泥盆系至下二叠统几乎全部为碳酸盐岩。主要的构造运动发生在中、晚三叠世时期，在同仁一带见三叠陆相含煤火山磨拉斯岩不整合于中、下三叠统地槽型沉积之上。喜马拉雅旋回，该区处于隆起、上升背景。

2.1.3 区域构造演化特征

研究区所在的青藏高原北部地区其地质构造是长期演化的结果。前震旦纪阶段是整个古中国地台的形成阶段。长城纪末，发生了一次强烈的构造运动（青海称湟中运动，甘肃为阿拉善运动）之后，本区进入了蓟县纪发展时期，地壳重新沉降，海水再度进入，地势北高南低。中祁连山以浅海—滨海相为主，沉积物厚度达 3300 ~ 3500m。蓟县纪末期发生的托莱运动，使地壳再度上升，并且使本区地壳的均匀性受到了较大的破坏，加剧了古陆破碎的过程。到青白口纪末期，我国大陆发生了一次广泛而深刻的构造运动——晋宁运动，全区海退，转化为地台盖层发育的新阶段。震旦纪—早寒武世阶段是一个漫长的夷平阶段，常称为兴凯旋回，古地台期已告结束。早寒武世晚期，在中国准地台重新沉降的同时，海水从东北和西南两个方向进入北祁连海槽和拉脊山海槽。中奥陶世的古浪运动及晚奥陶世的拉脊运动，使北祁连、拉脊山等海槽褶皱封闭。早志留世末期，祁连地槽系已开始全面封闭，中、南祁连山全面海退，拉脊山至此结束了海浸的历史。

从晚石炭世初开始，本地区全面海进，南祁连山和中、北祁连山东段仍为隆起剥蚀区，晚二叠世，北祁连山、拉脊山等地块大部已成古陆。三叠纪的印支运动使整个印支海槽回返，使三叠系及其以下的老地层普遍褶皱和区域变质。与此同时，祁连山东段的冷龙岭等地基底断裂复活，从而形成了冷龙岭超基性岩带和青海南山基性岩带。从中侏罗世开始，本区进入了陆内造山时期，中、晚侏罗世，西宁、民和、兰州等盆地相对拗陷，沉积了数百米厚的红色碎屑岩，其中走廊盆地达 2 ~ 3km，早白垩世基本继承了晚侏罗世的状态。白垩纪末，地壳再次强烈活动，造成了下第三系与白垩系及其以前地层的不整合接触，从而宣告了燕山运动的结束。

新生代以来，本区构造运动进入了一个新的发展阶段，即喜马拉雅旋回阶段。伴随区域Ⅰ、Ⅱ、Ⅲ级夷平面的形成与隆升，在 NWW 及近 EW 向构造上叠加了一组 NNW—SN 向隆起和拗陷带，从而形成若干长轴为 NW 向的构造盆地，如武威盆地、民乐盆地、西宁盆地、共和盆地等。与此同时，祁连山、秦岭山区经过中新世晚期的大规模不均匀推覆运动，青藏高原强烈隆起，块体边缘形成了向盆地推覆的一系列逆掩断裂带。主要断块边界断裂表现了挤压为主兼有一定程度的左旋走滑运动。中更新世开始，基本经过准平原化的青藏高原东北部地区，在整体非均匀挤压隆升背景中，进入了断块间剪切走滑差异活动的新时期。北祁连的断裂系及主要弧形断裂带的 NWW 向段落，表现了空前的左旋走滑兼逆冲性质。全新世以来的构造运动，突出表现了断块边界走滑活动断裂带的分段活动特点，从而构成了青藏高原东北部地区现代强震活动独特的地震地质事件。

2.2 区域地貌特征

工作区位于柴达木盆地东北缘。区域内所属山系为祁连山系的宗务隆山山脉，横跨东西、奇峰峥嵘，南跨柴达木盆地与布赫特山，全区地势北高南低。区域内山脉呈 EW 走向，北部山脉呈 NWW 走向，与区域构造线方向一致。区内最高峰海拔 5274m，最低 2905m，一般是 3800 ~ 4500m，相对高差 700 ~ 1500m。宗务隆山山脉是一近 NWW—NW 走向的山系，山高谷深，属深切割中山一中高山地。大部分山区基岩裸露，山峰多为冰雪覆盖，植被多为高寒灌丛、小乔木等。全区山系均具有北坡缓南坡陡的特点。山间常发育小型盆地，如阿让郭勒、乌兰哈德郭勒、哈特尔、哈啦灶火及塔希尔等地，分布有新生代堆积物。

区域内水系比较发育，其中巴音郭勒河纵贯全区，其支流主要是阿让郭勒。夏尔郭勒、哈特尔及拜兴沟等，它们均源于北部高山区，向南注入柴达木盆地之柯鲁克湖。

工作区内面积较大的湖泊有四个：哈拉湖、柯鲁克湖、托素湖、尕海湖，其中柯鲁克湖与托素湖位于德令哈市西南部，柯鲁克湖是区域内最大的淡水湖，巴音郭勒河自东南流入，面积近 $60km^2$，湖水自西南部流入托素湖，使两湖称为柴达木盆地的姊妹湖（图 2.2）。

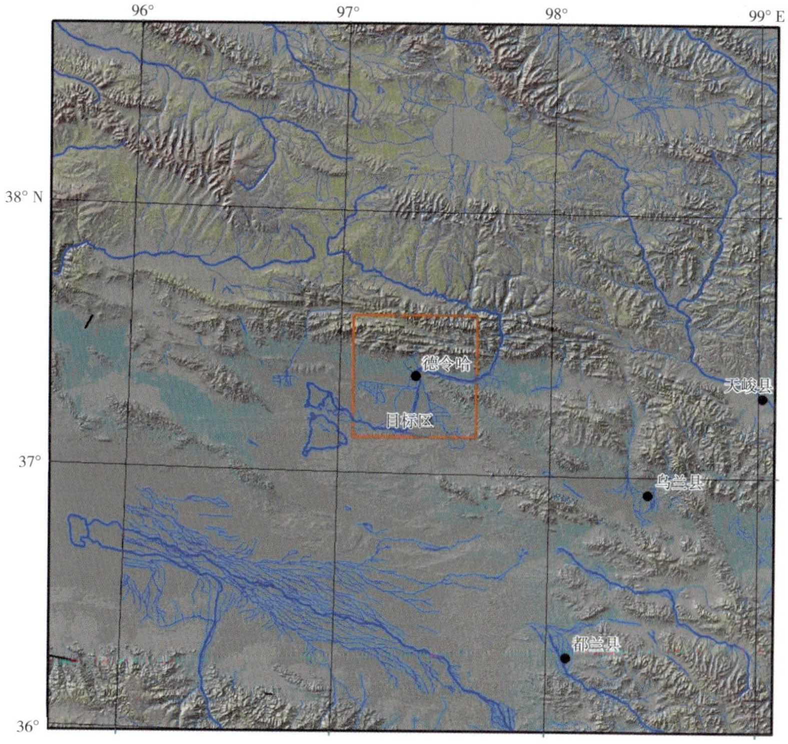

图 2.2 区域地形地貌图

蓝色为水系

2.3 区域地球物理场及地壳结构特征

地球物理场是地壳、上地幔物质组成、结构构造、热力和应力场状态等的综合反映。因此，研究分析地球物理场的特征，可以了解和揭示地壳、上地幔的物质组成及结构构造特征，进而分析它们与强震之间的关系。

2.3.1 区域重力场特征

重力场是反映地球密度分布特征的地球物理量，是决定地球形状的主要因素之一。对原始重力资料做高度及地形校正，即减去观测点与海平面之间地形质量产生的重力影响，并消除测点附近地形的影响，得到布格重力异常。根据地壳均衡原理，布格重力异常为负值，表示地壳较厚，或地下物质密度较小，布格重力异常为正值，表明地壳较薄或地下物质密度较大。由于布格重力异常是大地水准面之下地壳内部物质密度分布不均匀程度的综合反映，因此，常用来推测地壳内部的大型断裂及反演莫霍面形态。在布格重力异常图上，推断断裂的主要依据是：①走向明显的重力梯度带；②不同特征重力场的分界线；③条带状重力异常在其轴向上的突然中断、转折或异常轴的水平错动。

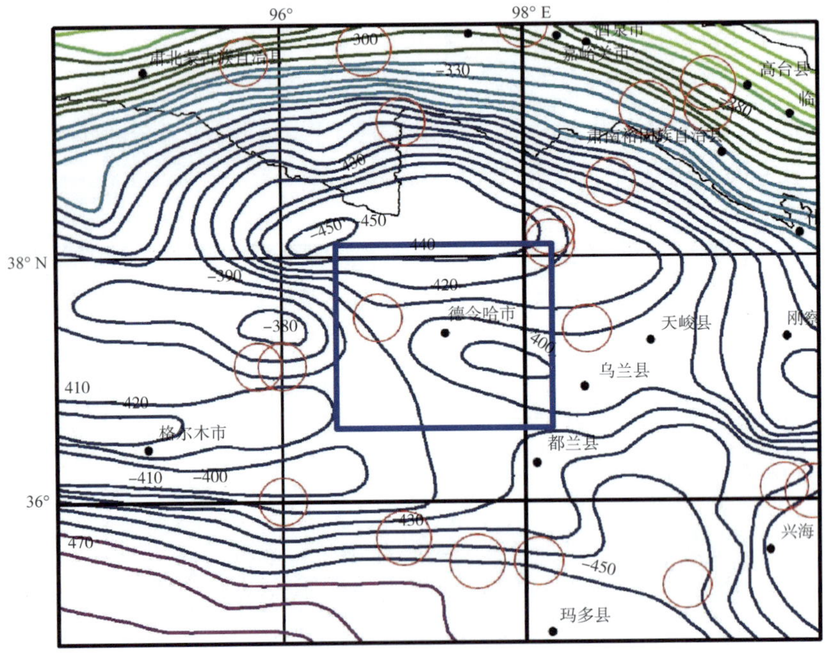

图 2.3　区域布格重力异常图（等值线单位：$10^{-5}m/s^2$）

图 2.3 是区域布格重力异常图，区域布格重力异常值在（–250 ～ –480）$\times 10^{-5}m/s^2$ 之间，均为负值，说明区域地壳厚度较厚，内部密度较小，质量亏损。研究表明，大型重力梯级带一般对应一级构造单元边界，小型重力梯级带常反映次级构造分界线及断裂，它们是布格重力场的骨架。本区的阿尔金山—祁连山大型重力梯级带，它是环绕青藏高原周边大型重力梯级带东北部弧状梯级带的一部分。梯级带异常幅值为 (–225 ～ –450) $\times 10^{-5}m/s^2$，最大梯度为每千米变化 $1.4\times 10^{-5}m/s^2$。

2.3.2　区域磁场特征

如图 2.4，区内磁场主要有正磁场和负磁场构成。柴达木盆地磁异常表现为 25 ～ 100nT 的平缓正磁场区，内部有局部小异常；沿宗务隆山表现为磁场负异常区，南北两侧磁场变化明显。柴达木北缘断裂带上磁异常也较为明显，表现为磁异常梯度带和正负磁场分界。

2.3.3　地壳结构特征

图 2.5 为区域地壳厚度图。从图中可以看出，沿昆仑山、祁连山地壳增厚，总体走向为 NWW，与山体走向一致；柴达木盆地为地壳相对变薄。整个区域变化幅度达 10km 以上，自北向南地壳厚度由 46km 增加到 64km，最大变化梯度达每百公里落差为 8km。总的来说，区内存在两个莫氏面变异带：即祁连山北缘和东昆仑南缘莫氏面变异带，两侧地壳厚度分别相差 18km 和 12km，在柴达木盆地中部，地壳厚度相对较薄。

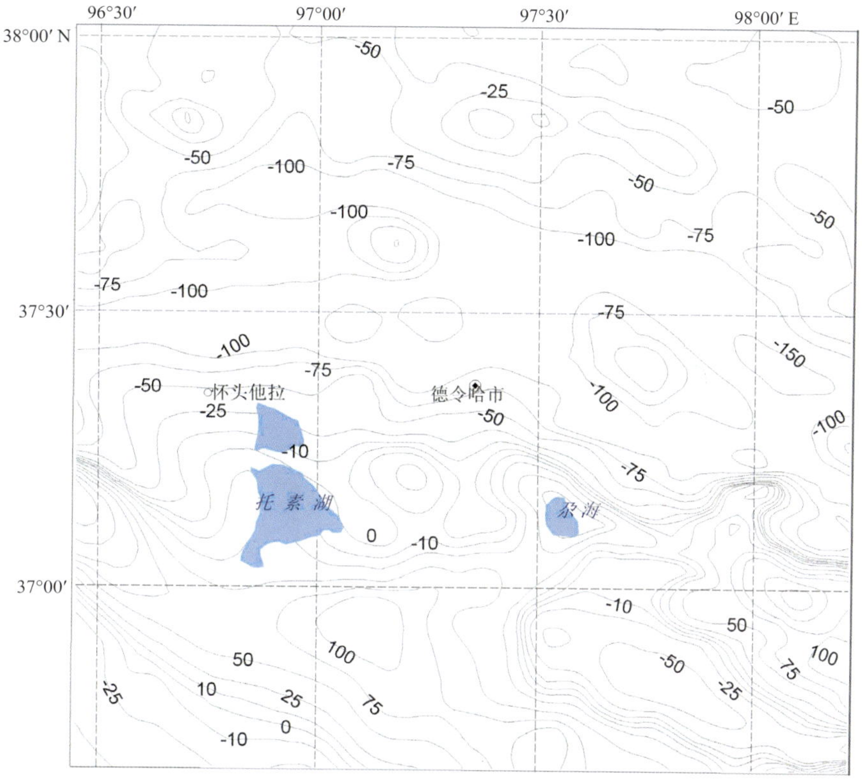

图 2.4　区域 1°×1° 航磁异常（ΔT_a）图（等值线单位：nT）

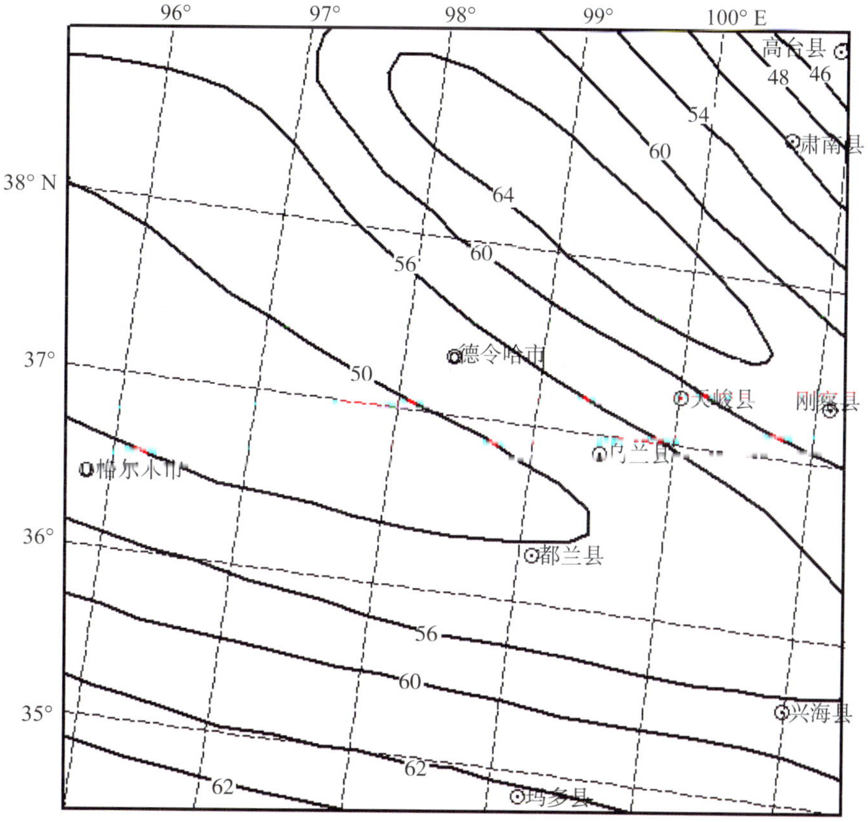

图 2.5　区域地壳厚度图（等值线单位：km）

2.4 区域新构造运动特征

新构造运动是指第三纪晚期以来的构造运动，是地质史上最新的构造运动。它是使现今地貌轮廓形成的构造运动，而且新构造应力场与现代构造应力场基本相同。因此研究新构造运动的特征是研究现代构造运动特征的重要方面，也是地震地质工作的一项重要任务。

2.4.1 新构造运动分区特征

印度板块的强大推挤作用使青藏高原强烈隆起，奠定了中国西部新构造运动时期的基本轮廓。然而由于不同块体内部结构以及边界条件的不同，造成新构造运动在不同地区具有较大的差异。为此参照前人的资料对工作区及其邻近地区进行了新构造运动的分区。其分区结果见图 2.6 及表 2.2。

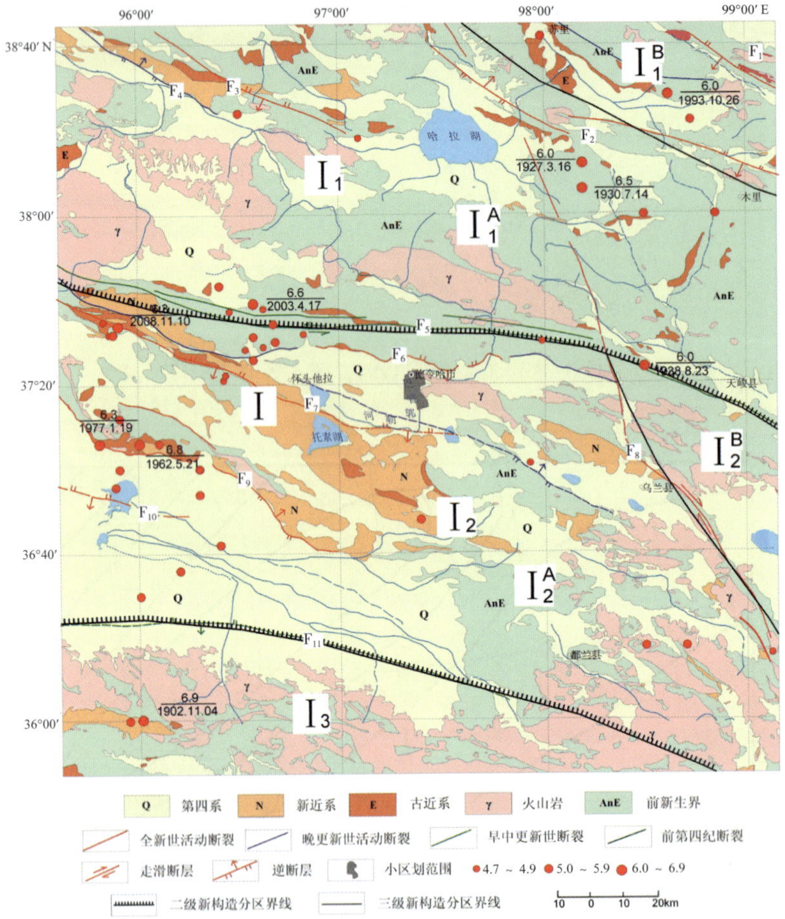

图 2.6 区域新构造图

表2.2 新构造分区

一 级	二 级	三 级
青藏断块区 I	祁连山－阿尔金强烈上升区 I_1	哈拉湖－青海湖断隆构造区 I_1^A
		南祁连断隆 I_1^B
	柴达木－共和下降区 I_2	柴达木断陷 I_2^A
		共和断陷 I_2^B
	东昆仑断隆 I_3	

1. 柴达木 – 共和下降区（I_2）

此区为第三纪以来强烈沉降区，呈 NWW 向展布，包括柴达木盆地与共和盆地等。新生代以来，由于青藏高原不断抬升，盆地周边山系也同步隆起，边缘断裂活动加剧，两侧山系向盆地对冲，而其基底下陷，形成山系包围的堆积区。在柴达木盆地新生界最大厚度达 6 ~ 7km，第四系最大厚度达 2800 余米。该区内部地震活动较频繁，共和盆地与柴达木盆地的最大地震分别达到 7.0 和 6.8 级。

2. 祁连山 – 阿尔金强烈上升区（I_1）

该区与柴达木 – 共和下降区平行展布。其主要特点是喜马拉雅运动以来强烈隆起，且隆起山地与线状展布的山间断陷盆地相间排列。祁连山脉与阿尔金山脉的第一级夷平面海拔多在 4000m 以上，且西高东低。此区亦为地球物理场的变异带，其地震活动表现为频度高、强度大的特点。

3. 东昆仑断隆（I_3）

其北以柴南缘断裂带为界，南以东昆仑活动断裂带与巴颜喀拉地块相邻。主要以中生代及其以前地层组成的隆起为主。其山系与构造线方向较一致，地壳厚度 60km 左右。东段以布尔汗布达山为主体，呈 EW 向展布，西段以昆仑山、祁曼塔格山为主体，呈 NWW 向展布。喜马拉雅运动以来，本区强烈抬升，第四纪断裂活动强烈。

2.4.2 新构造运动的主要特征

1. 继承性和边界性

新构造运动不是孤立的构造运动，而是以青藏块体整体抬升运动为主导，对老构造运动的继承和延续。

新构造运动的继承性表现在各个方面，最主要的类型和强度及其活动范围都是以区域性活动大断裂作为边界。祁连山断块与走廊断块在喜山运动早期已经分异升降。中新世晚期，伴随着青藏高原的隆起而大幅度抬升，在河西走廊沉积了巨厚的上新统砾岩，然后是玉门砾岩、酒泉砾石层的堆积。两断块间的升降运动是以祁连山北缘大断裂为转换边界的。现代垂直形变资料表明，祁连山相对河西走廊有 2 ~ 6mm/a 的上升量。阿尔金断块隆起区与塔里木地块，是以阿尔金断裂为界，亦是在中新世以后做大幅度升降差异运动的。直到现今，阿尔金断块相对塔里木地块仍以 2 ~ 6mm/a 的速率上升。在高原北部现代垂直形变速率图上反映出，区内主要山系仍以上升为主，盆地仍以下降为主，明显地表现出新构造运动的继承性。

2. 新生性

新构造运动虽然有继承老构造运动的特点，但运动的方式和强度并不是一成不变的，而是在继承的基础上，在不同的时间和空间上不断改变着原有的运动方式。如前所述，许多规模较大的断裂晚第三纪—第四纪早期主要表现为倾滑性质，但中更新世以后，运动性质发生改变，区内 NWW、NNW 和 NEE 向的大断裂均被水平走滑所代替，其活动强度在不同时段也有显著差异。

许多中 – 新生代盆地，早期以下沉为主，中新世以后结束了沉积的历史而转为上升；原有的夷平面被后来构造活动掀斜变形；这些构造变动说明新构造运动总是改变着它的形式，也不断地改造着已有的构造格架，逐步孕育造就了新的构造形式，这就是地史演化的发展规律。

3. 间歇性

新构造运动不是直线式，而是有快有慢波动式向前发展的。河流阶地的发育是间歇性运动最典型的记录，每级阶地代表了一个沉积和下切的过程，反映了相应时期地壳稳定和急速上升的活动周期，因此，阶地是代表地壳间歇活动的标志。据李吉均（1994）、朱照宇（1994）对黄河及我国北方黄土高原水系的研究，黄河及主要支流普遍存在6～7级阶地，其形成时代大致相同。但是相邻之间阶地所反映的间歇周期有很大的差别：T_7～T_6为10万年，T_6～T_5为30万年，T_5～T_4为60万年，T_4～T_3为45万年，T_3～T_2为10万年，T_2～T_1为3.5万年(李吉均，1994)。陇南的长江支流白龙江、祁连山的黑河也都有6～7级阶地，从而表现了新构造间歇运动的普遍性和统一性。实际上，多级夷平面的分布，也是地壳间歇性抬升的一种表现，只不过它的周期更长，涉及面更广罢了。

2.5 区域构造应力场特征

地壳应力状态，是岩石圈动力学最主要的研究内容之一。研究现今地壳应力特征和分布规律，不仅有助于说明现代地壳构造的活动机制，而且有助于阐明构造活动的发展史，能够帮助我们了解地震成因、地震活动的时空特征和分析地震发展趋势，是地震危险性分析中的一项不可或缺的基础性工作。

目前，研究地壳应力状态的方法很多，如震源机制解、原地应力测量、地形变测量和断层位移测量等。本节主要通过收集整理国内地壳应力场最新研究成果，总结本地区应力场特征。

2.5.1 区域构造应力场的变迁

本区从元古代到第四纪共经历了数次强烈的构造活动，每次构造活动其主压应力方向均有一定的变化。石炭纪前受秦岭—昆仑纬向构造体系的控制，主要构造形迹为EW向，构造应力场主压应力方向近NS向。随着巴松弧形带的发育，NWW向构造形成，主压应力方向转变为NNE。侏罗纪时祁吕系发育波及青海东北部，受其影响本区主压应力方向曾一度转为NE向。白垩系河西构造运动成为本区主要构造运动，该区主压应力方向转为NEE。喜山运动时期，现代构造格架已形成，本区主压应力方向又转为以NE向为主。这反映出每一时期的构造主压应力方向与当时的构造形迹近似垂直。

本区第四纪活动构造形迹主要呈NW—NWW和NNW两组方向分布，前者规模宏伟且切割深，并以左旋走滑为主兼具逆冲性质；后者则具有逆冲兼右旋走滑特征。在二者的共同作用下，形成了目前本区第四纪以来主压应力为NE向的背景应力场。

2.5.2 现代构造应力场特征

1. 新褶皱所反映的古构造应力方向

柴达木盆地在第三纪末至第四纪普遍发育挤压褶皱构造，被卷入褶皱构造的最新地层为下中更新统。分析本区新褶皱构造的形态分布，可见盆地内新褶皱多为对称发育，褶皱长轴方向基本在NWW—NNW范围内，形成褶皱构造的最大主压应力方向应为NE向。

2. 现代构造应力场

近年来，地应力测量、断层滑动测量和震源机制解数据，特别是中国及其邻区地壳应力数据库的建立（谢富仁等，2003)，为中国地壳应力场研究奠定了坚实的基础。谢富仁等（2004）以“中国大陆地壳应力环境基础数据库”为基础，总结了中国大陆及其邻区现代构造应力场的基本特征，编制了《中国现代构造应力场图》(图2.7)，并将中国大陆划分为不同的构造应力分区。

根据《中国现代构造应力场图》，中国大陆及邻区现代构造应力场的主压应力方向以105°E为界，东部地区以近EW为主，华北、东北为NE—NEE，华南及台湾地区为SE—SEE。西部地区以近SN为主，但在青藏高原北、东地区，现代构造应力场的主压应力方向分布较为复杂，自北向南，有由 NE、NEE、近 EW、SE、近 SN 到 NEE 的变化趋势。而德令哈市在区域主压应力方向为 NE—NNE 向（图 2.7）。

万永革（2011）在前人工作的基础上，利用中国地壳应力数据库和哈佛大学矩心矩张量目录资料，将中国大陆划分为 2°×2° 的子区，反演出每个子区内的构造应力场主应力方向和相对应力大小值。本报告选取了其研究成果中与德令哈地区相关的资料，并汇编为表 2.3。从表 2.3 可以看出德令哈市区域范围内主压应力场方向为 NE—NNE。

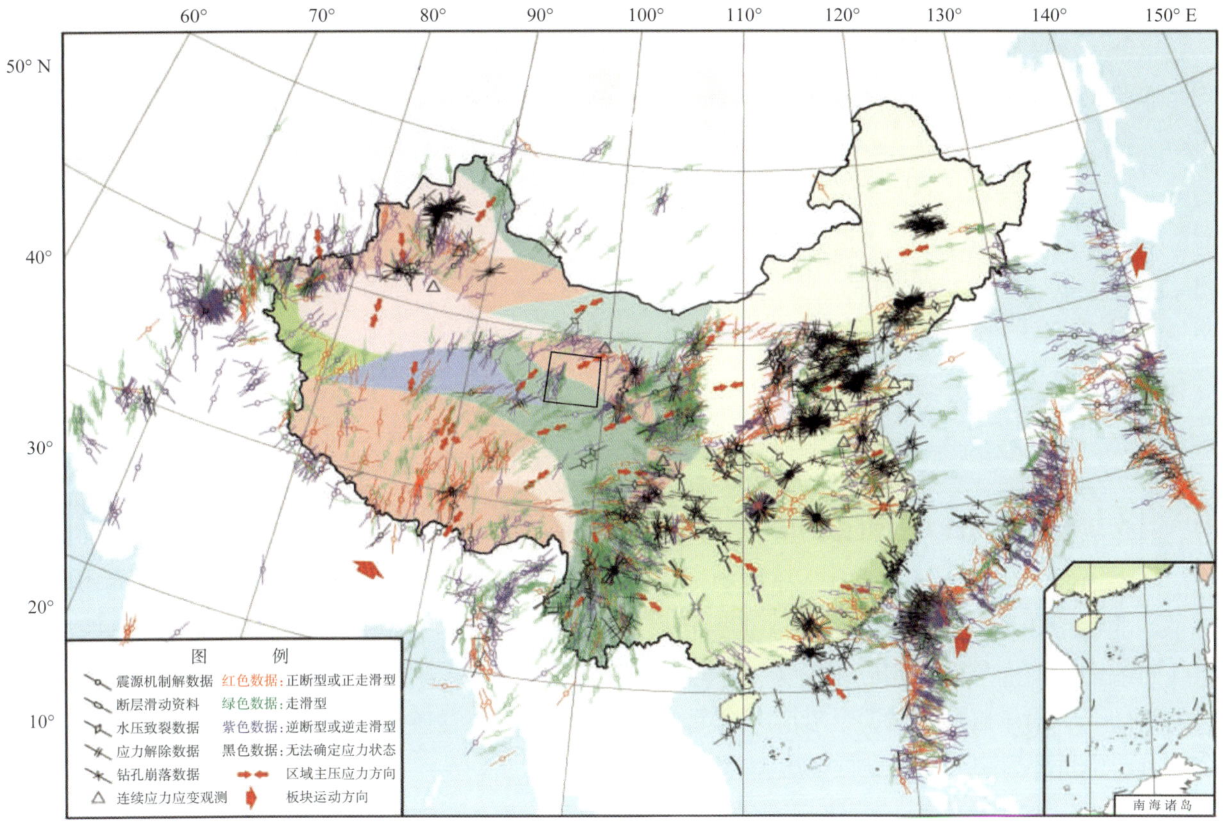

图 2.7 中国大陆现代构造应力场（谢富仁等，2004）

表2.3 区域应力场反演结果（万永革，2011）

编号	北纬 /°	东经 /°	σ_1 轴		σ_2 轴		σ_3 轴		R	拟合差角 /°	震源机制数目
			走向 /°	倾角 /°	走向 /°	倾角 /°	走向 /°	倾角 /°			
1	34	93	29	26	198	63	297	4	0.50	8.299	100
2	34	95	26	23	206	67	116	0	0.50	8.669	78
3	34	97	52	7	149	45	315	44	0.65	9.842	76
4	34	99	57	7	153	44	320	45	0.65	8.992	59
5	34	101	217	14	118	31	328	55	0.65	11.898	51
6	36	93	30	35	190	53	293	9	0.45	7.097	81
7	36	95	30	0	120	46	300	44	0.65	8.440	63

续表

编号	北纬 /°	东经 /°	σ_1 轴		σ_2 轴		σ_3 轴		R	拟合差角 /°	震源机制数目
			走向 /°	倾角 /°	走向 /°	倾角 /°	走向 /°	倾角 /°			
8	36	97	210	9	101	64	305	24	0.60	8.492	60
9	36	99	233	2	142	10	333	79	0.35	5.430	42
10	36	101	57	6	323	33	156	56	0.45	5.642	39
11	38	93	207	3	313	79	116	10	0.50	7.289	67
12	38	95	25	1	283	84	115	5	0.50	8.155	47
13	38	97	25	25	159	56	285	21	0.65	4.746	44
14	38	99	55	0	145	7	325	83	0.45	6.669	39
15	38	101	10	4	279	5	136	83	0.50	5.326	34
16	40	93	41	0	131	30	311	60	0.40	7.477	40
17	40	95	41	0	131	30	311	60	0.40	6.624	37
18	40	97	198	9	359	80	108	3	0.15	7.043	40
19	40	99	217	7	307	3	67	82	0.30	5.407	35
20	40	100	198	21	45	66	292	10	0.40	6.529	30

2.6 区域主要活动断裂带

德令哈地区（周边 150km 范围）存在 11 条区域性活动断裂（表 2.4；附图Ⅰ），主要包括宗务隆山断裂带、宗务隆山南缘断裂、大柴旦 – 尕海断裂、柴达木盆地北缘断裂带等。这些断裂均具有孕育和发生强烈地震的构造条件，相应地震的发生会不同程度地影响德令哈市的地震安全。本项目在收集现有资料的基础上，对本区域内对德令哈市产生重要影响的断裂进行遥感解译和实际野外调查工作，现将对德令哈市产生重要影响的断裂进行论述。

表2.4　区域主要活动断裂带一览表

编号	断裂名称	断裂长度 / km	走向	倾向	断裂性质	最新活动时代	地震活动情况
F_1	托莱山断裂带	＞280	N60W	SW	逆冲	Qh	
F_2	疏勒南山断裂带	400	NWW	NE	逆冲	Qh	沿带有 5 级左右地震分布
F_3	党河南山断裂带	150	NWW	SW	逆冲	Qh	沿带有中强地震分布
F_4	大哈尔腾河断裂带	240	NWW	NE	逆冲	Qp_3	有 5 级左右地震分布
F_5	大柴旦 — 宗务隆山断裂带	310	NWW—EW	NE	左旋兼逆冲	Qp_{1-2}	
F_6	宗务隆山南缘断裂带	200	NWW	NE	逆冲	Qp_{3-h}	沿带有 5 级地震分布
F_7	大柴旦 — 尕海断裂带	240	NW	SW	逆冲	Qh	有 5 级左右地震分布
F_8	鄂拉山断裂带	320	NW—EW	SW	逆冲	Qh	断裂西段有中强地震分布，最大 6.3 级

续表

编号	断裂名称	断裂长度 / km	走向	倾向	断裂性质	最新活动时代	地震活动情况
F_9	柴达木盆地北缘断裂带	260	NNW	NE	左旋兼逆冲	Qh	沿带小地震分布较多
F_{10}	柴达木盆地北中央断裂带	230	EW	N	逆冲	Qh	
F_{11}	柴达木盆地南缘断裂	500	NWW—EW	SW	左旋兼逆冲	Qp_3	沿带 5 级以上地震集中分布

1. 托莱山断裂带（F_1）

托莱山断裂是青海省北部地区左旋走滑活动最清晰的断裂带之一，东起冷龙岭下的硫磺沟口，西端延到祁连县南的冰沟、沿大通河到哈拉湖止，全长大于 280km。该段断裂是广义的海原 – 祁连左旋走滑断裂的西延段。断裂在形态上呈平滑的舒缓波状延伸，线性特征清晰。断裂东起于硫磺沟拐弯处河北岸，沿二道沟、狮子口、莱日图河向西延伸，走向近 EW，倾向 S，倾角 70º 左右，具逆断层性质。主要断错在奥陶系与二叠系之间。地貌上线性构造清晰，在硫磺沟口西半山坡上断错一串隆起梁脊（图 2.8）。

在二道沟东岸一个冲沟底部见灰岩破碎带逆冲到全新世坡积物之上，有黑色和红色断层泥条带，其新活动显著（图 2.9）。

图 2.8 硫磺沟沟口西断层地貌（镜向 W）

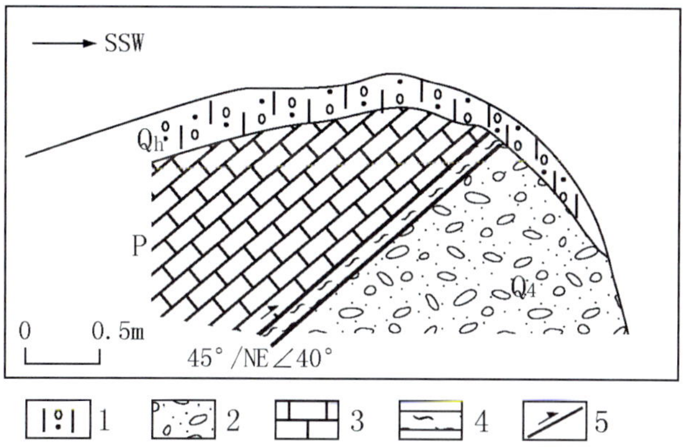

图 2.9 二道沟东断层剖面图

1. 腐殖土夹碎石；2. 坡积砾石；3. 石灰岩；4. 断层泥；5. 逆断层

在小八宝河东沟内第三条冲沟的西梁上，地表仍保存着自由面的反向陡坎。经探槽开挖发现剖面上至少存在 2 次古地震事件（图 2.10）。剖面上共有 3 条断层平行分布，走向 295°，倾向 NNE，倾角 37° ~ 42°，断面宽 1 ~ 2cm，由橘黄色粗砂质断层碎裂岩组成，显示剪切性质。剖面下部层⑤为土黄色碎裂岩带中的粗砂和角砾，被 F_1 和 F_2 断层断错，其上覆盖了层④红色粉砾含黏土，为第一次古地震事件；F_3 断层又切穿了层④被层③所覆盖，为第二次古地震事件。层④的释光年龄为距今（13960 ± 1020）a，F_2 断层物质的释光测年结果为距今（13240 ± 940）a，由此可见第一次古地震事件发生在 13000 多年。层③的释光测年结果为距今（6080 ± 450）a，第二次古地震事件发生在此之前。

从以上结果可以看出，托莱山断裂带上的地震复发周期大致为 2000 ~ 3000a，并由此推测在小八宝河东沟探槽内的两次古地震事件之间，距今 9000 ~ 10000 a 间，还应有一次古地震事件。

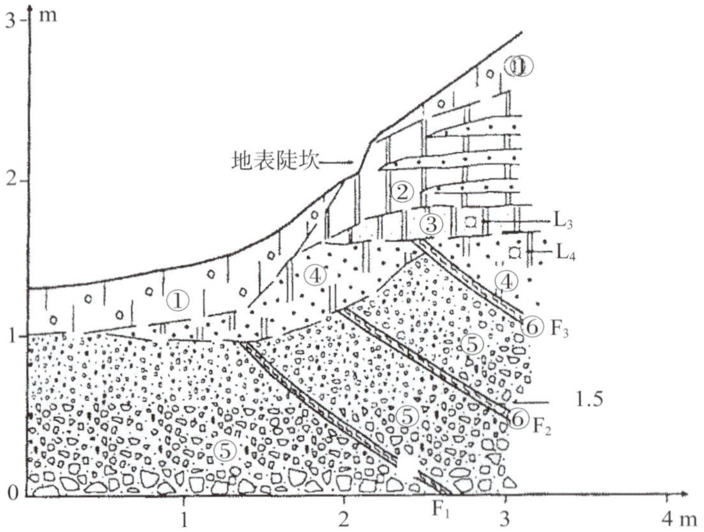

图 2.10　小八宝河东沟探槽西壁剖面

①灰黑色含碎石腐殖土；②黑色断层泥沉积，夹土黄色砂层条带；③黑色和红色含粉砂质黏土；④红色粉砂含黏土；⑤碎石角砾与红色粉砂粗砂混杂堆积；⑥橘黄粗砂、角砾组成的断层错动面

2. 疏勒南山断裂带（F_2）

疏勒南山断裂带位于研究区北部，哈拉湖北侧，疏勒南山南侧。断裂带西起疏勒南山南坡，经哈拉湖北、木里至刚察大寺北，长约400km。主要由数条平行的断裂组成，总体呈N60°～75°W方向展布，西段倾向N、倾角40°～50°，往东变为S倾，倾角60°～65°，具逆冲性质并兼左旋扭动特征。断层经过区域海拔最高超过5000m，断层中段控制了河流的发育，河流沿断层破碎带形成的沟谷分布，沟谷两侧存在特征明显的陡坎、三角面构造地貌，水系也存在局部的左旋位错现象，反映了断裂带具有一定的左旋性质（图2.11～图2.13）。

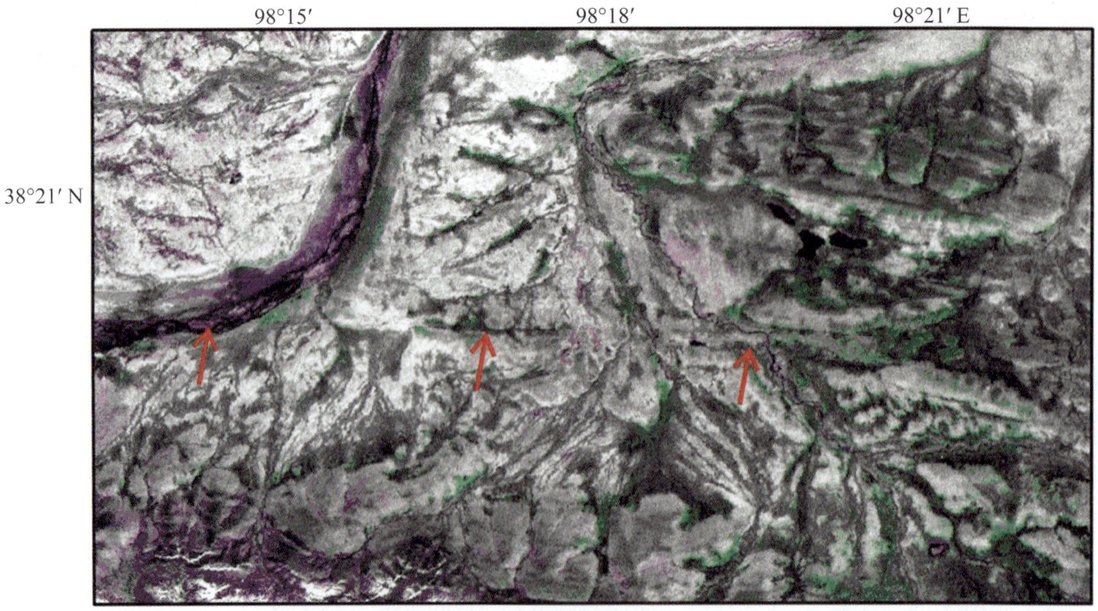

图 2.11　水系左旋位错

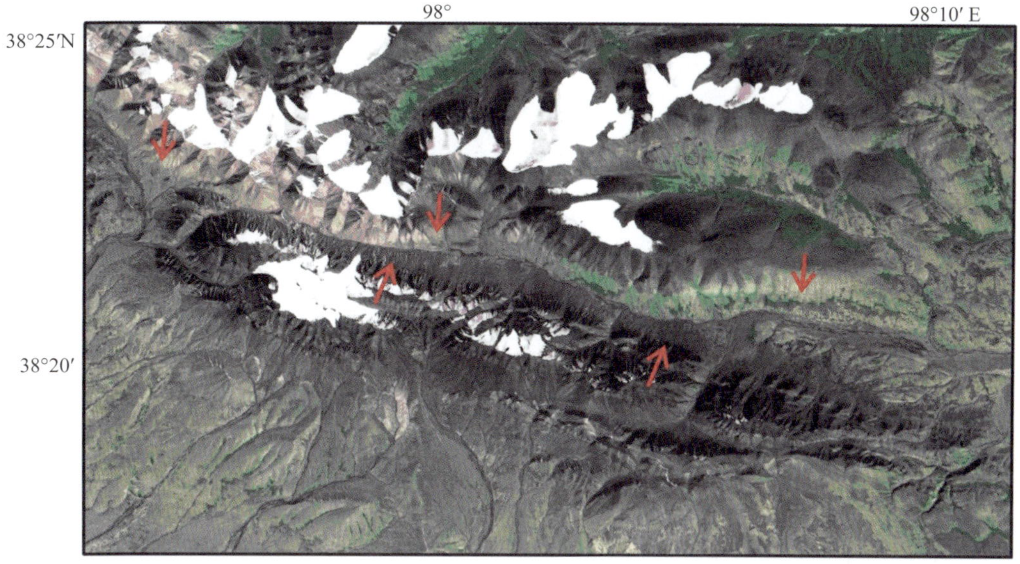

图 2.12 断层沟谷破碎带

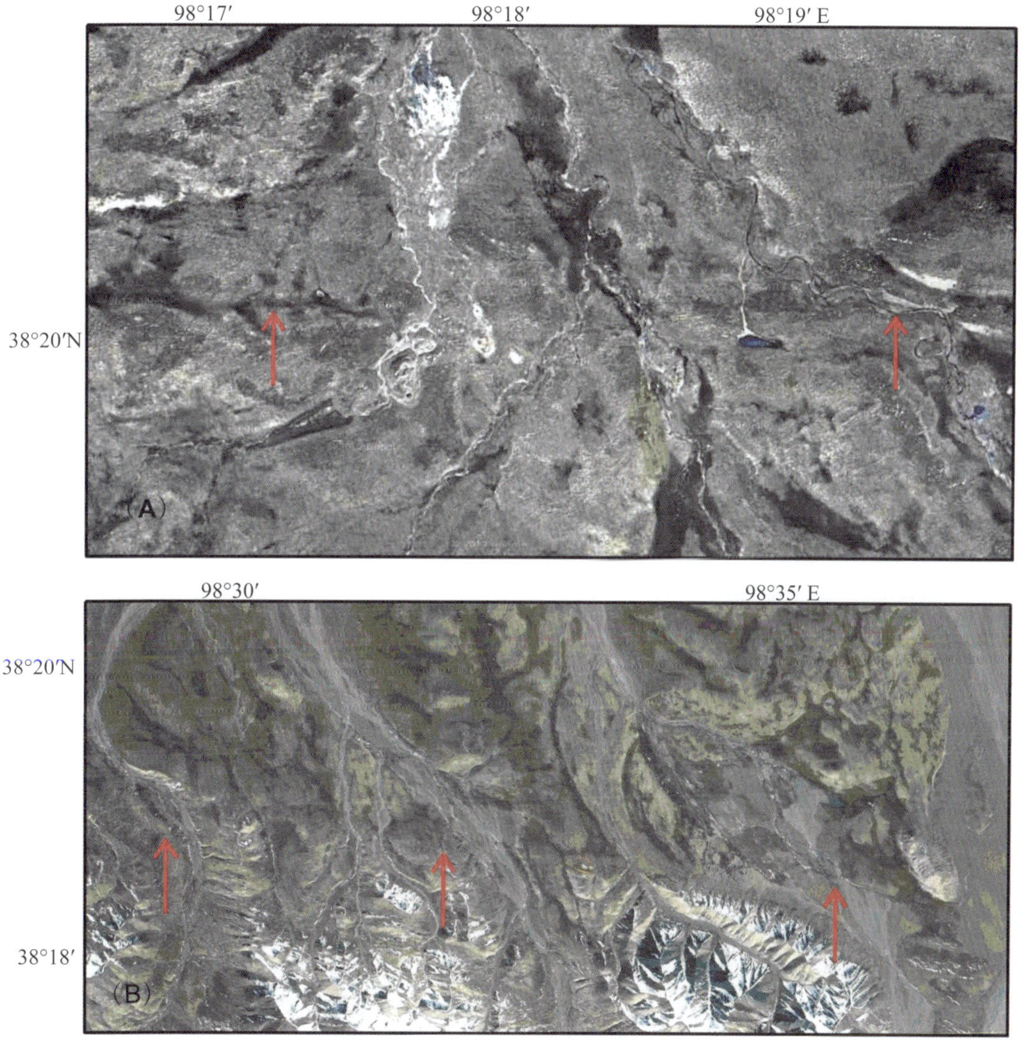

图 2.13 断层三角面及陡坎地貌

断裂带成生于古生代早期并控制下古生代复向斜南界，中期控制着交互相的中、下三叠统及陆相侏罗系的南界。新生代以来活动明显，沿断裂泉水广泛出露，疏勒南山南缘呈现整齐的断层陡坎，木里—刚察大寺和热水煤矿北发育有一系列鞍部及沟谷负地形，并控制了哈拉湖盆地和大通槽地的形成。沿带5级左右地震活动频繁，在西段的哈拉湖地区有6级以上地震发生，东段与日月山断裂交会部位发生过 $M_S \geqslant 7.0$ 古地震。

3. 党河南山断裂带（F_3）

党河南山断裂带位于党河南山—布哈河北山褶皱带之中西段，由几条平行展布的断裂组成，总体走向为N60°～70°W，倾向SW，倾角35°～55°，区内长90km。党河南山北缘扎子沟和大红沟—小红沟一带，均保存有较新的地震地表变形带，经野外调查分析，这两段较为连续的破碎带应为同一次地震形成，目前可见地表破裂带长度达40km，陡坎高度在0.5～1.5m。由此估算，该次地震的震级可能会达7级或以上。由野外初步估计，小红沟一带的高漫滩形成年龄大约在1000a B.P.（邵延秀等，2011），因此认为该断裂全新世有过活动。

4. 大柴旦—宗务隆山断裂带（F_5）

大柴旦—宗务隆山断裂带为一区域性断裂带，由一束密集断裂组成，主断裂西起赛什腾山北缘，沿宗务隆山南坡延伸与鄂拉山断裂相接，总体呈NWW—EW向延伸，长约310 km，倾向NE，倾角35°～50°，区域上为二级构造分区的边界断裂。断裂带在平面上呈左接斜列展布的锯齿状，地貌反差显著，两侧山势陡峻，中间为第三纪—第四纪带状谷地。断裂东段为柴达木北缘台缘褶带与欧龙布鲁克台隆的分界。断裂生成于中奥陶世末期，华力西期早期，断裂活动性增强；印支期，断裂活动性减弱；燕山期—喜马拉雅期仍有活动，控制断陷盆地的生成。

前人研究表明，该断裂带在中更新世至晚更新世时期，曾有较强烈的活动，现今仍有中强地震分布。该断裂带的一系列断裂展布在研究区内，为叙述方便，按其展布的地理特征，将其分为三段，即西段（达肯大坂山段）、中段（宗务隆山段）和东段（布赫特山段）。各段又有多条断裂展布，分述如下：

1）达肯大坂山段

断裂西起塔楞河口，向东南沿达肯大板山西南边缘呈舒缓波状延伸，长度约20km，总体走向N40°W，倾向NE，倾角50°～60°，断裂活动具有挤压逆冲性质，挤压破碎带宽约30m。断裂断错在震旦系之内，可见北盘震旦亚界达肯大坂群片岩向南西逆冲到震旦亚界全吉群砂岩之上。航卫片解译有清楚的线性显示，基岩山区沿断裂存在明显的高差，并有山坡脊断错及断层三角面，考察中未发现断错上更新统和全新统证据，推测断裂在第四纪早中期有过活动，为早中更新世断裂。

在绿草山附近，断裂西段可见震旦亚界达肯大坂群逆冲到侏罗系之上；东段可见侏罗系和老第三系逆冲到白垩系之上，以及白垩系逆冲到新第三系上新统之上等复杂关系，航卫片解译表明，断裂地貌上线性构造清楚，有断层三角面及基岩断崖展布，并有断层泉出露。野外考察未发现第四纪晚期活动的证据和迹象。如图2.14所见断层露头剖面，断裂活动显示出较强的挤压特征，挤压破碎带宽约30m，断面倾向NE，倾角50°，断面之上的晚更新世砾石层未断错。其活动时代应在晚更新世早期，为早、中更新世活动断裂。

2）宗务隆山段

断裂西起石底泉附近，向东经大包尔扎图、乌兰大坂至巴音河以西，被鄂拉山断裂所截，基本上沿宗务隆山主脊呈舒缓波状延伸，全长160km，总体走向近EW，西段倾向N，倾角50°～70°，东段倾向S，倾角约70°，断裂在大包尔扎图呈微向南凸出的弧形。断裂规模较大，由多条次级平行断裂组成，

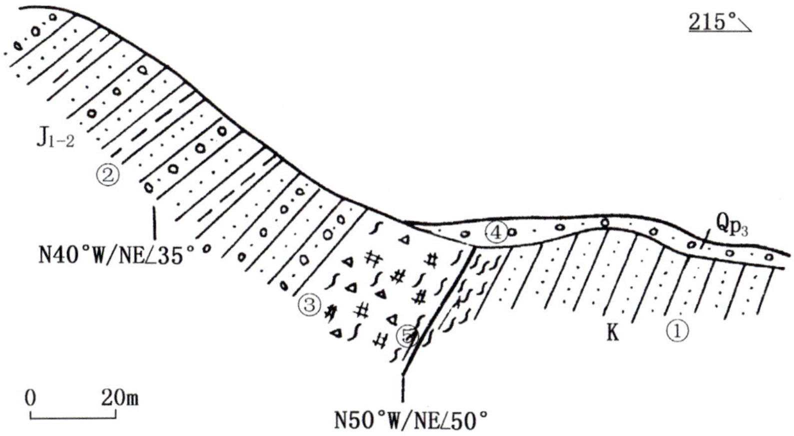

图 2.14 绿草山东口沟 SE 2km 处断层剖面素描图

①砂岩；②泥质含砾砂岩；③断层破碎带；④砾石层；⑤断层及性质

形成于印支期，后期经历多次活动。断裂北盘由二叠 — 三叠系及志留系构成，南盘以石炭系为主，断裂活动具有挤压逆冲性质，可见到石炭系逆冲于二叠系、三叠系之上，挤压破碎带宽 20 ~ 50m。沿断裂追索，可见岩石挤压破碎强烈，糜棱岩及挤压透镜体发育，也可见到花岗斑岩脉充填及牵引拖曳褶皱现象。

该断裂航卫片皆有良好的线性构造显示，沿断裂展布多处 EW 向山间谷地，陡坎及鞍状山垭口，有诸多泉水分布。断裂在巴音河一带可见切割下更新统砾岩的露头剖面（图 2.15），但巴音河Ⅳ级阶地未见断错。以上现象表明，该断裂带在第四纪早、中期有过较强烈的构造活动，而第四纪晚期不活动或活动减弱。断裂沿线现今地震活动较弱，无 6 级以上地震分布。该断裂段又可划分 5 条分支断裂。

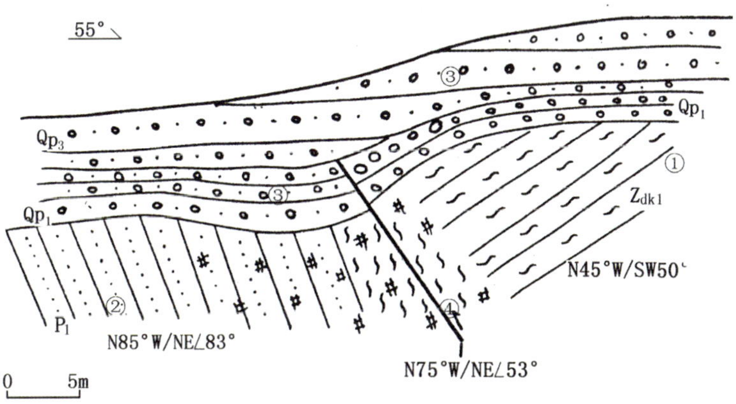

图 2.15 巴音郭勒河口西侧断层剖面素描图

①变质岩；②砂岩；③砾石层；④断层及性质

（1）泻水峡断裂

断裂展布于宗务隆山南麓，西起泻水峡中游，向东延伸至达乎尔沟以西 5km 处，全长 24km，总体走向 N65°W，倾向 NE，倾角 45° ~ 50°，断裂东西两端都出现分叉，断裂活动具挤压逆冲性质。东段可见石炭系逆冲到二叠系之上，存在宽约 20m 的挤压破碎带，并有花岗斑岩脉穿插；西段见石炭系逆冲到下更新统之上。该断裂航卫片影像较清晰，地貌上呈线状负地形延伸，达乎尔沟可见断层垭口及断层残山分布，野外考察未发现断错晚更新世洪积扇及同期阶地。上述表明，该断裂的活动应在第四纪早中期，为早中更新世活动断裂。

（2）泻水峡—八罗根断裂

断裂西起泻水峡，经达乎尔沟向东延伸至八罗根河下游，长 52km，总体走向 N70°W，倾向 NE，倾角 45° ~ 74°，断裂活动具有挤压逆冲性质，挤压破碎带宽 40 ~ 60m，破碎带中有大小不等的挤压透镜体，并有花岗斑岩脉及石英脉充填。断裂西段可见石炭系千枚岩及片理化石英砂岩逆冲到三叠系砂岩及灰岩之上（图 2.16）；断裂东段发生在下更新统砾岩与上新统砂岩之间，由一系列平行逆冲断层组成，如在浩尔毛托沟所见断裂剖面中，断裂破碎带由 6 条断层组成，次级断层发育在下更新统靠近断面的一侧（图 2.17）。剖面内下更新统砾岩倾角陡立，并有挤压褶皱及揉皱现象。南侧断裂使震旦亚界达肯大坂群变质岩系与三叠系砂砾岩逆冲于第三系砂、砾岩之上，两盘产状均近于直立。航片解译表明，断裂带线性特征明显，野外考察未发现断错晚更新世洪积扇及同期阶地现象，其活动时代应在中更新世时期。

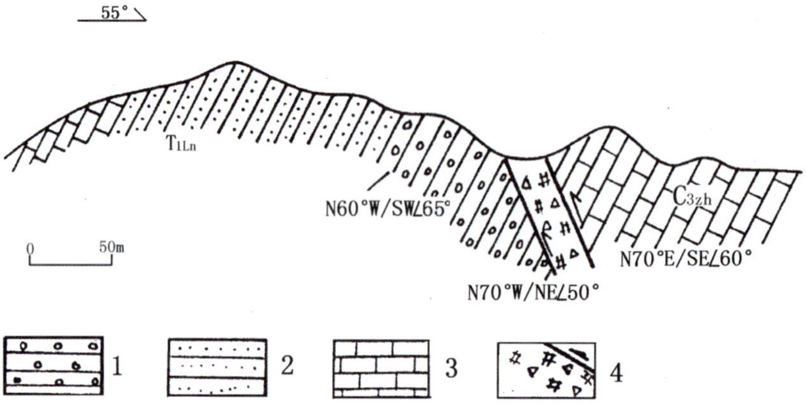

图 2.16　达乎尔沟断层剖面素描图

1. 砾岩；2. 砂岩；3. 灰岩；4. 断层破碎带

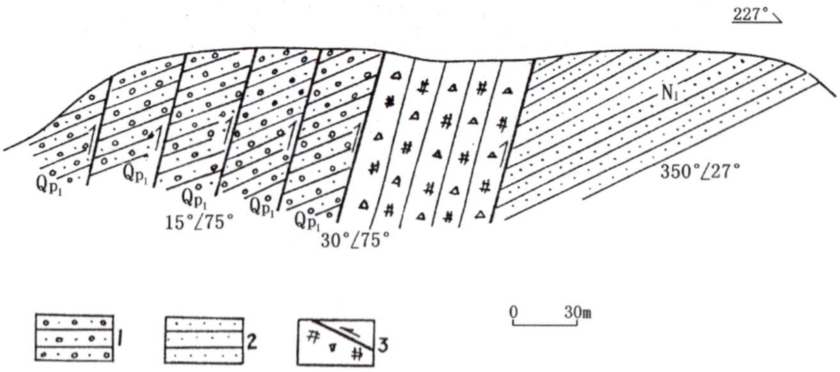

图 2.17　浩尔毛托沟东岸断层剖面素描图

1. 砂砾石层；2. 砂岩；3. 断破碎带

（3）灶火沟—巴音河水文站断裂

断裂展布于宗务隆山南麓，西起灶火沟，向东经桃斯图穿过白水河上游，终止于巴音河水文站附近，平面上呈舒缓波状延伸，全长 60 余千米，走向近 EW。在白水河及巴音河水文站以西断裂呈向南凸出的弧形。大多数地段倾向 S，倾角 45° ~ 60°，局部 N 倾。断裂西段发生在石炭系内，东段则构成石炭系与二叠系、震旦系的分界线，巴音河水文站一带有燕山期花岗岩侵入。断裂活动具挤压逆冲性质，挤压破碎带宽大于 20m，断面附近发育牵引现象。

航片解译表明，断裂线性构造清晰，如在兑默尔图沟可见到十几米至几十米高的基岩断崖，高耸笔直，断崖位于Ⅳ级阶地后缘（图 2.18）。白水河Ⅲ级阶地未见断错，水文站可见次级断裂切割下更新统，其上晚更新世砾石层未见构造变动，这些表明，该断裂在早、中更新世时期有过明显活动，晚更新世以来活动减弱或不活动。

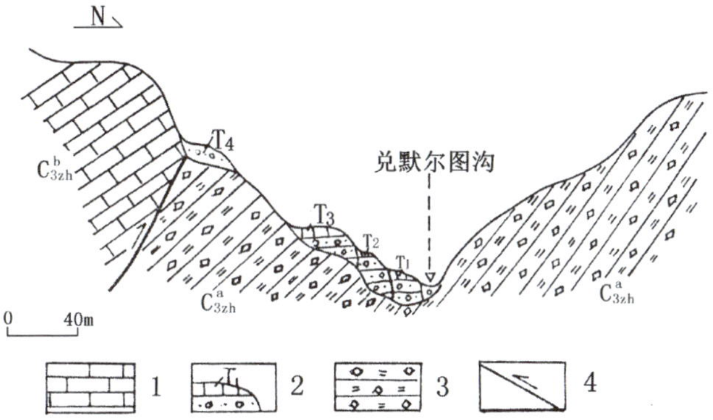

图 2.18 兑默尔图沟西侧断层剖面素描图

1. 石炭系灰岩；2. 阶地；3. 石炭系千枚岩；4. 断层及性质

（4）柏树山断裂

断裂展布于宗务隆山南麓，西起埃尾沟，向东经灶火沟、察汉森、柏树山煤矿、野马滩，终止于巴音河以东，平面上呈舒缓波状延伸，全长 70km，主体呈近 EW 走向，在察汉森至白水河一带呈向南突出的弧形。

断裂主体发生在石炭系与震旦系之间，断面 N 倾，倾角 40° ~ 65°，具有挤压逆冲性质，挤压破碎带宽 50 ~ 300m，带内岩石片理化发育。在白水河附近，以两条平行断裂出现，由北往南，可见上石炭统逆冲至下白垩统之上，下白垩统又逆冲到震旦系之上。断面发育有糜棱岩、挤压碎裂岩和构造透镜体（图 2.19）。

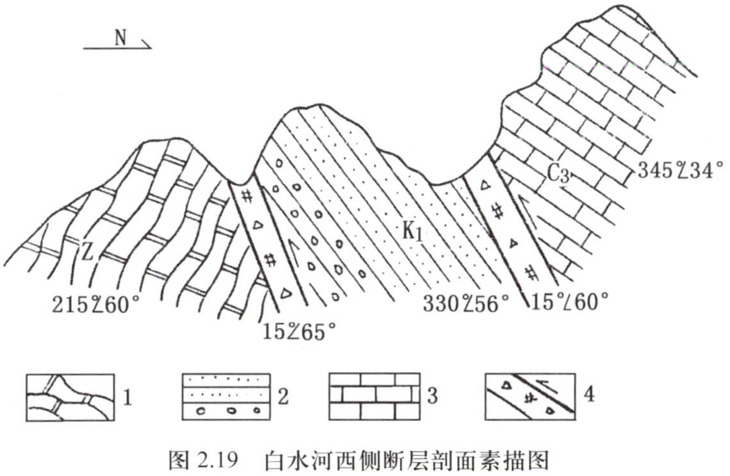

图 2.19 白水河西侧断层剖面素描图

1. 震旦系变质岩；2. 白垩系砂岩；3. 石炭系灰岩；4. 断层破碎带

断层地貌上呈线性状负地形延伸，可见断层垭口及基岩断层三角面，在红山煤矿、柏树山及灶火沟一带则分布有小盆地，其连接线与断裂展布方向一致。根据同地区构造类比推测，断裂活动时代为早、中更新世时期。

（5）白水河—红山煤矿断裂

断裂展布于宗务隆山南缘，西起白水河以西2km处，向东经白水河、爱字格至红山煤矿，全长23km，总体走向NWW。平面展布上可分为三个特征段：西段白水河一带为EW走向；中段走向N70°W；东段走向N80°E。断裂倾向NE，倾角47°～60°。断裂发生在震旦系、侏罗系和白垩系之中，沿断裂有燕山期花岗岩体分布，断裂活动具有挤压逆冲性质。如在白水河一带，可见侏罗系逆冲至白垩系之上。在白水河西岸开挖的探槽剖面（图2.20）揭示如下特征：

① 探槽揭示出两个较新断面，皆发育在断裂挤压破碎带之中，挤压破碎带为灰白色砂岩，宽4m。两个剖面产状分别为N30°W/NE∠47°和N30°W/NE∠55°；

③ 沿断面发育30～50cm厚的红棕色断层泥，断面之上覆盖10cm左右的残积表土层；

④ 在距地表40cm处取断层泥样做热释光年代测试，结果为：(170.56±14.5）ka，表明断裂活动是在中更新世末期之后。但从断裂产生的断层垭豁及微地貌判断，其最新活动应在晚更新世早期。

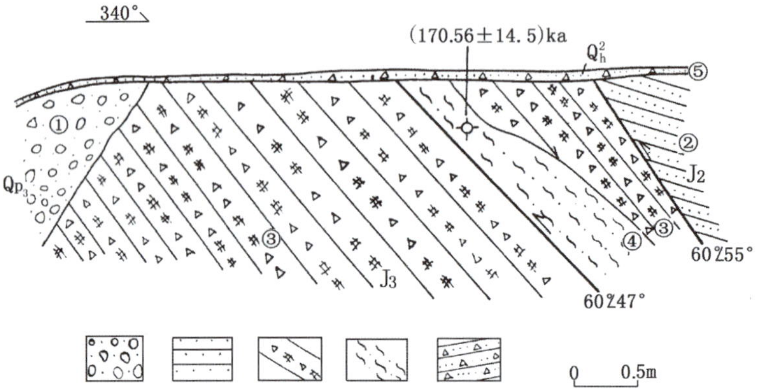

图2.20　白水河西岸探槽剖面素描图

1.砂砾石层；2.砂岩；3.挤压破碎带；4.断层泥；5.残坡积层

3）布赫特山段

（1）小野马滩—上尕巴断裂

断裂展布于布赫特山南麓的基岩山体中，西起泽令沟农场东南的小野马滩，向东经郭条可山北侧、老虎口，终止于上尕巴附近，长约65km。断裂主体走向N60°W，倾向NE。断裂发生在寒武-奥陶系浅变质岩系与上新统砾岩、砂质泥岩之间。断裂活动具有挤压逆冲性质，倾角50°～70°，挤压破碎带宽约60m。

该断裂具有清晰的航卫片影像特征，地貌上表现为山间纵向高差界线、基岩断崖、断层三角面及断层垭口，存在正向或反向坎状地貌，高洪积扇上存在线性色调差异分界线，控制地下水及泉线分布。考察发现，赛什克河的Ⅰ、Ⅱ级阶地未错动。这些迹象表明，该断裂在中晚更新世时期有过较强烈的活动，晚更新世晚期以来活动减弱。

（2）赛什克西断裂

断裂展布于赛什克农场西北侧的低山中，呈N40°W走向，长约13km，倾向NE。断裂发生在上第三系砂岩、泥岩、砾岩互层的橘黄色－灰黄色岩系之中，断裂沿线两侧地层存在几十米至上百米的高差，早期活动表现为倾滑特征，晚期则以挤压逆冲为主，挤压破碎带宽约60m，断面可见断层泥，倾角60° ~ 70°。航卫片解译表明，断裂线性构造特征明显，考察中未发现晚更新世及全新世活动迹象，自晚更新世以来活动减弱。为早更新世活动断裂。

（3）阿母内山南侧断裂

断裂发育于阿母内山南侧，呈凸向SW的弧形展布，长约14km，走向N43° ~ 77°W，倾向NE，为逆冲断裂，断裂北盘由震旦系的灰黑色片岩组成，可见北盘逆冲于南盘之上，破碎带宽30 ~ 70m，具挤压性质。该断裂具有一定的地貌显示，断崖、断层三角面发育。考察中未发现第四纪晚期活动显示，为早中更新世活动断裂。

5. 宗务隆山南缘断裂（F_6）

宗务隆山南缘断裂带西部始于石底泉槽地向东南延伸，经怀头他拉水库北部的八罗根郭勒河谷，野马滩山前的埃尾沟、柏树山煤矿、巴音郭勒沟谷，终止于休格隆一带，全长约200km，总体走向近EW，为逆冲断层。该断裂是本项工作重点调查的目标断裂之一，结合前人对该断裂的调查认识，对该断裂予以简要介绍。

断裂带以八罗根郭勒河为界，分为不相衔接的东西两段，但均控制了槽型石炭系的南界，为柴北缘褶皱带与欧布鲁克台隆的分界断裂，为形成时间较早、规模较大的区域性控制断裂。

西断裂主要控制并切割了石炭系、二叠系、三叠系及第四系下更新统。在包尔浩若格一带，北盘石炭系之千枚岩及片理化石英砂岩逆冲于南盘三叠系之砾岩之上。在怀头他拉，见石炭系逆冲于第四系下更新统之上。断裂两盘岩系产状斜交，存在宽达40 ~ 50余米的破碎带之片理化带。该断裂段地貌影像清晰（图2.21，图2.22），断面N倾，倾角35° ~ 50°。从断裂南面第三纪背斜强烈隆升，导致上新统泥岩强烈褶皱变形，局部产状倾角可达75°来看，此断裂段在喜山期具有强烈的挤压抬升活动，并整体向南推覆趋势。仅从航片影像解译来看，在第四系覆盖之处，较早期的洪积扇、水系显示异常，晚第四纪活动迹象不甚明显。

图2.21　宗务隆山南缘断裂带西段遥感影像（西段）

红色箭头指示解译断层位置

图 2.22　宗务隆山南缘断裂带破碎带沟谷（西段）

红色虚线为解译断层位置

断裂东段最新断裂位于山体前缘，断错洪积扇形成地貌陡坎。该断层陡坎在山前地带有明显的显示，根据前人资料（袁道阳，2003）和本次野外追踪调查，断裂最新活动段位于德令哈北侧的山体前缘（本项目目标区），该断裂段东自泽令沟农场，经道勒根木、铅矿，过巴音郭勒河，向西经红山煤矿、库克浩尔格到夏尔恰达，全长约 60km，由四条弧形展布的次级断裂构成（图 2.23），次级断裂之间断层迹象不连续。

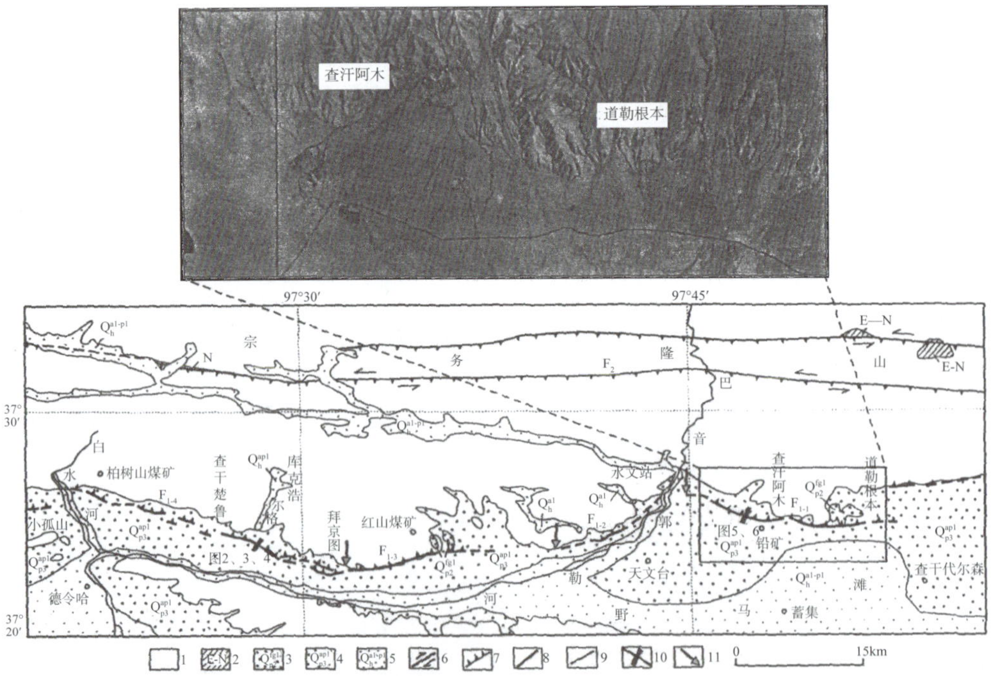

图 2.23　宗务隆山南缘断裂展布图（袁道阳，2003）

1. 前第三系；2. 第三系；3. 中更新世冲积物；4. 晚更新世冲洪积物；5. 全新世冲洪积物；

6. 走滑断层；7. 逆断层；8. Qh 断层；9. Qp_3 断层；10. 断层剖面位置；

11. 分段界线；F_1. 宗务隆山南缘断裂；F_2. 大柴旦—宗务隆山断裂

在库克浩尔格、铅矿一带，发现多条断层剖面，分别展示如下：

1）库克浩尔格附近断层剖面

剖面1：出露点位：37°24.287′，97°28.381′。断层发育在震旦系角闪岩、花岗岩岩脉及第三系地层之间。震旦系地层和花岗岩脉之间的断层（F_1）倾角较缓，为早期活动的老断层；花岗岩和第三系之间断层（F_2）倾角较陡，为后期活动的断层。F_2断层产状为走向120°，NE倾，倾角86°。断层面发育挤压片理。断层下盘为第三系地层，主要由紫红色泥岩构成，在断层带附近片理化，并卷入花岗岩岩块（图2.24）。

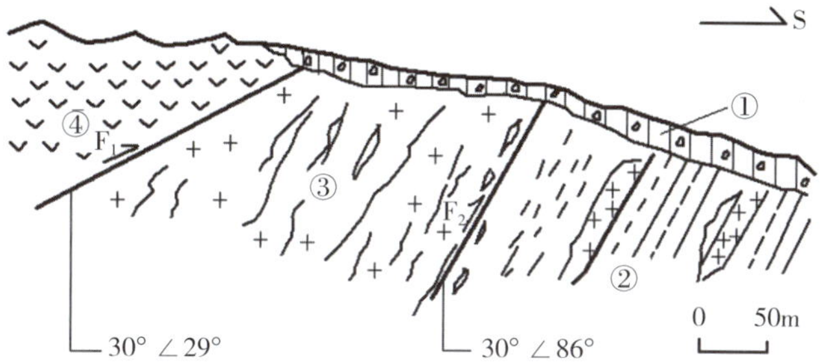

图2.24 库克浩尔格附近断层剖面

① Qp_2 洪积或冰水堆积；②第三系泥岩；③花岗岩岩脉；④震旦系角闪岩

上述震旦系—第三系地层构成山前台地的基座，上覆第四系地层中更新统洪积或冰水堆积物。断层未断错台地面及上覆第四系，就该点来看该断裂中更新世以来无活动。

剖面2：出露点位：37°24.287′，97°28.381′。断层发育在第三系橘红色黏土地层中。断层带宽10～20m。由多条滑动面构成。滑动面为压性面，产状为走向120°，NE倾，倾角80°（图2.25）。第三系地层构成山前冲沟三级阶地的基座，在该断层带南侧20～30m，出露第四系洪积物构成的台地，其高度低于以第Ⅲ系为基座的Ⅲ级阶地，推测Ⅲ级阶地被断错。

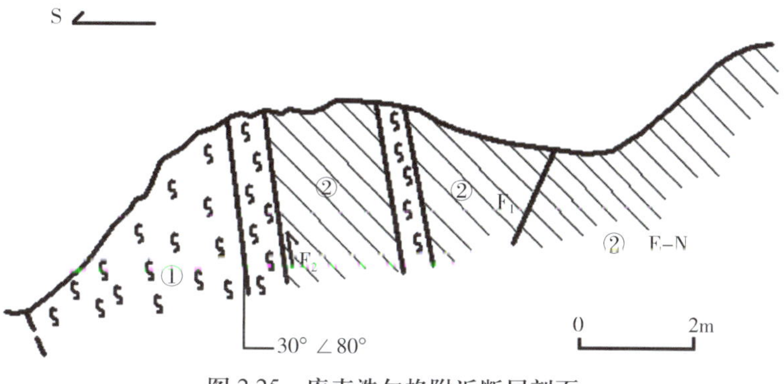

图2.25 库克浩尔格附近断层剖面

①断层挤压破碎带；②橘红色泥岩

剖面3：在库克浩尔格沟附近，断层活动在沟口的Ⅱ级洪积阶地上形成了清晰的断层陡坎，在该冲沟东岸阶地边缘发现断层剖面（图2.26），断层性质为逆断层，产状：30°∠67°，断错了晚更新统，并影响到晚更新统上部及全新统的下部冲洪积砂砾石层（袁道阳，2003）。从该剖面点来分析，断层的最后活动是在晚更新世晚期至全新世早期。

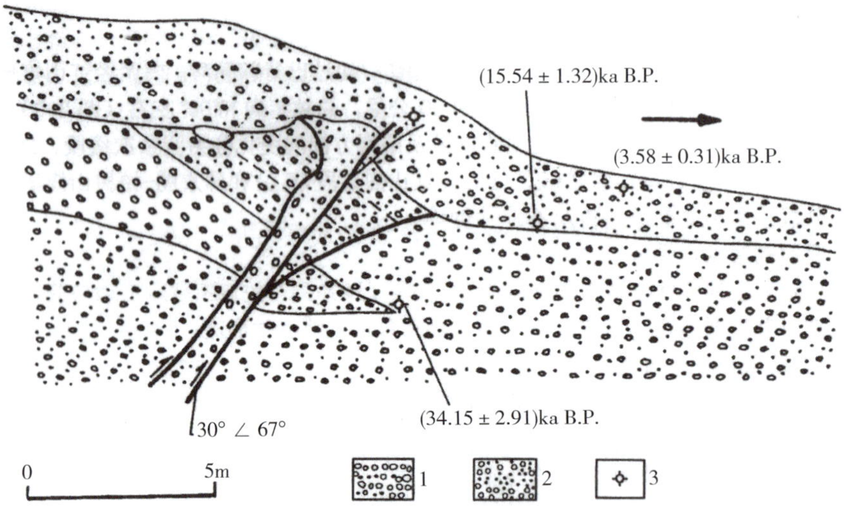

图 2.26　库克浩尔格沟山前断层探槽剖面（袁道阳，2003）

1. 粗砾石层；2. 细砂砾石；3.TL 采样点

2）铅矿一带断层剖面

垂直铅矿西侧一冲沟Ⅱ级阶地上的断层陡坎开挖探槽，揭露出清楚的断层剖面（图 2.27）。

剖面中共发现三条次级断层，近平行排列，总体产状 N50°E/NW ∠ 57°。其中主断层 F_1 的性质为逆断层，断错了层①～层⑤，同时在 F_1 的上盘形成了正断层 F_2 和充填楔④；在 F_1 的下盘开始发育一次级断层，并可能断错层⑥，它们均被层⑦覆盖，应代表一次古地震事件，其最晚活动年代接近（2.91 ± 0.25）ka B.P.。

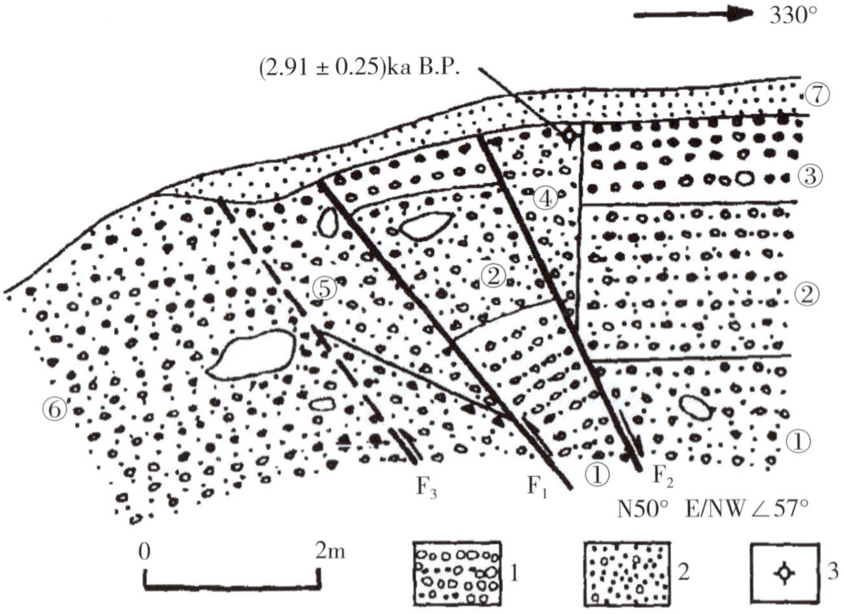

图 2.27　铅矿断层剖面

1. 粗砾石层；2. 细砂层；3.TL 采样点

①土灰黄色中粗砂层；②深灰色砂砾石层；③灰红色砂砾石层；④灰绿色砂砾充填楔；⑤淡紫色砂砾石层，层理不清晰；⑥土灰色、淡黄色砾石层，层理掀斜；⑦地表坡积砂砾石层

综合该断裂的断层剖面，可以看出该断裂带第四纪时期经历了多次逆冲活动。早期的断层活动发育在基岩和第三系地层之间，造成第三系地层变形。该期地表断裂被中更新世堆积物覆盖，并被抬升为山前台地（冲沟Ⅲ、Ⅳ级阶地）；第二期断层活动断错山前台地，造成第四系（中更新统）地层变形。最新一期断层活动造成山前洪积扇（Ⅱ级阶地）断错，并在山前形成一系列陡坎。第四纪以来，断层活动不断向山前迁移，形成多条断裂，最新断裂活动在目标区的柏树山煤矿一带，造成山前最新的洪积扇断错。根据断层相关地层测年结果，断裂最新活动时期为晚更新世晚期—全新世早期。

6. 大柴旦—尕海断裂带（F_7）

又名“欧龙布鲁克山北缘断裂带”。大柴旦—尕海断裂带在区域上西起大柴旦，向东沿库尔雷克山南侧及山间谷地穿过，经欧龙布鲁克山北缘，终止于托素湖以东，全长240km左右，总体呈NWW向展布。断裂带西段由多条不连续的次级断层组成，主要控制前白垩（AnK）系的分布；东段由一条基本连续的骨干断裂组成，主要发育在中新统及上新统之中，局部隐伏于第四系之下。航卫片解译表明，沿断裂带岩体破碎，山缘高差界线平直，断层三角面、垭口、断层谷地发育。沿断裂带有5级左右地震分布，是一条区域性全新世活动断裂带。

大柴旦—尕海隐伏该断裂带以可鲁克湖为界，西段遥感影像中构造地貌特征比较清晰，沿断裂带发育有洪积扇、断层陡坎、破裂带等微地貌特征，并多处呈现一定的负地形沉积盆地，对新地的生成和发展具有强烈的控制作用；而在可鲁克湖以东部分，由于湖相沉积所覆盖而呈半隐伏状态，断裂带遥感影像特征比较隐晦，特征不是很明显。不过断裂带的发育对所经区域的水系边界有比较明显的控制作用，特别是控制了几个中小型湖泊的分布，呈串珠状。

在断裂带的西段，于大柴旦镇北部山前地带，陡坎地貌比较显著，成刀切状沿NW方向展布，山前洪积扇明显（图2.28），并具有一定程度的左旋位错位移，山麓河谷横剖面成陡峭的“V”字形河谷，反映了西段构造活动相对比较活跃，使得河流下切作用较强。

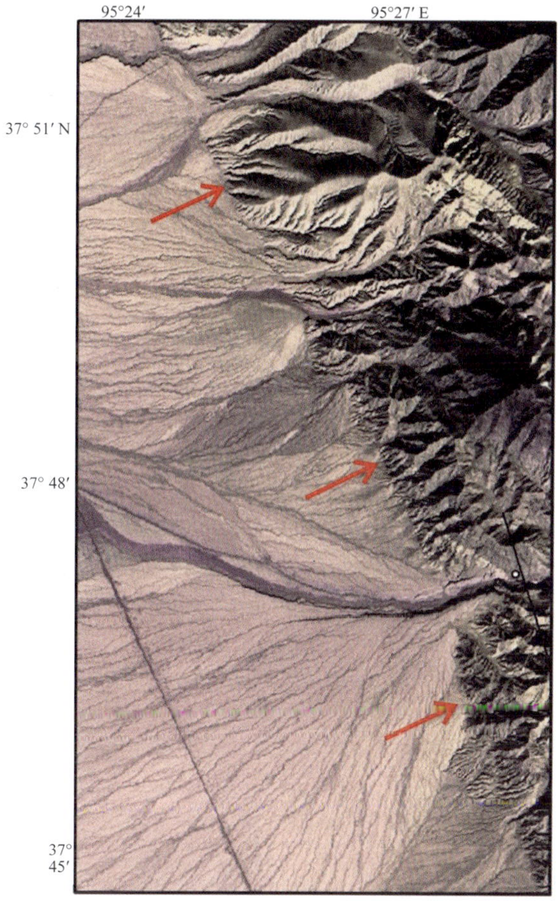

图2.28 大柴旦—尕海隐伏断裂西段线性陡坎地貌

红色箭头指示解译断层位置

柴旦电厂向东至绿草山煤矿，断裂带转为近EW向展布，在山前地带出现平直断层陡坎地貌（图2.29），河流发生下切侵蚀，而侧向侵蚀作用较弱，因而谷坡较陡，河谷成深切“V”字形，反映了该区段构造活动性比较强烈。

在绿草山煤矿至新生煤矿附近，断裂走向转为NW向，遥感影像中山前线性陡坎非常清晰（图2.30）。

断裂中段西起大煤沟附近，向南东经羊肠子沟口的无名泉、雷达站，沿欧龙布鲁克山北缘向东延伸，经俄博山、怀头他拉煤矿、南泉水梁，终止于连湖东南，图内长度98km。断裂西段弯曲，中、东段延伸相对舒展，总体呈NWW向展布，倾向SW，倾角74°左右，具有强烈的挤压逆冲特征。

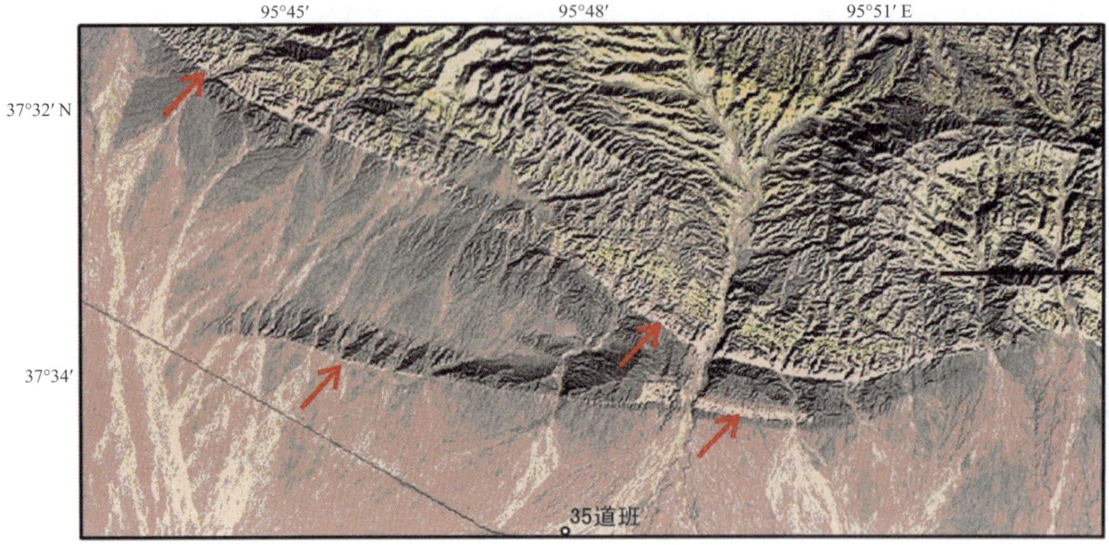

图 2.29　山前陡坎地貌

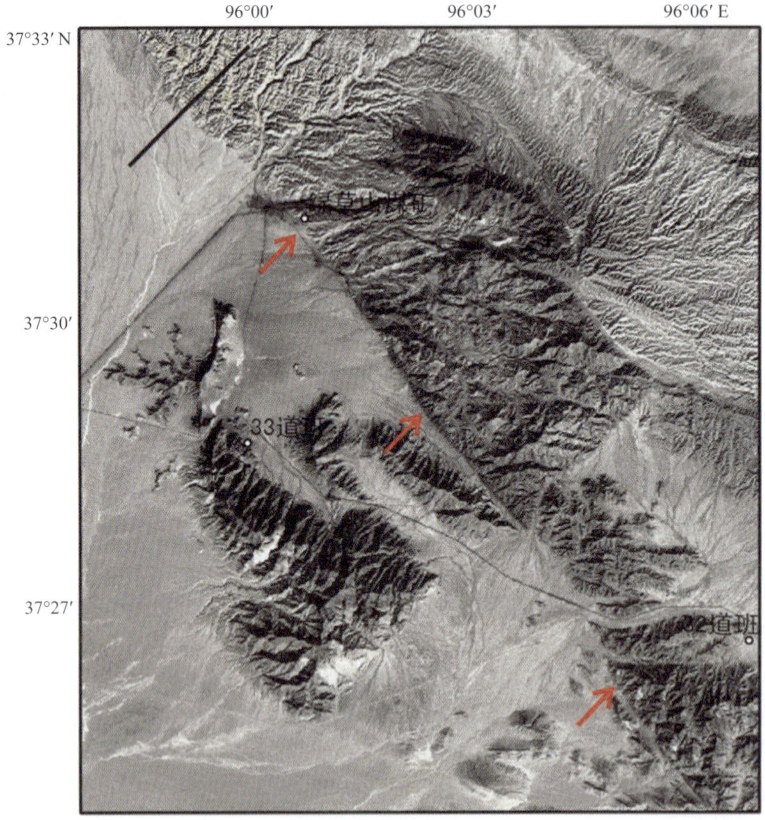

图 2.30　山前陡坎地貌

红色箭头指示解译断层位置

断裂西段主要发生在侏罗系与第三系之中或之间；中段发生在震旦系与上第三系之间，或者石炭系与上第三系之间；断裂东段发生在上第三系之中，局部被第四系覆盖。

由新生煤矿向东至可鲁克湖西部，大柴旦 — 尕海断裂带出现分支现象，分别为南布的山前断裂及北侧的断裂带，共同控制了中间的背斜构造（图 2.31）。

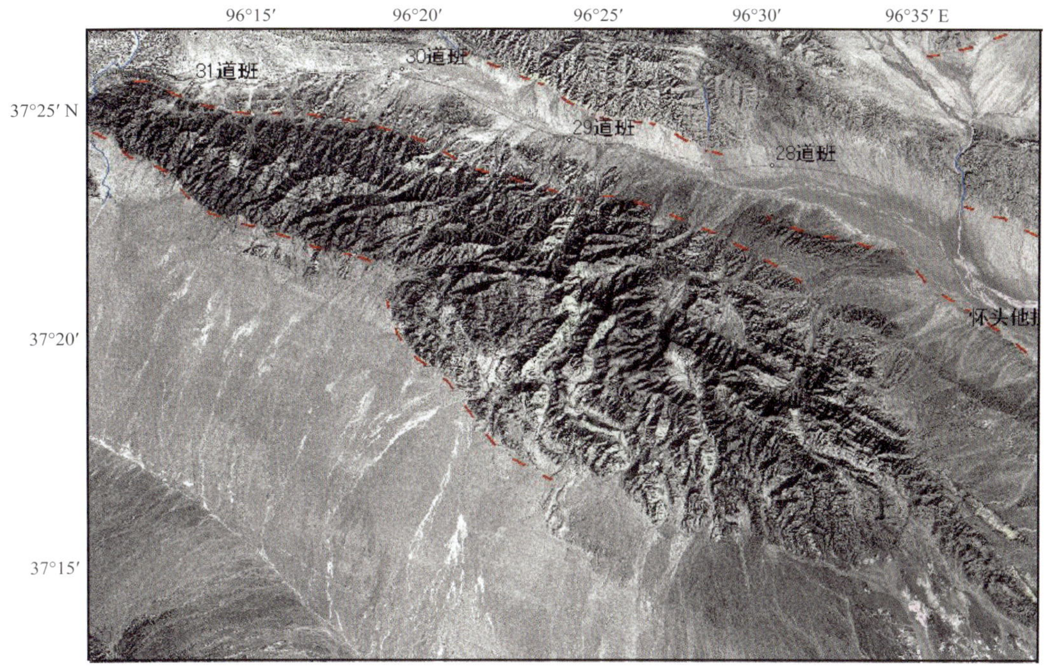

图 2.31 断裂带控制的背斜构造

红色虚线为解译断层线位置

在可鲁克湖西部，断裂在地貌上产生了非常清晰的洪积扇陡坎地貌，沿 NW 向展布（图 2.32），陡坎前缘洪积扇规模较小。在可鲁克湖与托素湖之间，断层控制了两湖之间的分界线（图 2.33），形成了线性陡坎地貌，断裂两侧湖泊沉积环境及地形地貌具有明显的差异。在可鲁克湖北缘，推测一条隐伏断层控制了湿地的边界，形成了 NNW 向展布的线性边界（图 2.34）。在尕海湖以西，断裂带基本隐伏于第三系和第四系湖相沉积层之下，但是仍然控制了尕海湖与可鲁克湖之间水系的发育，并沿倾覆褶皱的边界分布（图 2.35）。

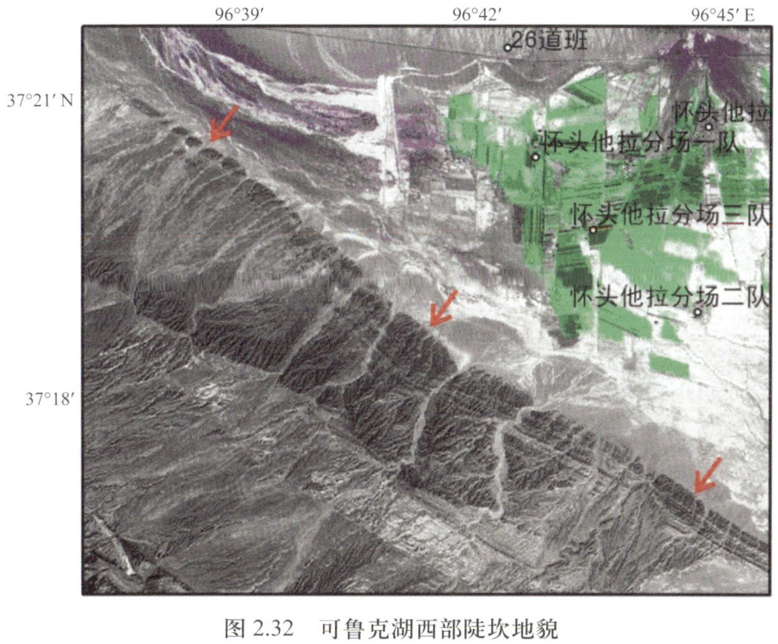

图 2.32 可鲁克湖西部陡坎地貌

红色箭头指示解译断层位置

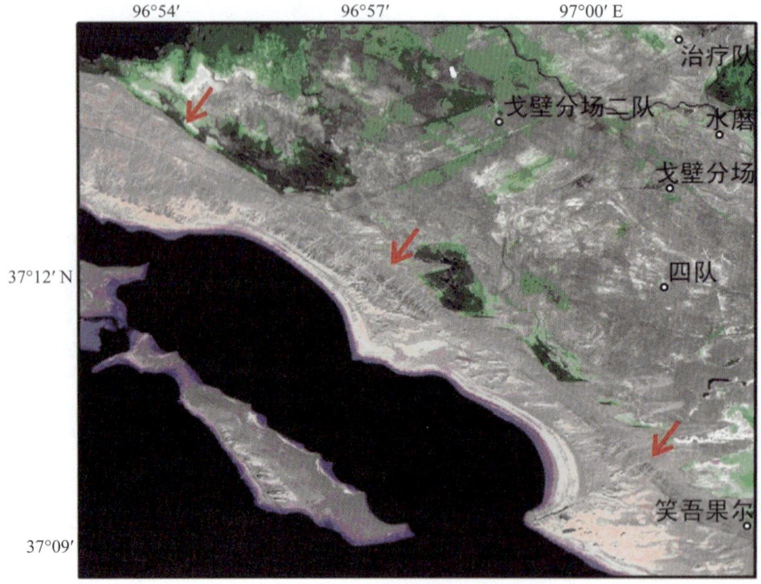

图 2.33　可鲁克湖与托素湖之间陡坎地貌

红色箭头指示解译断层位置

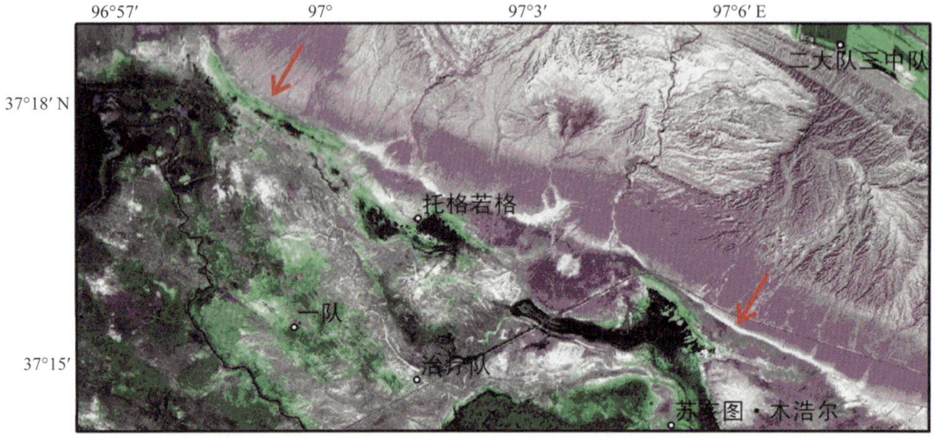

图 2.34　断裂控制洪积扇前缘陡坎的湿地分布

红色箭头指示解译断层位置

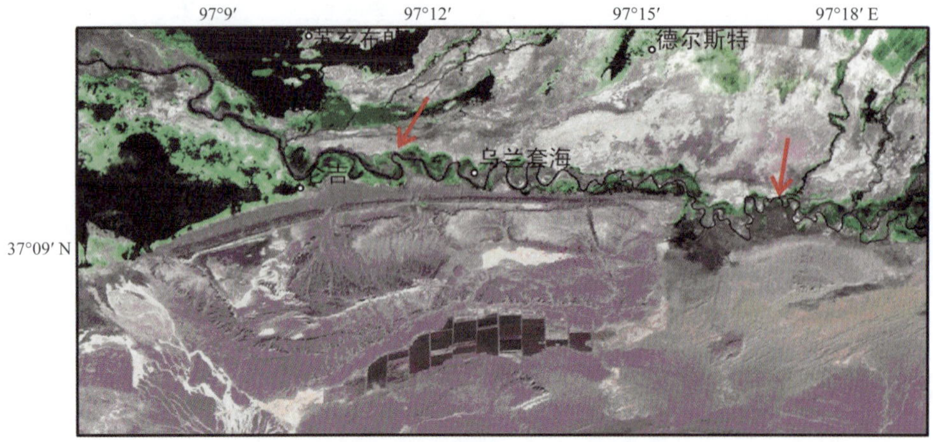

图 2.35　断裂控制水系分布，沿褶皱边界

红色箭头为解译断层线位置

自尕海湖以东，经 2 道班、柯滕格德森，断裂继续呈半隐伏状态向 SE 向延伸，断裂继续控制了水系的流向，并控制了柯柯盐湖、希里沟湖，延伸至东部阿拉山断裂附近，并在 6 道班错断了阿拉山断裂，造成地貌上的不连续（图 2.36）。

图 2.36　尕海湖以东水系地貌分布

红色箭头为解译断层线位置

在柯柯盐湖与希里沟湖的南侧，构造地貌比较明显，山前陡坎呈不连续状延伸，河流侵蚀作用较强，使得山前地带弯曲度较大，发育有大片的洪积扇地貌。山前河谷比较开阔，地貌受侵蚀作用而后退明显，反映了该隐伏断裂带东端构造活动比较稳定，尤其是比西段断裂活动性要弱（图 2.37）。

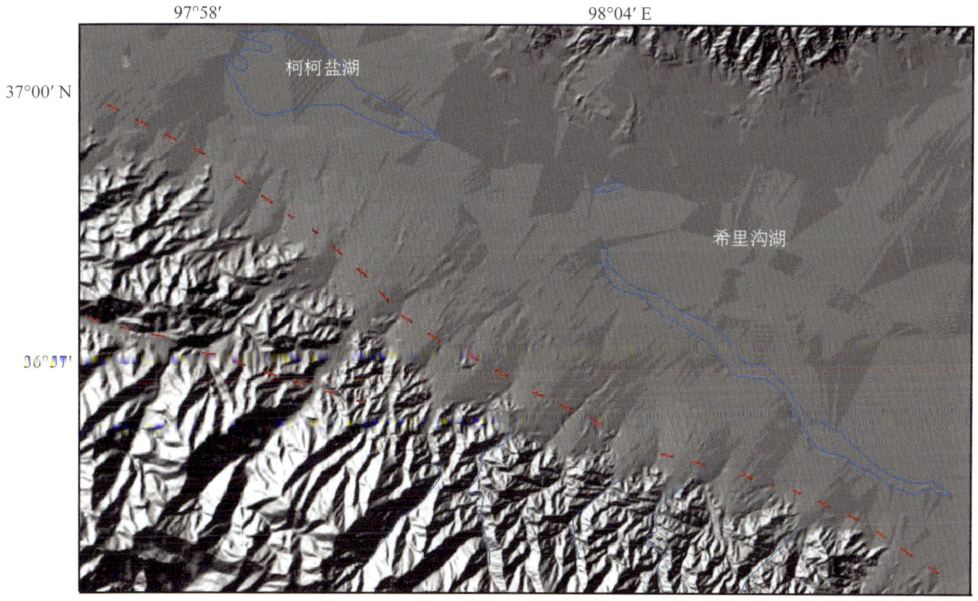

图 2.37　柯柯盐湖南侧山前地形

通过遥感构造地貌特征的分析可知，就整条大柴旦—尕海断裂而言，断裂西段活动性比中段及东段要强，东段活动性最弱。

野外考察发现，断裂活动的微地貌显示具有较好的连续性，如怀头他拉煤矿（37.428°，96.225°）

一带可见石炭系中、上统灰岩夹页岩、煤线地层逆冲于第三系泥质岩之上，形成较大的山缘高差（图 2.38）。该处可见基岩崩塌极为发育。断裂沿线呈现槽状、坑状凹地，泉水发育，并且覆盖于第三系之上的砾石层已被断错（图 2.39），经热释光测年，砾石层形成于距今（38.83 ± 3.31）ka，即晚更新世晚期，因而断裂的活动时代应在晚更新世之后。

图 2.38　断裂沿线形成的凹槽

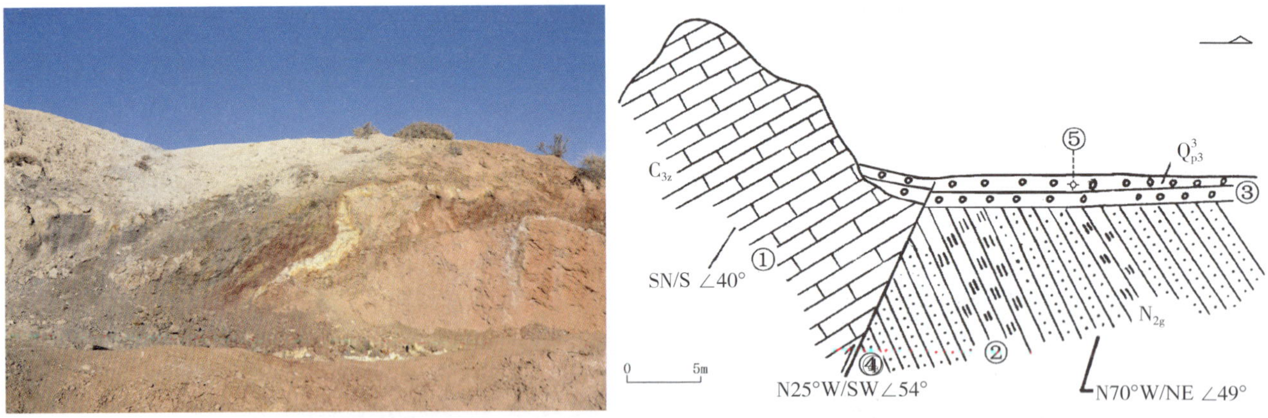

图 2.39　怀头他拉煤矿断层剖面素描图

①灰岩；②泥岩夹砂岩；③砂砾石层；④断层及性质；⑤热释光采样点

雷达站附近，地貌显示断裂存在两个平行的断面，两者相距约 40m（图 2.40），表现为断层三角面连续展布，断坎、断层谷发育。其中南侧一条断层坎发生在砾石层上，断坎高度稳定，一般在 1.7m 左右（图 2.41）。在断层陡坎下开挖的探槽证实了断层的存在，并且发育 3 个次级断面（图 2.42），其中两个断面倾向 S，倾角 46° ~ 60°，经热释光测年，其最新活动是在（12.05 ± 1.02）ka 之后。据此推算，该断裂全新世以来的平均水平滑动速率为 0.83mm/a；平均垂直滑动速率为 0.14mm/a。

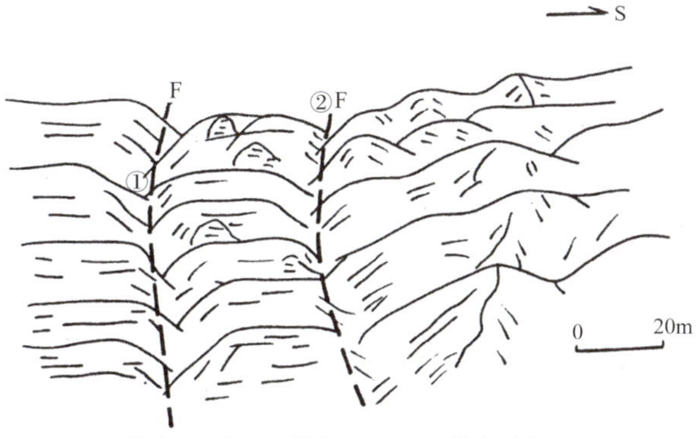

图 2.40 雷达站西侧 200m 处断裂地貌素描图

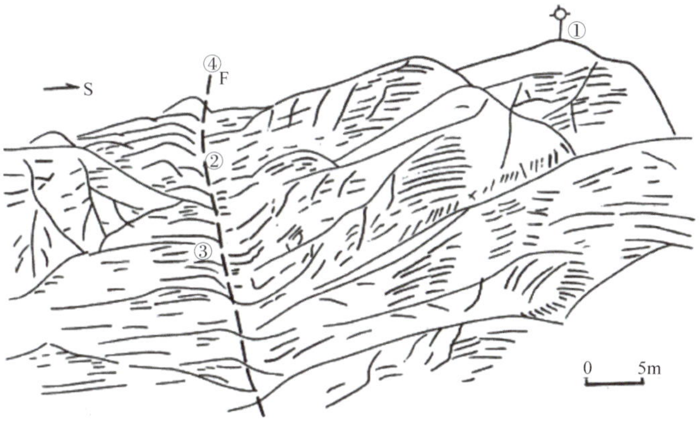

图 2.41 雷达站西 500m 处断裂地貌素描图

①雷达站；②断层位置；③反向坎；④断裂位置

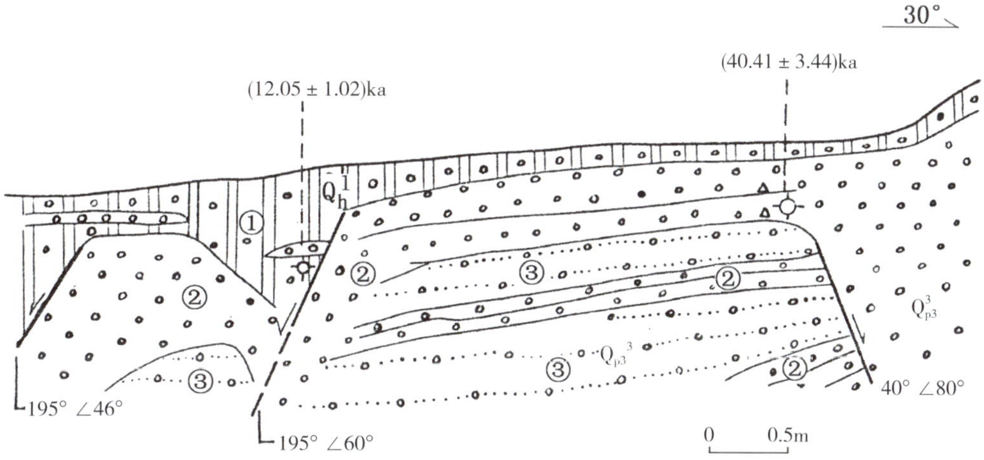

图 2.42 雷达站西 500m 处探槽剖面素描图

①残积、洪积含砾黄土；②洪积砂砾石层；③含砾洪积砂层

在南泉水梁（37.205°，96.70°）形成近 EW 向高约 7m 的鼓梁，沿泉水出露形成约 40 ～ 50m 的断裂破裂带（图 2.43 ～图 2.45）。

断裂特征：

① 第三系泥岩逆冲于砾石层之上，形成约 1.5m 断距，表明断裂具有逆冲挤压性质。

② 沿断裂形成一系列断层泉出露。

③ 断层产状 210° ∠ 65°。

④ 断面处上盘砾石层定向排列，砾石层层理杂乱不清，松散未胶结。

该断裂在托素湖以东断裂在地表主要表现为隐伏状态，在地表未能发现有明显断错迹象。对于该断裂首先进行了航卫片解译，而后布设了浅层人工地震探测，查明了隐伏断裂的展布特征、上断点埋深等特征，并根据人工浅层地震结果，进行了联合地质钻孔及取样，地质测年等工作，认为该断裂在托素湖以东存在两条分支断裂，其中北侧断裂为晚更新世活动断裂，逆断层，倾向 N，倾角约 65° ～ 80°。南侧断裂为主断裂，为全新世活动断裂，逆断层，倾向 N，倾角约 73°。

图 2.43　南泉水梁断层照片（镜向 E）

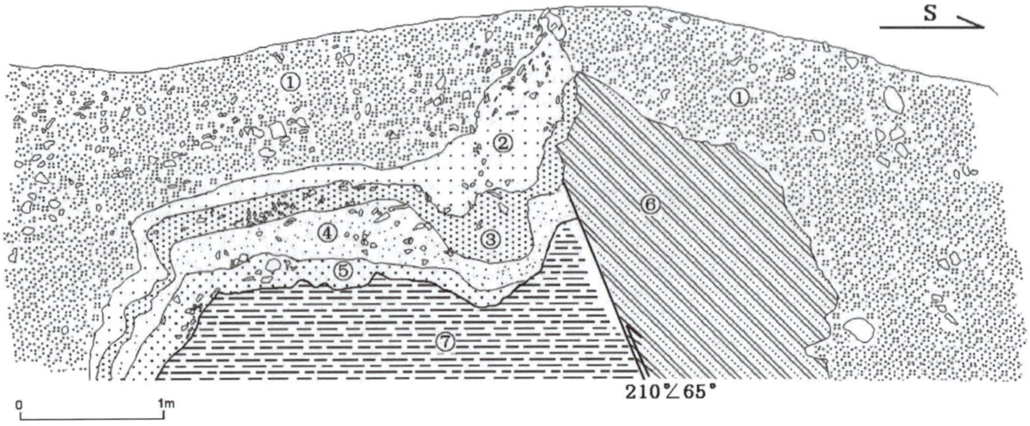

图 2.44　南泉水梁断裂剖面

①砾石；②粗砂；③细砂；④砾石；⑤粗砂；⑥砂岩；⑦泥岩

图 2.45　南泉水梁沿线断层泉（镜向 W）

7. 柴达木盆地北缘断裂带（F_9）

柴达木北缘断裂带又称为赛什腾—锡铁山断裂带，发育在柴达木盆地的北缘山前地带，属于盆地的一个二级构造单元分界断裂。断裂带西起赛什腾山南麓的结绿素附近，往南东沿绿梁山、锡铁山西南侧沿伸，终止于北霍布逊湖东北，全长260km，总体走向N 40°～50°W，是一条NNW—NW向区域性断裂带，倾向NE。该断裂带是柴达木盆地断陷区与北部祁连山断隆带的重要分界断裂，由一系列近于平行的断层组成，相互间呈反“S”形斜列关系，断裂带北侧为上元古界变质岩组成的中高山地貌景观，南侧为新生界砂砾岩和黏土岩组成的低山丘陵、洪积扇和戈壁平原。沿断裂带广泛分布呈透镜状产出的基性和超基性岩体，并有与断裂展布相一致的重、磁异常梯级带存在，表明该断裂带已影响到地壳深部。

在工作区遥感影像中，该断裂带特征非常显著，在走向上存在局部的变化，在断裂带的西段，东北侧为隆起区，西南侧为平坦的盆地，两侧地貌形成平直的分界线，呈刀切状，山前陡坎特征十分清晰，局部地段水系存在左旋位错。山前沟谷成“V”字形，河流下切作用强烈，反映了断裂西段相对较强的活动性。柴达木盆地北缘断裂的东段呈一束条带散开，有2～3条分支断层，在平面上呈雁列式展布在山麓及山前盆地边缘地带，在纵向剖面上呈叠瓦状依次排列，断层陡坎清晰，对水系的控制作用比较强烈（图2.46～图2.50）。

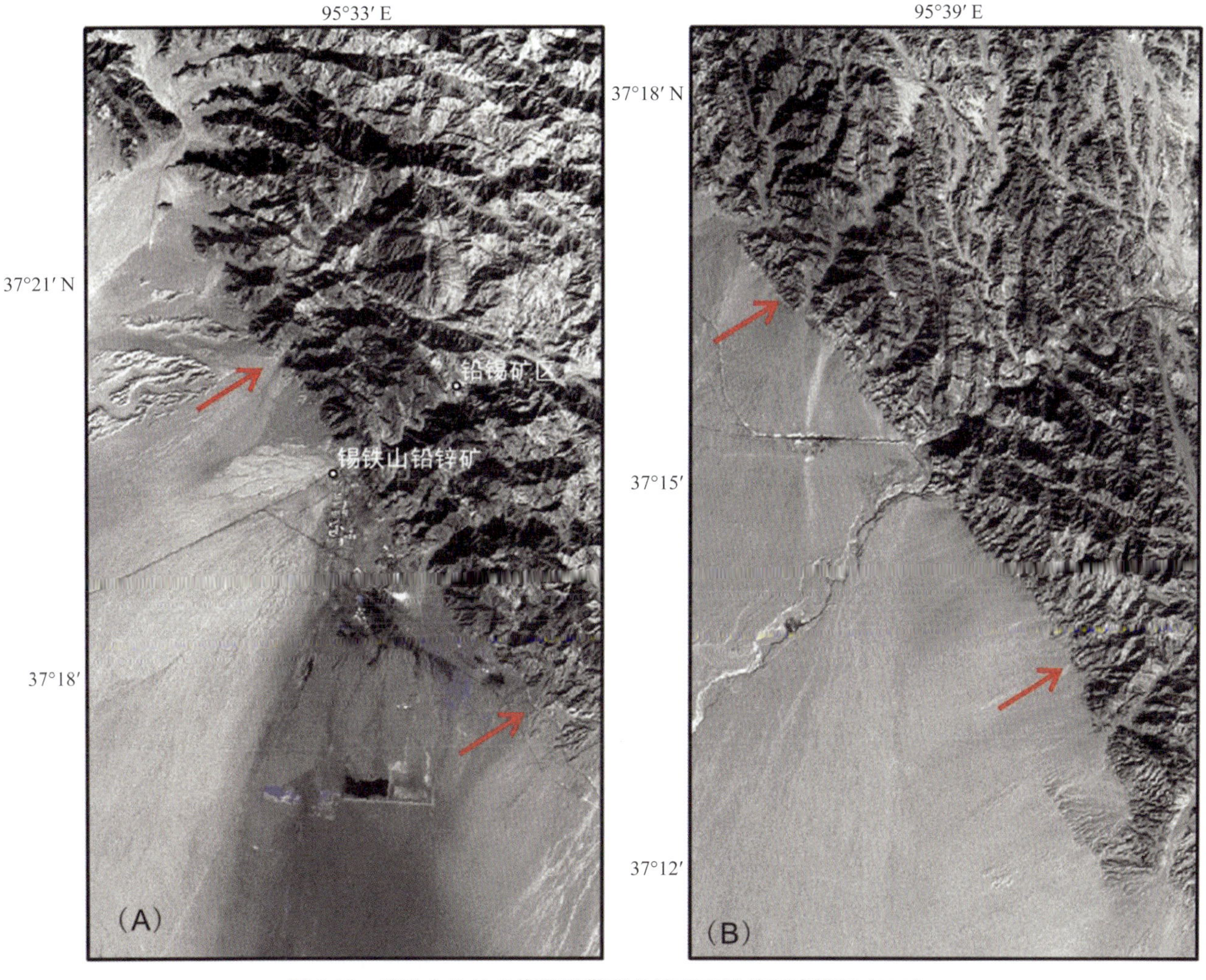

图2.46 柴达木盆地北缘断裂带西北端平直地貌遥感特征（TM）

图 2.47 断层陡坎及水系断错地貌遥感影像水系局部存在左旋位错，反映断层左旋走滑特征

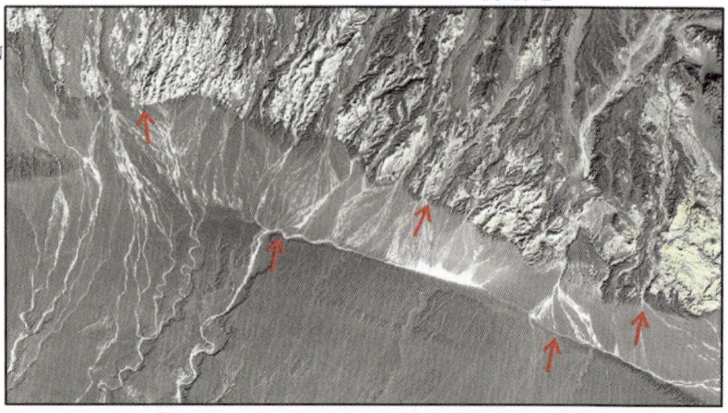

图 2.48 山前陡坎及错段洪积扇地貌 ETM 遥感影像

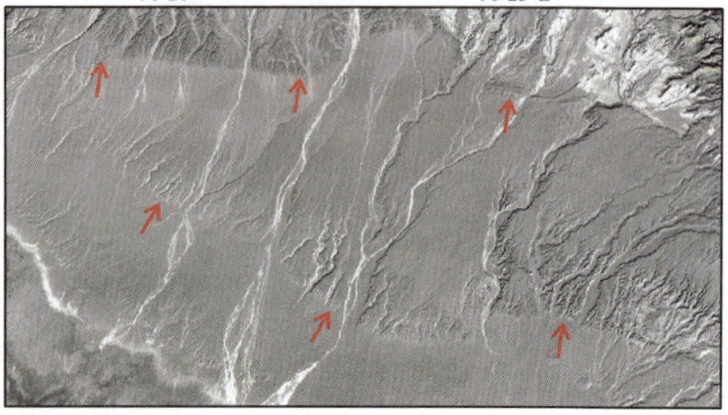

图 2.49 断裂带陡坎地貌遥感影像

图 2.50 断裂陡坎地貌

该断裂带的锡铁山段全新世以来最为活动，全新世长度约 180km，断裂活动表现出早期强烈挤压推覆，晚期则以走滑运动为主，地貌上显示左旋特征，总体走向 N50°W，倾向 NE，该段全新世以来的平均滑动速率为 3mm/a（青海省地震局，1995）。

断裂带在锡铁山及阿木尼克山西南侧与柴达木盆地中部北中央断裂交会的地区，是一个中强地震的密集发生地带，最大地震为 1962 年 6.8 级。1996 年 8 ~ 9 月曾在该地区发生一显著震群活动，现今中小地震时有发生，表明该断裂仍处于相对较强的活动状态。

断裂在锡铁山附近存在明显多期活动的地貌显示，而且存在全新世活动的地层断错证据。如在锡铁山矿务局液化气站开挖的探槽剖面（图 2.51）揭示出如下特征：

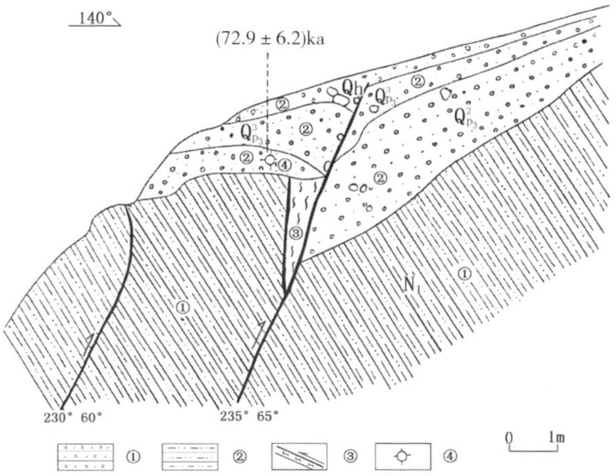

图 2.51　锡铁山矿务局液化气站断裂剖面素描图

①砂质泥岩；②砂砾石层；③断层泥；④热释光样品采样点

①断裂发生在中新统（N_1）灰白、红褐色砂质泥岩中，断裂断错晚更新世中期（Q_{P3}^2，热释光测年结果为距今（72.9 ± 0.6）ka 及晚更新世晚期（Q_{P3}^3）砾石层，并影响到顶部全新世（Qh）残坡积物。因而其最新活动时代无疑是在全新世时期。

②剖面中可见两个断面，产状分别为 N40°W/NE ∠ 60° 和 N35°W/NE ∠ 65°，均为逆冲性质。

在全集河口见到的断层剖面（图 2.52，图 2.53），则存在多个断面，其中 2 个较老断面发育在奥陶系绿片岩中，一个断面沿奥陶系与中新统的界面发育，三个较新断面发育在砾石层之中，并断错上覆地层（热释光测年结果为（0.89 ± 0.07）× 10^4a，形成近 15m 的断距，并形成近 SN 向断层凹槽。

图 2.52　全集河口西侧断面照片（镜向 NW）

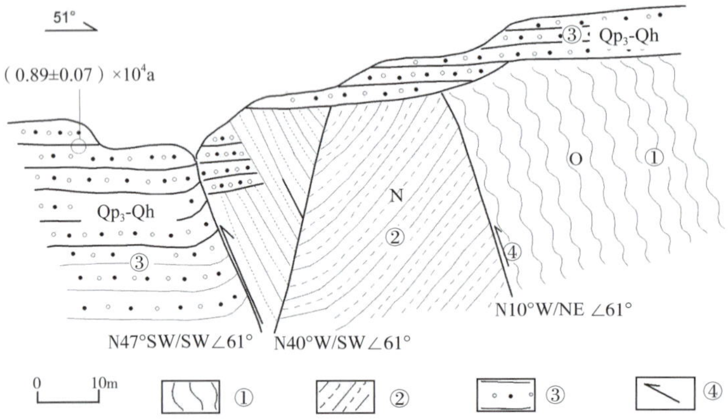

图 2.53　全集河口西侧断裂剖面素描图

①奥陶系片岩；②第三系砂质泥岩；③第四系砾石层；④断层及性质

断层特征：

①断层产状：N47°W/NE ∠ 59°；

②该剖面发育多条断面，其中 2 个老断面，1 个发育在第三系泥质砂岩中，1 个发育在第三系泥质砂岩和奥陶系片岩之间；

③断裂最新活动沿第三系泥岩岩与第四系砾石层之间发育，第三系泥质砂岩逆冲于第四系砾石层之上；

④断面处上盘砾石层定向排列，砾石层层理杂乱不清，松散未胶结；

⑤层形成宽约 5m 左右的断层凹槽，断错了第四系砾石层（图 2.53）；

⑥断面上覆砾石层被断错；经热释光年代测试，上覆砾石层距今（0.89 ± 0.07）× 10^4a。

8. 鄂拉山断裂（F_8）

该断裂是鄂拉山区域性断裂带的组成部分，整个断裂带北起阳康以西，经乌兰县城东侧沿鄂拉山东麓向南延伸，终止于温泉一带。走向 NNW，长约 320km。断裂带由多条平行逆冲断层组成，中间分布破碎山体和小型盆地，活动断裂主要由两条平行断层组成，倾向复杂多变，倾角 50° ~ 70°，挤压破碎带宽数百米。一些区域性的 NWW 向断裂、褶皱构造由于受到该断裂的切割和改造而展布不连续，或者发生弯曲变形。断裂带在航卫片上线性构造特征十分明显，表现为一系列陡坎、断层三角面及断层谷地，断裂带局部地段切割山脊、冲沟、阶地及洪积扇。

该断裂在老虎口至尕秀沟口一带出露比较明显的断面，走向 N15° ~ 30°W，倾向 NE，倾角 50° ~ 70°。断裂主要发生在石炭系、奥陶系 — 志留系以及华力西期花岗岩体之中，并且切割断裂沿线全新世之前所有地层。可见山脊右旋扭错，水系、冲沟同步拐弯，并普遍发育断层坎。如尕秀沟口以北山谷中发育的反向坎由不连续但呈线性排列的基岩残丘和第四纪堆积物构成，主坡角为 24° ~ 30°，坎高 1 ~ 2.5m（图 2.54）。

正向陡坎多发生在晚更新世 — 全新世早期形成的洪积扇上，如尕秀沟口以南山前地带，正向坎断续出露，一般高 2m 左右。断裂经过山坡脚处发育成组的断头沟和断尾沟。经野外对应分析，断裂表现为右旋断错，错距多为 35m 左右。据前人测算，该断裂全新世以来的平均水平滑动速率为 3.46mm/a（国家地震局兰州地震研究所，1994）。

断裂明确地断错尕秀沟 Ⅱ 级阶地。位于 Ⅱ 级阶地上的探井剖面可见如下断裂特征（图 2.55）：

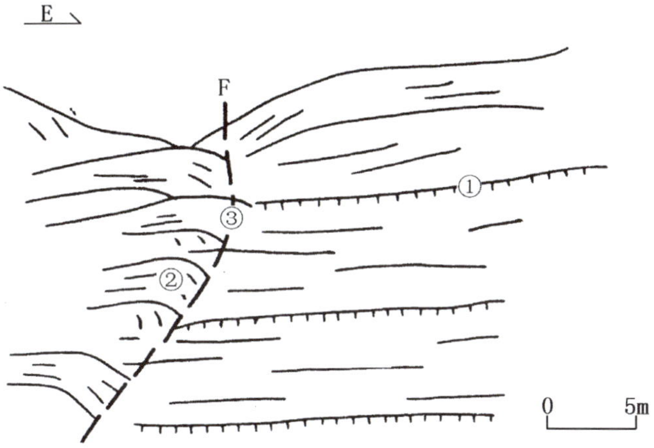

图 2.54 尕秀沟口北 1km 处断坎地貌素描图

①冲沟壁；②反向坎；③断裂位置

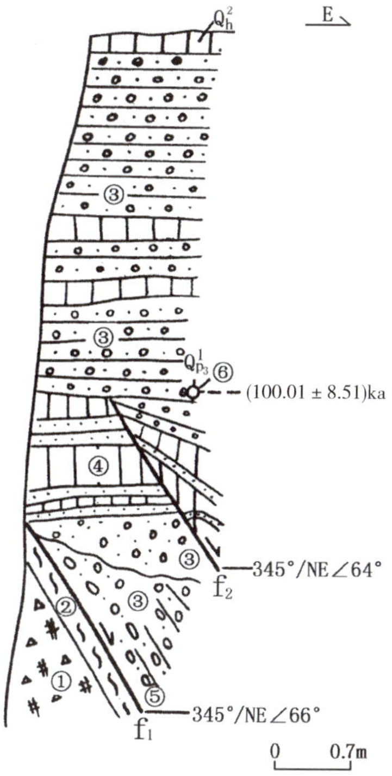

图 2.55 尕秀沟北 300m 探井剖面素描图

①花岗岩破碎带；②断层泥；③砾石层；④黄土夹层；⑤断层及性质；⑥热释光样采集点

①裂产状：345°/NE ∠ 66°；

②断面上可见红褐、灰白等杂色断层泥，厚约 10 ~ 20cm，表明断裂活动具有挤压特征，并具有多期活动性。

尕秀沟口北 400m 处断层剖面，断层特征：（图 2.56）

①断层产状：N25°W/NE ∠ 56°；

②断裂沿花岗岩与 Q_h^1 砾石层之间发育，砾石层逆冲于花岗岩之上；

③断面处上盘砾石层定向排列，砾石层层理杂乱不清，松散未胶结；

④断面上覆全新世晚期残积层未被断错，残积层厚为 40cm；经热释光年代测试，断层位底部距今（5.51 ± 0.47）ka。

以上两个断层剖面表明，断裂在晚更新世早期至全新世早期活动强烈，为全新世活动断裂。

沿鄂拉山断裂带的多数冲沟均发育了不同级别的冲洪积阶地，断裂活动造成多级阶地断错。其中巴使格莉沟Ⅱ级阶地前缘断错约 68m，Ⅲ级阶地前缘断错约 136m；干沟Ⅱ级阶地前缘断错约 16.5m；干沟南第二冲沟Ⅲ级阶地前缘断错约 70m，Ⅱ级阶地后缘断错约 170m；干沟南第三冲沟Ⅲ级阶地前缘断错约 70m，Ⅲ级阶地后缘（Ⅳ级阶地前缘）断错 130m。本区干沟北Ⅰ级阶地的 TL 年代为（4.4 ± 0.2）ka，干沟南Ⅱ级阶地上部 TL 年代为（19.28 ± 1.64）ka，干沟南Ⅲ级阶地上部 TL 年代为（32.13 ± 2.73）ka，干沟北Ⅲ级阶地 TL 年代为（36.5 ± 1.8）ka。综合分析对比后，得到鄂拉山断裂晚更新世晚期以来的平均水平滑动速率为（4.1 ± 0.9）mm/a。

鄂拉山断裂带在阶地水平断错的同时，还在阶地上形成了明显的断层陡坎。沿鄂拉山断裂Ⅰ级阶地或洪积台地上断坎高度约 0.5 ~ 1.0m 左右；Ⅱ级阶地或台地的断坎高集中在 1.5 ~ 2.5 m 左右，最高可

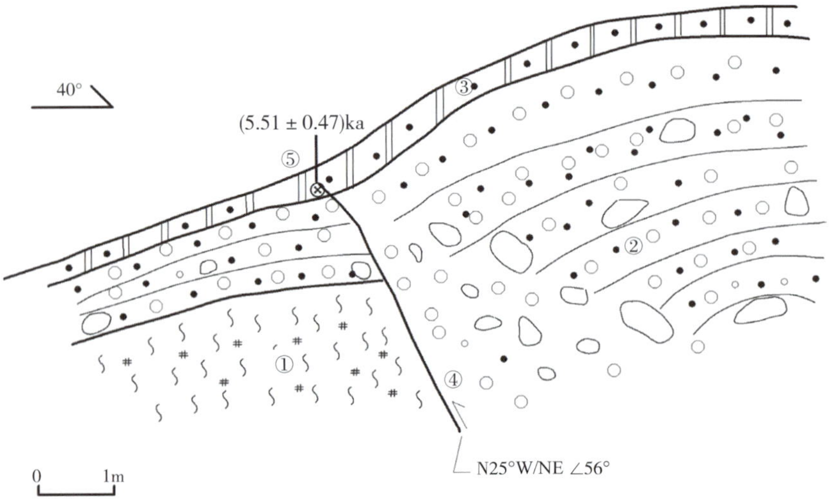

图 2.56 尕秀沟口北 400m 处断层剖面素描图

①花岗岩破碎带；②砾石层；③残积层；④断层及性质；⑤热释光

达 3.5m；Ⅲ级阶地坎高 3 ~ 4m，最高达 4.35m。根据本区各级阶地的相应年代（同上）。综合分析对比后，得到该断裂晚更新世晚期以来的平均垂直滑动速率为（0.15 ± 0.1）mm/a 左右（袁道阳等，2004）。

9. 柴达木盆地北中央断裂带（F_{10}）

柴达木盆地北中央断裂系柴达木盆地中央控制第四纪三湖沉陷的北边界断裂，也是四级新构造单元的分界断裂，西起一里坪附近，往南东经东台吉乃尔湖－达布逊湖一线北侧，并继续东延，在北霍布逊湖北侧与赛什腾—锡铁山断裂带交会，全段呈隐伏状态，长约 230km。西段呈 NW 走向，东段为 NWW 走向，倾向 SW，倾角 60° 左右，具逆冲性质。

在遥感资料中，可以发现断裂带控制了达布逊湖、北霍鲁逊湖北侧地貌，形成一条 NWW 走向，比较平直的异常界线（图 2.57，图 2.58）。这主要是由于断裂带两侧含水特征差异形成，断层西南侧水系富含盐矿，而东北侧含水性较弱，植被覆盖低，在遥感图像中呈亮白色。

航卫片解译表明，断裂带明显控制全新世早期形成的干盐滩和现代卤水湖的分布。在东达布逊湖西北 13km 处布置的跨断层人工浅层地震勘探剖面（图 2.59）表明，该区段由 7 条近于平行的次级断层组成，总破碎带宽近 700m，走向 N75°W，多数倾向 NE，而主断面倾向 SW，倾角 85° 左右，具正断层性质，断达距地表 25 ~ 30m 深处。经与周围钻孔资料对比分析，认为已断错上更新统，并影响到全新统下部地层，这无疑为判定隐伏断裂带的全新世活动提供了可信的地质依据。

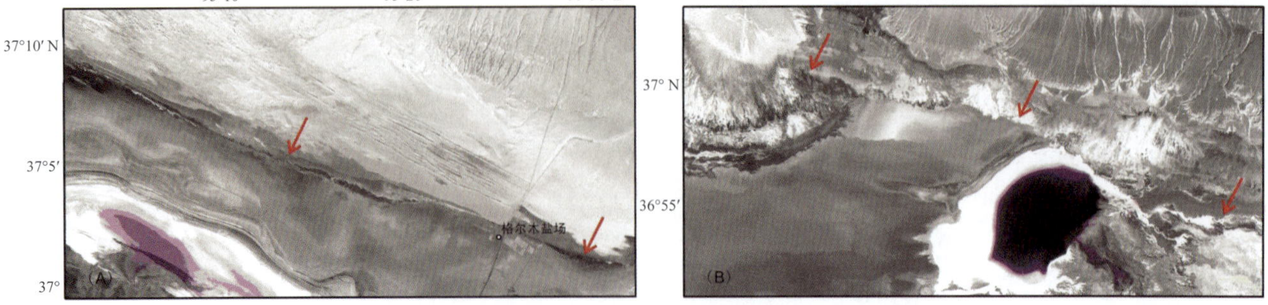

图 2.57 断层两侧地貌差异

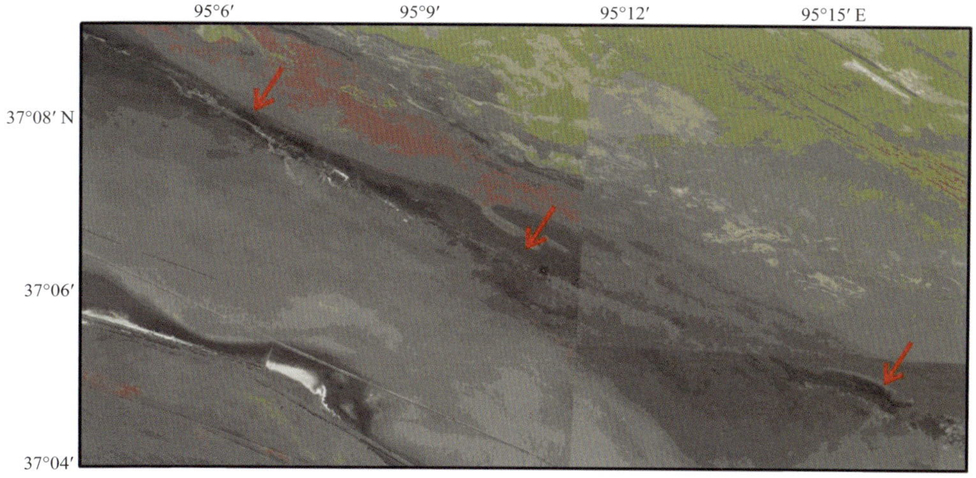

图 2.58 断层造成线性分界线

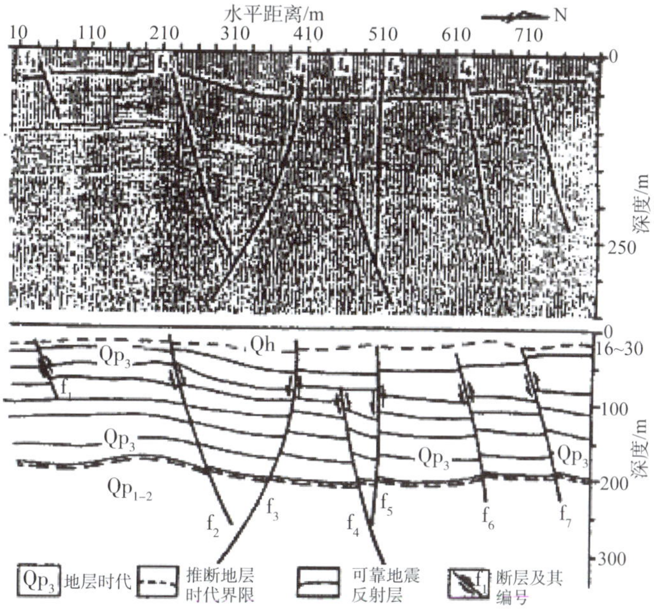

图 2.59 柴达木盆地北中央断裂浅层人工地震勘测水平迭加剖面及地质解释图

断裂带东段与赛什腾 — 锡铁山断裂带交会地区，曾于 1962 年和 1977 年分别发生了 6.8 和 6.3 级地震，且有多个 5 级左右地震分布，现今小震活动仍很频繁。地震活动资料表明，断裂带东段的活动明显强于西段。

综上所述，该断裂带为一全新世活动断裂带，具有发生中强以上地震的潜在危险性。

10. 柴达木盆地南缘隐伏断裂带（F_{11}）

柴达木盆地南缘隐伏断裂带为柴达木盆地与东昆仑构造带的分界断裂。断裂带西起乌图美仁、塔尔丁至格尔木后转为近 EW 向，终止于诺木洪以东，全长约 500km，该断裂带主要由茫崖 – 油沙山断裂和柴达木南缘隐伏断裂组成。

地震反射大剖面资料证实，该断裂带由一系列规模不等的断裂斜列组合而成（表 2.5），它构成了南侧正重力异常梯级带和北部柴达木盆地负重力异常及不同磁性块体的分界线。

表2.5 柴达木盆地南缘断裂带一览表

断裂名称	长度 /km	产状			性 质	断达层位
		走向	倾向	倾角		
阿拉尔断裂	70	NW	SW	48°	逆冲	Qp_{1+2}
库拉木拉克断裂	40	NW	SW		逆冲	Qp_{1+2}
哈尔扎断裂	50	NW	SW	20°	逆冲	Qp_{1+2}
乌图美仁断裂	60	NW	SW		逆冲	Qh
塔尔丁断裂	80	NW	SW	43°	逆冲	Qp_{1+2}
自流井断裂	60	NW	SW	27°	逆冲	Qp_{1+2}
格尔木断裂	150	EW	S	45°	逆冲	Qp_{1+2}
沙滩边断裂	60	EW	N		逆冲	Qp_{1+2}

该断裂带沿柴达木盆地南缘边界分布，整体走向近 EW 向，为一条逆冲左旋走滑断裂，倾向 SW，工作区内长约 200km。在遥感图像中可以看到，盆地边缘山前地带到山麓地带，地形差异较大，从盆地边缘的 2500 多米迅速上升至山路带的 4500m，高差超过 2000m，反映了在区域挤压作用力之下山体抬升幅度较大。

然而在遥感影像中，沿山前山麓地带，在平面上山前地貌弯曲度比较大（图 2.60），并不具有明显的构造地貌特征。山前河谷也多是比较宽缓的形态，呈“U”字形或“碟”形河谷，水流侧向侵蚀作用较强，下切作用微弱，水系发育处于老年期，在水流侵蚀作用下，地貌后退，造成局部地段向盆地内部弯曲，“凸”向盆地。这些都反映了近期该区域地壳趋于相对稳定性，柴达木盆地南缘断裂带第四纪活动非常弱，只是作为区域边界断裂而存在（图 2.61）。

断裂两盘出露的岩层差别很大，其南部山区主要为一套上元古界变质岩和华力西期侵入岩，这套岩层在北盘埋藏地表以下 7 ~ 8km，构成了盆地基底，其上发育较完整的新生代沉积；中生代沉积只在盆地内的部分地段存在，而且厚度不大；中生代末，断裂北盘强烈下陷，明显控制着新生代沉积。

图 2.60 柴达木盆地南缘弯曲山麓地貌形态

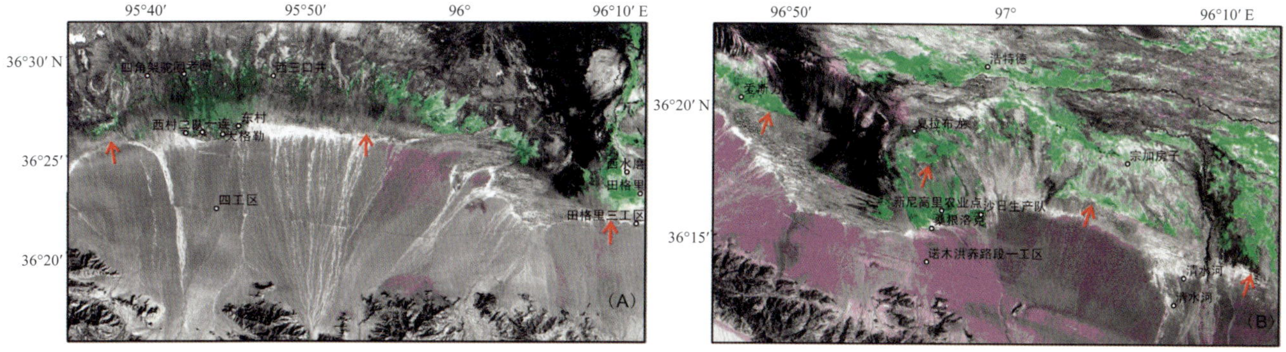

图 2.61　柴达木盆地南缘断裂遥感解译图

另据水文钻孔资料证实，在诺木洪—格尔木之间，断裂南侧第四系厚度 200 ~ 400m，而北侧竟厚达 1000m，也就是说，断裂两盘第四系厚度相差 600 ~ 800m，并且断裂错开了早、中更新世地层。由青海省石油局提供的《青海柴达木盆地勘探成果图（1：20 万）》重力资料反映的基岩等深线可以看出，沿断裂两盘基岩垂直差异幅度较大，最大可达千米。

根据我院收集的石油地震勘探资料（图 2.62），CDM288 测线断错上断点反射时间在 100ms 左右，深度大概在 50m。根据附近的地层，全新统厚度在 20 ~ 30m 左右，表明该断裂断错上更新统地层（图 2.65），表明该断裂在此处为晚更新世晚期活动断裂。

CDM392 测线（图 2.63）断裂断错地层在 1500ms 左右，根据经验，该断裂断点在 1500m 左右。根据石油钻探资料及相关地层的研究成果（图 2.64），该地区第四系厚度在 1000m 左右。表明该断裂在此段为前第四纪断裂。

总的来说，该断裂带西段活动强于东段，西段的最新活动是在全新世时期，并有 5 ~ 6 级地震活动，在乌图美仁附近沿该断裂附近曾发生 1952 年 10 月 6 日 6.0 级、1980 年 7 月 13 日 5.1 级、1986 年 12 月 21 日 5.3 级；乌图美仁以东沿带无中强地震活动。

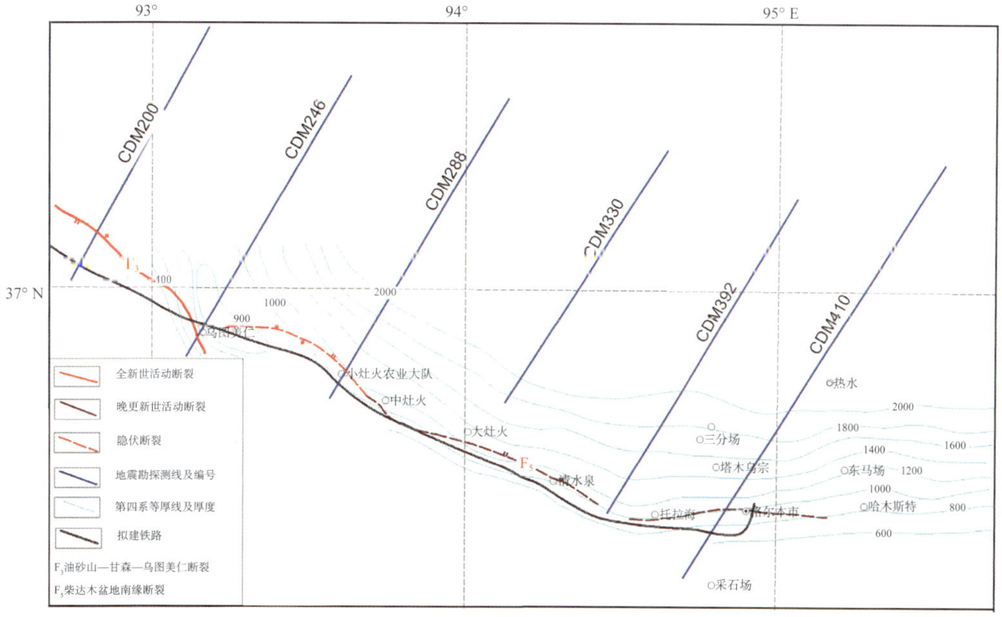

图 2.62　石油地震勘探测线位置

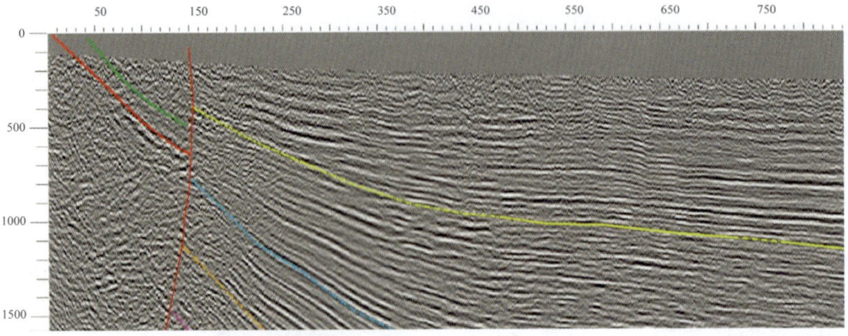

图 2.63　CDM288 地震勘探测线（横轴为桩号、纵轴为时间 ms）

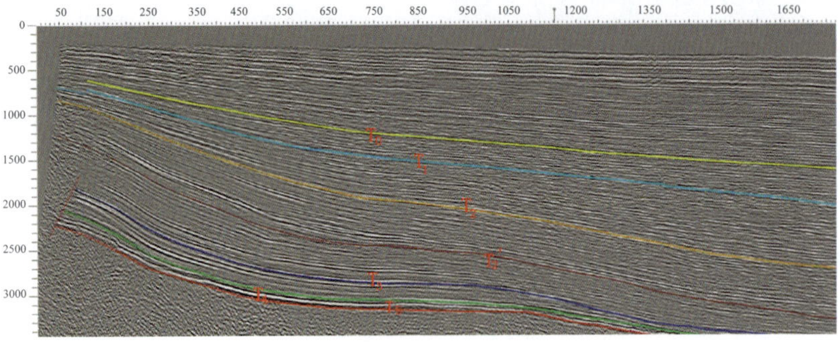

图 2.64　CDM392 地震勘探测线（横轴为桩号、纵轴为时间 ms）

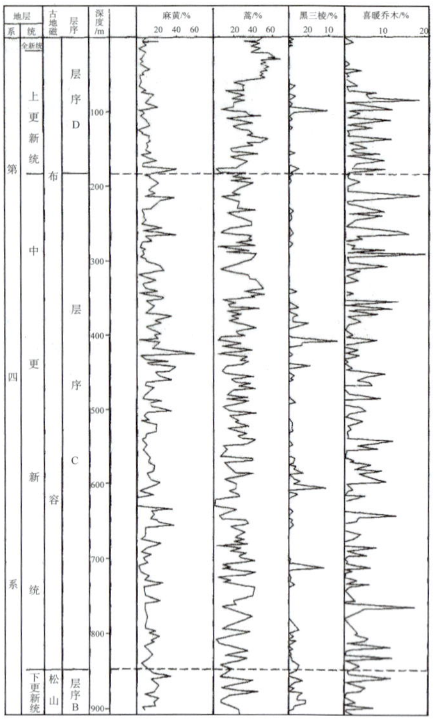

图 2.65　格尔木地区第四系厚度及时间尺度

2.7　区域地震构造特征

如前节所述，工作区内活动构造十分发育，它们在活动时间和活动特征上差别很大，而对德令哈城市规划区有影响的只是那些能孕育和发生破坏性地震的构造。本节的重点是分析区域内主要破坏性地震的构造环境特征，总结区域8、7、6级破坏性地震的地震构造条件，确定区域内主要地震构造，为地震区、带划分和确定潜在震源区提供基础资料。

2.7.1　地震构造特征

综合前节发震构造的基本情况，分别有如下特征：

（1）$8 > M_S \geq 7$ 地震的构造特征

①二、三级大地构造单元和次级新构造分区边界的活动断裂带上；

②大型走滑断层及其端部或扭曲部位；

③晚更新世以来活动的两组断裂交会部位或 NNW 向强烈活动的断裂带上，全新世活动长度在200km 以内。

（2）$7 > M_S \geq 6$ 地震的构造特征

①大型断陷盆地边缘断裂或断裂带；

②第四纪以来活动断裂的交会及拐弯部位；

③晚更新世以来有活动但规模一般的断裂，5 级左右现代地震活动频繁，断陷湖泊周围及地热异常区等。

2.7.2 区域主要地震构造

依据上述各级破坏性地震的构造特征，在区内共确定出，$8 > M_S \geqslant 7$ 地震构造带 5 个，$7 > M_S \geqslant 6$ 地震构造带 2 个（表 2.6）。

表2.6 区域主要地震构造

震级强度	构造名称	主要特征
$7 \leqslant M_S < 8$	柴北缘地震构造带（锡铁山段）	Ⅱ、Ⅲ级构造单元及新构造分区边界线，Qp_3—Qh 活动，长度约 200 km，中强地震频繁发生，最大地震 6.8 级
	鄂拉山地震构造带	长度> 200 km，NNW 向展布，逆冲兼右旋，全新世活动，中强以下地震活动频繁
	宗务隆山地震构造带	控制着不同时代地层的分布，亦是构造单元的边界。2003 年 4 月发生 6.6 级地震
	大柴旦—尕海地震构造带	晚更新世至全新世活动，两组断裂交会及断裂发生扭曲，最大地震震级 5.4 级
	党河南山地震构造带	全新世活动断裂，发生多次 5 ~ 6 级地震
$6 \leqslant M_S < 7$	托莱山地震构造带	全新世活动断裂，发现多次古地震事件
	柴达木盆地北中央地震构造带	长约 230km，东段发生多次 6 级以上中强地震

第三章　近场区地震构造条件评价与地震活动性

近场区是指工程场地外延不小于 25km 的范围，本项目的近场区为 36.67° ~ 37.62°N，97.03° ~ 97.75°E。根据大地构造单元划分，近场区位于东昆仑褶皱系北部和祁连褶皱系南部，南为松潘－甘孜褶皱系，东为秦岭褶皱系。

本章是在区域地震地质环境评价的基础上，阐述近场区地貌与地震构造特征，编制《1 ： 20 万近场区地震构造图》、确定发震构造和本底地震。因此，本章将从近场区地貌、地层特征、活动断裂调查和地震活动特征三方面来阐述。

3.1　近场区地貌、地层特征

3.1.1　近场区地貌特征

近场区位于德令哈市周围，属于柴达木北缘戈壁滩地貌，其区域内北部及东部大部分地区为宗务隆山山脉，呈 NWW 走向，与区域构造线方向一致。山体主要由砂岩、砾岩、灰岩组成，平均海拔 4000m，海拔 4500m 以上常年积雪覆盖，海拔 4500m 以下生长圆柏和灌木林。山脉向南过度为野马滩洪积扇平原区，矗立着宗吾隆山余脉小孤山山体。野马滩向南为德令哈山间盆地区，市中心坐落于此。巴音郭勒河贯穿目标区范围内，呈“S”形展布，最终流入柯鲁克湖，冰雪融水、泉水等为其重要来源。尕海湖为近场区内唯一的湖泊，位于其东南缘，面积 48km^2，呈椭圆形，平均水深 10m，大柴旦 — 尕海断裂带穿过此湖。

本近场区内地貌主要由北部高山地貌和区内巴音郭勒河及支流组成的河谷地貌构成，整个地形上具有北高南低的特点（图 3.1 ）。

山前地貌：北部山区主要为宗务隆山群。由于第三纪以来该地区间歇式上升和隆起，造成了本区宗务隆山地区高大山脉的存在，一般高程在 3000m 以上，最高的宗务隆 4324m，最低高程位于河谷，海拔在 3265m，相对高差在 500 ~ 1000m 左右。

区内河谷地貌主要为巴音郭勒河河谷地貌。区内巴音郭勒河主河道呈近 SN 方向，河谷阶地在山区内不发育，山区外较发育。山区内阶地主要为冲积物所形成的，而山区外存在 Ⅰ ~ Ⅴ级阶地。河流在山区内切割山体较深，多形成险峻的峡谷，呈“V”或者“U”形河谷。在山区外河谷、河漫滩、阶地

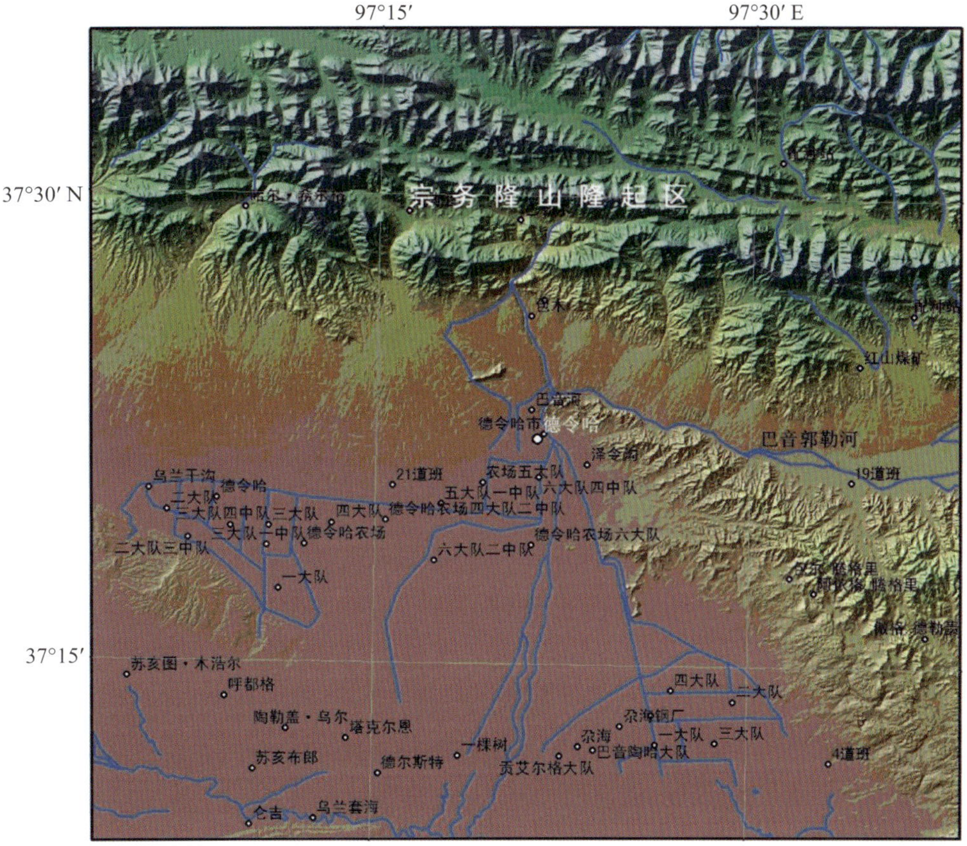

图 3.1　近场区 DEM 图

主要有松散砂、砾石及局部淤泥质土构成，河谷平而阔，一般在 100 ~ 200m 不等。由于巴音郭勒河受天气影响很大，其水量变化很大，没有严格的河谷和河漫滩区别。

3.1.2　近场区地层特征

1. 前第四系地层

震旦亚界（Z）：

出露于近场区北部，为研究区最古老的地层，命名为达肯大坂群（Zdk）。其下部为一套中深变质的混合岩、斜长角闪岩，片麻岩及片岩；上部为大理岩。根据岩性特征，详细划分为下亚群（Zdk^1）和上亚群（Zdk^2）。

达肯大坂群下亚群（Zdk^1）：主要分布于近场区北部，巴音郭勒河口水文站 — 柏树山煤矿 — 察汗森一线以南。基岩出露良好，除局部中、新生代地层呈不整合覆盖外，与新地层均呈断层接触。由一套中深变质的混合岩、斜长角闪岩，片麻岩及片岩组成，混合岩化作用普遍发育，其中上部夹较多大理岩透镜体。

达肯大坂群上亚群（Zdk^2）：零星分布于德令哈北西至察汗森一带，出露面积不大。主要有大理岩组成，属浅海相的碳酸盐构建。

石炭系（C）：

近场区内仅出露上石炭统，分布在宗务隆山，面积较大，北与二叠系及志留系，南与震旦亚界达肯大坂群、二叠系及侏罗系等均呈断层接触，出露不全。其岩性下部主要是轻变质的碎屑岩、火山碎屑岩及碳酸盐岩；上部则主要为碳酸盐岩及中基性火山岩。

二叠系（P）：

分布于宗务隆山主脊北坡及红山煤矿北山到野马滩一带，属槽型或过渡型海相沉积。由砂砾岩、粉砂岩及灰岩组成，构造线总方向近 EW。

侏罗系（J_{1-2}）：

近场区内侏罗系不发育，仅在巴音郭勒河水文站 — 红山煤矿 — 柏树山煤矿之山前零星分布。近场区内侏罗系为陆相沉积，均以山间或山前断陷盆地形式出现，其上部为暗紫红色粗碎屑岩，下部为灰－灰绿碎屑夹煤系。

第三系（N_{2s}）：

近场区内第三纪地层较为发育，主要分布在尕海以西，东灶火河两侧。组成了德令哈坳陷盆地的德令哈、巴依、来扎克、巴图、乌兰、大浪等储油构造。

近场区内第三纪地层属以浅湖亚相为主的河湖相混合沉积。由于第三纪以来古地理变迁的原因使其岩性、岩相及厚度变化较大。在本次近场区内主要发育第三系上新统狮子沟组。

主要岩性为：上部黄褐、灰黄、浅灰绿色泥岩、砂质泥岩与粉砂岩、细砂岩互层，中部夹淡色薄层泥灰岩；下部灰黄、土褐、灰绿色砂岩、砂状砾岩及砾岩夹大量砂岩、泥岩及细砂岩。

2. 第四系地层

下更新统湖泊 — 河流相堆积（Q_{p1}^{al-l}）：

主要分布在近场区西侧，组成了本区最高的Ⅰ级阶地。

主要岩性为灰黄、灰褐色砾岩、砾状砂岩夹灰绿、棕黄色厚层状砂岩，粉砂岩及泥岩。从上而下泥岩、粉砂岩夹层趋少，砾岩渐多。

砾岩：土黄色、土黄褐色，砾状结构。砾石成分极为复杂，由灰岩、千枚岩、片岩、石英岩、火山岩组等组成。分选极差，粒径大小相差悬殊，次圆－次棱角状，局部为棱角状。为泥质－砂质胶结，胶结程度好，层理清晰。

砂岩：多呈夹层或扁豆体，为石英长石质岩屑砂岩，泥钙质胶结，比较疏松，砂质均含盐，呈白色粉末状。

上更新统 — 河流相堆积（Q_{p3}^{al-pl}）：

上更新统广泛分布在宗务隆山山前典型的冲积、洪积扇及河谷两侧之阶地。

主要有砂、砾石、亚砂土等组成。呈半胶结－胶结状态。砾石成分主要为灰岩、次为砂岩、板岩、混合岩、片麻岩等，呈次圆状，分选性极差，最大厚度可达 50m。

近场区内上更新统主要为河流相洪积物，次为冲积物。

全新统（Qh）：

全新统冲洪积（Q_h^{al-pl}）分布在巴音郭勒河中下游流域。由砾石、砂、亚砂土等组成，其上多被泥、砂质植被层覆盖。砾石圆度较好，分选性差。呈松散状，产出于现代河床及两侧，为河流相冲积－洪积物。

全新统风成堆积（Q_h^{eol}）在近场区黑石山东南有一定范围的分布。呈沙漠、戈壁景观。一般以砂垅，新月型沙丘及沙滩等形式出现。有米黄色中、细粒砂及暗色矿物质岩屑等组成。近场区内风成砂堆积可分为：上有植被（红柳、沙柳、枸杞等）覆盖的且已固定者属全新世早期产物，现在仍在活动（吹扬）

者属全新世晚期的产物。

全新统沼泽堆积（Q_h^h）主要分布在巴音郭勒河最下游，即德令哈和巴依两构造之间狭长地带。由灰黑色含细砂淤泥、含有植物根的腐泥及泥炭层组成。表面往往为大片平坦的水草沼泽地。

全新统湖相堆积（Q_h^l）分布在尕海四周，岩性由黄褐色、青灰色砂、砂质黏土及淤泥组成，并含有盐类、石膏等矿物。

3.2 近场区新构造运动特征

3.2.1 构造分区

近场区 EW 向构造发育，构成主要构造。根据地层和构造特征，近 EW 向构造主要形成于华力西中期（青海省地质局，1978），主要有槽型海相石炭系地层及部分槽型或过渡型二叠系地层，以及华力西期花岗闪长岩构成。其中石炭系－二叠系地层分布于近场区中部，华力西期花岗闪长岩分布于近场区北部。根据横切近场区的地质构造剖面，以宗务隆山南缘断裂为界，可将近场区划分成两个构造单元（图 3.2）：

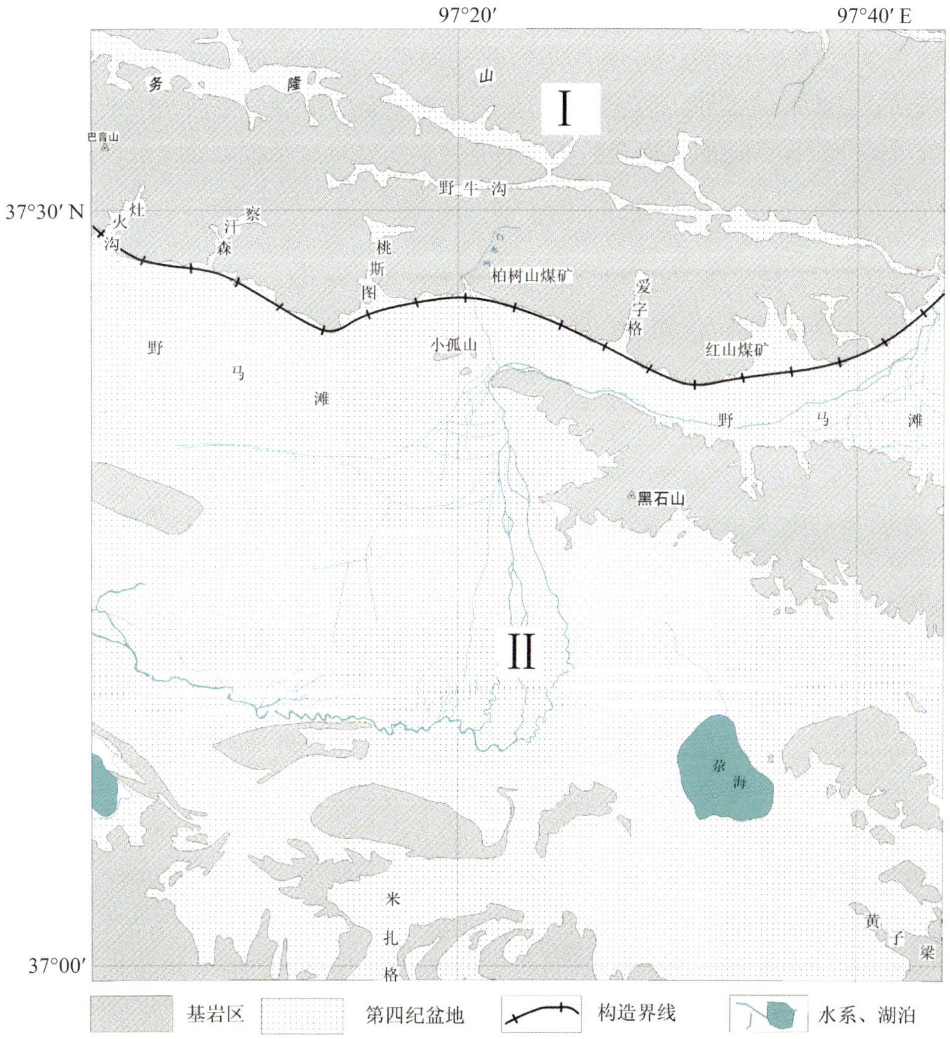

图 3.2 近场区构造单元划分图

Ⅰ南祁连构造区：位于宗务隆山南缘断裂以北。该区在加里东构造运动的基础上，又经历了多期构造运动影响，分布有华力西期、印支期、燕山期侵入岩体或岩脉，并发育多条 EW 向断裂构造。

Ⅱ柴达木地块区：位于宗务隆山南缘断裂以南。中新生代地层在该区内沿巴音郭勒河北岸 NW— 近 EW 向展布，后期构造运动使其褶皱变形，并形成一系列逆冲断裂。

3.2.2 构造演化特征

该区构造特征表明，华力西期构造运动奠定了该区的基本构造格局；晚三叠系时期，受印支运动影响海水退出本区，隆起成陆，早期地层产生褶皱和断裂活动，沿断裂有中性和酸性岩浆活动；燕山运动在该区表现强烈，使侏罗系地层强烈褶皱变形，沿断裂有伟晶岩等岩脉侵入，山前地带堆积了碎屑岩，燕山期构造活动沿山前地带形成新的构造带；喜山期构造活动沿 EW 向构造带仍有表现，沿燕山运动形成的山前构造带继续活动。

3.3 近场区主要断裂及活动性评价

通过详细的野外调查和航片解译，在近场区范围内发现并证实了 6 条断裂带（表 3.1；附图Ⅱ），其中乌兰达坂 — 不热格斯坦断裂、灶火沟 — 巴音河水文站断裂、柏树山断裂、白水河 — 红山煤矿断裂是区域性断裂大柴旦 — 宗务隆山断裂的分支断裂，规模较小，晚更新世以来不活动。宗务隆山南缘断裂为全新世活动断裂，托素湖 — 尕海断裂是大柴旦 — 尕海断裂的中段，由南北两条分支断裂构成，北侧断裂为晚更新世活动断裂，南侧断裂为全新世活动断裂。上述两条活动断裂对新构造期及现代构造活动特征具有重要意义。

表3.1 目标区主要断裂特征

断裂编号	断裂名称		断裂产状			断裂性质	活动时代
			走向	倾向	倾角		
F_1	乌兰达坂 — 不热格斯坦断裂		WE	S	50° ~ 70°	逆冲	Qp_{1-2}
F_2	灶火沟 — 巴音河水文站断裂		NW	S	45° ~ 60°	逆冲	Qp_{1-2}
F_3	柏树山断裂		EW	N	45° ~ 65°	逆冲	Qp_{1-2}
F_4	白水河 — 红山煤矿断裂		NWW	NE	47° ~ 60°	逆冲	Qp_3
F_5	宗务隆山南缘断裂		NW	N	45° ~ 60°	逆冲	Qp_h
F_6	托素湖 — 尕海断裂	F_{6-1}	NW	S	73°	逆冲	Qp_h
		F_{6-2}	NW	N	65° ~ 80°	逆冲	Qp_3

1. 乌兰达坂—不热格斯坦断裂（F_1）

此断裂包括三条分支断裂，总的特征是呈 EW 向疏缓波状延伸，横贯全区，多沿地层界线分布。断层以向 S 倾为主，N 倾次之，倾角一般在 50° ~ 70°。

此断裂穿过怀头他拉抵库尔雷克山，东延偏转 SEE 至茶卡北山附近，严格的控制了晚石炭世变质地层的分布，使之与北侧志留纪地层构造分界，并导致南、北二叠、三叠纪地层沉积形态及构造形态迥然不同。

沿断裂及附近岩石挤压破碎剧烈，糜棱岩发育，受挤压的石灰岩往往形成一系列“核桃岩”。破碎带宽窄不一，宽者数十或者数百米，窄者仅几米。

据南盘岩层牵引现象及北侧岩层内发育的片理、岩层倒转等现象，分析认为断层南盘上冲具强烈挤压特征。其伴生的扭断层有 NE 和 NW 向两组。以乌兰达坂 SE—NE 方向扭断层为例，其特征是断面陡立平直而光滑，见有少量糜棱岩及磨细的角砾岩，一般断裂带很窄。据岩层位移指示 NW 盘向 SW，ES 盘向 NE 相对扭动，断距达 600m。

该组断裂归纳有如下主要特征：

（1）该断裂对南、北地区构造发展史起一定控制作用。

（2）规模很大，追溯其踪迹延长达 250km，在近场区内也有 50km。

该组断裂带内的地层和构造特征显示，乌兰达坂—布热格斯坦断裂为该组的主要断裂，本次工作对其重点做了实地考察。

出露点位：37°37.668′N，96°43.953′E。断层破碎带内发育新断层滑动面（图 3.3）。新滑动面上发育宽 15cm 的断层泥带，由灰黄色、灰绿色断层泥构成。断层泥被后期断层活动挤压成片理化。采集断层泥样品 DLH–3，电子自旋共振测年结果为：(760.92 ± 6.53) ka 。在断层泥带南侧为宽 50cm 的断层碎裂岩带，由片理化及碎粒状构造岩组成。断层滑动面产状为走向 100°，倾向 NE，倾角 69°。在断层滑动面两侧为挤压透镜体及节理带。

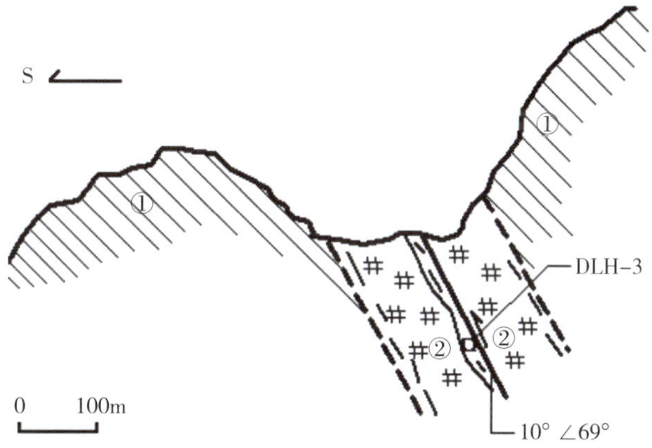

图 3.3 乌兰达坂—布热格斯坦断裂剖面

①基岩；②断层破碎带

断层带形成宽 1000m 的谷地。在断层带南侧的山前台地上，发育 NW 走向的次级断层。出露点位：37°37.416′N，96°44.450′E。断层断错第四系冲洪积砾石层。如图 3.4 所示，断层南盘发育一套青灰色半胶结的角砾层，该套地层有倾斜变形，砾石遭强烈风化。断层北盘为冲洪积砾石层。断层产状为走向 145°，倾向 SW，倾角 62°。沿断层面有砾石定向现象，并有沙土顺断层滑动面充填。断层面特征显示为南盘上升的逆断层。断层上部覆盖冲洪积砂砾石层，未被断层断错，采集细砂层样品 DLH–2，光释光测年结果为：(320.75 ± 2.78) ka。

另外，该断裂在水文站北经过处形成断层垭口（图 3.5），沿沟形成较大面积的洪积扇面，洪积扇上没有发现冲沟、断层坎，水系也没有扭错现象存在，表明该断裂为晚更新世以来不活动断裂。

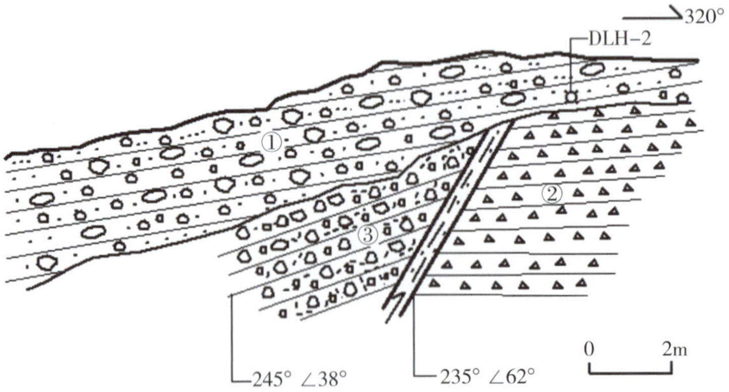

图 3.4　乌兰达坂—布热格斯坦断裂剖面
①灰色砾石层；②角砾层；③冲洪积砾石层

图 3.5　断裂形成的垭口

2. 灶火沟—巴音河水文站断裂 (F_2)

断裂展布于宗务隆山南麓，西起灶火沟，向东经桃斯图穿过白水河上游，终止于巴音河水文站附近，平面上呈舒缓波状延伸，全长 60 余千米，走向近 EW。在白水河及巴音河水文站以西断裂呈向南凸出的弧形。大多数地段倾向 S，倾角 45° ~ 60°，局部 N 倾。断裂西段发生在石炭系内，东段则构成石炭系与二叠系、震旦系的分界线，巴音河水文站一带有燕山期花岗岩侵入。断裂活动具挤压逆冲性质，挤压破碎带宽大于 20m，断面附近发育牵引现象。

航片解译表明，断裂线性构造清晰（图 3.6），如在兑默尔图河可见到十几米至几十米高的基岩断崖，高耸笔直，断崖位于Ⅳ级阶地后缘（图 3.7）。白水河Ⅲ级阶地未见断错，水文站可见次级断裂切割下更新统，其上晚更新世砾石层未见构造变动。这些表明，该断裂在早、中更新世时期有过明显活动，晚更新世以来活动减弱或不活动。

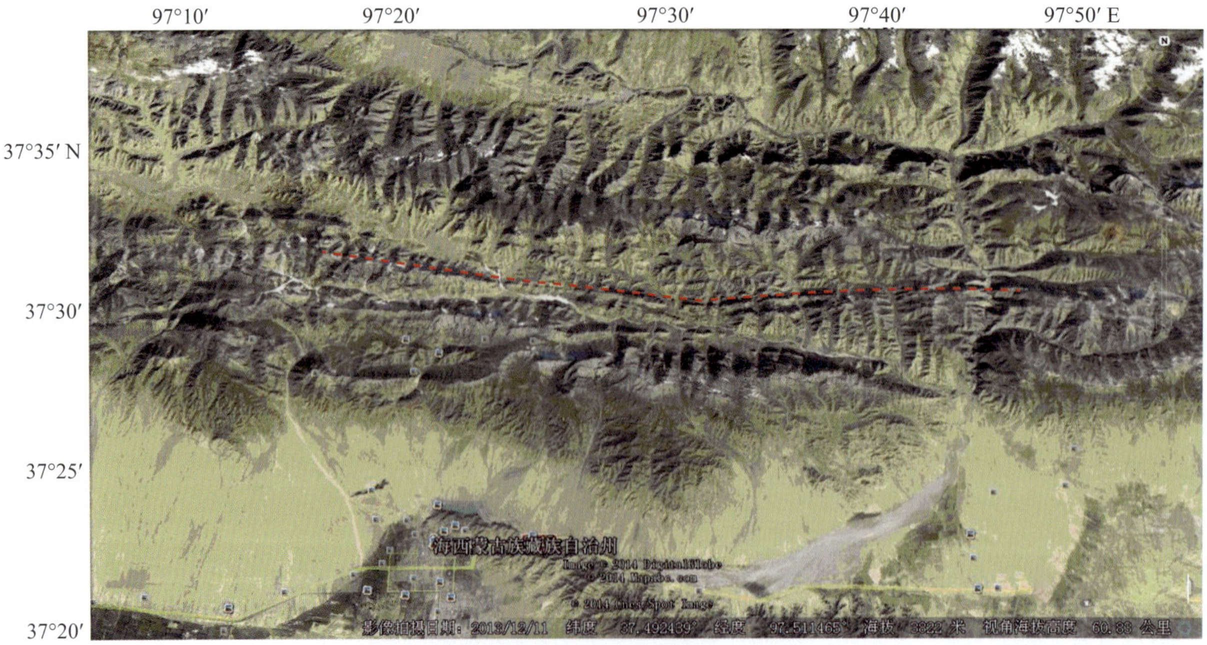

图 3.6　断裂线性特征

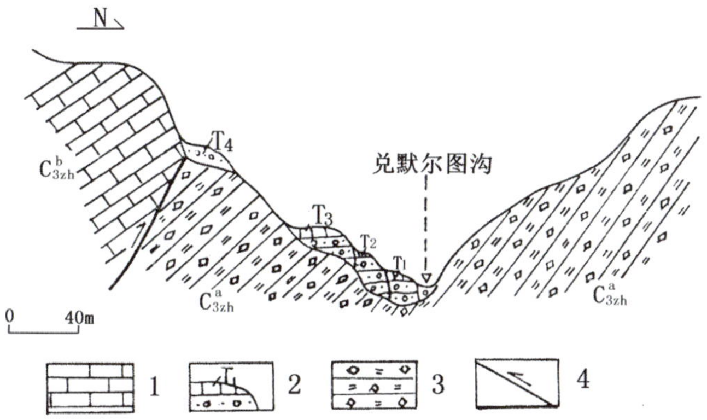

图 3.7 兑默尔图沟西侧断层剖面素描图

1. 石炭系灰岩；2. 阶地；3. 石炭系千枚岩；4. 断层及性质

3. 柏树山断裂 (F_3)

断裂展布于宗务隆山南麓，西起埃尾沟，向东经灶火沟、察汉森、柏树山煤矿、野马滩，终止于巴音河以东，平面上呈舒缓波状延伸，全长 70km，主体呈近 EW 走向，在察汉森至白水河一带呈向南突出的弧形。

断裂主体发生在石炭系与震旦系之间，断面 N 倾，倾角为 40° ~ 65°，具有挤压逆冲性质，挤压破碎带宽 50 ~ 300m，带内岩石片理化发育。在白水河附近，以两条平行断裂出现，由北往南，可见上石炭统逆冲至下白垩统之上，下白垩统又逆冲到震旦系之上。断面发育有糜棱岩，挤压碎裂岩和构造透镜体（图 3.8）。

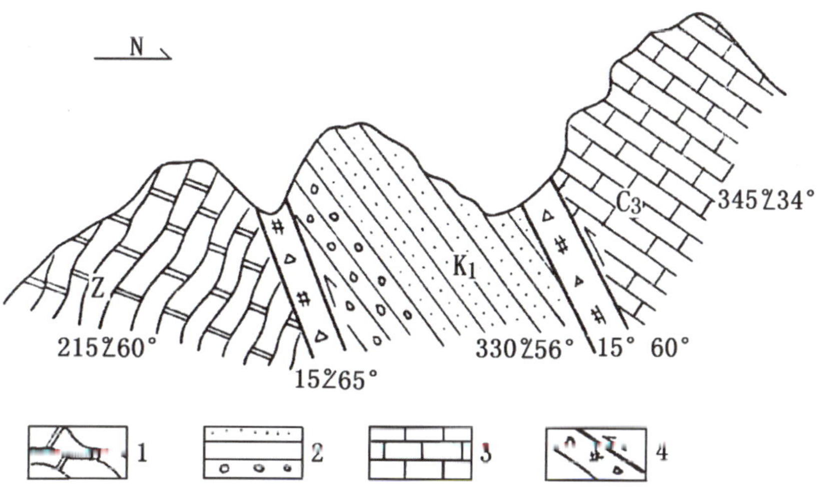

图 3.8 白水河西侧断层剖面素描图

1. 震旦系变质岩；2. 白垩系砂岩；3. 石炭系灰岩；4. 断层破碎带

断层地貌上呈线性状负地形延伸，可见断层垭口及基岩断层三角面，在红山煤矿、柏树山及灶火沟一带则分布有小盆地，其连接线与断裂展布方向一致。根据同地区构造类比推测，断裂活动时代为早、中更新世时期。

在野马滩一带，断层发育在二叠系与三叠系地层之间，断层带宽 50 ~ 100m，形成断层谷地（图 3.9）。

图 3.9　野马滩断裂断层谷地照片（镜向 NW）

出露点位：37°26.813′，97°36.749′。在二叠系地层构成的断层破碎带中，可见多条断层滑动面。如图为其中一条发育较好的断层滑动带。断层面走向 90°，倾向 N，倾角 65°。发育厚 3 ~ 5cm 固结断层泥及宽约 3m 的构造透镜体带（图 3.10）。

在冲沟东岸，可见高 20m 的阶地堆积物覆盖于断层之上，未被断层断错。该级阶地跨越宽 50 ~ 100m 的断层破碎带，连续堆积，未见阶地断错现象。由于冲沟切割出的阶地中为冲洪积砾石层，无细粒物质，未采集到年代样品。在该冲沟以东，冲沟切割同一级地貌面，出露细砂层（图 3.11），采集年代样品 DLH-1，热释光测年结果为（10.52 ± 0.89）ka。

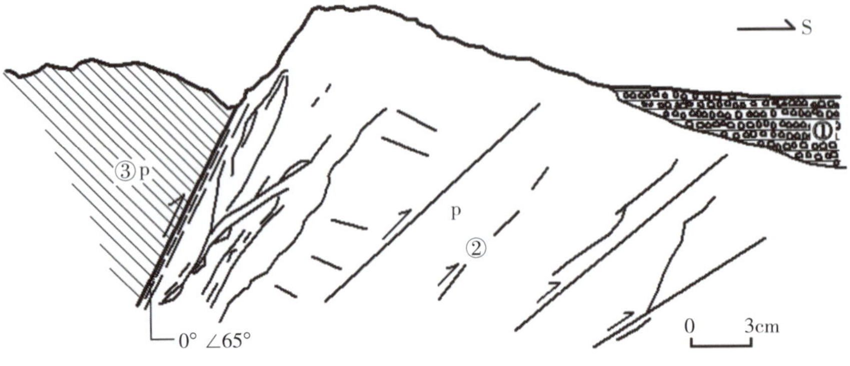

图 3.10　野马滩断裂剖面
①二叠系板岩；②断层破碎带；③砾石层

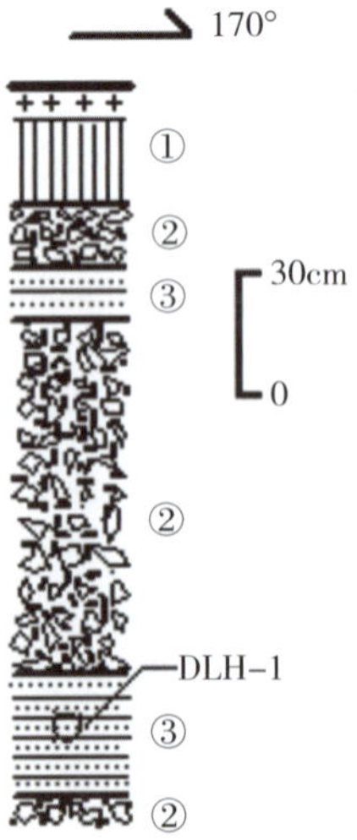

图 3.11　野马滩断层上覆阶地砾石层纵剖面
①表层土；②砾石层；③粉细砂层

4. 白水河—红山煤矿断裂（F_4）

断裂展布于宗务隆山南缘，西起白水河以西 2km 处，向东经白水河、爱字格至红山煤矿，全长 23km，总体走向 NWW。平面展布上可分为三个特征段：西段白水河一带为 EW 走向；中段走向 N70°W；东段走向 N80°E。断裂倾向 NE，倾角 47° ~ 60°。断裂发生在震旦系、侏罗系和白垩系之中，沿断裂有燕山期花岗岩体分布，断裂活动具有挤压逆冲性质。如在白水河一带，可见侏罗系逆冲至白垩系之上。在白水河西岸开挖的探槽剖面（图 3.12）揭示如下特征：

① 探槽揭示出两个较新断面，皆发育在断裂挤压破碎带之中，挤压破碎带为灰白色砂岩，宽 4m。两个剖面产状分别为 N30°W/NE ∠ 47° 和 N30 °W/NE ∠ 55°；

② 沿断面发育 30 ~ 50cm 厚的红棕色断层泥，断面之上覆盖 10cm 左右的残积表土层；

③ 在距地表 40cm 处取断层泥样做热释光年代测试，结果为（170.56 ± 14.5）ka，表明断裂活动是在中更新世末期之后。但从断裂产生的断层丫豁及微地貌判断，其最新活动应在晚更新世早期。

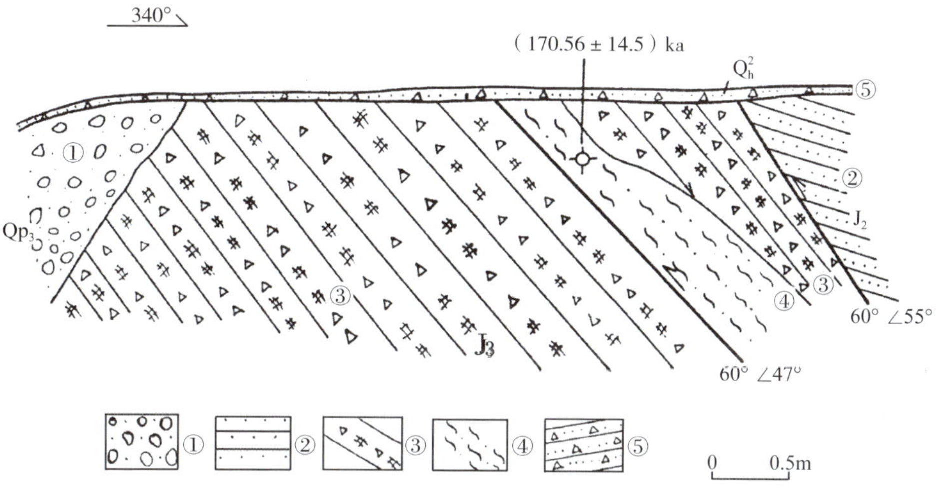

图 3.12 白水河西岸探槽剖面素描图

① 砂砾石层；② 砂岩；③ 挤压破碎带；④ 断层泥；⑤ 残坡积层

5. 宗务隆山南缘断裂（F_5）

宗务隆山南缘断裂西部始于石底泉槽地向东南延伸，经怀头他拉水库北部的八罗根郭勒河谷，野马滩山前的埃尾沟、柏树山煤矿、巴音郭勒沟谷，终止于休格隆一带，全长约 200km，总体走向近 EW，为逆冲断层。构成北侧宗务隆山隆起山地与南侧盆地及内部低山隆起的分界断裂。根据区域地质调查认为该断裂的夏尔恰达至泽令沟农场段（德令哈段）为全新世活动断裂段，长度约 60km（图 3.13）。该断裂段展布于目标区内，针对该断裂通过遥感解译、探槽、陡坎测量、地貌面测量等工作，进行地质地貌填图工作。

1）断面露头情况

野外调查认为，宗务隆山南缘断裂德令哈段山前主要出露老的断层断面，断层新活动性主要表现为对山前冲洪积扇的断错。

在克鲁村以北，石炭系上统白云质灰岩逆冲在第三系红色泥岩之上，造成宽约 3m 的断层破碎带，断层上覆巴音郭勒河Ⅳ级阶地已遭剥蚀（图 3.14）。

图 3.13　德令哈市三维遥感影像图

图 3.14　克鲁村以北断层剖面（镜向 N）

在德令哈市以北宗务隆山自南向北的小冲沟中，侏罗系紫色砂岩逆冲在第三系灰色泥岩之上，断层上覆薄层冲洪积层未见变形（图 3.15）。

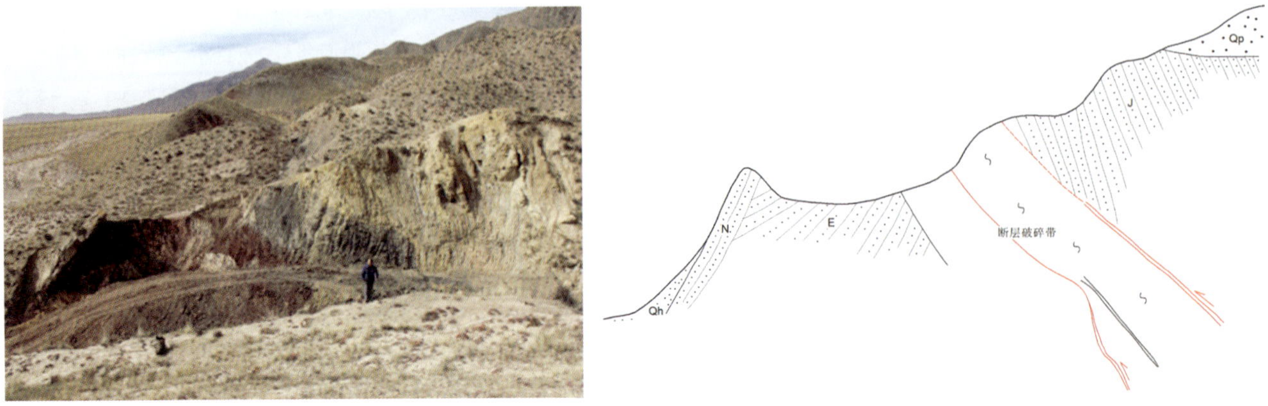

图 3.15　德令哈以北断层剖面（镜向 N）

在库克浩尔格一带，发现多条断层剖面。

剖面 1：出露点位：37°24.287′N，97°28.381′E。断层发育在震旦系角闪岩、花岗岩岩脉及第三系地层之间。震旦系地层和花岗岩脉之间的断层（F_1）倾角较缓，为早期活动的老断层；花岗岩和第三系之间断层（F_2）倾角较陡，为后期活动的断层。F_2 断层产状为走向 120°，倾向 NE，倾角 86°。断层面发育挤压片理。断层下盘为第三系地层，主要由紫红色泥岩构成，在断层带附近片理化，并卷入花岗岩岩块（图 3.16）。

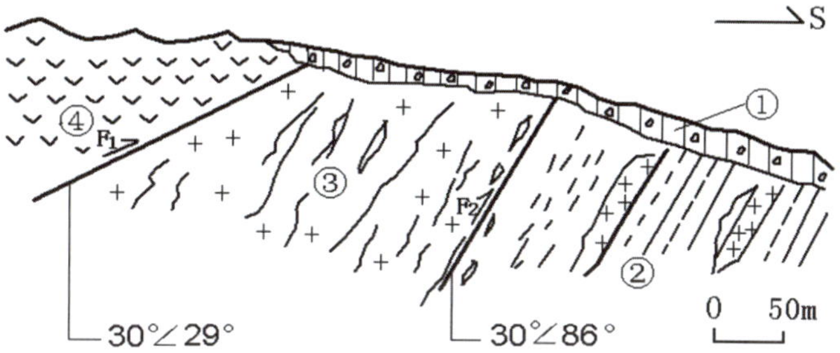

图 3.16 库克浩尔格附近断层剖面

① Qp_2 洪积或冰水堆积；②第三系泥岩；③花岗岩岩脉；④震旦系角闪岩

剖面 2：出露点位：37°24.287′N，97°28.381′E。断层发育在第三系橘红色黏土地层中。断层带宽 10 ~ 20m。由多条滑动面构成。滑动面为压性面，产状为走向 120°，倾向 NE，倾角 80°（图 3.17）。第三系地层构成山前冲沟Ⅲ级阶地的基座，在该断层带南侧 20 ~ 30m，出露第四系洪积物构成的台地，其高度低于以第三系为基座的Ⅲ级阶地，推测Ⅲ级阶地被断错。

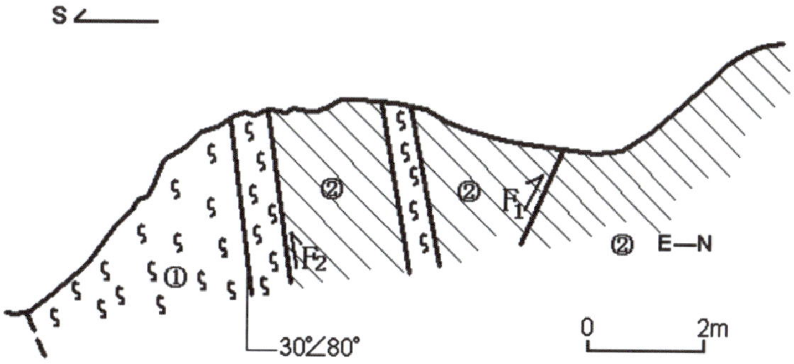

图 3.17 库克浩尔格附近断层剖面

①断层挤压破碎带；②橘红色泥岩

剖面 3：在库克浩尔格沟附近，断层活动在沟口的Ⅱ级洪积阶地上形成了清晰的断层陡坎，在该冲沟东岸阶地边缘发现断层剖面（图 3.18）。断层性质为逆断层，产状：30° ∠ 67°，断错了晚更新统，并影响到晚更新统上部及全新统的下部冲洪积砂砾石层（袁道阳，2003）。从该剖面点来分析，断层的最后活动是在晚更新世晚期至全新世早期期间。

在铅矿一带，垂直铅矿西侧一冲沟Ⅱ级阶地上的断层陡坎开挖探槽，揭露出清楚的断层剖面（图 3.19）。

剖面中共发现三条次级断层，近平行排列，总体产状 N50°E/NW ∠ 57°。其中主断层 F_1 的性质为逆断层，断错了层① ~ 层⑤，同时在 F_1 的上盘形成了正断层 F_2 和充填楔④；在 F_1 的下盘开始发育

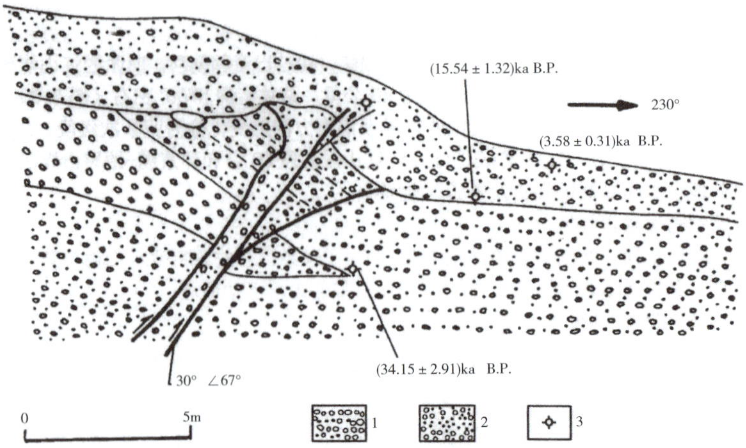

图 3.18 库克浩尔格沟山前断层探槽剖面（据袁道阳，2003）

1. 粗砾石层；2. 细砂砾石；3.TL 采样点

一次级断层，并可能断错层⑥，它们均被层⑦覆盖，应代表一次古地震事件，其最晚活动年代接近（2.91 ± 0.25）ka B.P.。

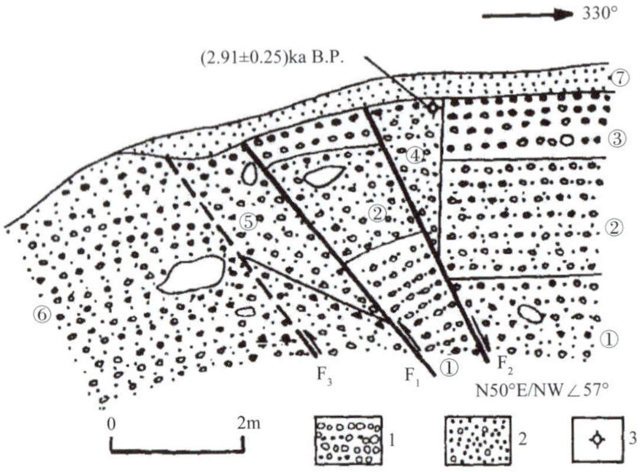

图 3.19 铅矿断层剖面

1. 粗砾石层；2. 细砂层；3.TL 采样点

①土灰黄色中粗砂层；②深灰色砂砾石层；③灰红色砂砾石层；④灰绿色砂砾充填楔；⑤淡紫色砂砾石层，层理不清晰；⑥土灰色、淡黄色砾石层，层理掀斜；⑦地表坡积砂砾石层

2）断层的运动学特征

由于晚更新世以来山前断层的持续活动，使得与山前断层相关的河流阶地和山前冲洪积扇发生了变形。这些变形的冲洪积扇记载了山前断层构造运动的历程，在一定程度上反映了构造运动的某些特征和规律。

对断层断错的地貌面进行了详细的测量，并选择典型地段进行了三维地形测量。测量仪器为 UniStrong 集思宝 E660T GNSS 差分 GPS 测量系统，其水平精度小于 2cm，垂直定位精度小于 4cm，流动站采用肩扛式测量，由此造成的测量误差小于 10cm，小于断层陡坎的高度。测量剖面主要选取具有变形小的或陡坎未受侵蚀的阶地面和洪积扇面，对多种位错标志物进行测量，包括现代干沟河床、河漫滩、冲沟、冲洪积扇面等。在测量位错时，首先选择相对简单的地表破裂（如宽 10m 以内的具有一条或几条陡坎的地方）和断层两侧具有能可靠关联点的地方。即使如此，测量仍旧存在不确定性，主要表现为被断错之前，标志物几何结构的不确定性。穿过断层，地貌面多数会发生变形；因此测量时，每条剖面一般都跨过破裂带后再向两侧延伸一定距离，通常 30 ~ 50m。地形测量研究中，一个潜在的干扰因素是位移一般是根据断层上的一个给定的点来计算，然后将这些计算的滑动量应用于整个断裂上，这种普遍意义上的滑动量容易忽略断层滑动沿走向变化的潜在的复杂性，故每个点我们一般测量 2 条地形剖面，以此尽量较少测量误差。

① 断层的水平运动特征

野外调查发现，在断层陡坎方向上宗务隆山山前多个地方造成冲沟左旋位错（图 3.20 ~ 图 3.23），为了获得断层水平位移量和活动速率，野外利用差分 GPS 对断层活动造成的冲沟水系左旋位移量进行了测量，获得了断层水平位移量（表 3.2）。

图 3.20 冲沟水系左旋（一）（镜向 N）

图 3.21 冲沟水系左旋（二）（镜向 N）

图 3.22 冲沟水系左旋（三）（镜向 N）

图 3.23 冲沟水系左旋（四）（镜向 N）

表3.2 水平位移

测线名称	lsp1	lsp2	lsp3	lsp4
左旋位移 / m	8.2	6.9	14.1	11.7

野外对陡坎进行取样，测定陡坎形成年龄大约为 6ka，估算断层水平最大滑动速率为 2.35mm/a。

② 断层的垂直运动特征

在宗务隆山山前，巴音郭勒河自西向东流入德令哈市内，在巴音郭勒河北岸，发育有 V 级阶地。自北向南，宗务隆山山前发育有众多冲沟，冲沟在山前发育有四期冲洪积扇。野外调查发现，宗务隆山南缘断裂断错冲沟最新期的冲洪积扇，并在冲洪积扇上逆冲造成陡坎（图 3.24），利用差分 GPS 对陡坎高度进行了测量（图 3.25），测量结果如表 3.3。

（镜向 N）

（镜向 NWW）

（镜向 NE）

图 3.24 断错陡坎地貌图

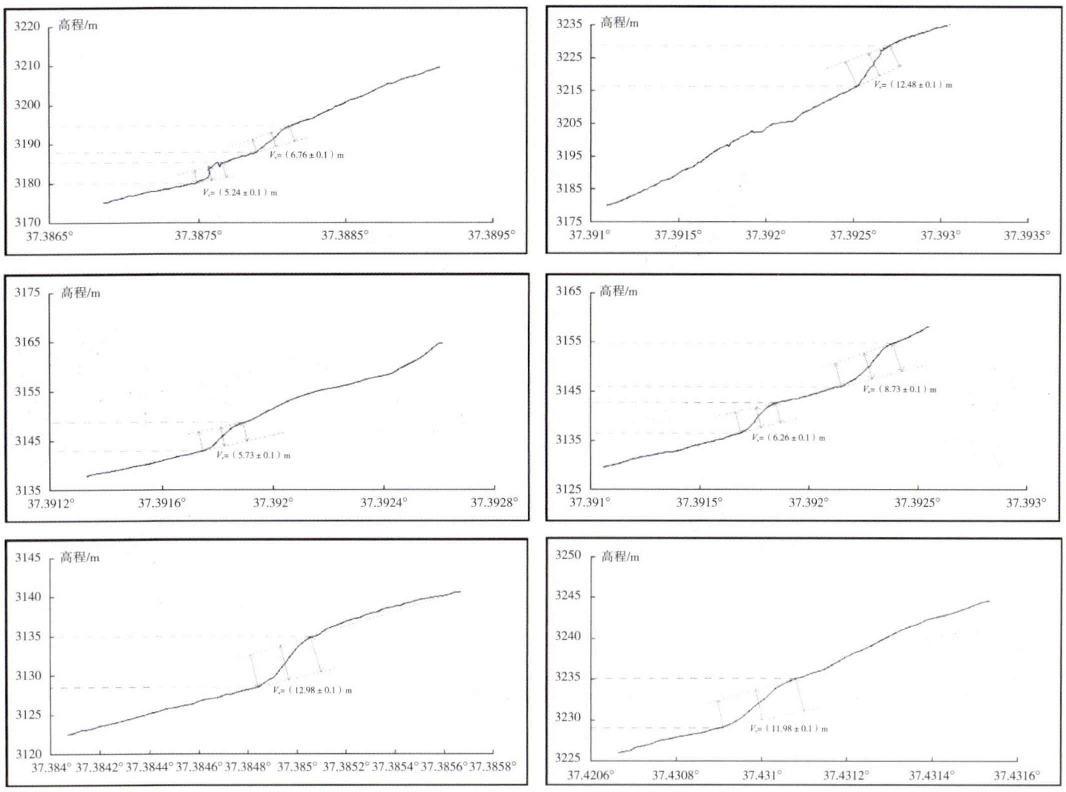

图 3.25 实测断层陡坎图

表3.3 断错陡坎实测高度

测线名称	Lcp1	Lcp2	Lcp3	Lcp4	Lcp5	Lcp6	Lcp7	Lcp8
坡角 / °	46	40	54	39	42	43	46	38
高度 / m	5.24+0.1	6.76+0.1	12.48+0.1	5.73+0.1	6.26+0.1	8.73+0.1	12.98+0.1	11.98+0.1

在该期冲洪积扇上取得 3 个光释光年龄样品，测年结果为 6ka 左右，因此，估算全新世晚期以来垂直滑动速率为 2.16mm/a。

3）探槽调查

本次工作除利用天然剖面对断裂活动性进行鉴定外，在构造特征明显的有可能保存古地震遗迹的地段开挖 5 个探槽，开挖的探槽尽量选择断错地貌清晰、具有连续沉积的地段，这样有利于获得较完整的古地震事件。

（1）探槽 T1

野外调查在宗务隆山山前楚鲁昆德附近，冲沟发育的最新一期冲洪积扇上，宗务隆山南缘断裂逆冲造成该期冲洪积扇断错，并形成断层陡坎，陡坎高约 10m（图 3.26）。在断层陡坎处开挖探槽 T1，该探槽长约 30m，宽 2.5m，高 5m。对该探槽两壁进行清理，可以很清楚的看到断层活动留下的古地震遗迹。

根据探槽（图 3.27）分析如下：

①探槽西壁揭示出 6 套地层单元，由老至新依次为 U1 ~ U6。

各套地层岩性特征由老至新描述如下：

U1：冲洪积互层，含大漂石直径 10 ~ 15cm，斜层理，倾向 S，倾角 30°。

图 3.26　探槽 T1 位置图

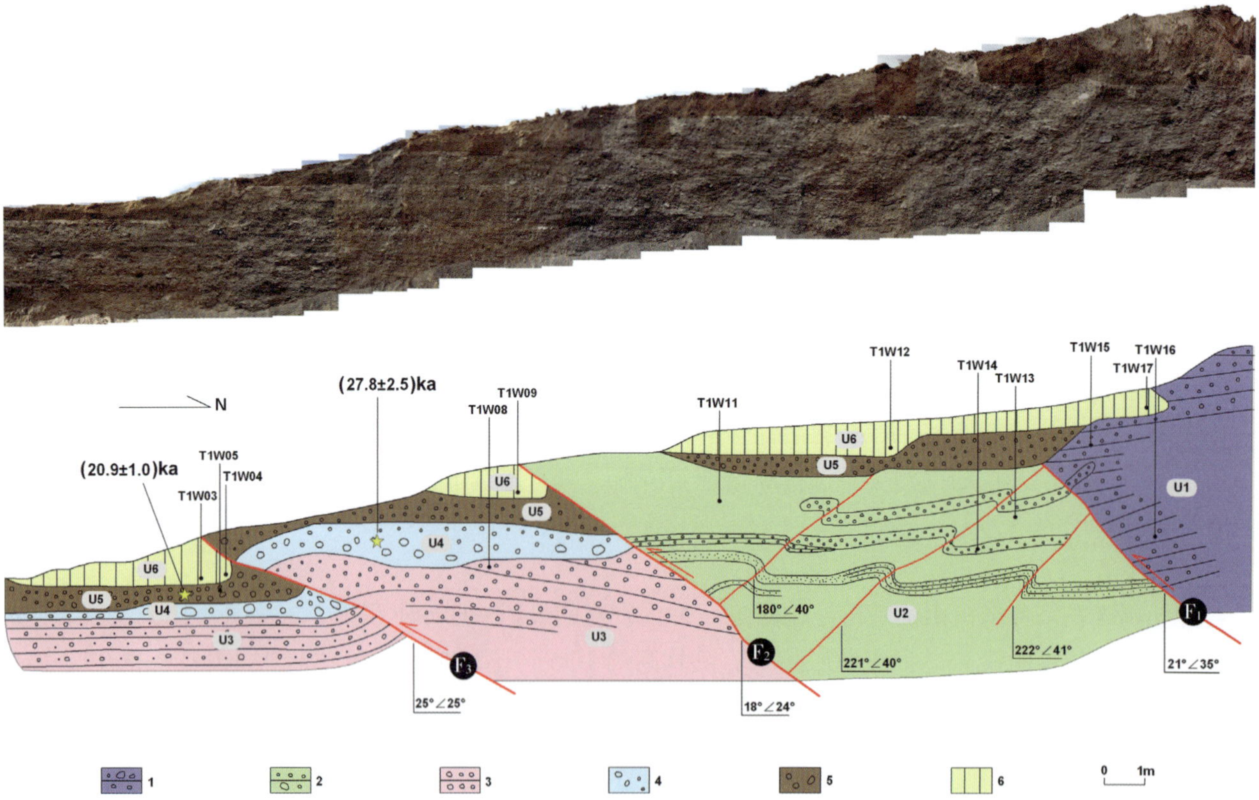

图 3.27　T1W 探槽剖面图

1. 冲洪积互层；2. 粗砂含角砾层；3. 冲洪积互层夹洪积物；4. 洪积层；5. 洪积堆角砾；6. 粉细砂土层

U2：粗砂含角砾层，粗砂层近水平层理。

U3：冲洪积互层，夹洪积物。

U4：洪积层，土状粉土充填，胶结硬，含大块角砾，直径 5 ~ 10cm。

U5：洪积堆积层，松散，粉土充填，角砾直径 2 ~ 4cm。

U6：粉细砂土层。

根据光释光测年，其中：

U1 地层时代为 (41.3 ± 4.0)ka(T1w19) ~ (34.4 ± 2.7)ka(T1w20)；

U2 地层时代为 (39.7 ± 2.6)ka (T1w11)；

U4 地层时代为 (27.8 ± 2.5)ka (T1w7)；

U5 地层时代为 (24.8 ± 2.4)ka(T1w1) ~ (20.9 ± 1.0)ka (T1w6)；

U6 地层时代为 (20.3 ± 1.4)ka(T1w3) ~ (14.9 ± 1.8)ka (T1w9)。

②活动性鉴定：根据野外探槽分析认为：断层 F_2、F_3 断错的最新地层为 U6 地层，根据地质测年得到 U6 地层年代为 (20.3 ± 1.4)ka(T1w3) ~ (14.9 ± 1.8)ka (T1w9)。从该剖面点来分析，断层的最后活动是在全新世早期。

③古地震事件分析：根据野外探槽分析、断错地层恢复、断错地层样品测年，综合分析认为该探槽揭露出 3 次古地震事件：

事件 1：断层 F_1 活动，使地层 U1 逆冲于地层 U2 之上，其累积垂直错距可能大于 Line1 之间的距离（约 7m）；事件发生于 U2 地层形成之后，也即发生于（39.7 ± 2.6）ka (T1w11) 之后（下限年龄）；由于该次事件之后，其地震相关堆积物及后来形成的地层 U3、U4 在该处可能遭受侵蚀而未保存下来；故事件 1 的年龄上限无法确定，不过据 U4 的年龄（27.8 ± 2.5）ka (T1w7)，事件 1 大致发生在（39.7 ± 2.6）~（27.8 ± 2.5）ka (T1w7) 之间，更接近前者。此时不存在其他断层。

事件 1 后沉积层 U3、U4。

事件 2：主断层 F_2 活动，使地层 U2 逆冲于地层 U3、U4 之上，其累积垂直错距可能大于 Line1 之间的距离（约 5.5m）；在 F_2 活动的同时 F_4、F_5、F_6 发生反冲作用，断错（褶皱）层 U2，错距＜ 0.5m。事件 2 发生于 U4 地层形成之后，也即发生于（27.8 ± 2.5）ka (T1w7) 之后（下限年龄）；该次事件之后，其上沉积覆盖层 U5 和 U6，故事件的年龄上限为 U5 年龄（24.8 ± 2.4）ka(T1w1)。事件 1 大致发生在（27.8 ± 2.5）ka (T1w7) ~（24.8 ± 2.4）ka(T1w1) 之间。

事件 2 后沉积层 U5、U6。

事件 3：主断层 F_2、F_3 同时活动，断错层 U5、U6。其垂直错距可能为 Line3 之间的距离（约 1.5m）；事件发生于 U6 地层形成之后，也即发生于（3.8 ± 0.8）ka（T1w10）之后。

3 次事件：事件 1 约 4 万年；

事件 2 约 2.5 万年；

事件 3 约 0.4 万年。

（2）剖面 TP1

在宗务隆山山前楚鲁昆德以东 3km 处，山前形成一冲洪积扇，宗务隆山南缘断裂在冲洪积扇上形成陡坎，陡坎高度约 8m，冲洪积扇体被后期的冲沟自北向南切割，在宗务隆山南缘断裂经过处可发现断层塘的沉积物（图 3.28），对该处进行了清理工作，揭露出了断层活动的迹象。

根据探槽（图 3.29）剖面分析如下：

图 3.28　断塞塘沉积（镜向 W）

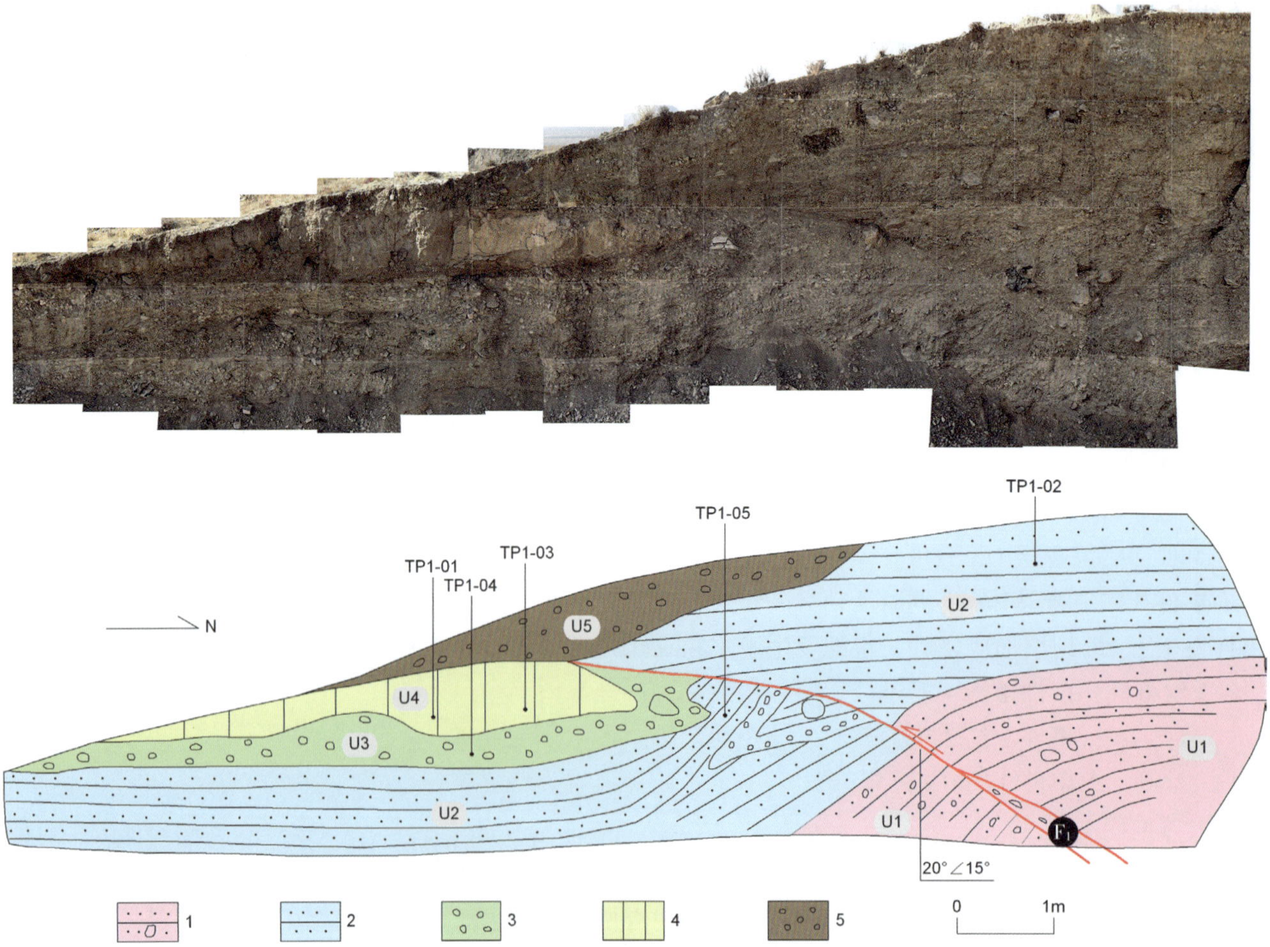

图 3.29　剖面 TP1 剖面图

1. 冲积砾石层；2. 粗砂层；3. 冲洪积层；4. 黄土层；5. 坡积层

①探槽揭示出 4 套地层单元，由老至新依次为 U1 ~ U4。

U1：冲洪积砾石层，直径 2 ~ 4cm，水平层理；

U2：粗砂含砾石层，砾石直径 3 ~ 6cm，斜层理，倾向 S，倾角 40°，砂层近水平层理，倾角 5°；

U3：冲洪积层，直径 3 ~ 6cm，结构松散；

U4：黄土层，水平层理，断塞塘沉积；

U5：坡积层，灰白色，角砾大小混杂。

根据光释光测年，其中：

U1 地层时代为（19.1 ± 1.6）ka（tp1–6）~（16.8 ± 1.7）ka(tp1–7)；

U2 地层时代为（14.1 ± 1）ka (tp1–2) ~（8.1 ± 0.3）ka(tp1–5)；

U4 地层时代为（6.1 ± 0.5）ka (tp1–3)。

②活动性鉴定：根据野外探槽分析，断层最新活动使 U2 地层发生褶皱变形与断错，并且沿断层将 U2 地层推覆到 U3、U4 地层上，U4 地层时代为：(6.1 ± 0.5）ka (tp1–3)，断裂最新活动是在 U4 地层形成之后，因此判定断层最新活动为全新世时期。

③古地震事件分析：根据野外探槽分析、断错地层恢复、断错地层样品测年，综合分析认为该探槽揭露出 2 次古地震事件：

事件 1：发生在 U2 地层沉积之后，断层 F_1 活动，使地层 U1 和 U2 发生褶皱变形及断错，形成断层陡坎，垂直断距约 2.5m, 地震后在坎前沉积 U4 地层（断塞塘沉积，水平层理）。事件 1 发生于 U2 地层形成之后，也即发生于（8.1 ± 0.3）ka(tp1–5) 之后（下限年龄），U4 地层沉积之前，也即发生于（6.1 ± 0.5）ka (tp1–3) 之前（上限年龄）。故事件 1 大致发生在（8.1 ± 0.3）~（6.1 ± 0.5）ka 之间。

事件 1 后沉积层 U3。

事件 2：沿先存 F_1 断层继承性活动，老地层 U2 逆冲推覆至新地层 U3、U4 之上，使先期沉积的塘沉积变形；靠近地表，断层倾角很缓，近水平。地震后在坎前堆积具有倾斜层理的 U4 层。事件 2 发生于 U4 地层形成之后，也即发生于（6.1 ± 0.5）ka (tp1–3) 之后（下限年龄），U5 地层沉积之前（上限年龄）。由于 U5 层未取到合适的定年样品，事件 2 的上限年龄无法确定，但事件 2 至少发生在（6.1 ± 0.5）ka (tp1–3) 之后。

2 次事件：事件 1 约 6 ~ 8ka；

事件 2 约 6ka 之后。

（3）探槽 T2

为了更好的确定古地震事件，在剖面 TP2 的西边开挖了一个探槽（图 3.30）。由于冲洪积层很松散，在开挖过程中造成了探槽的塌方，对该探槽西壁进行了清理，揭露了一些断层活动的迹象。

根据探槽（图 3.31）剖面分析如下：

① 探槽揭示出 4 套地层单元，由老至新依次为 U1 ~ U4：

U1：粗砂夹角砾层，砾石直径 3 ~ 20cm，斜层理，倾向 S，倾角 40°；

U2：粗砂夹角砾层，角砾直径 5 ~ 10cm，近水平层理，土黄色，砂层层理倾向 S，倾角 10°。

U3：黄土状土层；

U4：黄土状土层。

根据光释光测年，其中：

U2 地层时代为（10.5 ± 0.3）ka (tp2–3)；

U3 地层时代为（7.1 ± 0.4）ka (tp2–4)。

图 3.30　探槽 T2 位置图

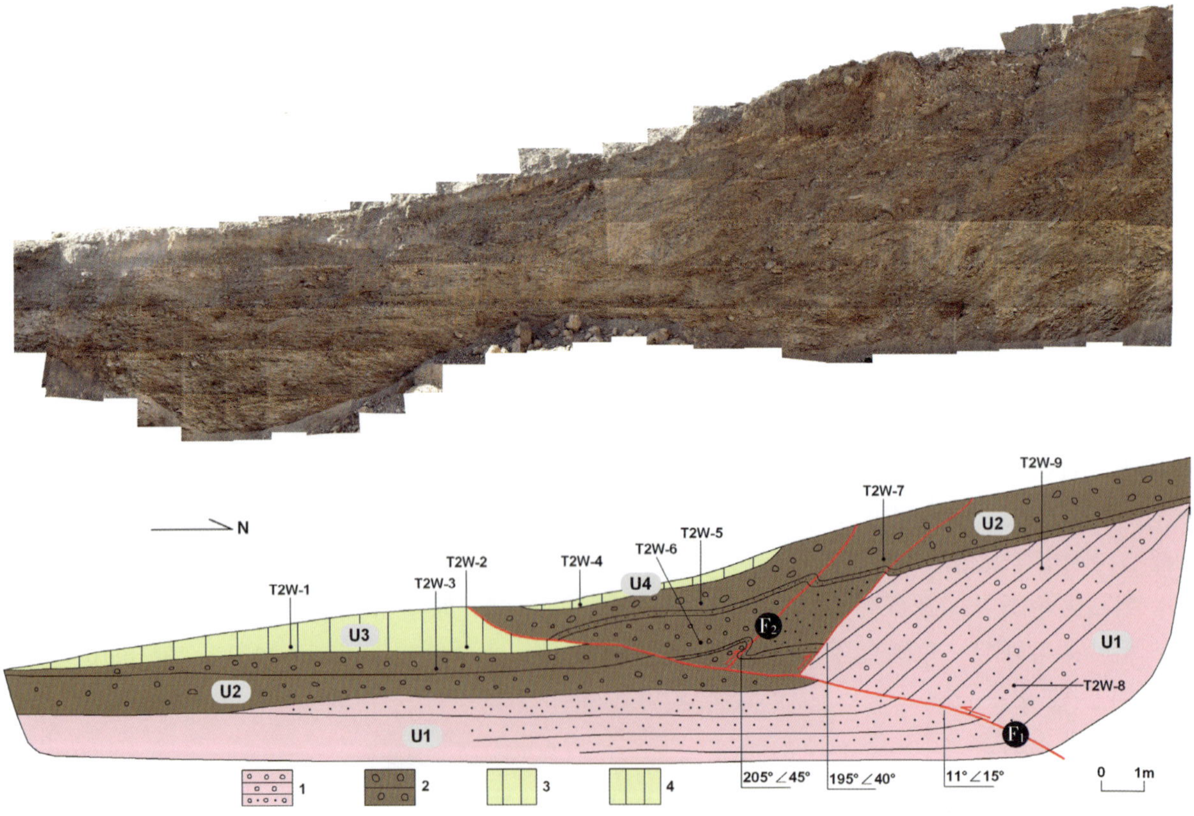

图 3.31　探槽 T2W 剖面图

1. 粗砂夹角砾层；2. 粗砂夹角砾层；3. 黄土状土层；4. 黄土状土层

②活动性鉴定：根据野外探槽分析，断层最新活动断错 U2 地层，并且沿断层将 U2 地层推覆到 U3 地层上，U3 地层时代为（7.1 ± 0.4）ka (tp2–4)，断裂最新活动是在 U3 地层形成之后，因此判定断层最新活动为全新世时期。

③古地震事件分析：根据野外探槽分析、断错地层恢复、断错地层样品测年，综合分析认为该探槽揭露出 2 次古地震事件：

事件 1：发生在 U2 地层沉积之后，断层 F_1 活动，使地层 U1 和 U2 发生褶皱变形及断错，形成断层陡坎，垂直断距约 2.5m，地震后在坎前沉积 U3 地层（断塞塘沉积，水平层理）。事件 1 发生于 U2 地层形成之后，也即发生于（7.1 ± 0.4）ka(t2w–7) 之后（下限年龄），U3 地层沉积之前（上限年龄），由于 U3 地层年龄正在测试中，故事件 1 上限年龄暂时无法确定。 事件 1 大致发生在（7.1 ± 0.4）ka (t2w–7) 之后。

事件 1 后沉积层 U3。

事件 2：沿先存 F_1 断层继承性活动，老地层 U2 逆冲推覆至新地层 U3 之上，使先期沉积的塘沉积变形；同时上盘 U2 地层发生反向断层作用，断距小于 10cm，靠近地表，断层倾角很缓，近水平。地震后在坎前堆积具有倾斜层理的 U4 层。事件 2 发生于 U3 地层形成之后（下限年龄），U4 地层沉积之前，也即发生于（1.0 ± 0.3）ka(t2w–4) 之前（上限年龄）。由于 U3 地层年龄正在测试中，故事件 2 下限年龄暂时无法确定，但事件 2 至少发生在（1.0 ± 0.3）ka (t2w–4) 之前。

2 次事件：事件 1 约 7ka 之后；

事件 2 约 1ka 之前。

（4）剖面 TP2

在宗务隆山山前 T2 探槽以东 3.5km 处，山前形成一冲洪积扇，宗务隆山南缘断裂在冲洪积扇上形成陡坎，陡坎高度约 5m，冲洪积扇体被后期的冲沟自北向南切割。在宗务隆山南缘断裂经过处冲沟东壁（TP2）、西壁 (TP3) 进行清理，可见断层活动迹象（图 3.32）。

根据探槽（图 3.33）剖面分析如下：

1）探槽揭示出 5 套地层单元，由老至新依次为 U1 ~ U5。

各套地层岩性特征由老至新描述如下：

U1：冲积粗砂层，近水平层理，靠近断层处拖曳变形；

U2：洪积角砾层，角砾灰白色，倾向 340°，倾角 10°，直径 2 ~ 5cm；

U3：冲洪积砾石层，粗砂充填，直径 1 ~ 3cm；

U4：洪积角砾层，砂土充填，直径 3 ~ 6cm，灰白色；

U5：粗砂层，灰黑色，直径 3 ~ 5cm。

根据光释光测年，其中：

U2 地层时代为（10.5 ± 0.3）ka (tp2–3)；

U3 地层时代为（7.1 ± 0.4）ka (tp2–4)；

②活动性鉴定：根据野外探槽分析，断层最新活动使 U1 和 U2 地层发生褶皱变形及断错，但并未影响到 U3 地层，U2 地层时代为（10.5 ± 0.3）ka (tp2–3)，U3 地层时代为（7.1 ± 0.4）ka (tp2–4)，因此判定断层最新活动为全新世早期。

③古地震事件分析：根据野外探槽分析、断错地层恢复、断错地层样品测年，综合分析认为该探槽揭露出 1 次古地震事件：

图 3.32　TP2、TP3 剖面位置

图 3.33　探槽 TP2 剖面

1. 冲积粗砂层；2. 洪积角砾层；3. 冲洪积砾石层；4. 洪积角砾层；5. 粗砂层

事件 1：发生在 U2 地层沉积之后，断层 F1 活动，使地层 U1 和 U2 发生褶皱变形及断错，地震后在坎前沉积 U3 地层。事件 1 发生于 U2 地层形成之后，也即发生于（10.5 ± 0.3）ka (tp2–3）之后（下限年龄)，U3 地层沉积之前（上限年龄)，也即发生于（7.1 ± 0.4）ka (tp2–4) 之前（上限年龄）。故事件 1 大致发生在（10.5 ± 0.3）～（7.1 ± 0.4）ka (tp2–4)。

事件 1 后沉积层 U3、U4、U5 未见变形。

1 次事件：约 7 ～ 10ka。

（5）剖面 TP3

根据探槽（图 3.34）分析如下：

①探槽揭示出 6 套地层单元，由老至新依次为 U1 ～ U6。

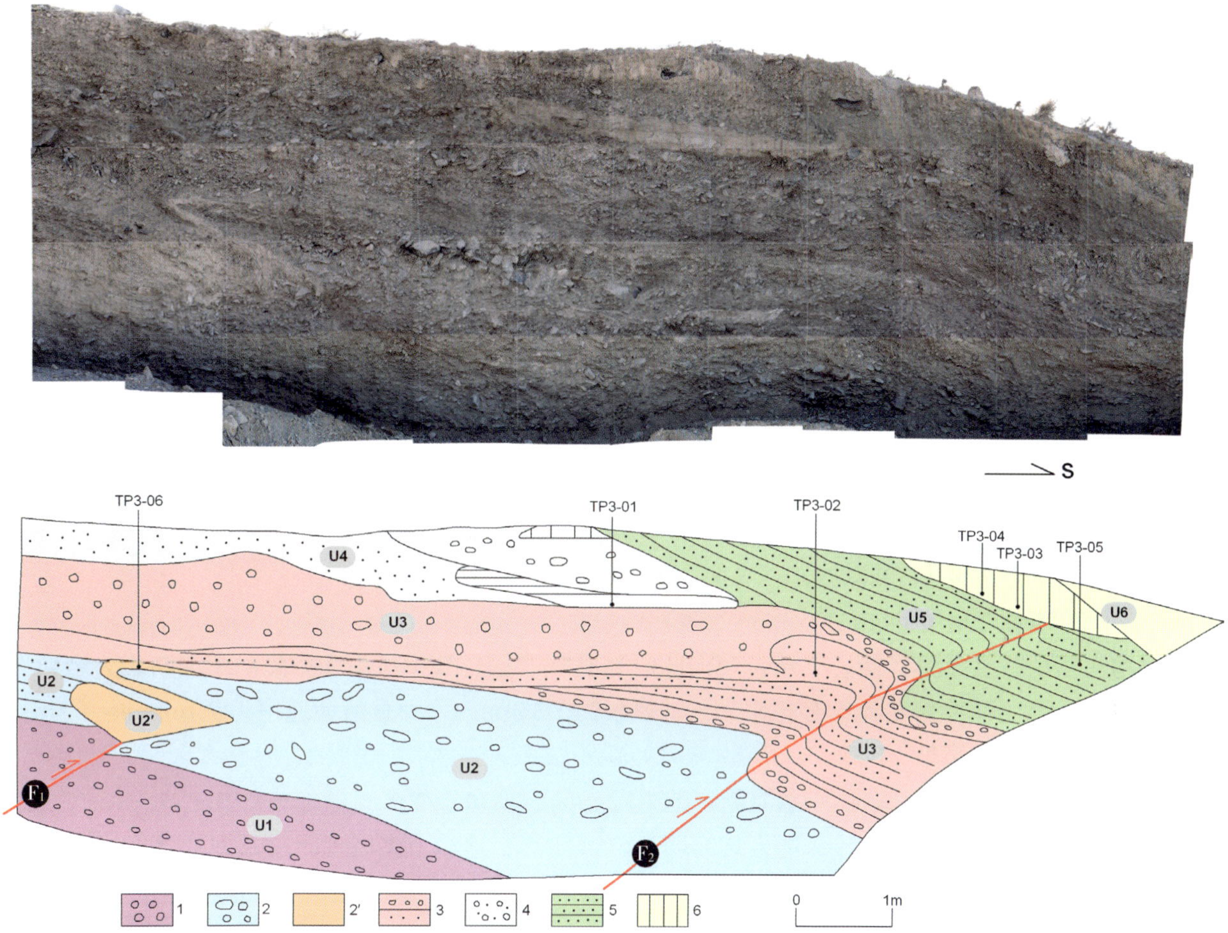

图 3.34　探槽 TP3 剖面

1. 灰白色冲积砾石层；2. 白色冲积砾石层；2′. 粉土含砾层；3：粗砂夹砾石层；4. 粗、细砂夹砾石层；5. 冲积粗砂层；6. 黄土层

各套地层岩性特征由老至新描述如下：

U1：冲积砾石层，粗砂充填，灰白色，直径 2 ～ 3cm；

U2：冲积砾石层，白色，直径 8 ～ 15cm，近水平层理；

U2′：粉土含砾层；

U3：粗砂夹砾石层，灰白色，直径 5 ～ 10cm；

U4：粗、细砂夹砾石层，直径 2 ～ 5cm；

U5：冲积粗砂层含砾，直径 2 ～ 4cm，倾向 S，倾角 25°；

U6：黄土层。

根据光释光测年，测值问题比较大；多次倒转，不能建立序列：

U2 地层时代为（5.8 ± 0.5）ka (tp3–6)；

U3 地层时代为（32.9 ± 3.6）ka (tp3–2)；

U4 地层时代为（4.2 ± 0.3）ka (tp3–1)；

U5 地层时代为（4.3 ± 0.2）ka (tp3–5)；

U6 地层时代为（5.9 ± 0.5）ka(tp3–4)。

②活动性鉴定：根据野外探槽分析，断层 F_2 断错最新地层为 U5 地层，并未影响到 U6 地层，虽然年代样存在一些误差，但也可判定断层最新活动为全新世时期。

③古地震事件分析：根据野外探槽分析、断错地层恢复、断错地层样品测年，综合分析认为该探槽至少揭露出 2 次古地震事件：

事件 1：断层 F1 活动，断错 U1 和 U2 地层，并在 U2 层形成喷砂冒水层 (U2′)，之后沉积了地层 U3、U4 和 U5。事件 1 发生在 U2 层和 U3 层之间，即样品 tp3–6 年龄之后，(32.9 ± 3.6）ka (tp3–2) 之前。样品 tp3–6 年龄（5.8 ± 0.5）ka 可能有问题。

所以事件 1 至少发生在 33ka 之前。

事件 1 后沉积层 U3、U4 和 U5。

事件 2：主断层 F2 活动，使 U5 及之前的地层发生褶皱变形，变形量< 1m，之后沉积了地层 U6 。事件 1 大致发生在 U5 层之后，U6 层之前，即（4.3 ± 0.2）ka (tp3–5) 之后，(5.9 ± 0.5）ka(tp3–4) 之前（年龄存在误差）。

2 次事件：事件 1 至少 33ka 之前；

事件 2 可能 6ka 之前。

通过本次活动断层探测、调查，结合前人的研究成果，综合分析认为宗务隆山南缘断裂为全新世活动断裂，断裂性质为逆冲兼左旋走滑，水平活动速率为 2.35mm/a，垂直活动速率为 2.16mm/a。

6. 托素湖—尕海断裂带（F_6）

托素湖 — 尕海断裂是大柴旦 — 尕海断裂的中段，断裂展布于德令哈盆地中部托素湖 — 尕海之间。断裂全程表现为隐伏状态，在地表未能发现有明显断错迹象，地貌上多展现出一系列的负地形带，对新地层的生成和发展具有控制作用，控制了巴音郭勒河南段的发育。该断裂由南、北两条分支断裂构成，分别控制了德令哈市南部湿地的南边界和北边界，其中断裂南支（F_{6-1}）是本次活断层探测的目标断层。由于断层处于隐伏状态，对于该断裂的探测和调查主要通过高分辨率遥感解译确定出大体位置，为浅层人工地震探测提供目标。同时辅之以地球化学探测，最后在浅层人工地震探测工作较好、上断点埋深较浅、场地条件有利的部位开展跨断层联合钻探，完成断层地质剖面研究、第四系地层划分、年代学样品采集和年代学数据测试等工作。本书重点阐述托素湖 – 尕海断裂南支（F_{6-1}）的特点。

1）遥感影像解译

在可鲁克湖西部，断裂在地貌上产生了非常清晰的洪积扇陡坎地貌，沿 NW 向展布（图 3.35），陡坎前缘洪积扇规模较小。在可鲁克湖与托素湖之间，断层控制了两湖之间的分界线（图 3.36，图 3.37），形成了线性陡坎地貌，断裂两侧湖泊沉积环境及地形地貌具有明显的差异。在尕海湖以西，断裂带基本隐伏于第三系和第四系湖相沉积层之下，但是仍然控制了尕海湖与可鲁克湖之间水系的发育，并沿倾覆褶皱的边界分布（图 3.38，图 3.39）。

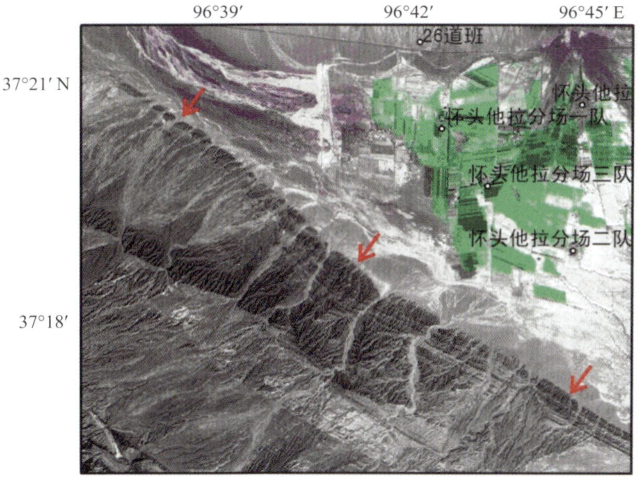

图 3.35　可鲁克湖西部陡坎地貌

红色虚线为解译断层线位置

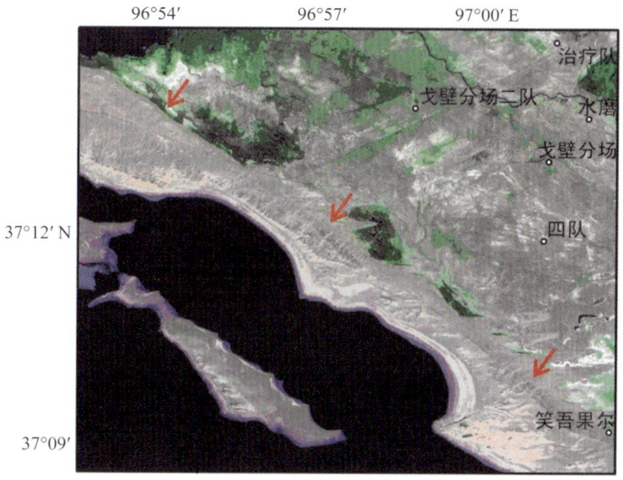

图 3.36　可鲁克湖与托素湖之间陡坎地貌

红色虚线为解译断层线位置

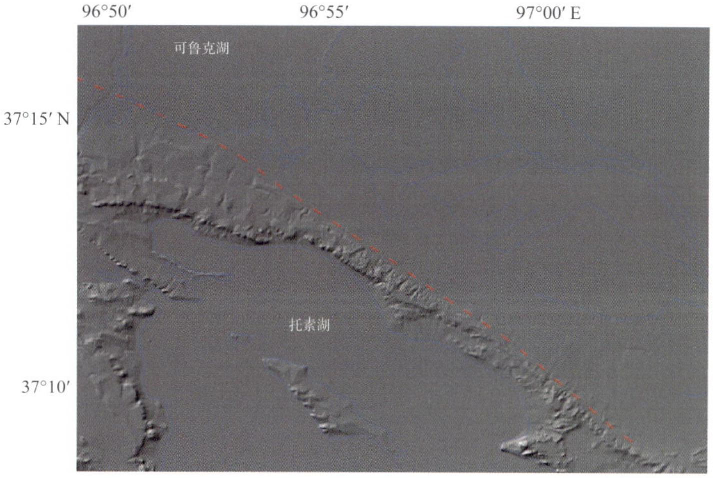

图 3.37　可鲁克湖与托素湖地形图

红色虚线为解译断层线位置

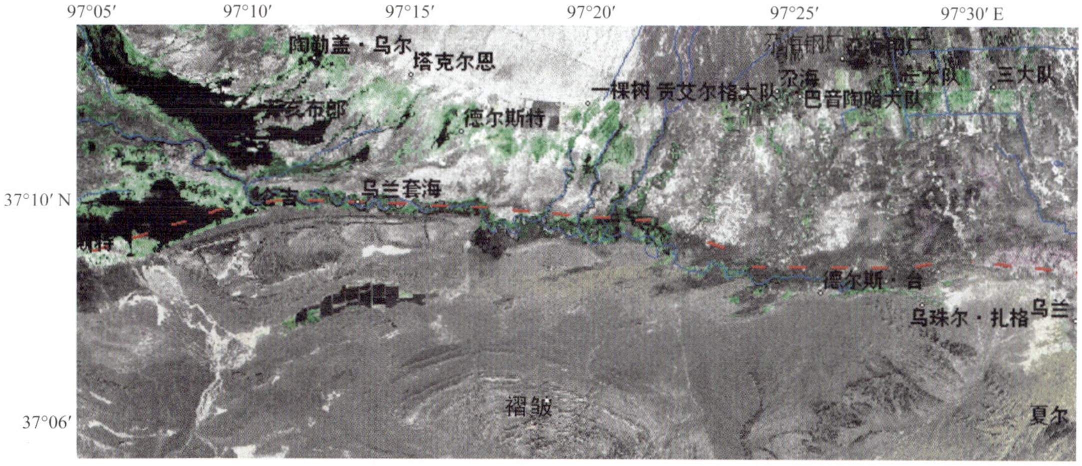

图 3.38　断裂控制水系分布，沿褶皱边界

红色虚线为解译断层线位置

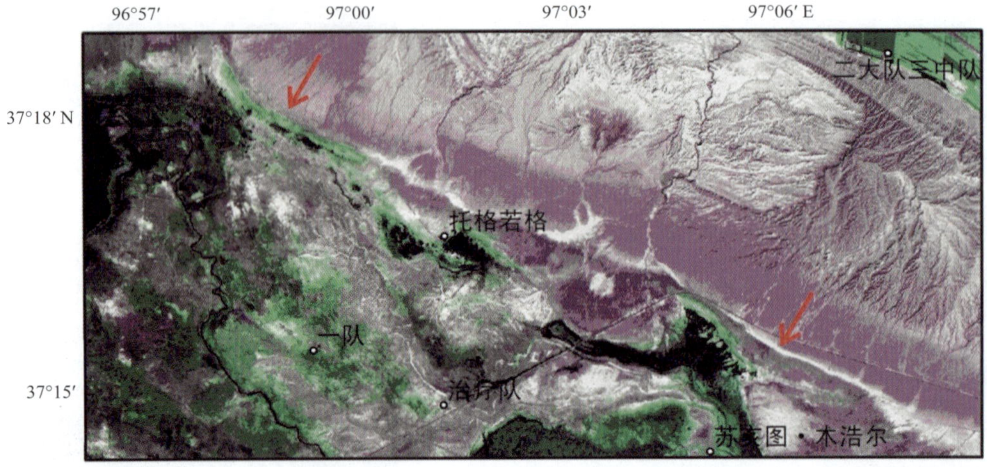

图 3.39 断裂控制水系分布，沿褶皱边界
红色虚线为解译断层线位置

2）高光谱遥感解译

针对托素湖—尕海断裂本次工作收集了目标区 aster 高光谱遥感数据，该影像数据共有 14 个波段，其光谱信息丰富，波段划分密集，有利于探测地表及地壳浅部的沉积层的植被、含水性、矿物等变化差异，故对于目标区内隐伏断裂的研究有着重要的意义。

aster 高光谱数据波段信息如下：波段 1（波长 0.556），波段 2（波长 0.661），波段 3（波长 0.807），波段 4（波长 1.656），波段 5（波长 2.167），波段 6（波长 2.209），波段 7（波长 2.262），波段 8（波长 2.336），波段 9（波长 2.400），波段 10（波长 8.291），波段 11（波长 8.634），波段 12（波长 9.075），波段 13（波长 10.657），波段 14（波长 11.318）；波段 1 ~ 3 为 30m 地面分辨率，波段 4 ~ 9 为 60m 分辨率，波段 10 ~ 14 为 90m 分辨率。

波段 10 ~ 14 由于地面分辨率较低，不能有效的应用在断裂研究中。波段 1 ~ 9 通过自由组合，加载到 R、G、B 通道中，反映高光谱影像信息。

我们尝试 aster 的多种波段组合，其中 2、3、1 波段组合和 9、5、1 波段组合，色彩对比效果明显。图 3.40 所示，托素湖—尕海断裂近 EW 走向展布，形成两条分支断层，两条分支断层夹持着中间的深绿色的盐碱地，两侧地貌呈灰白色，色调差异明显。受隐伏断裂构造的影响，两侧地层的含水性、含盐性均存在较大的差异，中间地带的含水性丰富，盐碱性强，且植被发育，推测断裂沿色调变化线性条带分布。图 3.41 所示，另一组波段组合呈现出的一样的效果，托素湖—尕海断裂的两条分支断层近 EW 向展布，控制着中间深蓝色的地貌边界，南北两侧为浅黄色，是由于断裂两侧地层的含水及矿盐性的不同造成的，断裂依然沿色调差异条带延展。

利用光谱信息剖面探测托素湖—尕海断裂两侧地貌的光谱变化，线 1 ~线 8 所示（图 3.42），线 1 ~线 4 针对的是北侧的分支断层，线 5 ~线 8 针对的南侧的分支断层，可以发现断裂位置，频谱值发现明显变化，断裂两侧的光谱信息差异明显，受断裂带控制的影响，两侧光谱值的不同代表着两侧地层中含水性、盐碱性、矿物成分的不同，因此横跨断裂带频谱值出现突变的现象，变化位置也进一步证明的断裂的存在及空间分布。

通过遥感解译初步证实了托素湖—尕海断裂的存在，断裂在目标区内主要表现为隐伏状态，断裂由南北两支隐伏断裂构成，控制了德令哈南部湿地边界。

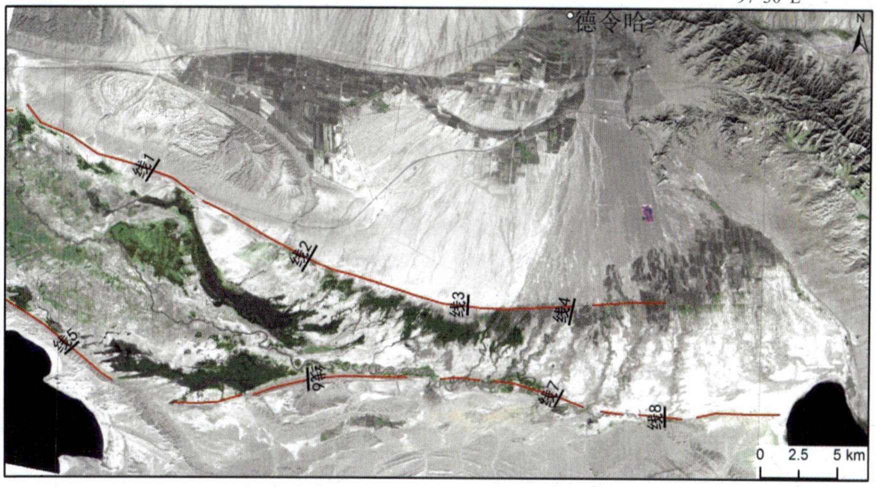

图 3.40 托素湖—尕海断裂高光谱影像（aster 波段 2、3、1）

线 1 ~ 线 8 为光谱曲线剖面位置

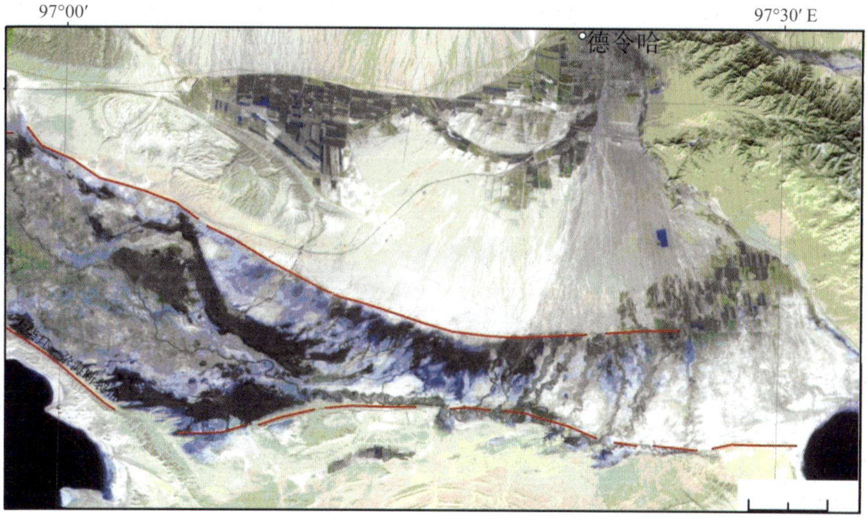

图 3.41 托素湖—尕海断裂高光谱影像（aster 波段 9、5、1）

3）浅层人工地震探测资料

为了探测托素湖—尕海断裂（F_6），沿断裂共布设了 9 条浅层地震探测测线（图 3.43），其中针对托素湖—尕海南支断裂（F_{6-1}）的测线有 6 条，从西至东测线依次为：DL1、DL2、DL3、DL5、DX4、DL6；针对托素湖—尕海北支断裂（F_{6-2}）的测线有 5 条，从西至东测线依次为：DX2-1、DX2-2、DX3、DL5、DX4。9 条测线共解译出 12 个断点，DX2-2 未在表中列出（表 3.4）。浅层地震勘探成果见图 3.44、图 3.45。

通过上述 9 条浅层人工地震测线实测资料表明，托素湖—尕海断裂存在，并具有以下特征：

① 托素湖—尕海断裂由南支断裂和北支断裂构成。从空间展布来看，南支断裂自托素湖北侧向，东沿湿地南边界延伸至尕海，走向 NWW—EW 向；北支断裂自可鲁克湖北岸向东南，穿过怀头他拉附近的褶皱南侧，沿湿地北边界延伸至尕海，走向 NWW 向，南北两支断裂向东有逐渐靠拢、重合的迹象。

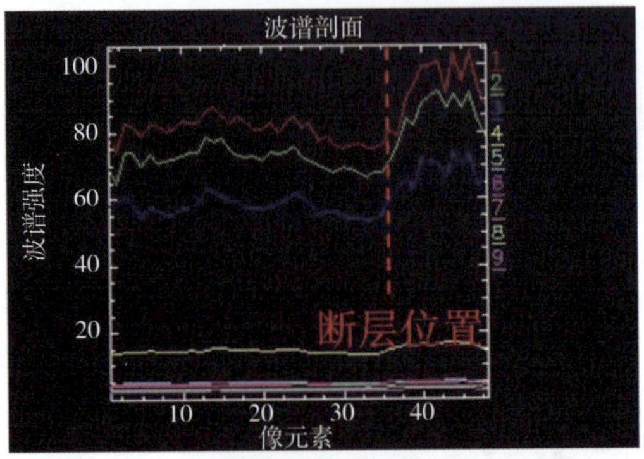

线 1

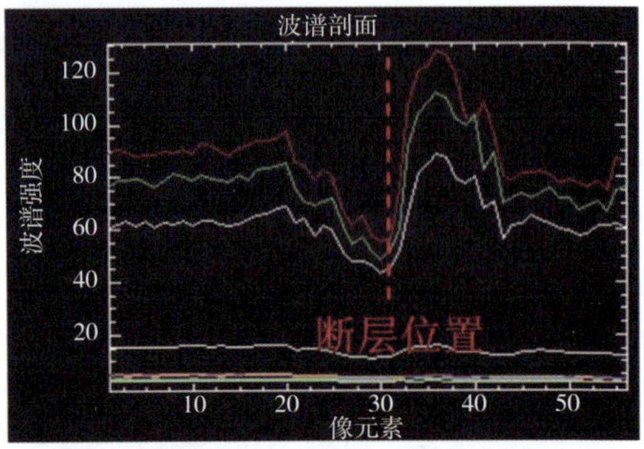

线 2

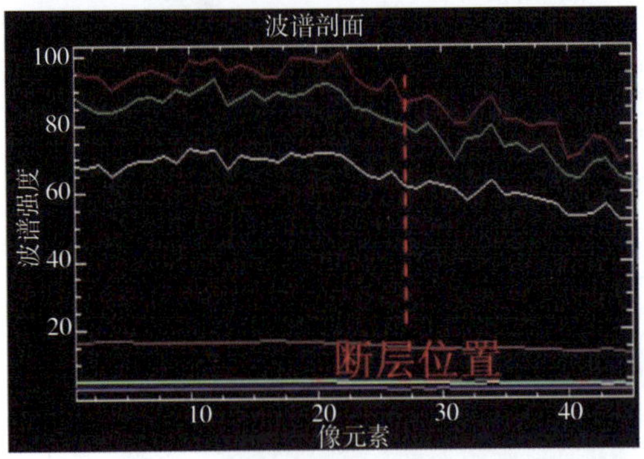

线 3

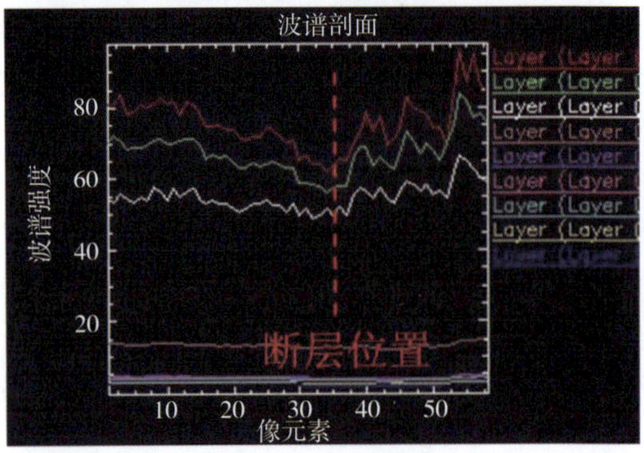

线 4

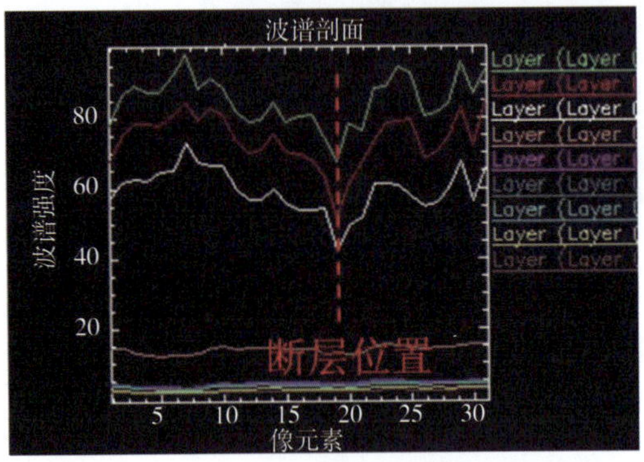

线 5

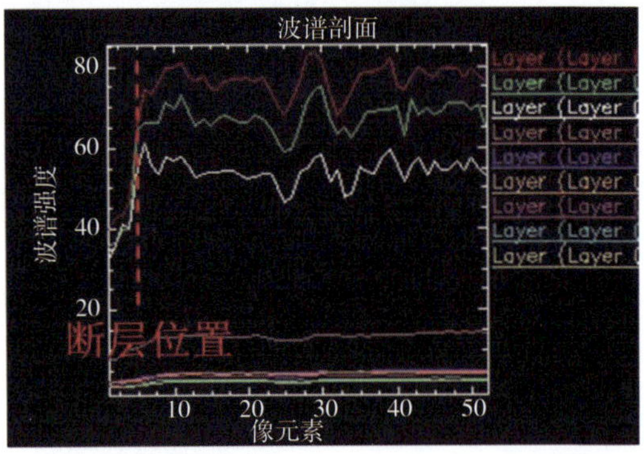

线 6

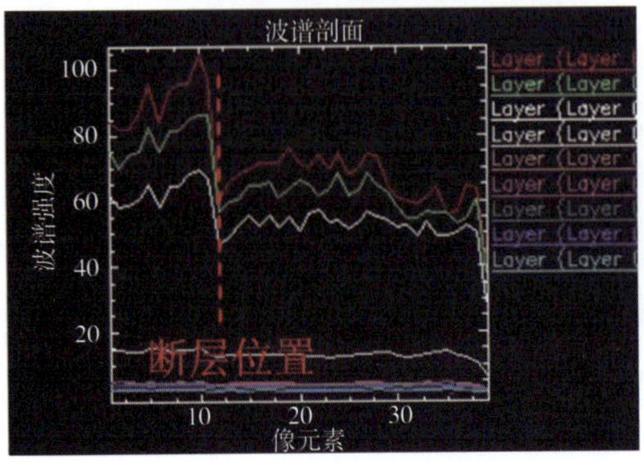

线 7

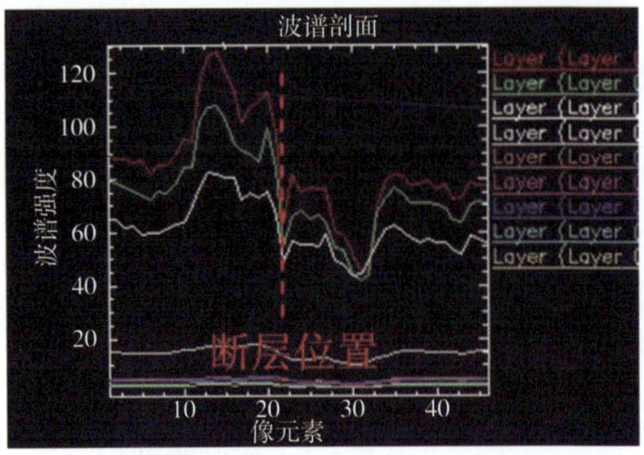

线 8

图 3.42　托素湖—尕海断裂 aster 高光谱剖面波段（图 3.40 指示线 1 ~ 线 8 剖面位置）

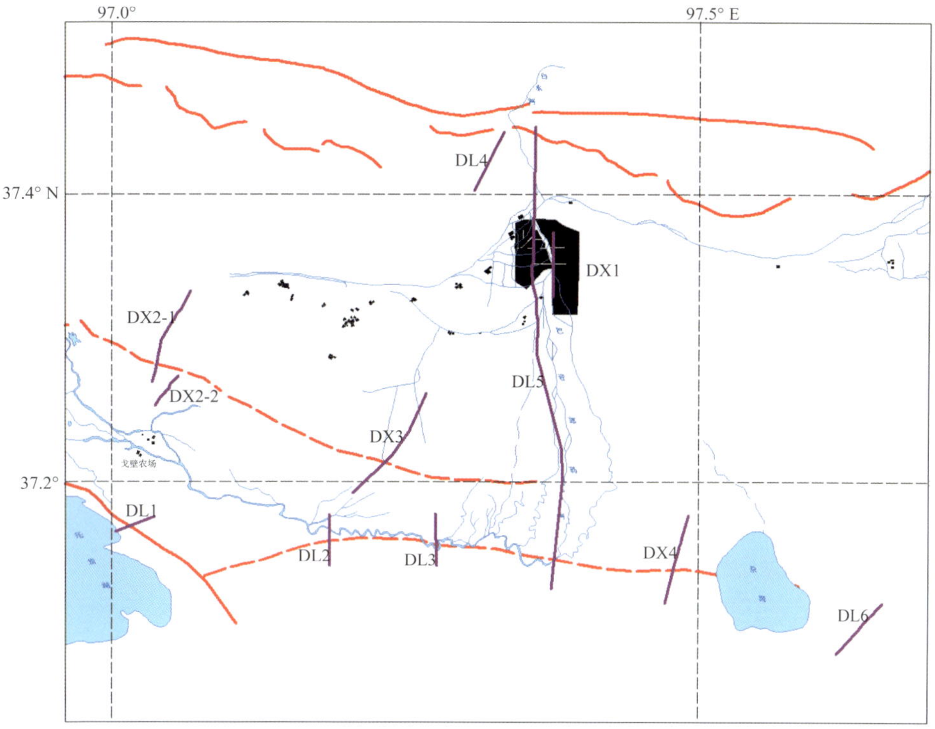

图 3.43 德令哈浅层人工地震探测测线位置图

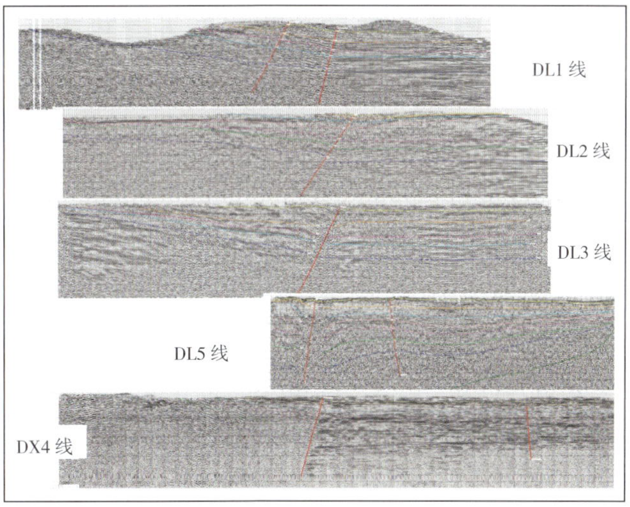

图 3.44 托素湖—尕海断裂南支断裂浅层地震勘探综合图

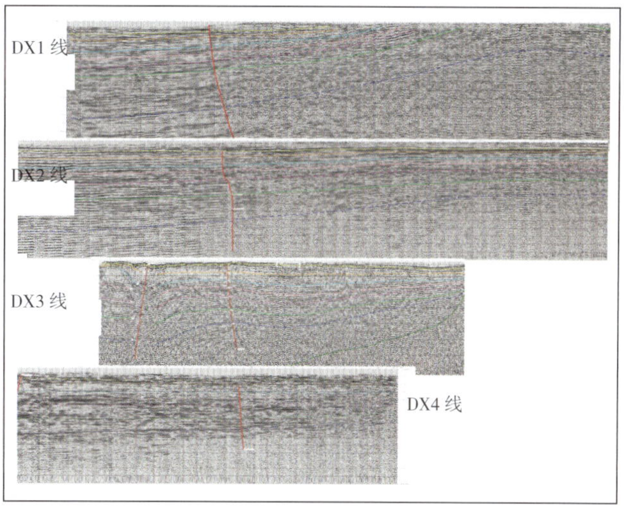

图 3.45 托素湖—尕海断裂北支断裂浅层地震勘探综合图

② 托素湖 — 尕海断裂的南支断裂和北支断裂断距均较小，大部分测线的断距在 2 ~ 6m 之间，除 DL3 线断距约 14m。

③ 托素湖 — 尕海断裂的南支断裂倾向 S，倾角较陡；托素湖 — 尕海断裂的北支断裂倾向 N，倾角较陡。

④ 托素湖 — 尕海断裂的南支断裂和北支断裂上断点埋深一般 50m 以浅至 100m 左右。断裂断错到第四系较浅部位，推测可能为活动断裂。

表3.4 德令哈活断层探测浅层人工地震探测断层一览表

序号	测线编号	测线名	断层编号	性质	断点位置（桩号 /CDP）	倾向	视倾角	断距	上断点埋深	上断点地表投影坐标	控制程度	构造情况
1	DL1	托素诺尔湖北	F_{D1-1}	逆断层	1230/1018	SW	75°	100m 深度处 断距约 20m	<90m	X:4117298.3807 Y:17324118.9066	较可靠	断层两盘地层北倾，但下盘倾角较缓：上盘浅部靠近断层反射界面较紊乱，褶曲明显，与下伏地层明显不协调
			F_{D1-2}	逆断层	1313/1186	SW	81°	1m	110m	X:4117358.6567 Y:17324355.3162	可靠	断层下盘新生代地层产状近水平，连续性好，上盘地层北倾，且倾角较大，波组对比上盘地层上错，波组亦反映地层连续性明显变差
2	DL2	可吁阻里	F_{D2}	逆断层	1619/1236	S	80°	140m 深度处 断距约 2m	<90m	X:4115621.0500 Y:17338800.0501	可靠	断层上盘地层倾向北，视倾角约 10°：断层下盘第四系（T_3 ~ T_4）南倾，靠近断层 T_1、T_2 界面褶皱明显，局部形成小背斜。此外，靠近断层岩层也较为破碎
3	DL3	飞机场北	F_{D3}	逆断层	1714/1430	S	82°	120m 深度 断距约 14m	<100m	X:4115773.4000 Y:17346899.8401	可靠	断层上盘地层北倾，视倾角约 10°，下盘地层总体水平，靠近断层浅部地层产太变陡，有小背斜迹象。剖面总体波组界面连续性好，但在断层附近则消失，宽度约 120m，应为断层破碎带
4	DL5	昆仑路	F_{D5-1}	逆断层	1888/1776	S	80°	50m 深度处 断距约 4m	<50m	X:4114366.4000 Y:17355860.3000	可靠	断层附近，上、下盘受力挤压下弯特征明显，同相轴连续性变差，形成了宽约 1500m 的破碎带；断层上盘地层向南逐渐抬升，倾向 N，上部地层视倾角较大，约 10°，上部相对较水，在断层下盘 T_1 ~ T_8 地层向北逐渐抬升，倾角相对较缓。此外，深部断层上盘震旦系明显抬升，明显反映断层为逆断层性质
			F_{D5-2}	逆断层	3344/4688	N	60°	65m 深度处 断距约 2m	<50m	X:4118703.02 Y:17356384.019	可靠	位于宽缓背、向斜的转换处，南部为背斜，北部为向斜，地层有明显的错断特征。该断层主要错断了 T_2、T_3、T_4、T_Q、T_5 和 T_8 界面，为可靠构造断点
			F_{D5-3}	逆断层	12912/23794	N	72°	55m 深度处 断距约 5m	<45m	X:4147090.1000 Y:17354903.6000	可靠	断层下盘地层南倾，视倾角 10°，连续性好，断层上盘地层同样南倾，但倾角较陡，视倾角达 21°，地层连续性差。
5	DL6	尕海东	F_{D6}	逆断层	1564/2929	NE	69°		<50m	X:4109772.9235 Y:17380547.5122	较可靠	下盘地层连续性好，上盘无有效反射波组，波组特征显示上盘应为高变质震旦系，错断关系清晰

续表

序号	测线名称	断点编号	性质	断点位置（桩号 /CDP）	倾向	视倾角	断距	上断点埋深	上断点地表投影大地坐标	控制程度	构造情况
6	DX2–1	D_{F21-1}	逆断点	1117/1559	N	70°	110m 深度处，断距达 7m	≤ 35m	X:4129844.718 Y:326161.484	可靠	错断了 T_1 ~ T_8 断层，错断地层关系清晰
7	DX3	D_{F3-1}	逆断点	2075/2038	N	65° ~ 70°	6m	100m	X:4121505.753 Y:342913.375	可靠	断面呈“S”形，错断了 T_2 ~ T_8 断层
8	DX4	D_{F4-1}	逆断点	1981/2001	S	75°	3m	70m	X:4113367.823 Y:364888.200	可靠	断层上盘逆冲挤压抬升，在靠近断层附近，地层沉积厚度明显大于远断层处，推测该断层在历史时期具有多期活动的特征
		D_{F4-2}	逆断点	3509/2765	S	80°	6m	185m	X:4115565.931 Y:365535.138	可靠	错断了 T_3 ~ T_8 界面，底部表现为地层挤压隆起，断层北部地层明显抬升，上断点至 T_2 界面下部结束

⑤ 通过浅层人工地震勘探可以看出，德令哈盆地由北至南覆盖层变化较大，托素湖－尕海断裂位于沉降的中心地带。

4）跨断层联合钻探剖面解释

选择浅层地震勘探比较可靠的典型剖面，开展小间距钻孔联合地质剖面探测，可弥补地震勘探的浅部分辨率的不足。钻孔联合地质剖面探测手段是在地震勘探将断层初步定位的基础上，在断层两盘，重合或准重合地震勘探线布施一系列间距不等的高采芯、低扰动岩芯钻孔。目的有四：一是在各孔岩芯柱状资料编录的基础上，通过对比和分析孔间岩性关系，编制跨断层的钻孔联合地质剖面图，对断层位置做进一步的精确定位，确定断层在剖面上的视产状；二是给出不同深度上标志地层的垂直断距；三是采集年代学测年样品，利用测年数据并结合相应断距估算晚第四纪不同时期断层的倾滑速率；四是分析和估算断层上断点埋深位置或埋深区间。

通过对浅层人工地震勘探资料的综合评判，施工环境的现场考察，最终确定浅层人工地震勘探DL5线所解译的断点处布设跨断层联合钻探剖面（图3.46）。地质解释DL5测线在桩号CDP1776处（37°8′58.09″N，97°22′39.64″E）存在断点，地层错断关系清晰，为可靠构造断点。该断点处断层倾向S，倾角80°，50m深度处断距约4m，上断点埋深＜50m。同时该场地位于德令哈碱厂排污管道旁，有便道从场地穿过，便于车辆通行，场地地形基本平坦。综合分析场地测试条件良好，便于开展钻探工作。

图 3.46　跨断层联合钻探地理位置卫星影像示意图

（1）年代学数据：年代学测试数据见表3.5。

表3.5　跨断层钻孔样品测年结果

序号	钻孔编号	样品编号	深度 / m	层位编号	岩性	测年结果 / kaB.P.
1	ZK04	C14-01	3.5	②	粉砂	现代碳
2		C14-02	4.2	④	淤泥质黏土质粉砂	10.61 ± 0.035

续表

序号	钻孔编号	样品编号	深度 / m	层位编号	岩性	测年结果 / kaB.P.
3	ZK04	C14-03	9.6	④	淤泥质粉砂质黏土	8.735 ± 0.025
4		C14-05	10.7	④	淤泥质黏土质粉砂	9.13 ± 0.035
5		C14-06	15.4	⑤	淤泥质黏土质粉砂	10.405 ± 0.04
6		C14-09	17.0	⑤	淤泥质黏土质粉砂，含植物根、茎	现代碳
7		C14-10	22.0	⑤	淤泥质黏土质粉砂	13.335 ± 0.035
8		C14-12	24.5	⑤	淤泥质黏土质粉砂	16.115 ± 0.05
1	ZK09	OSL-19	29.3	⑦	细砂	9.4 ± 2.0
2		OSL-20	32.6	⑧	粉砂质黏土	48.7 ± 1.7
3		OSL-22	88.4	⑮	细砂含黏土	＞ 90
4		ESR-21	46.8	⑨	细砂	134 ± 13
5		ESR-24	92.3 ~ 92.4	⑮	中砂	299 ± 30
6		ESR-26	100.7	⑮	细砂	343 ± 42
7		C14-1	2.06	①	粉土	3.77 ± 0.025
8		C14-3	3.83	②	粉砂	2.785 ± 0.02
9		C14-4	4.5	②	细砂	2.69 ± 0.025
10		C14-7	10.3	④	细砂	8.14 ± 0.03
11		C14-10	15.5	⑤	粉砂质黏土	10.615 ± 0.035
12		C14-11	21.7	⑤	粉砂质黏土，含植物根、茎	14.54 ± 0.04
13		C14-15	25.3	⑤	粉砂质黏土	2.6 ± 0.02
共计	21（个）					

注：表中^{14}C样品由北京大学第四纪年代测定实验室测试；ESR样品测年由中国地震局地质研究所地震动力学国家重点实验室测试；OSL样品由山东省地震局工程地震研究院土力学及年代学试验室测试。

（2）钻孔剖面综合分析：对比图 3.47 钻孔测线剖面地层年代学特征可知，断裂上、下盘堆积年代相同层位的厚度、沉积物物质结构等是有差异的，反映出托素湖—尕海隐伏断裂在该处存在着相对的差异升降运动，断裂上、下两盘地层自上而下具有如下显著的差异特征。

① 全新世及晚更新世晚期（距今 0 ~ 26ka），断裂下盘顶部发育 3.5m 厚的地表耕作土和粉土及厚度介于 11.9 ~ 14.61m 的淤泥质粉砂质黏土和黄色黏土层，越靠近断裂，该套地层越厚；两套地层之间还夹持着一套细砂、粉砂、砾砂层。断裂上盘顶部发育 1.6m 厚的地表耕作土和粉土，与厚度介于 11.7 ~ 14.7m 的淤泥质粉砂质黏土和黄色黏土层，和下盘该套地层相同，越靠近断裂，该套地层越厚；细砂、粉砂、砾砂层在靠近断面附近厚度变薄。

作为标志层的层⑧上盘厚度介于 0.3 ~ 0.4m，下盘该套地层厚度介于 0.6 ~ 2.8m。远离断面的 ZK11 号孔的层 11（下盘）（厚度 2.4m）比上盘 ZK02 号孔该套地层（厚度 1.3m）厚 1.1m。ZK02 号孔（下盘）的层 13（厚度 2.2m）比上盘 ZK12 号孔该套地层（厚度 0.7m）厚 1.5m。这都代表了上盘抬升处于剥蚀的一种状态，而下盘处于一种相对稳定的沉积环境。

② 在钻孔揭露深度范围内，断裂下盘（ZK09，ZK04，ZK01，ZK03）在勘探深度范围内发育了由细砂、

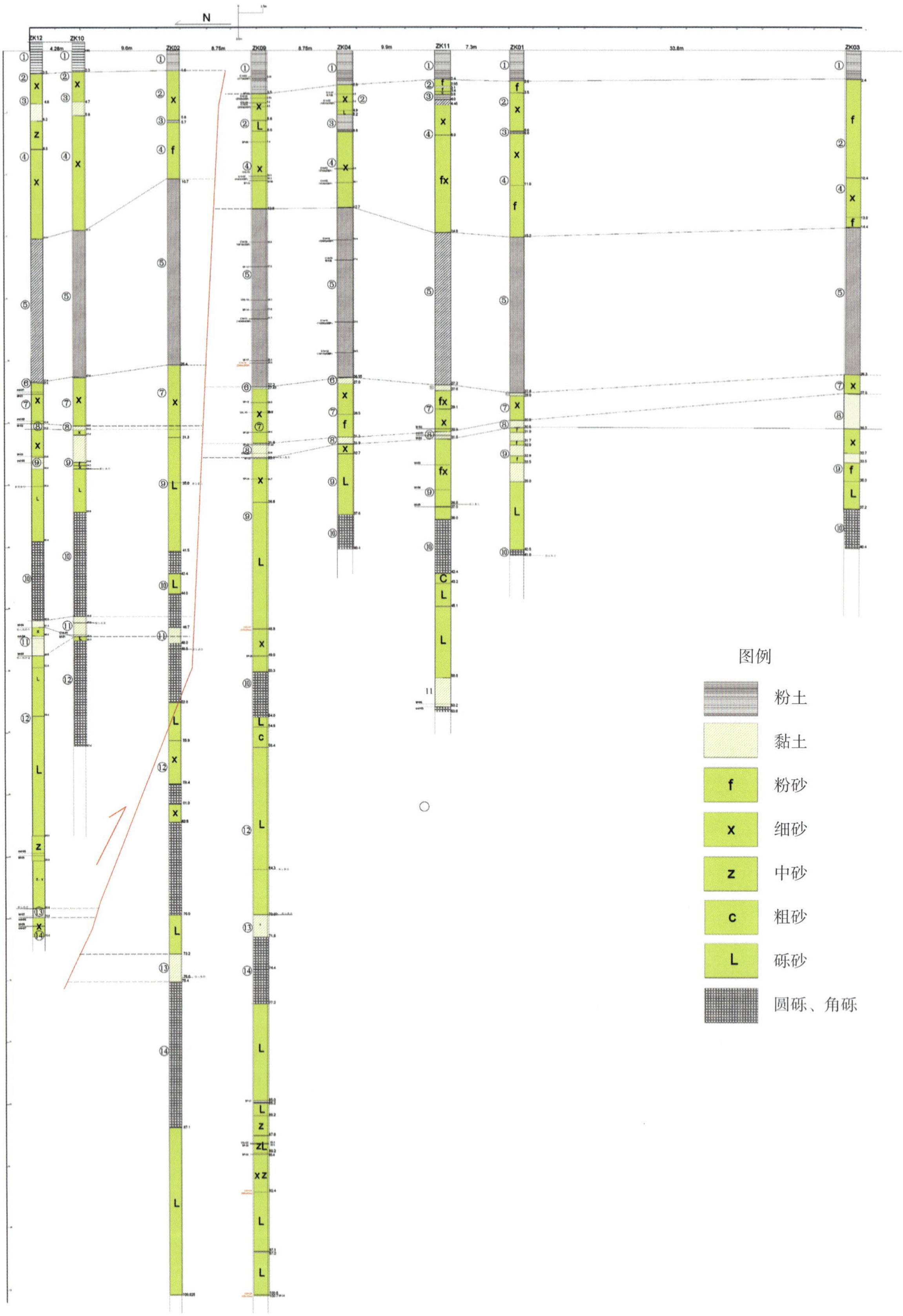

图 3.47　尕海联合钻孔结果图

粉砂、砾砂、圆砾和淤泥质粉砂质黏土、黏土等组成的沉积旋回。主要以 ZK02（埋深：100.625m）和 ZK09(埋深：100.7 m)为例，断裂上、下盘发育了由粉砂、粉细砂、细砂层（层 a）；中、粗砂（层 b）；角砾、圆砾层（层 c）；淤泥质粉砂质黏土、黏土层（层 d）组成的 3 个沉积旋回；且断裂上、下盘均发育次一级沉积旋回，例如 A1B1 旋回的层③，A3B3 的层 11，沉积韵律明显，代表有规律的干湿气候交替下的冲、湖积环境。断裂下盘层 a 约占总量的 22.04%，层 b 约占 51.04%，层 c 仅占 7.64%，层 d 占总量的 15.8%，而断裂上盘层 a 约占总量的 18.29%，层 b 约占 30.93%，层 c 占 31.5%，层 d 占总量的 17.59%，说明断裂下盘细颗粒沉积层（a+d）含量增加，粗粒物质沉积层（b+c）含量减少。

断裂下盘较上盘同时代沉积物呈现出细颗粒物质沉积层增厚，粗颗粒物质厚度变薄的现象，说明断裂两侧间歇性差异升降运动可在断裂下盘形成有利于细粒沉积物堆积的局部环境，引起断裂上、下盘同时代地层岩性、地层厚度，沉积物物质组成结构的显著差异，这些差异直接记录了托素湖—尕海隐伏断裂两侧的垂直差异运动过程。

5）结论

通过遥感影像解译、浅层地震、跨断层钻孔联合剖面证实托素湖—尕海断裂存在，得到如下结论：

（1）托素湖—尕海隐伏断裂上、下盘距今 26ka 以来，同时代沉积厚度和沉积物质结构等有差异性，具体表现为下盘较上盘同时代沉积物具有厚度增大、细粒沉积物含量增大等地层学特征，它们客观地记录了该断裂两侧的垂直差异运动过程。

（2）通过跨断层联合钻探剖面的研究表明，托素湖—尕海断裂的南支断裂（F_{6-1}），为逆断层，倾向 N，倾角约 73°，上断点埋深 1.6m，断距 1.9m；结合年代学数据断裂断错最新地层晚于 2.69ka（^{14}C），综合判定托素湖—尕海隐伏断裂的南支断裂为全新世活动断裂。

（3）托素湖—尕海断裂的北支断裂（F_{6-2}）为逆断层，倾向 N，倾角约 65° ~ 80°，上断点最浅埋深≤ 35m。根据跨断层联合钻探年代学数据，断裂断错约（48.7 ± 1.7）ka 形成的地层，初步判断断裂托素湖—尕海隐伏断裂的北支为晚更新世活动断裂。

3.4 近场区地震活动性特征

场地近场区及附近的地震活动对场地的影响至关重要。在小区划近场区范围（36.99° ~ 37.62°N，97.03° ~ 97.74°E）内以中、小震为主，小震主要集中分布于场地的西部，场地北部、东部和南部地震分布零散，场地处于地震活动相对较弱的地段（见图 3.48）。1970 年至 2014 年 4 月共记录到 $M3.0$ 以上地震 34 次，其中，$M3.0$ ~ 3.9 地震 28 次，$M4.0$ ~ 4.9 地震 5 次，$M5.0$ ~ 5.9 地震 1 次，最大地震为 1978 年 11 月 18 日，发生在研究区南部的 $M5.2$ 地震。表 3.6 为近场区 $M \geq 3.0$ 地震目录。

表3.6 近场区$M \geq 3.0$地震目录（1970.01 ~ 2014.04）

序 号	发震时刻	震中位置			震 级	深度 / km
	年－月－日	北纬 / °	东经 / °	参考地名	M	
1	1975-05-29	37.00	97.30	青海德令哈	3.1	
2	1978-11-18	37.00	97.20	青海德令哈	5.2	
3	1978-11-20	37.20	97.05	青海德令哈	3.5	
4	1978-11-21	37.33	97.07	青海德令哈	4.0	

续表

序　号	发震时刻	震中位置			震　级 M	深度 / km
	年 – 月 – 日	北纬 / °	东经 / °	参考地名		
5	1978-11-21	37.33	97.07	青海德令哈	3.6	
6	1980-06-27	37.60	97.70	青海德令哈	3.7	
7	1982-01-31	37.60	97.10	青海德令哈	3.3	
8	1986-07-04	37.50	97.13	青海德令哈	4.7	
9	1988-03-18	37.15	97.23	青海德令哈	3.0	
10	1989-09-20	37.58	97.55	青海德令哈	3.4	
11	1990-11-26	37.20	97.17	青海德令哈	3.4	
12	1991-06-25	37.15	97.13	青海德令哈	3.0	
13	1999-08-13	37.16	97.62	青海德令哈	3.3	
14	2004-02-28	37.07	97.05	青海德令哈	3.0	
15	2004-02-29	37.07	97.17	青海德令哈	3.0	
16	2004-03-01	37.12	97.07	青海德令哈	3.3	5
17	2004-03-03	37.20	97.12	青海德令哈	3.2	
18	2004-03-10	37.02	97.15	青海德令哈	3.0	
19	2004-03-13	37.13	97.48	青海德令哈	3.3	
20	2007-04-10	37.38	97.70	青海德令哈	3.8	
21	2011-09-11	37.43	97.17	青海德令哈	3.3	10
22	2013-03-28	37.27	97.15	青海德令哈	4.5	6
23	2013-03-28	37.28	97.16	青海德令哈	3.6	7
24	2013-03-29	37.27	97.17	青海德令哈	3.8	6
25	2013-03-29	37.32	97.16	青海德令哈	3.0	6
26	2013-03-29	37.25	97.20	青海德令哈	4.5	10
27	2013-03-29	37.33	97.17	青海德令哈	3.2	9
28	2013-03-29	37.28	97.16	青海德令哈	3.2	8
29	2013-03-30	37.26	97.19	青海德令哈	3.2	6
30	2013-04-04	37.28	97.18	青海德令哈	4.5	5
31	2013-04-08	37.31	97.17	青海德令哈	3.3	8
32	2013-04-11	37.29	97.17	青海德令哈	3.3	8
33	2013-04-27	37.28	97.16	青海德令哈	3.1	4
34	2013-07-10	37.08	97.04	青海德令哈	3.2	13

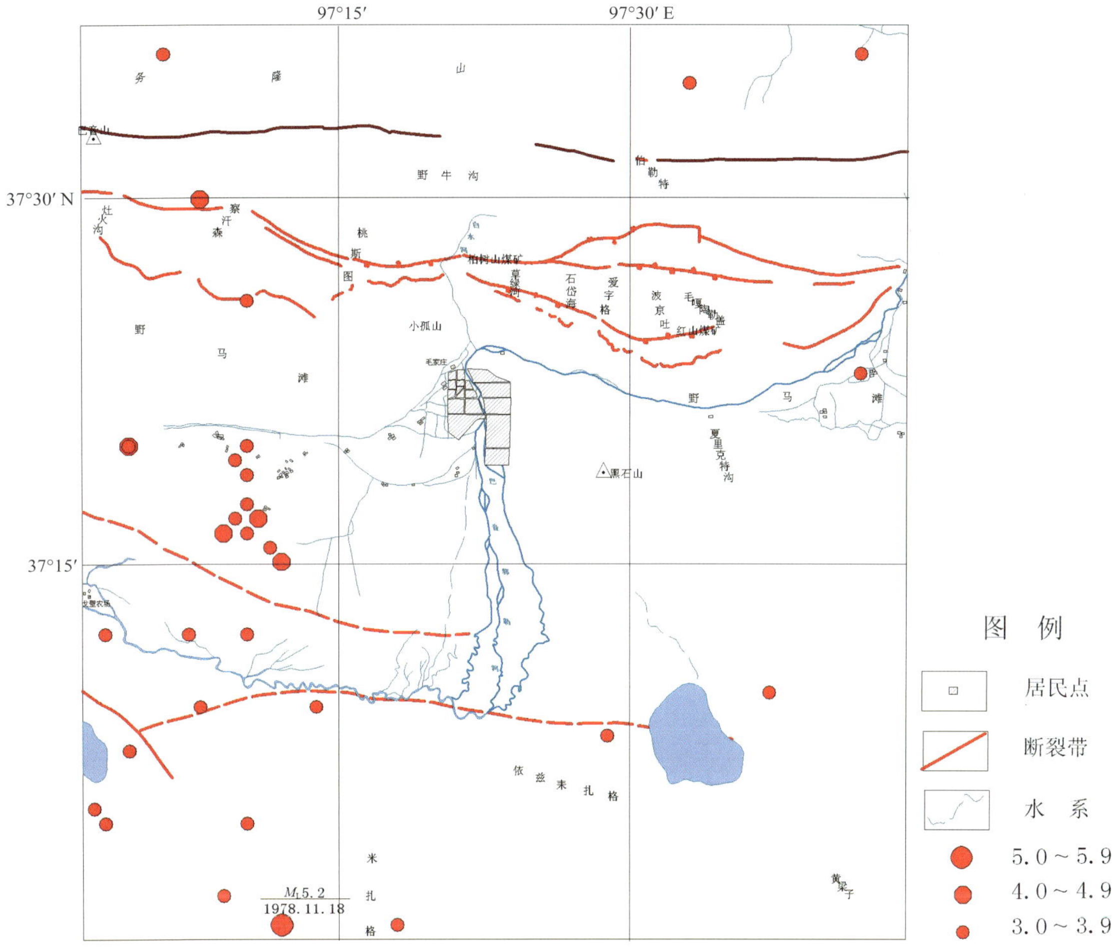

图 3.48 近场区地震震中分布图

3.5 近场地震地质与地震活动环境综合评价

近场区 EW 向构造发育，近 EW 向构造主要形成于华力西中期，主要有槽型海相石炭系地层及部分槽型或过渡型二叠系地层，以及华力西期花岗闪长岩构成。

近场区地震活动以弱震活动为主，地震活动具有一定的空间不均匀性，南部小震活动较频繁，自有记录以来至 2014 年 4 月共记录到 M3.0 以上地震 34 次，其中，M3.0 ～ 3.9 地震 28 次，M4.0 ～ 4.9 地震 5 次，M5.0 ～ 5.9 地震 1 次，最大地震为 1978 年 11 月 18 日，发生在研究区南部的 5.2 级地震。

通过详细的野外调查和航片解译，在近场区范围内发现并证实了 6 条断裂带，其中乌兰达坂 — 不热格斯坦断裂、灶火沟 — 巴音河水文站断裂、柏树山断裂、白水河 — 红山煤矿断裂是区域性断裂大柴旦 — 宗务隆山断裂在研究区内的分支断裂，断裂规模较小，晚更新世以来不活动。宗务隆山南缘断裂为全新世活动断裂，托素湖 — 尕海断裂的北支断裂为晚更新世活动断裂，南支断裂为全新世活动断裂，上述两条断裂对新构造期及现代构造活动特征具有重要意义。

第四章　地震危险性分析

本章的目的在于根据区域地震活动性和区域地震地质的研究成果，对影响到工程场地地震安全性的潜在震源区、地震活动性参数和地震动衰减关系进行认真地确定，再进行德令哈市的地震危险性分析，为地震安全性评价提供依据，为震害评估、地震动力反应分析提供参数。

4.1　分析方法概述

对德令哈小区划目标区的地震危险性分析，采用了编制中国地震动参数区划图所使用的方法。该方法能够较好地反映地震活动的时、空非均匀性，其基本技术思路和计算方法概述如下：

（1）确定地震统计单元（地震带），并以此作为考虑地震活动时间非均匀性，确定未来百年地震发生的概率模型和地震空间分布模型的基本单元。对每个统计单元采用分段的泊松过程模型。统计单元未来 t 年内发生 n 次 4 级以上地震的概率为：

$$P(N=n)=\frac{(\nu_4 t)^n}{n!}\mathrm{e}^{-\nu_4 t} \tag{4.1}$$

式中，ν_4 为未来百年内 4 级以上地震的年平均发生率。反映了地震活动的时间非均匀性，可以通过地震带未来百年地震活动趋势预测结果得到。

统计单元内地震震级概率密度函数为截断的指数函数：

$$f_M(M)=\frac{\mathrm{e}^{-\beta(M-M_0)}}{1-\mathrm{e}^{-\beta(M_{uz}-M_0)}} \tag{4.2}$$

式中，M_{uz} 为该统计单元的震级上限，M_0 为相应单元的震级下限。当震级小于震级下限和大于震级上限时，概率密度值为零。

（2）在地震带内部划分潜在震源区，潜在震源区内地震危险性是均匀分布的。潜在震源区由几何边界、震级上限和分震级档的地震空间分布函数 f_{imj} 来描述。

（3）利用全概率求和原理，计算统计单元内发生一次地震时，场点给定地震动值 (i) 的超越概率。基本计算公式为：

$$P(I\geqslant i)=\iiiint P(I\geqslant i\mid E)f(x,y\mid M)f_M(M)f_\theta(\theta)\mathrm{d}x\mathrm{d}y\mathrm{d}M\mathrm{d}\theta \tag{4.3}$$

式中，$P(I\geqslant i|E)$ 是震级为 M、震中位置为（x、y）、地震动椭圆衰减长轴方向与正东方向夹角为 θ 时，场点给定地震动值 (i) 被超过的概率，该函数由地震动衰减关系确定；$f(x、y|M)$ 为给定震级的空间分布

函数，该函数可以依据震级分档情况和潜在震源区的面积得到；f_θ 为等震级长轴取向概率密度函数，用 δ 函数表示。

（4）利用地震发生次数的分段泊松模型，可以计算某个统计单元 k 对场点的超越概率：

$$P_{ik}(I \geqslant i) = 1 - e^{-\nu_4 t P(I \geqslant i)} \tag{4.4}$$

（5）若有 K 个统计单元对场点有影响，则场点总的超越概率为：

$$P_i(I \geqslant i) = 1 - \prod_{k=1}^{K} \left(1 - P_{ik}(I \geqslant i)\right) \tag{4.5}$$

以下将对研究区范围内的潜在震源区划分、确定地震活动性参数、建立地震动衰减关系等分别进行论述。

4.2 潜在震源区的综合判定

潜在震源区系指未来有潜在可能发生破坏性地震的区域，它是有可能发生破坏性地震的震源或震中位置的集合体。因此，潜在震源区的判定是地震区划的核心，也是地震危险性分析中最基础最重要的环节之一。

4.2.1 地震区带的划分

地震在空间上的不均匀性主要受区域构造环境、地球物理场以及地壳结构等的制约，常常集中分布在某一个地区或某一构造带上。研究结果表明，这些特定地区的地震活动在时间和空间上往往具有某种内在联系，划分地震区和地震带是研究地震活动规律的基础，也是进行地震危险性分析非常重要的一环，它是评定地震活动趋势，确定地震活动性参数最基本的统计单元。

1. 地震区划分的主要依据

大地构造属性类似的地区；

地壳结构及深部地球物理场类似的地区；

新构造及现代构造活动相似的地区；

现代构造应力场基本一致的地区；

破坏性地震在时间、空间上关系密切，并具有明显的区域性活动特征的地区。

2. 地震带划分的主要依据

地震活动密集，在空间上属同一构造活动带控制；

地震活动具有沿同一构造活动带迁移，重复等特点；

地震活动及其与构造的相关性不十分明显，但发震构造条件极为类似；

明显的地壳结构梯级带；

在同一地震带内，如地震活动及构造环境有明显差异，可再分为亚带。

3. 地震区、带边界的确定

活动构造单元的外界；

活动构造单元的转折带；

中强地震及小地震活动密集分布区的外界。

4. 地震区、带划分

根据上述地震区、带的划分原则，参考编制第五代中国地震动参数区划图的划分结果，本区域研究范围位于青藏高原地震区的青藏高原东北部地震亚区，主要涉及祁连山—六盘山地震带、柴达木—阿尔金地震带。

4.2.2 确定潜在震源区的原则与方法

确定潜在震源区实际上就是要预测破坏性地震可能在哪些地点或地段发生。本项研究仍然依据目前普遍接受的两条基本原则。

（1）地震重复性原则。即根据文献记载或仪器记录，过去曾发生过破坏性地震的地方今后有可能重复发生震级相近的地震。

（2）构造类比原则。即地质构造条件相似的地区，有可能发生震级相近的地震。

根据上述两条基本原则，潜在震源区的确定主要是根据地震活动的空间分布特征及地质构造特征，特别是活动构造特征来进行。具体而言，在划分潜在震源区时主要有以下考虑：

（1）凡是历史上已经发生过破坏性地震的地方，均划为潜在震源区。在中国西部凡是已发生过5.5级地震的地区一般均划入不同震级上限的潜在震源区。

（2）根据历史记载或近代仪器记录，中、小地震成带分布或密集成丛分布的地区，一般都划为潜在震源区。

（3）根据活动构造的研究，凡是发现有晚第四纪以来强烈活动的活断层区，特别是有古地震遗址的地区，均应划入潜在震源区。

（4）有些地区历史上无破坏性地震记载，但与已发生过破坏性地震的地区构造条件类似，根据构造类比的原则也划为潜在震源区。

在研究中我们采用二级划分法确定潜在震源区，即先划分出地震带，然后再从地震带内划分出不同震级上限的潜在震源区。

4.2.3 潜在震源区边界及震级上限的确定

潜在震源区方向与范围，即边界的确定对地震危险性的判定同样很重要。方向与范围不同，直接影响着周围的烈度和加速度值。

1. 潜在震源区方向的确定

（1）同一深部背景的变异带方向。

（2）区域历史强震极震区长轴方向。

（3）区域强震破裂带方向。

（4）现代主要活动断裂带方向及震源走滑活断层方向。

（5）弱震密集带方向。

（6）中强以上地震的条带方向。

因此，潜在震源区的长轴方向一般代表发震构造或发震断层的破裂方向。

2. 潜在震源区宽度的确定

（1）活动断裂空间几何形态所影响的宽度，断裂带多期活动造成的挤压破碎带宽度，一般以活断层为轴线外延5～10km，并适当在断层上盘加宽。

（2）6级以上地震的分布范围外界，弱震密集活动区范围及震源深度投影优势宽度。

3. 震源深度的确定

研究区地震均为浅源地震，据地震观测资料及地震等震线估算表明，震源深度分布范围为10～

30km，优势深度为 20km 左右，因此，潜在震源区的深度以 20km 为宜。

4. 潜在震源区震级上限的确定

震级上限 M_u 是指该潜在震源区内可能发生的最大地震的震级，对于该潜在震源区来说，发生超过这一震级地震的概率接近于零。潜在震源区震级上限的确定主要是通过对该潜在震源区本身的地震活动性及地震构造特征来进行的。研究区内潜在震源区震级上限的确定主要依据为：

（1）不同的地壳构造区、不同的地震区及不同的地震带，控制了不同强度的地震。震级上限应受控于各地壳构造区地壳介质可能承受的破裂强度及所处大地构造条件。因此，各潜在震源区的震级上限，不应高于所在地震带的震级上限。

（2）发生过历史地震的潜在震源区，未来仍有可能发生同样强度的地震。因此，各潜在震源区的震级上限，不能低于该区段历史最大地震的震级。

（3）历史上无强震记录的构造区段，据古地震及断层组合最大极限长度估算潜在震源区的震级上限。

（4）潜在震源区所处地震网络的尺度与震级上限的确定。

5. 本底地震的确定

考虑到研究区所处的青藏高原东北部区构造和地震的具体条件，本区绝大多数 6 级以上地震都可以划在潜在震源区内，但一些 5.9 级以下地震却带有较大的随机性，虽然大多数已划入潜在震源区内，但仍有个别地震呈离散状态分布于潜在震源区外，有时不易分出它们与哪些构造有直接关系，因此将这类地震作为本底地震考虑。考虑到该区活断层发育，弱震活动水平高及历史地震记载遗漏较多等原因，因此将本底地震定为 6.0 级。

4.2.4 潜在震源区的综合判定结果

德令哈小区划目标区不小于 150km 半径范围内的潜在震源区划分方案，充分吸取近年来的最新研究成果，依据前几章所述地震活动和地震构造环境特征，尤其是近场区的详细研究结果，对场区地震危险性有较大影响的潜在震源区的依据和边界进行了复核和修订（图 4.1；表 4.1）。

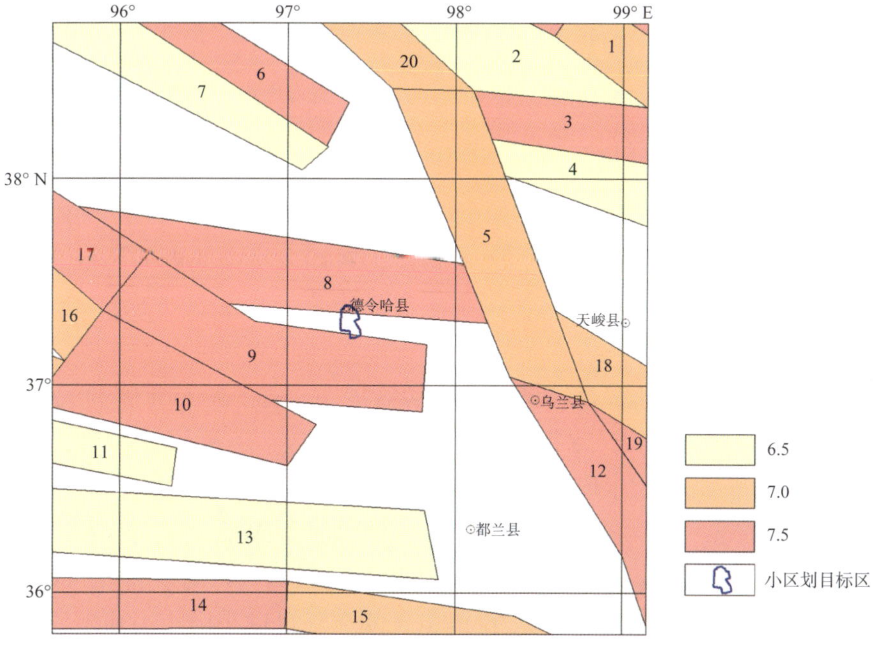

图 4.1 潜在震源区综合判定结果图

依据上述潜在震源区判定原则、指标及方法，参照五代区划图潜在震源划分的阶段性成果，结合本区域地震活动和地震地震特征研究，区域范围内共划分了 20 个潜在震源区，其中 7.5 级潜源区 9，7.0 级潜源区 6 个，6.5 级潜在震源区 5 个。1 ~ 3 号潜源位于祁连山 — 六盘山地震带，其余潜源全部位于柴达木 — 阿尔金地震带内。潜源判定结果见表 4.1 和图 4.1。

表4.1　潜在震源区综合判定一览表

所属地震带	编　号	名　称	震级上限
祁连山 — 六盘山	1	野牛台	7.0
	2	苏里	6.5
	3	哈拉湖	7.5
柴达木 — 阿尔金	4	大通山	6.5
	5	阳康	7.0
	6	党河	7.5
	7	党河南山	6.5
	8	德令哈	7.5
	9	怀头他拉	7.5
	10	锡铁山	7.5
	11	三湖区	6.5
	12	鄂拉山	7.5
	13	格尔木	6.5
	14	格尔木南	7.5
	15	都兰南	7.0
	16	小柴旦	7.0
	17	大柴旦	7.5
	18	青海南山	7.0
	19	共和	7.5
	20	疏勒南山	7.0

本次工作对德令哈市南北两侧的断裂做了详细调查，对德令哈市北侧的 8 号潜源和南侧的 9 号潜源进行了一些调整，现将修改的潜源和其他对德令哈市影响较大的几个主要潜在震源区特征标志分述如下：

（1）德令哈 7.5 级（8 号）潜在震源区：该潜在震源区展布于德令哈市北侧的大柴旦 — 宗务隆山断裂和宗务隆山南缘断裂，在区划图中该潜源的震级上限为 7.0 级。其中，宗务隆山南缘断裂西部始于石底泉槽地向东南延伸，经怀头他拉水库北部的八罗根郭勒河谷，野马滩山前的埃尾沟、柏树山煤矿、巴音郭勒沟谷，终止于休格隆一带，全长约 200km，总体走向近 EW，为逆冲断层。构成北侧宗务隆山隆起山地与南侧盆地及内部低山隆起的分界断裂。根据区域地质调查认为该断裂的夏尔恰达至泽令沟农场段（德令哈段）为全新世活动断裂段，长度约 60km。晚更新世以来由于山前断层的持续活动，使得与山前断层相关的河流阶地和山前冲洪积扇发生了变形。形成断层陡坎，冲沟左旋断错。根据实地测量和计算得到，宗务隆山南缘断裂水平活动速率为 2.35mm/a，垂直活动速率为 2.16mm/a。根据现场实际开挖探槽的结果，沿断裂带发现多次古地震事件（详见第三章内容）。

根据近年来新的研究资料，柴达木盆地北缘地区发育了一系列走向基本一致、呈 NWW 向首尾错列的活动褶皱与活动断裂带，主要有怀头他拉、俄博山和锡铁山 – 阿木尼克山等三排活动逆断裂 – 褶皱带（袁道阳，2003）。该区的构造变形表现为一组逆冲断裂带逐渐由山体前缘向盆地内部扩展，形成由山体向外依次变新的一系列逆断裂 – 背斜带，它们应属于复合型的前展式逆断裂推覆构造带。近年来，在柴达木盆地北缘地区发生了多次 6 级以上强震，如 2003 年青海 4 月 17 日德令哈 6.6 级地震、2008 年 11 月 10 日海西州 6.3 级地震和 2009 年 8 月 28 日海西州 6.4 级地震等。根据柴北缘地区新活动断裂鉴定结果，结合该区的构造活动性以及处于二级活动块体的边界带上等因素，在新的中国地震动参数区划图编制过程中，重新判定出位于柴北缘逆断裂 – 褶皱带弧顶部位的怀头他拉和锡铁山两个 7.5 级潜源区，即判定柴达木盆地北缘断裂带为 7.5 级发震构造。

宗务隆山断裂全长 200km，为全新世活动的逆冲断层，依该断裂的规模及活动性，根据构造类比原则，其发震能力判定为 7.5 级。因此该潜源在新的中国地震动参数区划图的基础上，潜源范围不变，震级上限由 7.0 级提高至 7.5 级。

（2）怀头他拉 7.5 级（9 号）、大柴旦 7.5 级（17 号）潜在震源区：这两个潜在震源区位于大柴旦 — 尕海断裂。该断裂西起大柴旦，向东沿库尔雷克山南侧及山间谷地穿过，经欧龙布鲁克山北缘，终止于托素湖以东，全长 230km 左右，总体呈 NWW 向展布。这两个潜在震源区分别依据断裂带东段和西段划分。断裂带西段由多条不连续的次级断层组成，主要控制前白垩（AnK）系的分布，沿断裂带发育有洪积扇、断层陡坎、破裂带等微地貌，多处呈现一定的负地形沉积盆地，对盆地的生成和发展具有强烈的控制作用；东段由一条基本连续的骨干断裂组成，主要发育在中新统及上新统之中。托素湖以东部分，由于湖相沉积覆盖而呈半隐伏状态，断裂带遥感影像特征比较隐晦，特征不是很明显。不过断裂带的发育对所经区域的水系边界有比较明显的控制作用，特别是控制了几个中小型湖泊的分布，呈串珠状。在南泉水梁以西，可见石炭系中、上统含煤地层逆冲于第三系泥岩之上，形成较大的山缘高差。断层断错晚更新世砾石层，断层表现为基岩断坎及沟槽状负地形，或为断层三角面连续展布，断坎、断层谷发育。雷达站断层坎发育在砾石层之上，断坎高度稳定，一般在 1.7m 左右，沿线可见冲沟左旋扭错，大多数扭距为 10m，可认为是全新世以来的累积位移量。探槽剖面揭示，该断裂带全新世以来的平均水平滑动速率为 0.83mm/a，平均垂直滑动速率为 0.14 mm/a。在托素湖以西，该断裂存在两个全新世活动段，其一为无名泉 — 俄博山段，其二为怀头他拉煤矿 — 南泉水梁段。根据断裂带的特征，区划图沿该断裂划定两个 7.5 级潜在震源区。

在本项工作之前，怀头他拉潜源在区划图中自怀头他拉一直延伸至托素湖东南。而本次工作通过航片遥感解译和高光谱遥解译，发现断裂在托素湖和尕海之间明显控制了水系和湖泊的发育，并沿倾覆褶皱的边界分布。在地表没有明显的断错迹象，呈隐伏状态。沿断裂布设多条浅层地震勘探测线和跨断层钻孔联合剖面，近一步证实断裂的存在。根据跨断层钻孔联合剖面断层断至距地表 1.6m 处，断距约 1.9m，为逆断层，活动时代为全新世。根据托素湖 — 尕海断裂段的展布规模、断裂带特征等分析，具有 7 级以上地震的发震能力。在进行潜在震源区厘定时，经过综合分析将 9 号怀头他拉潜源的形状进行了改变，即在托素湖附近潜源折转向东延伸至尕海以东附近。潜在震源区震级上限维持 7.5 级不变。

（3）锡铁山 7.5 级（10 号）潜在震源区：柴达木盆地北缘断裂，西起赛什腾山南麓结录素附近，往东南沿绿梁山南、锡铁山南，止于霍布逊湖附近，全长 260 余千米，总体走向 N45° ~ 50°W，倾向

NE，倾角 35° ~ 50°。断裂成为二级构造单元柴达木断褶带与柴达木中心坳陷的界线，东北侧为由元古界变质岩组成的中高山地貌，南侧为新生界砂砾岩和黏土岩组成的低山丘陵、洪积扇和戈壁平原。沿断裂台阶状叠式冲积锥和断崖发育。在绿梁山南楚和锡铁山南，见北盘元古界逆冲于上新统上。锡铁山东站东侧还见有上新统逆冲于上更新统 – 下全新统之上的现象，水平右旋速率为 3mm/a。断裂带在霍布逊湖附近，曾于 1962 年和 1977 年分别发生 6.8 级和 6.3 级地震，并分布 10 余次 5 级左右地震，1996 年 8 ~ 9 月曾经发生一例典型的震群活动，最大震级为 M_S4.6。该潜在震源区震级上限定为 7.5 级。

（4）阳康 7.0 级（5 号）潜在震源区：该潜在震源区位于鄂拉山断裂北段，断裂北起朵尔马日登，向南横穿苏勒南山后，继续向南至乌兰北。地貌上形成断续的沟谷槽地及垭口，沿垭口断裂形成一系列断层陡坎、断层三角面、山口、断陷谷地等，并有成群的温泉出露。据航卫片资料判读结果表明，断裂切割了最新地貌面。沿断裂近期小地震频繁，北段与 NWW 向断裂复合部位发生过多次 6 级以上地震。1930 年在北段曾发生 6.5 级地震，1938 年中段曾发生 6 级地震。该潜在震源区震级上限为 7.0 级。

（5）鄂拉山 7.5 级（12 号）潜在震源区：该潜在震源区位于鄂拉山断裂南段，断裂位于鄂拉山隆起之东侧，部分构成共和盆地坳陷带的分界。断线延伸较直，断面较平整或部分呈舒缓波状。断裂具明显的压扭性质。从产状的多变及伴生组分特征看，反映新断裂压扭活动的不均衡性和力学性质的转变。在卫片上断裂形迹清晰，地貌上出现一系列断层垭口、陡坎、三角面、断裂谷等。沿带温泉成群出露，水温高达 50 ~ 70℃，可知断裂影响深度较深，为一条全新世活动断裂。断裂新活动形成了一系列山脊、冲沟和阶地等的右旋断错及断层崖、断层陡坎等。晚更新世晚期以来，鄂拉山断裂带的平均水平滑动速率为 (4.1 ± 0.9) mm/a，垂直滑动速率为 (0.15 ± 0.1)mm/a。中强地震沿带密集成带分布，2000 年 9 月 12 日断裂带南段的兴海附近发生 6.6 级地震。该潜在震源区震级上限为 7.5 级。

（6）党河 7.5 级（6 号）、党河南山 6.5 级（7 号）潜在震源区：这两个潜在震源区位于青海党河南山断裂带上。该断裂带西起阿尔金山，东至哈拉湖西，基本上沿党河南山北麓平行延伸，呈地垒式向山内倾。党河南山北麓、阿尔金山至乌兰布拉克长约 100km 区段，Qp_3 以来活动显著。南麓断裂在小苏干湖至塔喀尔巴斯沟长约 80km 区段及巴音泽尔马勒至响水河长 90km 区段，Qp_3 以来有较强烈活动。沿带有中强地震发生，最大震级为 5.7 级。根据构造分段特征综合评定 6 号潜源震级上限为 7.5 级、7 号潜源震级上限为 6.5 级。

（7）疏勒南山 7.0 级（21 号）潜在震源区：该潜在震源区位于中祁连南麓活动断裂带西段疏勒南山南缘断裂，新生代以来活动明显，沿断裂泉水广泛出露，疏勒南山南缘呈现整齐的断层陡坎，逆冲性质并兼右旋扭动特征，晚更新世活动。小震活动密集，最大 1927 年 6 级。该潜在震源区震级上限为 7.0 级。

（8）小柴旦 7.0 级（16 号）潜在震源区：该潜在震源区位于柴达木盆地北缘断裂。该断裂是一条 NNW—NW 向区域性断裂带，西起赛什腾山南麓的结绿素附近，往南东沿绿梁山、锡铁山西南侧沿伸，终止于北霍布逊湖东北，全长 260km，总体走向 N 40° ~ 50°W，倾向 NE。该断裂带是柴达木盆地断陷区与北部祁连山断隆带的重要分界断裂，断裂带在赛什腾山南麓，存在长约 15km 的全新世活动段，该潜在震源区震级上限为 7.0 级。

（9）青海南山 7.0 级（18 号）潜在震源区：该潜在震源区位于青海南山北缘断裂。青海南山北缘断裂，全长约 160km，倾向 SW，倾角 60° 左右，断裂活动具有左旋走滑兼逆冲性质，在晚更新世时期曾有过较强活动。如倒淌河一带钻探及物探资料证实断裂断错了下更新统和上更新统。断裂两侧地貌反差较明显，卫片上有线性构造显示，两侧色调对比鲜明。山前可见到较老的断层三角面，许多地段见到断裂活动而造成的鞍形地貌及较早的断层崖。断裂西段和中段的新活动明显强于东段。该潜在震源区震级上限为 7.0 级。

（10）格尔木 6.5 级（13 号）潜在震源区：该潜在震源区位于柴达木盆地南缘断裂格尔木以东近 EW 走向区段，近代地震活动水平相对较弱。该潜在震源区震级上限为 6.5 级。

（11）格尔木南 7.5 级（14 号）、都兰南 7.0 级（15 号）潜在震源区：这两个潜在震源区位于昆中断裂带青藏公路以东段上。昆中断裂带西起昆仑山之博卡雷克塔格北坡，向东经大干沟、清水泉至鄂拉山被 NNW 向断裂所截。青藏公路以西断裂活动相对较弱，全新世活动迹象不明显。青藏公路以东的大干沟附近有 2km 长的地震形变带。根据断裂带活动特征 14 号潜在震源区震级上限定为 7.5 级，15 号潜在震源区震级上限定为 7.0 级。

（12）野牛台 7.0 级（1 号）潜在震源区：该潜源沿托莱山断裂展布。托莱山断裂是青海省北部地区左旋走滑活动最清晰的断裂带之一，东起冷龙岭下的硫磺沟口，西端延到祁连县南的冰沟、沿大通河到哈拉湖止，全长大于 280km，具逆断层性质。经探槽开挖发现剖面上至少存在 2 次古地震事件，第一次古地震事件发生在 13000 多年，第二次古地震事件发生在此之前。根据断层活动性、地震活动性和区域对比综合评定该潜源区震级上限为 7.0 级。

（13）共和盆地 7.5 级（19 号）潜在震源区：该潜在震源区沿共和盆地南缘隐伏断裂带展布。该断裂全长约 150km，为一全新世活动的隐伏断裂，其总体呈 NW 向分布，控制了河卡山隆起与共和盆地南缘的地貌形态，还控制了晚更新世以来的地层分布，并断错了更新世地层。该断裂带在晚更新世之前活动强烈，控制了盆地南部地貌形态。但全新新世以来，沿断裂带差异活动有着明显的减弱趋势。航片解释结果表明，该断裂在茶卡盐湖东南至哇玉香卡一带，地表有古地震遗迹分布，1990 年 4 月 26 日塘格尔木农场 7.0 级地震及其强余震，在地表形成了多组地震裂缝、小鼓包等地震破裂遗迹。潜源范围划分根据断裂带展布及地震分布范围划定，震级上限根据断层活动性和区域对比确定为 7.5 级。

（14）大通山 6.5 级（4 号）潜在震源区：该潜在震源区位于大通山断裂带上。该断裂由多条平行断裂组成，卫片影像十分清晰，主断面倾向 S，呈叠瓦状逆冲，局部切割了中上更新统，并有中强震发生。该潜在震源区震级上限为 6.5 级。

（15）三湖区 6.5 级（11 号）潜在震源区：该潜在震源区位于断裂带西起涩聂湖以西，往东经涩聂湖—达布逊湖一线南侧，终止于南霍布逊湖东南 40km 处，呈隐伏状态，全长 190km；总体走向 NWW，倾向 SW，倾角 75° 左右。断裂活动具有左旋走滑及逆冲性质，挤压破碎带宽约 300m。断裂带为控制第四纪三湖凹陷形成和发展的南侧边界断裂，也基本控制了全新世早期形成的干盐滩和现代卤水湖的分布。沿断裂展布有 5 级左右地震，断裂东段现今中小地震活动较为频繁，表现出全新世活动特征。该潜在震源区震级上限为 6.5 级。

4.3 地震活动性参数的确定

地震活动性参数是描述区域地震活动水平的特征量，是进行地震危险性概率分析的基础性工作之一。它包括地震带和潜在震源区的地震活动性参数。

地震带的地震活动性参数指震级上限 M_{uz}、起算震级 M_0、震级频度关系式中的 b 值，采用“分段泊松模型”描述地震活动过程所需要的地震年平均发生率 v；为了恰当地把地震带的年平均发生率分配到每个潜在震源区去，还要确定各潜在震源的空间分布函数 f_{iMj}, 以及各潜在震源区等震线椭圆长轴走向分布函数 $f_i(\theta)$。

4.3.1 确定地震活动性参数的原则

（1）地震带为基本统计单元：目前使用的地震危险性分析方法，要求地震活动符合泊松模型，大小地震之间的频次关系满足修正的古登堡－里克特震级频度关系式，这就是说，研究中所确定的地震活动性参数必须反映地震活动在空间上和时间上的群体性。由于地震带内地震活动在空间上同属一个最新构造活动带的控制，构造成因具有相似性，在时间过程上也有一定的规律性，并且一个地震带中的地震样本量比较充分。因而，地震带作为确定地震活动性参数的基本统计单元。

（2）为了保持地震事件的独立性、随机性，应消除大地震的余震和震群活动的影响。工作区地处西部，地震活动的重复期较短，只删去主震后两年内的余震。对于震群，保留其中最大的一次地震。

（3）由地震活动趋势分析来衡量和评价未来地震活动水平：一个地震带中的地震活动常出现相对平静与显著活动交替出现的准周期性，判断目前和未来百年内各地震带可能所处的活动阶段，可以对表征地震活动水平的年平均发生率 ν 进行某些限制。

（4）按震级区间分配年平均发生率：为了不低估高震级地震对场地危险性分析的贡献，并能更好地吸收地震预测方面的科研成果，比较客观地反映地震强度，空间分布的不均匀性，本项工作按震级档来进行年平均发生率的分配，并采用空间分布函数来描述地震活动的时、空不均匀性。

（5）综合评定法确定空间分布函数 f_{imj}：在确定对各潜在震源区分配年平均发生率的空间分布函数 f_{imj} 时，采用多项因子的综合评定方法来确定。各项因子的选择既要反映各潜在震源区存在的可靠性，也要考虑到地震活动的时空非均匀性，还要尽量吸收中长期地震预报研究成果。

4.3.2 地震带地震活动性参数的确定

区域所涉及的地震带主要是柴达木—阿尔金地震带、六盘山—祁连山地震带，对各地震带的地震活动性参数计算如下：

1. 震级上限 M_{uz} 和起算震级 M_0 的确定

确定 M_{uz} 有两条主要依据：一是历史地震资料足够长的地区，地震带中地震活动已经历几个地震活动期，可按该带内发生过的最大地震强度确定 M_{uz}，或根据古地震资料确定 M_{uz}；二是在同一个大地震活动区内，用构造类比外推，认为具有相似构造条件的地震带，可发生相似强度的最大地震。在实际工作中，综合考虑以上两条原则，且遵从地震带的震级上限 M_{uz} 应等于带内各潜在震源区震级上限（M_u）的最大值这一原则，即 $M_{uz}=(M_u)_{max}$。因此有：

柴达木—阿尔金地震带：$M_{uz}=8.5$；六盘山—祁连山地震带：$M_{uz}=8.5$。

起算震级 M_0 系指对工程场地有影响的最小震级，它与震源深度、震源类型、震源应力环境等有关。由于区域范围内地震属浅源地震，一些4级地震也会产生一定程度的破坏，故在本研究中 M_0 取4级。

2. 各地震带 b 值和 v_4 的确定

b 值依据古登堡－里克特所定义的震级频度关系式 $\lg N=a-bM$，由实际地震数据统计确定。式中 a，b 为常系数，N 为震级大于等于 M 的地震个数。由于 b 值是在实际地震资料统计的基础上获得，它与资料的可靠性、完整性、取样时空范围、样本起始震级、震级间隔等因素有关。

v_4 是地震带（地震统计区）4.0级以上地震的年发生次数，即4.0级以上地震的年平均发生率。从概率角度来说，v_4 代表地震带（地震统计区）年4.0级以上地震次数随机变量的泊松期望值。

本次工作中采用了中国地震动参数区划图编制中确定 b 值和 v_4 的方法，在不同方案进行统计分析后确定的 b 值和 v_4 作为初值的基础上，根据地震带（地震统计区）内实际地震的发生率、地震带（地震统计区）未来地震活动趋势分析结果、1970 年以来近 40a 的仪器记录地震资料所反映的中强地震发生次数的分布特点等因素，并基于对未来地震危险性给予合理保守考虑的原则，进行必要的调整，最终确定地震统计区 v_4 与 b 值的结果。本次工作最终使用的 b 和 v_4 数值，直接采用了中国地震动参数区划图编制中确定 b 值和 v_4 的结果。

（1）六盘山 — 祁连山地震带 1450 年以前地震资料严重缺失；1450 年以来 *M*6 以上地震发生较为平稳；1450 ~ 1900 年之间，*M*6 以下地震资料依然缺失较多；1900 年以后，*M*5 以上地震明显增多，基本完整；1970 年以后 *M*4 以上地震记录基本完整；公元 1548 年和公元 1888 年是两个地震活动相对密集期的开始，未来地震活动水平不应低估长期平均的地震活动水平。对 v_4 与 b 值进行调整，重点考虑以下控制：

① *M*4 以上地震年发生率应大致相当 1970 年以来地震活动水平；

② *M*5 以上地震年发生率应不低估 1900 年以来地震活动水平；

③ 较大震级发生率应重点考虑 1500 年以来地震活动情况。

经调整，确定六盘山 — 祁连山地震带地震活动性参数为 b=0.75，v_4=6.4。

图 4.2 给出了理论计算值与实际统计数据点的比较，结果可以看出，所得 b、v_4 参数计算得到的理论发生率在小震级段，与 1970 年以来的水平大致相当；在中强震级段较保守，大致相当 1900a 以来水平；而在高震级段，由于在近 100a 内发生过数次 7 级以上地震，因此，发生率较高，属于地震活动的活跃期。考虑大震级地震的重现期可能更长，因此，以不低估 1500 年以来的大震活动水平，并适当考虑 1888 年以来大震活动水平来加以控制。

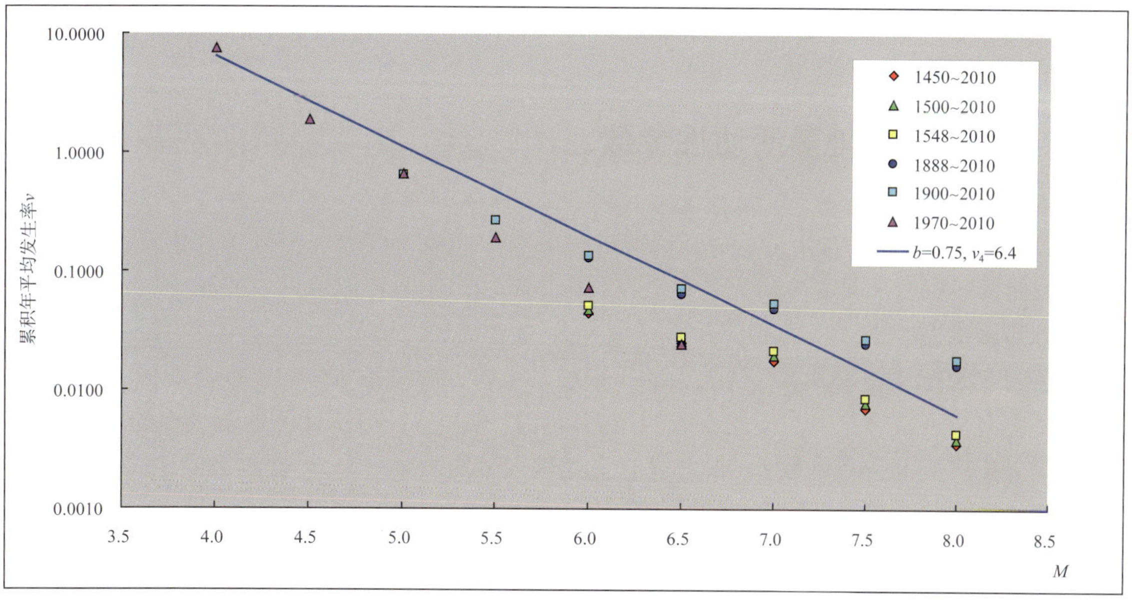

图 4.2 六盘山—祁连山地震带各时段实际统计与理论结果对比

（2）柴达木 — 阿尔金地震带地震记载时间较短，最早一次地震记载为公元 1832 年 8 月昌马 5½ 级地震，1920 年以前地震资料严重缺失，自 1920 年以来 *M*5 以上地震记录才基本完整，1970 年以后 *M*4 以上地震记录基本完整，1900 年以来 *M*6 以上地震发生较稳定。对 v_4 与 b 值调整重点考虑以下控制：

① *M*4 以上地震年发生率应大致相当 1970 年以来地震活动水平；

② *M*5 以上地震年发生率应不低估 1920 年以来地震活动水平；

③较大震级发生率应重点考虑 1900 年以来地震活动情况。

经调整，确定柴达木—阿尔金地震带地震活动性参数为 b=0.84，v_4=12。图 4.3 给出了理论计算值与实际统计数据点的比较，结果可以看出，所得 b、v_4 参数计算得到的理论发生率在小震级段，与 1970 年以来的水平大致相当；在中强震级段较保守，大致相当 1920 年以来水平；而在高震级段，不低估 1900 年以来的大震活动水平，并适当保守。

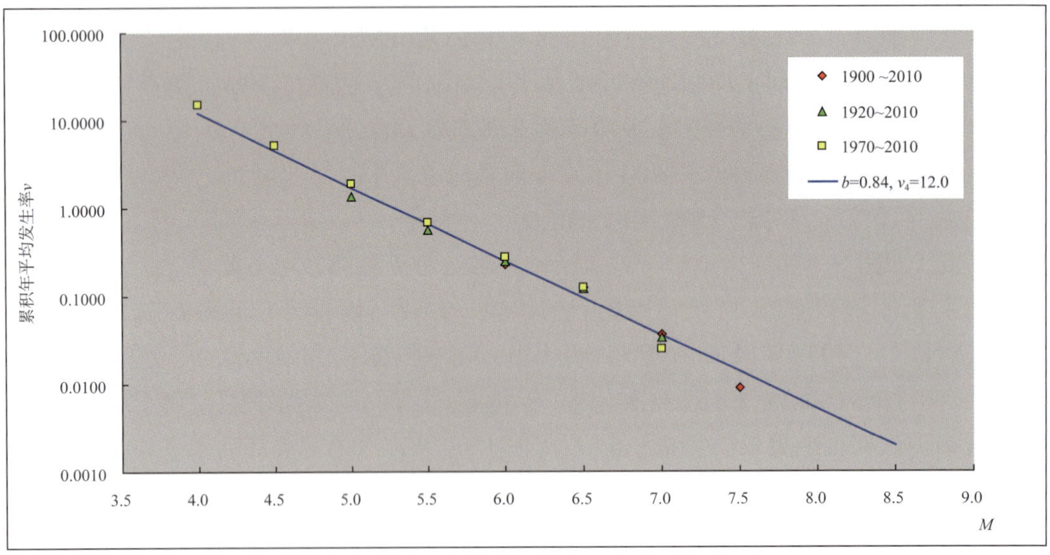

图 4.3 柴达木—阿尔金地震带各时段实际统计与理论结果对比

4.3.3 潜在震源区的地震活动性参数

1. 震级上限 M_u

潜在震源区的震级上限 M_u 是指该潜在震源区可能发生的最大震级，主要由该潜在震源区本身的地震活动性和地质构造特点来确定。研究区各潜在震源区震级上限具体取值见表 4.2。

2. 空间分布函数 $f_{i,mj}$

在地震带内，须把地震带各震级档地震的年平均发生率分配给各相应的潜在震源区。这里采用空间分布函数，根据各潜在震源区发生不同震级档地震可能性的大小，对统计区各震级档的地震年平均发生率进行不等权分配。空间分布函数 $f_{i,mj}$ 的物理含义是地震带内发生一个 m_j 档震级的地震落在第 i 个潜在震源区内概率的大小。在同一地震带内 $f_{i,mj}$ 满足归一条件：

$$\sum_{i=1}^{n} f_{\mathrm{i,mj}} = 1$$

这里 n 为地震带内第 m_j 档潜在震源区的总数。在研究中，m_j 共分成 7 个震级档，即 4.0 ~ 4.9，5.0 ~ 5.4，5.5 ~ 5.9，6.0 ~ 6.4，6.5 ~ 6.9，7.0 ~ 7.4，≥ 7.5。决定空间分布函数大小的因子考虑如下：

6 级以下地震受构造因素的控制不明显，其随机性表现得比较强。因此，对 6 级以下的低震级档，主要考虑小地震空间分布密度（指单位面积的发震概率），采用面积等权分配的方法进行确定。

对于 6 ~ 7.4 级档的空间分布函数，主要考虑以下几方面的因子：

（1）潜在震源区的可靠性程度：主要是由确定潜在震源区所在的构造条件的充分程度所决定。

（2）中长期预报成果：从 1984 ~ 1986 年，国家地震局组织了 5 ~ 10 年地震危险区划分研究，并划分出若干危险区。这些危险区体现了各方面专家的知识、经验和智慧，也反映了近期地震危险程度的空间不均匀性。

（3）大地震的减震作用。

（4）小震活动。

（5）强震复发间隔与构造空段。

（6）地震的随机性：尽管在划分潜在震源区的边界时，考虑了构造单元等因素，但从对工程影响的角度，还应考虑同一个地震带内相同震级档次地震的随机性。这种随机性的大小用发震概率相同的单位面积的大小来反映。也就是将潜在震源区的面积，作为一个加权因子来考虑。

由前述 6 个因子赋值，再用等权求和的方法来确定其值大小。具体分析时，先由所先用的因子 k 单独对地震带内能够发生相应级档次 m_j 地震的潜在震源区 i 赋值 $W_{i,mj}$；对每一个因子 k 在地震带内归一化，得到因子载荷 $Q_{i,mj,k}=W_{i,mj,k}/\Sigma W_{i,mj}$；由各因子载荷之和得到总载荷量 $R_{i,mj}=\Sigma Q_{i,mj,k}$；由总载荷量 $R_{i,mj}$ 在地震带内归一化，即可以得到各潜在震源区的空间分布函数 $f_{i,mj}=R_{i,mj}/\Sigma R_{i,mj}$。该函数 $f_{i,mj}$ 可以反映出地震带内各潜在震源区 i 发生 m_j 档地震的相对危险程度。

7.5 级以上震级档：由于能够发生 7.5 级以上地震的潜在震源区为数很少，而这种潜在震源区对工程场点的地震危险性贡献较大。无论是历史地震重复还是古地震重复的研究结果均表明，在同一潜在震源区或同一断层上，7.5 级以上地震的重复间隔时间都在百年至千年的量级内。为了得到更加符合实际情况的高震级档空间分布函数，必须使用历史地震或古地震重复间隔数据，取其比较保守的下限，按均匀分布模式得到 7.5 级以上地震的年平均发生率 $v_{i7.5}$。再用这个 $v_{i7.5}$ 与整个地震带的 $v_{7.5}$ 相比，即可得到该潜在震源区 7.5 级以上震级的空间分布函数。

根据前面潜在震源区划分结果，结合各潜在震源区具体特征，按照前述空间分布函数确定的原则与方法，可得到各潜在震源区的空间分布函数。区域范围内各潜在震源区的空间分布函数列于表 4.2 中。

表4.2 潜在震源区空间分布函数

编　号	潜源名称	震级上限	4.0 ~ 4.9	5.0 ~ 5.4	5.5 ~ 5.9	6.0 ~ 6.4	6.5 ~ 6.9	7.0 ~ 7.4	≥ 7.5
1	野牛台	7.0	0.01426	0.01180	0.01003	0.02512	0.03218	0.00000	0.00000
2	苏　里	6.5	0.01806	0.01494	0.01120	0.02800	0.00000	0.00000	0.00000
3	哈拉湖	7.5	0.01797	0.01890	0.01272	0.03175	0.03380	0.07094	0.00000
4	大通山	6.5	0.00619	0.01884	0.00686	0.01763	0.00000	0.00000	0.00000
5	阳　康	7.0	0.00987	0.00747	0.00675	0.02129	0.04033	0.00000	0.00000
6	党　河	7.5	0.01069	0.00808	0.01039	0.01319	0.01567	0.04008	0.00000
7	党河南山	6.5	0.01012	0.00796	0.00924	0.01173	0.00000	0.00000	0.00000
8	德令哈	7.5	0.00983	0.01015	0.01012	0.01281	0.03888	0.02280	0.00000
9	怀头他拉	7.5	0.00987	0.00930	0.00741	0.01905	0.01470	0.03762	0.00000
10	锡铁山	7.5	0.01041	0.00974	0.00768	0.02382	0.03112	0.02597	0.00000
11	三湖区	6.5	0.00815	0.00617	0.00499	0.01283	0.00000	0.00000	0.00000
12	鄂拉山	7.5	0.01046	0.00885	0.00797	0.02046	0.03549	0.02964	0.00000
13	格尔木	6.5	0.01099	0.01080	0.00848	0.02179	0.00000	0.00000	0.00000

续表

编　号	潜源名称	震级上限	4.0 ~ 4.9	5.0 ~ 5.4	5.5 ~ 5.9	6.0 ~ 6.4	6.5 ~ 6.9	7.0 ~ 7.4	≥ 7.5
14	格尔木南	7.5	0.01071	0.00844	0.00841	0.02162	0.03071	0.02555	0.00000
15	都兰南	7.0	0.00959	0.00755	0.00677	0.01742	0.02960	0.00000	0.00000
16	小柴旦	7.0	0.00868	0.00666	0.00634	0.01626	0.02798	0.00000	0.00000
17	大柴旦	7.5	0.00871	0.00861	0.00457	0.02716	0.02645	0.02210	0.00000
18	青海南山	7.0	0.01051	0.00824	0.00783	0.01023	0.03897	0.00000	0.00000
19	共和盆地	7.5	0.00923	0.01129	0.00956	0.01281	0.03052	0.02542	0.00000
20	疏勒南山	7.0	0.00876	0.00828	0.00915	0.01229	0.03638	0.00000	0.00000

4.3.4　椭圆长轴取向及其方向性函数

震源到场点的影响因素，除地震强度和距离外，等震线长轴取向也起着一定作用，近场震源尤其如此。通常的内圈等震线比较狭长，到外圈等震线趋于圆形。由此可见，等震线的取向对近场影响较大，对远场影响较小。

等震线长轴的取向与地震震源的破裂方式有关，而震源破裂方式又可以通过等震线形态和震源机制的研究结果来了解。一个地区等震线长轴的取向主要来源于对该地区地震等震线几何形状的统计研究。根据对研究区等震线长轴取向的分析结果，绝大部分 6 级以上地震的极震区长轴走向与区域活动断裂带的走向一致。因此，可按区域构造走向来预测未来地震等震线长轴走向。

在地震危险性分析计算中，等震线取向与相应潜在震源区的构造走向有关，其方向性函数可表示为：

$$f(\theta)=p_1\delta(\theta_1)+p_2\delta(\theta_2) \tag{4.6}$$

式中的 θ 为潜在震源区内构造走向与正东方向的夹角。p_1 和 p_2 为相应的取向概率。θ、p_1 和 p_2 在同一潜在震源区内相同，不同的潜在震源区可以不同。具体确定时，按以下 3 种情况分别取值：

（1）单一断层性质：主破裂面沿区域构造走向，特别是一些新生的断裂构造走向发育。这些地段的主破裂方向均取为新活动构造的走向。这是一种单一断层走向类型，主破裂面只有一个走向。

（2）共轭断层性质：如果两组断裂构造相互交汇呈共轭断层形式，难以分清哪一组为主。由两个方向的权重各占 50%。

（3）一组断层为主，另一组断层为辅：对于某些位于区域主干断裂和分支断裂交会地区的潜在震源区。按前述的统计分析结果，则取主干断裂走向的概率为 70%，分支断裂走向的概率为 30%。

4.4　地震动衰减关系

地震动衰减关系的确定是工程地震危险性分析中又一项重要的内容，由于地震动衰减同地震波传播路径中地壳介质的物理力学性质、震源体错动方式以及场地土质条件有关，因而地震动衰减具有强烈的地区性特点。因此如何选择适合本区的基岩水平加速度峰值衰减关系和基岩加速度反应谱的衰减关系就显得十分重要。

我国拥有丰富的地震烈度等震线资料，所以适合目标区区域条件的烈度衰减关系可以利用相关地震烈度资料用回归分析方法得到。地震动基岩峰值加速度衰减关系通常也可利用强震观测记录资料回归分析来得到，但对于我国大部分地区（也包括本项目工程所在地区）由于缺少足够多的强震记录，无法直接基于强震记录资料来确定相应的地震动基岩峰值加速度衰减关系。本次工作直接引用中国地震局"十五"重点科研课题《地震动参数衰减关系研究》(俞言祥)给出的适用于甘、宁、青地区的地震动衰减关系。本衰减关系是根据胡聿贤先生提出的方法，借助外地地震动衰减关系，通过"地震动法"转换来获得本区的加速度衰减关系。

图 4.6 为基岩水平加速度峰值衰减关系曲线。

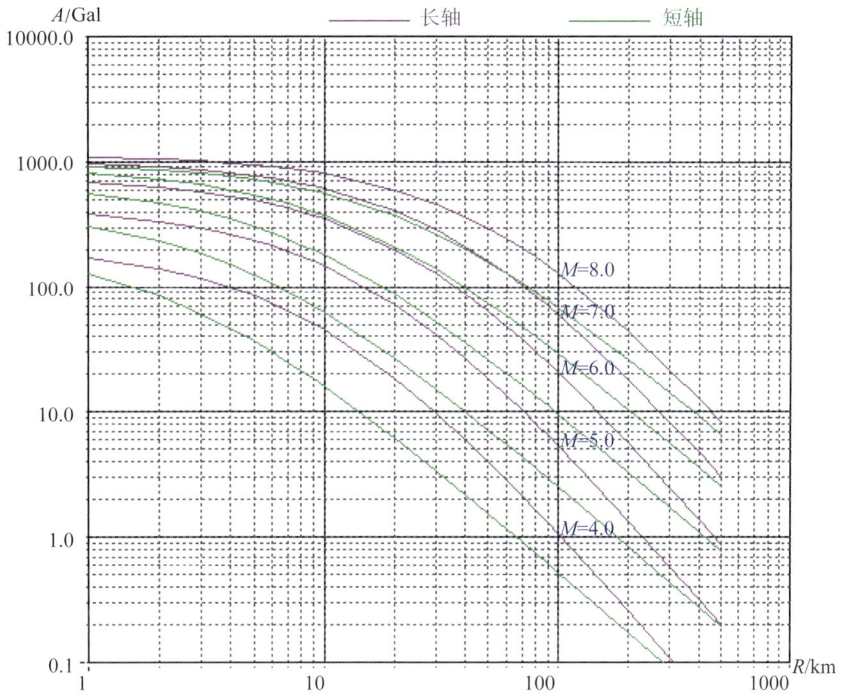

图 4.6 基岩加速度衰减关系曲线

基岩水平加速度峰值衰减关系：

长轴 $\lg Sa=0.617+1.163M-0.046M^2-2.207\lg[R+1.694\exp(0.446M)]$ $\sigma=0.232$

短轴 $\lg Sa=-0.664+1.080M-0.043M^2-1.626\lg[R+0.255\exp(0.570M)]$ $\sigma=0.232$

基岩水平加速度反应谱衰减关系：

$$\lg Sa = c_1 + c_2 M + c_3 M^2 + c_4 \lg\left[R + c_5 \exp\left(c_6 M\right)\right]$$

上式中的衰减系数见表 4.3 和表 4.4。

表4.3 甘、宁、青地区水平向基岩加速度反应谱衰减关系系数(长轴)

周期 T/s	C_1	C_2	C_3	C_4	C_5	C_6	$\sigma_{\lg_{sa}}$
PGA	0.617	1.163	−0.046	−2.207	1.694	0.446	0.232
0.040	1.208	0.952	−0.033	−2.056	1.694	0.446	0.225
0.050	1.196	0.941	−0.033	−2.002	1.694	0.446	0.226
0.070	1.656	0.826	−0.024	−2.037	1.694	0.446	0.226
0.100	2.207	0.731	−0.016	−2.090	1.694	0.446	0.231

续表

周期 T/s	C_1	C_2	C_3	C_4	C_5	C_6	$\sigma_{\lg_{sa}}$
0.120	2.115	0.749	−0.017	−2.047	1.694	0.446	0.251
0.140	2.145	0.745	−0.016	−2.052	1.694	0.446	0.258
0.160	2.131	0.750	−0.016	−2.050	1.694	0.446	0.253
0.180	1.946	0.797	−0.018	−2.068	1.694	0.446	0.259
0.200	1.829	0.798	−0.018	−2.001	1.694	0.446	0.268
0.240	1.657	0.809	−0.019	−1.944	1.694	0.446	0.269
0.260	1.645	0.815	−0.019	−1.952	1.694	0.446	0.276
0.300	1.693	0.796	−0.017	−1.965	1.694	0.446	0.292
0.340	1.657	0.796	−0.017	−1.970	1.694	0.446	0.308
0.360	1.490	0.826	−0.018	−1.957	1.694	0.446	0.318
0.400	1.390	0.835	−0.019	−1.937	1.694	0.446	0.324
0.440	1.153	0.864	−0.020	−1.905	1.694	0.446	0.331
0.500	0.804	0.930	−0.023	−1.911	1.694	0.446	0.337
0.600	0.365	0.982	−0.026	−1.828	1.694	0.446	0.339
0.700	0.011	1.063	−0.029	−1.890	1.694	0.446	0.340
0.800	−0.160	1.083	−0.030	−1.877	1.694	0.446	0.348
1.000	−0.606	1.164	−0.033	−1.896	1.694	0.446	0.345
1.200	−0.811	1.192	−0.034	−1.915	1.694	0.446	0.338
1.500	−1.204	1.249	−0.036	−1.923	1.694	0.446	0.334
1.700	−1.585	1.279	−0.037	−1.848	1.694	0.446	0.333
2.000	−1.792	1.298	−0.037	−1.848	1.694	0.446	0.329
2.400	−0.603	0.840	0.000	−1.840	1.694	0.446	0.322
3.000	−0.912	0.864	0.000	−1.841	1.694	0.446	0.306
4.000	−1.107	0.883	0.000	−1.873	1.694	0.446	0.307
5.000	−1.432	0.894	0.000	−1.821	1.694	0.446	0.324
6.000	−1.699	0.904	0.000	−1.780	1.694	0.446	0.328

表4.4　甘、宁、青地区水平向基岩加速度反应谱衰减关系系数（短轴）

周期 T/s	C_1	C_2	C_3	C_4	C_5	C_6	$\sigma_{\lg_{sa}}$
PGA	−0.644	1.080	−0.043	−1.626	0.255	0.570	0.232
0.040	−0.005	0.884	−0.031	−1.515	0.255	0.570	0.225
0.050	0.016	0.872	−0.030	−1.475	0.255	0.570	0.226
0.070	0.477	0.757	−0.021	−1.501	0.255	0.570	0.226
0.100	0.941	0.674	−0.015	−1.540	0.255	0.570	0.231
0.120	0.870	0.695	−0.016	−1.509	0.255	0.570	0.251

续表

周期 T/s	C_1	C_2	C_3	C_4	C_5	C_6	$\sigma_{\lg_{sa}}$
0.140	0.894	0.691	−0.015	−1.513	0.255	0.570	0.258
0.160	0.878	0.699	−0.015	−1.511	0.255	0.570	0.253
0.180	0.680	0.745	−0.017	−1.524	0.255	0.570	0.259
0.200	0.603	0.748	−0.017	−1.475	0.255	0.570	0.268
0.240	0.484	0.758	−0.018	−1.433	0.255	0.570	0.269
0.260	0.447	0.768	−0.018	−1.438	0.255	0.570	0.276
0.300	0.484	0.749	−0.016	−1.448	0.255	0.570	0.292
0.340	0.442	0.750	−0.016	−1.452	0.255	0.570	0.308
0.360	0.284	0.780	−0.017	−1.442	0.255	0.570	0.318
0.400	0.197	0.789	−0.018	−1.428	0.255	0.570	0.324
0.440	−0.020	0.819	−0.019	−1.404	0.255	0.570	0.331
0.500	−0.374	0.885	−0.022	−1.408	0.255	0.570	0.337
0.600	−0.762	0.939	−0.025	−1.346	0.255	0.570	0.339
0.700	−1.153	1.017	−0.028	−1.392	0.255	0.570	0.340
0.800	−1.316	1.038	−0.029	−1.383	0.255	0.570	0.348
1.000	−1.773	1.118	−0.032	−1.396	0.255	0.570	0.345
1.200	−1.990	1.147	−0.033	−1.410	0.255	0.570	0.338
1.500	−2.390	1.204	−0.035	−1.416	0.255	0.570	0.334
1.700	−2.727	1.236	−0.036	−1.360	0.255	0.570	0.333
2.000	−2.935	1.255	−0.036	−1.361	0.255	0.570	0.329
2.400	−1.770	0.807	0.000	−1.355	0.255	0.570	0.322
3.000	−2.080	0.831	0.000	−1.355	0.255	0.570	0.306
4.000	−2.296	0.850	0.000	−1.379	0.255	0.570	0.307
5.000	−2.587	0.862	0.000	−1.340	0.255	0.570	0.324
6.000	−2.828	0.872	0.000	−1.309	0.255	0.570	0.328

4.5　地震危险性分析结果

由于德令哈小区划范围约 127km²，合理地选取特征点进行地震危险性分析计算是地震危险性分析的一个主要环节。根据前面确定的潜在震源区和地震活动性参数，以及论证过的地震动衰减关系，采用中国地震局推荐的“考虑地震活动时不均匀性的地震安全性评价程序包 ESE”，在德令哈小区划目标区不同位置选取计算点进行地震危险性分析计算，计算结果差异并不大。这里给出 3 个计算点进行地震危险性分析计算，计算点 1（坐标：97.345°E，37.3279°N）、计算点 2（坐标：97.3912°E，37.2877°N）、计算点 3（坐标：97.406°E，37.352°N），位置见图 4.7。

图 4.7　地震危险性分析计算点位置图

4.5.1　计算控制点计算结果

采用中国地震局推荐的“考虑地震活动时不均匀性的地震安全性评价程序包 ESE”，根据各潜源区的地震活动性参数和衰减关系，对区划场地各计算控制点进行了地震危险性分析计算，得到各计算点 50a 基准期超越概率分别为 63%、10% 和 2% 风险水平下的基岩水平加速度峰值如表 4.6 所示。

表4.6　50a内不同超越概率相应的基岩水平加速度峰值（Gal）

计算控制点	63%	10%	2%
计算点 1	37	128	247
计算点 2	37	125	241
计算点 3	37	127	245

各潜在震源区对目标区基岩水平加速度峰值的危险性贡献如表 4.7。由表可知，在 50a 基准期，超越概率为 63%、10%、2% 的风险水平下，对目标区基岩水平加速度峰值贡献较大的潜在震源区依次为：目标区所在的 8 号潜在震源区、20 号潜在震源区，其次为目标区西南部的高震级潜源。

场地未来 1a、50a 和 100a 不同超越概率值与加速度峰值的关系曲线如图 4.8 ～图 4.10。

采用不同周期点基岩地震动峰值加速度的衰减关系，对各周期相关谱进行了地震危险性概率分析，得到场地 3 个计算点未来 50a 超越概率 63%、10% 和 2% 基岩水平加速度峰值见表 4.8 ～表 4.10，相应的反应谱曲线见图 4.11 ～图 4.13。

表4.7 各潜在震源区对目标区基岩水平加速度峰值的危险性贡献

	10.00000	50.00000	75.00000	100.00000	150.00000	200.00000	350.00000	500.00000	700.00000	900.00000
No 8 E(NO/YR)	0.56673E-01	0.25264E-01	0.86588E-02	0.18850E-02	0.94600E-03	0.18000E-03	0.00000E+00	0.00000E+00	0.00000E+00	0.00000E+00
No 20 E(NO/YR)	0.50411E-01	0.33073E-01	0.14222E-01	0.26489E-02	0.14082E-02	0.27813E-03	0.00000E+00	0.00000E+00	0.00000E+00	0.00000E+00
No 9 E(NO/YR)	0.22146E-01	0.93273E-02	0.33744E-02	0.38132E-03	0.11737E-03	0.00000E+00	0.00000E+00	0.00000E+00	0.00000E+00	0.00000E+00
No 10 E(NO/YR)	0.10378E-01	0.57007E-02	0.12449E-02	0.15175E-05	0.00000E+00	0.00000E+00	0.00000E+00	0.00000E+00	0.00000E+00	0.00000E+00
No 5 E(NO/YR)	0.94728E-02	0.59283E-02	0.98549E-03	0.00000E+00	0.00000E+00	0.00000E+00	0.00000E+00	0.00000E+00	0.00000E+00	0.00000E+00
No 17 E(NO/YR)	0.68173E-02	0.32468E-02	0.29738E-03	0.00000E+00	0.00000E+00	0.00000E+00	0.00000E+00	0.00000E+00	0.00000E+00	0.00000E+00
No 3 E(NO/YR)	0.64084E-02	0.28654E-02	0.29250E-03	0.00000E+00	0.00000E+00	0.00000E+00	0.00000E+00	0.00000E+00	0.00000E+00	0.00000E+00
No 12 E(NO/YR)	0.52799E-02	0.21463E-02	0.20002E-03	0.00000E+00	0.00000E+00	0.00000E+00	0.00000E+00	0.00000E+00	0.00000E+00	0.00000E+00
No 6 E(NO/YR)	0.50840E-02	0.21675E-02	0.42132E-03	0.00000E+00	0.00000E+00	0.00000E+00	0.00000E+00	0.00000E+00	0.00000E+00	0.00000E+00
No 21 E(NO/YR)	0.49985E-02	0.21437E-02	0.00000E+00	0.00000E+00	0.00000E+00	0.00000E+00	0.00000E+00	0.00000E+00	0.00000E+00	0.00000E+00
No 16 E(NO/YR)	0.43275E-02	0.14761E-02	0.00000E+00	0.00000E+00	0.00000E+00	0.00000E+00	0.00000E+00	0.00000E+00	0.00000E+00	0.00000E+00
No 14 E(NO/YR)	0.37386E-02	0.91764E-03	0.00000E+00	0.00000E+00	0.00000E+00	0.00000E+00	0.00000E+00	0.00000E+00	0.00000E+00	0.00000E+00
No 19 E(NO/YR)	0.34355E-02	0.11198E-02	0.34489E-04	0.00000E+00	0.00000E+00	0.00000E+00	0.00000E+00	0.00000E+00	0.00000E+00	0.00000E+00
No 17 E(NO/YR)	0.30793E-02	0.11234E-02	0.39440E-04	0.00000E+00	0.00000E+00	0.00000E+00	0.00000E+00	0.00000E+00	0.00000E+00	0.00000E+00
No 13 E(NO/YR)	0.27407E-02	0.30785E-03	0.00000E+00	0.00000E+00	0.00000E+00	0.00000E+00	0.00000E+00	0.00000E+00	0.00000E+00	0.00000E+00
No 7 E(NO/YR)	0.25159E-02	0.62702E-03	0.58223E-05	0.00000E+00	0.00000E+00	0.00000E+00	0.00000E+00	0.00000E+00	0.00000E+00	0.00000E+00
No 15 E(NO/YR)	0.23603E-02	0.54487E-03	0.00000E+00	0.00000E+00	0.00000E+00	0.00000E+00	0.00000E+00	0.00000E+00	0.00000E+00	0.00000E+00
No 1 E(NO/YR)	0.22182E-02	0.66917E-04	0.00000E+00	0.00000E+00	0.00000E+00	0.00000E+00	0.00000E+00	0.00000E+00	0.00000E+00	0.00000E+00
No 2 E(NO/YR)	0.18043E-02	0.00000E+00	0.00000E+00	0.00000E+00	0.00000E+00	0.00000E+00	0.00000E+00	0.00000E+00	0.00000E+00	0.00000E+00
No 4 E(NO/YR)	0.14998E-02	0.48831E-04	0.00000E+00	0.00000E+00	0.00000E+00	0.00000E+00	0.00000E+00	0.00000E+00	0.00000E+00	0.00000E+00
No 11 E(NO/YR)	0.77527E-03	0.16927E-04	0.00000E+00	0.00000E+00	0.00000E+00	0.00000E+00	0.00000E+00	0.00000E+00	0.00000E+00	0.00000E+00

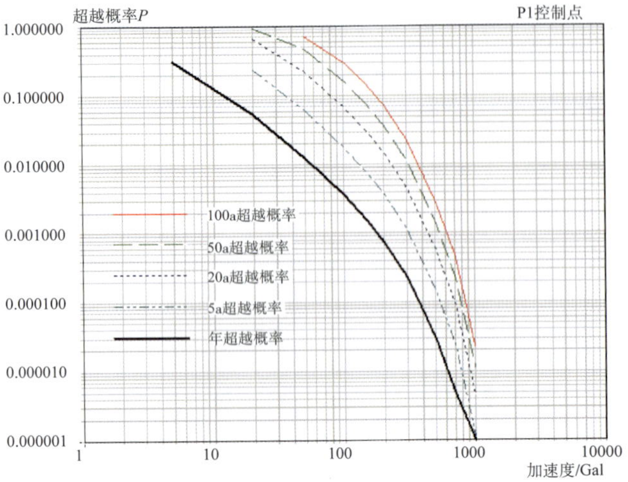

图 4.8　计算点 1 地震概率加速度峰值曲线

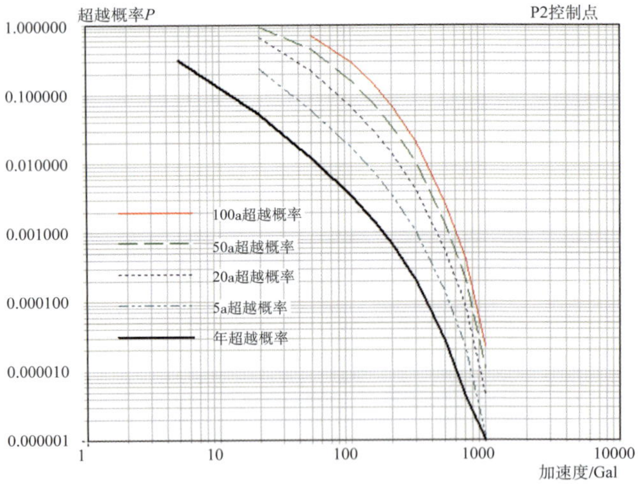

图 4.9　计算点 2 地震概率加速度峰值曲线

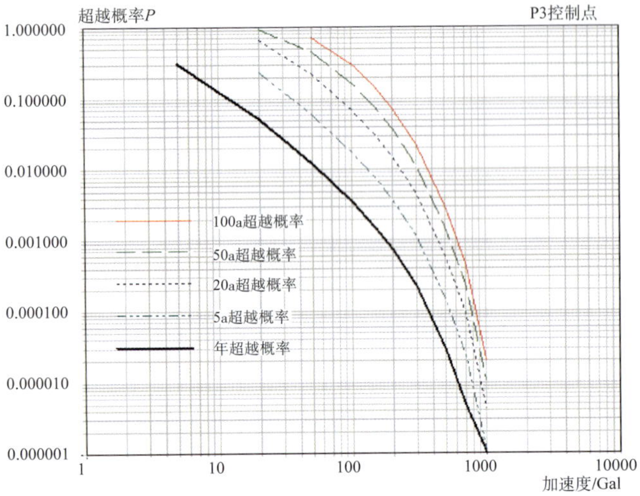

图 4.10　计算点 3 地震概率加速度峰值曲线

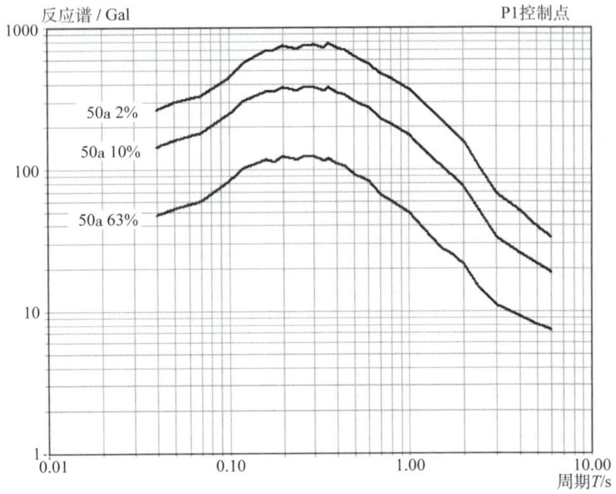

图 4.11　计算点 1 基岩水平加速度反应谱曲线

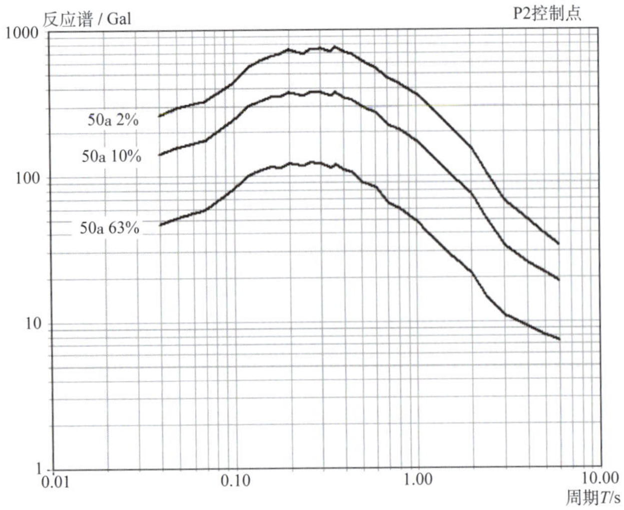

图 4.12　计算点 2 基岩水平加速度反应谱曲线

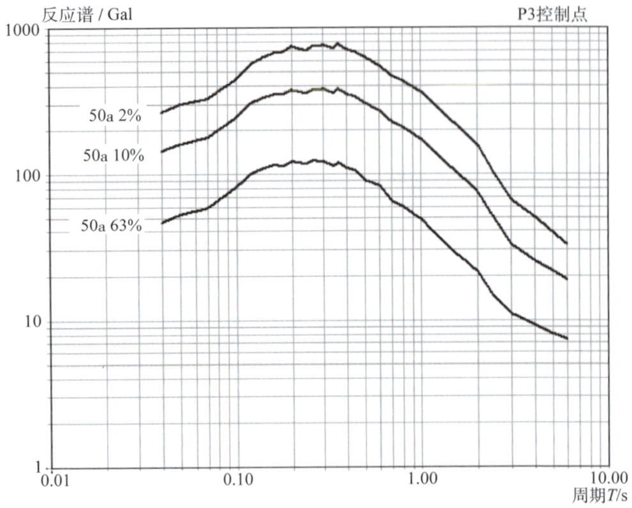

图 4.13　计算点 3 基岩水平加速度反应谱曲线

表4.8 计算点1未来50a不同超越概率的基岩峰值加速度

周期 / s	50a 超越概率 / Gal		
	63%	10%	2%
0.00	37.38	128.30	246.78
0.04	47.94	145.47	265.59
0.05	53.29	160.47	297.80
0.07	59.71	179.80	330.12
0.10	82.86	245.68	446.22
0.12	102.08	304.93	568.09
0.14	110.33	332.04	629.35
0.16	117.26	353.99	680.00
0.18	113.81	354.23	696.29
0.20	123.52	379.52	745.23
0.24	118.45	358.54	702.39
0.26	123.89	379.58	748.91
0.30	122.95	381.76	761.50
0.34	115.18	360.30	724.46
0.36	119.68	381.16	777.56
0.40	110.26	350.42	714.34
0.44	105.99	338.85	694.15
0.50	91.97	305.16	629.06
0.60	83.31	273.82	554.87
0.70	65.88	227.49	474.10
0.80	60.07	209.09	434.64
1.00	49.29	173.75	364.79
1.20	37.89	135.99	288.00
1.50	27.75	103.37	219.50
1.70	25.28	90.89	188.74
2.00	21.38	75.51	158.43
2.40	14.60	50.90	104.46
3.00	11.04	33.47	68.02
4.00	9.30	25.63	50.93
5.00	8.11	21.71	39.91
6.00	7.47	18.84	33.40

表4.9 计算点2未来50a不同超越概率的基岩峰值加速度

周期 / s	50a 超越概率 / Gal		
	63%	10%	2%
0.00	36.90	125.23	241.17
0.04	47.26	142.04	259.86
0.05	52.61	157.12	291.05
0.07	58.91	175.64	323.68
0.10	81.86	240.62	436.57
0.12	100.95	299.22	557.19
0.14	109.14	325.94	617.27
0.16	115.95	347.25	665.81
0.18	112.55	347.24	681.23
0.20	122.25	372.58	731.74
0.24	117.30	352.16	688.19
0.26	122.75	372.83	734.58
0.30	121.71	374.95	747.19
0.34	114.03	354.07	711.21
0.36	118.58	374.90	762.54
0.40	109.27	345.00	701.96
0.44	105.16	333.87	680.19
0.50	91.27	300.71	616.13
0.60	82.71	269.66	544.39
0.70	65.49	224.38	465.27
0.80	59.69	206.01	426.07
1.00	48.98	171.37	358.33
1.20	37.68	134.33	283.12
1.50	28.54	102.85	216.16
1.70	25.21	89.79	185.53
2.00	21.27	74.44	156.02
2.40	14.53	50.42	103.30
3.00	11.02	33.30	67.62
4.00	9.28	25.39	50.23
5.00	8.12	21.63	39.54
6.00	7.44	18.73	33.24

表4.10 计算点3未来50a不同超越概率的基岩峰值加速度

周期 / s	50a 超越概率 / Gal		
	63%	10%	2%
0.00	36.93	127.13	245.51
0.04	47.39	144.15	264.21
0.05	52.81	159.29	296.32
0.07	59.17	178.29	328.09
0.10	81.98	243.42	443.81
0.12	101.07	302.04	563.31
0.14	109.30	328.92	624.28
0.16	116.25	350.55	673.87
0.18	112.78	350.56	689.77
0.20	122.58	375.81	739.61
0.24	117.52	354.89	696.65
0.26	122.91	375.61	741.98
0.30	122.03	378.06	755.30
0.34	114.29	356.68	717.89
0.36	118.77	377.14	769.94
0.40	109.56	347.26	708.25
0.44	105.29	335.48	686.10
0.50	91.27	302.10	622.44
0.60	82.78	271.06	549.32
0.70	65.61	225.57	469.50
0.80	59.69	206.97	429.41
1.00	49.10	172.44	361.60
1.20	37.64	134.39	284.31
1.50	28.51	103.28	217.44
1.70	25.13	89.95	186.48
2.00	21.31	74.90	156.77
2.40	14.54	50.29	102.90
3.00	10.99	32.94	66.59
4.00	9.27	25.45	50.38
5.00	8.08	21.52	39.40
6.00	7.45	18.69	33.00

本节所得到的德令哈小区划目标区的地震危险性分析结果，其基岩加速度峰值和反应谱值，可以作为相应场地为基岩场地建筑物抗震验算的依据，也可以作为场地地震动力反应分析的输入参数。由于目标区范围内不同计算点的结果差异不大，因此在进行土层反应分析时，以基岩地震危险性分析结果的最大值作为基岩地震动的输入参数。

第五章　场地地震工程地质条件

5.1　场地概况

德令哈市地震小区划范围（即目标区）位于祁连山南坡西段，西南缘接柴达木盆地，南连布赫特山。目标区根据德令哈市城市发展规划和防震减灾的需要，建设范围约 127km^2(图 0.1)。该区地理坐标 37.23° ~ 37.39°N，97.32° ~ 97.44°E。

德令哈地震小区划目标区地貌类型主要为巴音郭勒河及支流的河谷地貌，东西长约 9.8km，南北长约 17.1km。

目标区场地地震工程地质条件包括场地地形、地貌、地层岩性、土动力学特性及场地稳定性等。为此，我们在收集、分析相关地质、地震等资料和现场调查的基础上，先后在目标区开展了场地钻探、波速测试、地脉动测试、动三轴试验等工作。

5.2　地形地貌

德令哈市位于现今活动构造强烈的祁连山南坡西段，南连接柴达木盆地。主要由北部高山地貌和巴音郭勒河及支流组成的河谷地貌组成，目标区主要为巴音郭勒河及支流组成的河谷地貌。整个地形上具有北高南低的特点。

山前地貌：北部山区主要为宗务隆山群。由于第三纪以来该地区间歇式上升和隆起，造成了本区宗务隆山地区高大山脉的存在，一般高程在 3000m 以上，最高的宗务隆山 4324m，最低高程位于河谷，海拔在 3265m，相对高差在 500 ~ 1000m 左右。

河谷地貌：主要为巴音郭勒河河谷地貌。区内巴音郭勒河主河道呈近 SN 向，河谷阶地在山区内不发育，山区外较发育。山区内阶地主要为冲积物所形成的，而山区外存在Ⅰ~Ⅳ级阶地。河流在山区内切割山体较深，多形成险峻的峡谷，呈“V”形或者“U”形河谷。在山区外河谷、河漫滩、阶地主要有松散砂、砾石及局部淤泥质土构成，河谷平而阔，一般在 100 ~ 200m 不等。由于巴音郭勒河受天气影响很大，其水量变化很大，没有严格的河谷和河漫滩区别。发育有Ⅰ~Ⅳ阶地。

目标区地貌单元主要涉及巴音郭勒河的河漫滩和 T_1、T_2 阶地。

T_2 阶地：构成山前洪积扇扇体。

T_1 阶地：切割山前洪积扇的冲沟形成的冲沟阶地。

河漫滩：分布于巴音郭勒河东、西两侧。

5.3　第四纪沉积环境特征

根据德令哈市小区划目标区内勘察钻探结果及收集的钻孔资料，并结合其他有关地质、物探、钻探结果和岩土工程地质勘察资料，现对该区新生代以来的地层结构自上而下叙述如下：

5.3.1　出露地层

德令哈地区地层单元可划分为基岩山区以及山间盆地两个沉积单元，山间盆地沉积区主要为洪积相及河湖相沉积，山前地带堆积有坡积物。其中洪积层主要分布在山前洪积扇体区域，分布范围几乎覆盖全区。冲积层主要分布在德令哈以东区域的河流两侧，以及德令哈市南部区域（图 5.1）。

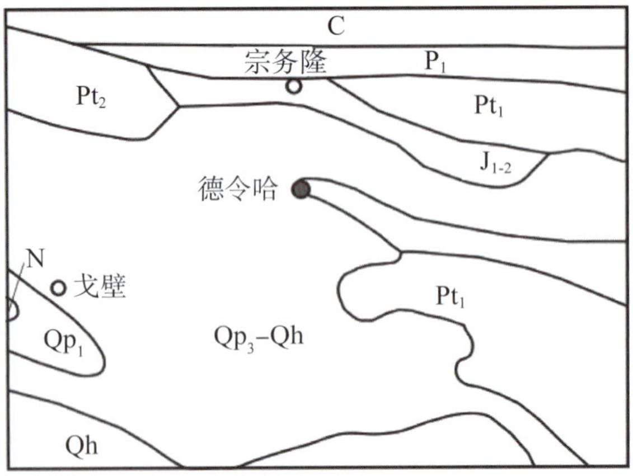

图 5.1　德令哈地区地层分布示意图

1. 前第四系地层

第三系：近场区南部广泛出露，岩性为浅黄绿色泥岩夹砂岩或砾岩。

侏罗系：近场区内分布于巴音郭勒河口以西，陆相沉积。上部为暗紫红色粗碎屑岩，下部为灰－灰绿－灰绿碎硝夹煤系。

震旦系：产出于巴音郭勒河口以南。由一套中深变质的混合岩、斜长角闪岩、片麻岩及片岩组成。

2. 第四系（Q）

第四系分布广泛，成因类型较多，时代亦较全，主要有冰水堆积、河流堆积层等。

（1）全新统（Qh）：

①冲积物（Q_h^{al}）：主要分布在大哈勒腾河、党河、巴音河、巴勒更河、白水河等现代河床及河流阶地。岩性为灰色结构松散的砂卵砾石层，表层多覆盖有亚砂土层。砾石成分多为砂岩、砾岩、火山岩、辉长岩、花岗岩、大理岩、片麻岩、片岩等。

②冲洪积物（Q_h^{al-pl}）：主要分布于北山区河谷、巴音郭勒、巴音根郭勒冲洪积扇及野马滩山前平原地带，呈条带状展布。岩性为灰绿色砂砾块石层，分选磨圆中等，厚度小于 6m，在较大的支沟或沟口处形成扇形地。

③坡洪积物（Q_h^{dl-pl}）：主要分布于区内低山洼地地带，形成小坡洪积裙带。岩性为青灰黄色含泥碎石，次棱角状，并与砾石混杂。厚约 4 ～ 9m。

④冲湖积物（Q_h^{al-l}）：在河流的宽谷地带零星分布，如巴音河下游地带。岩性由土黄、灰色亚砂土，细粉砂，淤泥质细粉砂及淤泥质亚黏土组成，富含植物根系，具层理。

⑤ 湖积层（Q_h^l）：主要分布于哈拉湖、尕海、托素湖、克鲁克湖的湖滨地带。岩性为黄褐色粉细砂、青灰色淤泥质粉砂、亚黏土及淤泥组成。

⑥ 沼泽沉积物（Q_h^h）：主要分布于戈壁，其次在片状多年冻土及季节性冻结区的一些沟谷或沟脑处亦有分布。岩性表层为灰褐色泥质腐殖土，下部为含黏土及淤泥的砂砾石层。

⑦风积物（Q_h^{eol}）：主要分布于德令哈以东，尕海以北。岩性为黄褐色粉细砂。

（2）上更新统（Qp_3）：主要分布于巴音郭勒河谷阶地两侧及宗务隆山山前的沉积和洪积扇上。岩性主要以黄色砂、砾石、亚砂土等组成。

（3）中更新统（Qp_2）：主要分布于巴音郭勒河谷阶地两侧及宗务隆山山前的沉积和洪积扇上，发育较少。岩性以灰黄色为主的杂色泥砾、碎石、岩块及亚砂土。

（4）下更新统（Qp_1）：主要分布在近场区西侧，组成了本区最高的一级阶地。主要岩性为灰黄、灰褐色砾岩、砾状砂岩夹灰绿、棕黄色厚层状砂岩，粉砂岩及泥岩。

5.3.2 埋藏地层

德令哈断陷位于柴达木盆地北缘块断带，物探揭示德令哈断陷由德南凹陷、中央背斜隆起带和欧南凹陷构成（图 5.2），呈 NW 向展布，显示区域受到挤压冲断作用。德令哈市位于德南凹陷中。德南凹陷南北均为 NW 向对冲逆断层所控制，基底形态南陡北缓，自 SW 向 NE 向抬升。中新生界沉积最大厚度达 9000m。中央背斜隆起带位于断陷中部，近 EW 向展布，在隆起带南北两侧，背冲的大逆断层将古生界基底抬升。德令哈断陷内地层层序较全，除太古界外，元古界、古生界、中生界和新生界都已出露。新生界古近系、新近系和第四系为陆相碎屑岩建造，沉积厚度大，分布范围广。

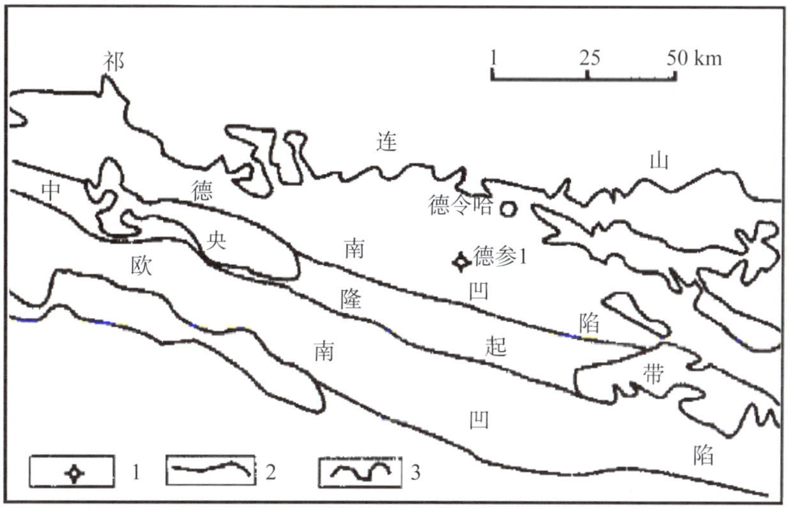

图 5.2 柴达木盆地德令哈断陷构造单元划分（甘贵元等，2007）

1. 城镇；2. 井位；3. 构造单元划分

钻探揭示（甘贵元等，2007）德令哈地区新生代地层岩性特征如下：

（1）更新统七个泉组（Qp_{1+2}）：厚度 20 ~ 300m。岩性主要为散状砾岩、棕黄色细砂岩及浅棕红色泥岩夹杂互层，岩性松散，成层性差。该组与下伏第三系整合接触。

（2）上新统狮子沟组（N_{23}），厚 20 ~ 300m。岩性主要以浅棕色、浅棕红色泥岩与散状砾岩互层为主，夹少量浅棕红色、浅棕灰色砂质泥岩。

（3）上新统上油砂山组（N_{22}），厚 300 ~ 1300m。岩性主要以灰黄、棕黄、棕色泥岩与散状砾岩互层为主，夹少量棕灰色砂质泥岩、灰白色含砾砂岩、灰白色砾状砂岩、灰白色泥质砂岩。

（4）上新统下油砂山组（N_{21}），厚 300 ~ 1600m。岩性主要以棕灰色、棕色（少量棕红色）泥岩与散状砾岩的互层为主，夹浅棕、棕色砂质泥岩。下部并夹有少量灰绿色泥岩、灰色细砂岩、灰白色粉砂岩。

（5）中新统上干柴沟组（N_1），厚 600 ~ 2200m。岩性主要以棕色、棕灰色、棕红色泥岩与散状砾岩的互层为主，夹棕色砂质泥岩。下部并夹有部分棕灰色粗砂岩、棕红色泥质粉砂岩、棕灰色细砂岩。

（6）渐新统下干柴沟组（E_3），厚 690 ~ 2900m。下、中部为棕、暗棕色、棕红色泥岩及灰白色砂岩、暗棕色粉砂岩互层；上部为棕、暗棕、棕红色泥岩与棕灰色粗砂岩互层，夹少量粉砂岩。与下伏地层不整合接触。

工作区主要位于德令哈断陷中的德南凹陷，新生代持续沉降。自第三纪以来，受宗务隆山前地带的纬向基底断裂控制，断裂线以北的盆地西部和东北部缓慢上升，形成主要由第三系和中下更新统砂岩组成的丘陵带；盆地南部剧烈下沉，是第四系的主要堆积场所，沉积中心位于德令哈市南部尕海—可鲁克湖一线以北。盆地北部第四系厚度仅数十米，沉积物多为冲洪积相砂、砾石层；南部第四系厚度达数百米，岩性较细，多为河湖相的砂泥互层，垂向上岩性旋回变化频繁。以大柴旦—尕海—都兰湖隐伏活动断裂为界，以北第四系底面呈向S倾斜的宽斜坡，以南为向N倾斜的窄斜坡。受SN向挤压作用的影响，第四系发生褶皱和破裂变形。

5.4 浅层地震勘探和钻探

为了查明德令哈地区断层分布情况以及第四纪覆盖层分布特征，青海省地震局工程地震研究院在该地区横跨德令哈盆地布设1条36km长浅层地震测线（DL5）、1条横跨城区的小道距浅层地震测线（DX1），测线位置图见图5.3；并且收集1条横跨德令哈盆地的石油物探剖面（D84094）。

图5.3、图5.4、图5.5分别是DL5线、DX1线和石油物探D84094线时间剖面。从图中可以看出DL5线和D84094线存在一致的反射波组形态，很好地勾勒出了德令哈盆地的地层形态。自宗务隆山山前到小区划目标区南侧界线附近，第四纪覆盖层较薄，也较为稳定，由北至南第四纪覆盖层厚度由几十米缓慢增加至300m左右；目标区以南第四纪覆盖层迅速增厚，托素湖—尕海一线为沉降中心，第四纪覆盖层估计能达到近千米。

结合钻孔资料，由北至南反映出两种不同的沉积环境。北部地区主要是冲洪积沉积，沉积物质粗大，结构松散，以砂卵砾石层为主，地层结构较为单一（图5.6）。

从跨越德令哈城区的DX1看出，第四纪覆盖层非常稳定，第四纪底界也非常平缓，覆盖层厚度为120 ~ 180m，这与该地区的深孔资料是吻合的。

目标区南侧则主要为河湖项沉积，第四纪覆盖层巨厚，沉积物质主要以细颗粒物质为主，在托素湖—尕海一线还存在厚度较大的淤泥质沉积物。

通过上述工作，我们知道德令哈小区划目标区第四纪覆盖层比较稳定，以冲洪积沉积物为主，沉积物颗粒粗大，结构较为单一，覆盖层厚度由北至南由几十米逐渐增加至300m左右。由于前期投入了大

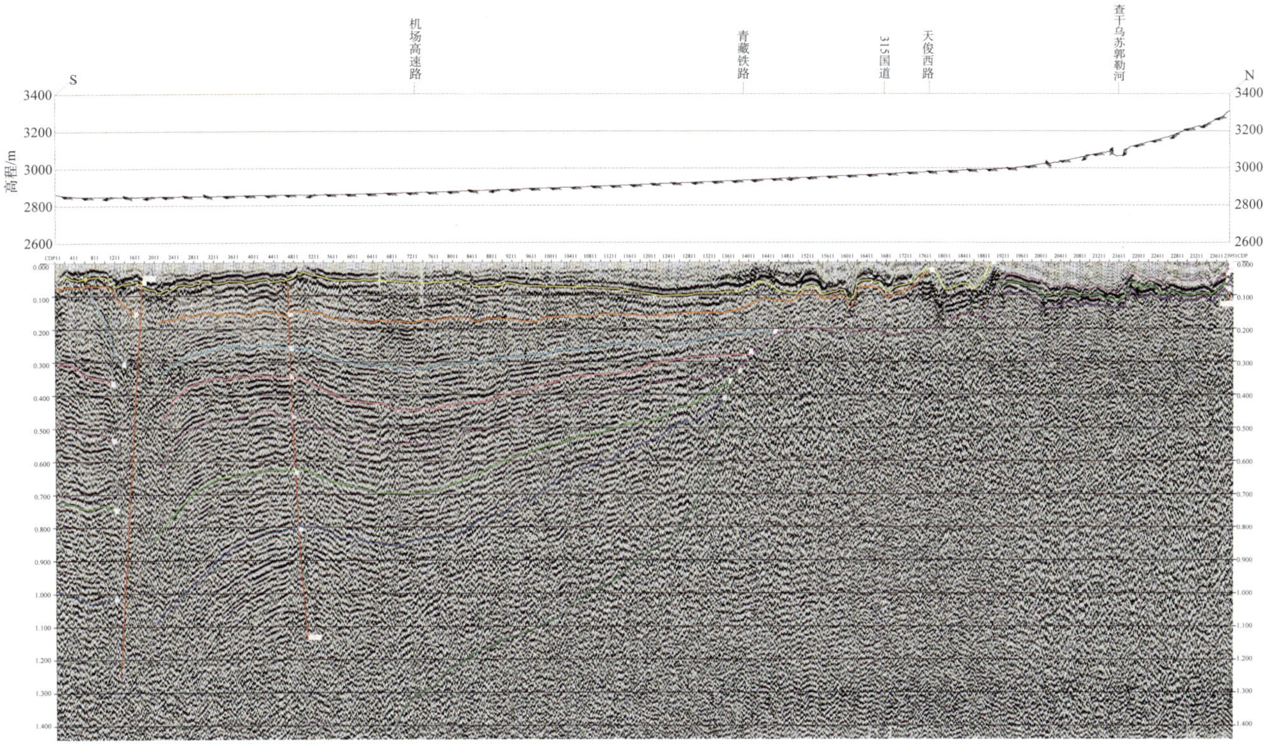

图 5.3 浅层地震勘探 DL5 线剖面图

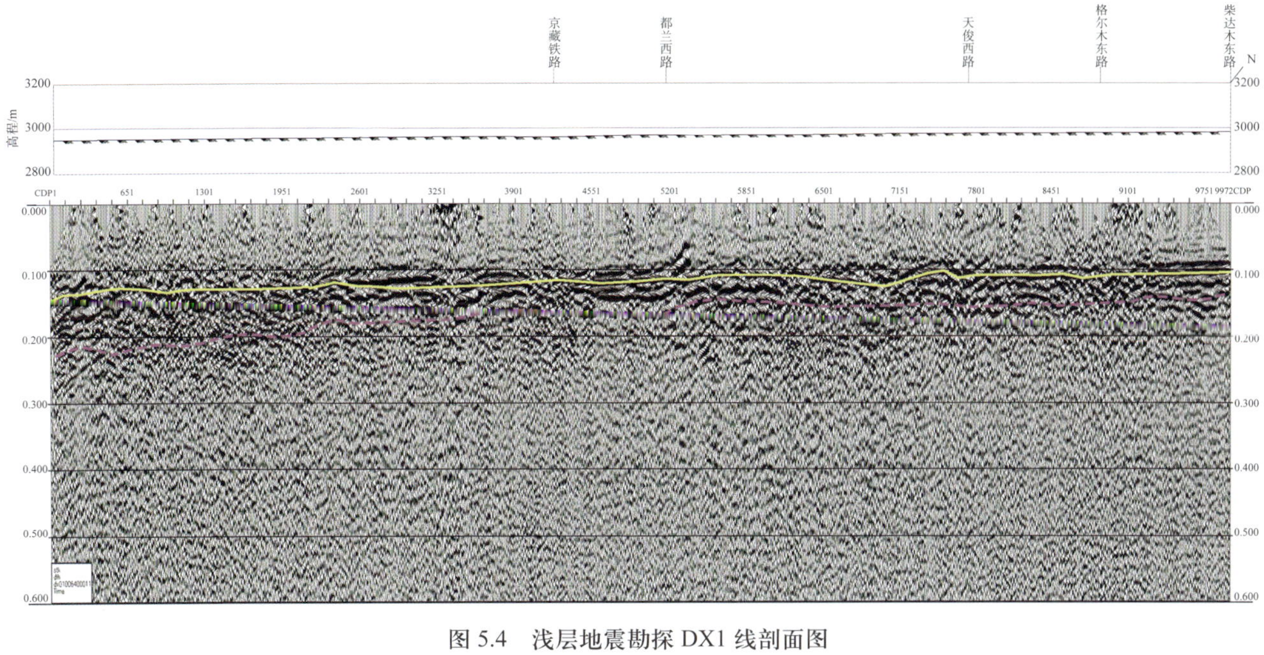

图 5.4 浅层地震勘探 DX1 线剖面图

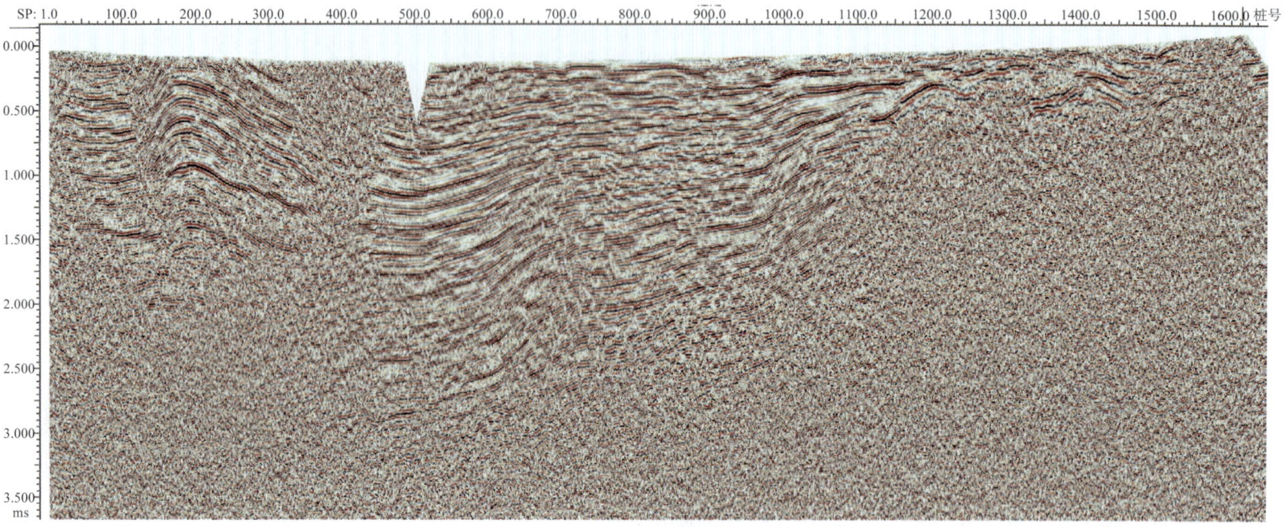

图 5.5　石油物探 D84094 线剖面

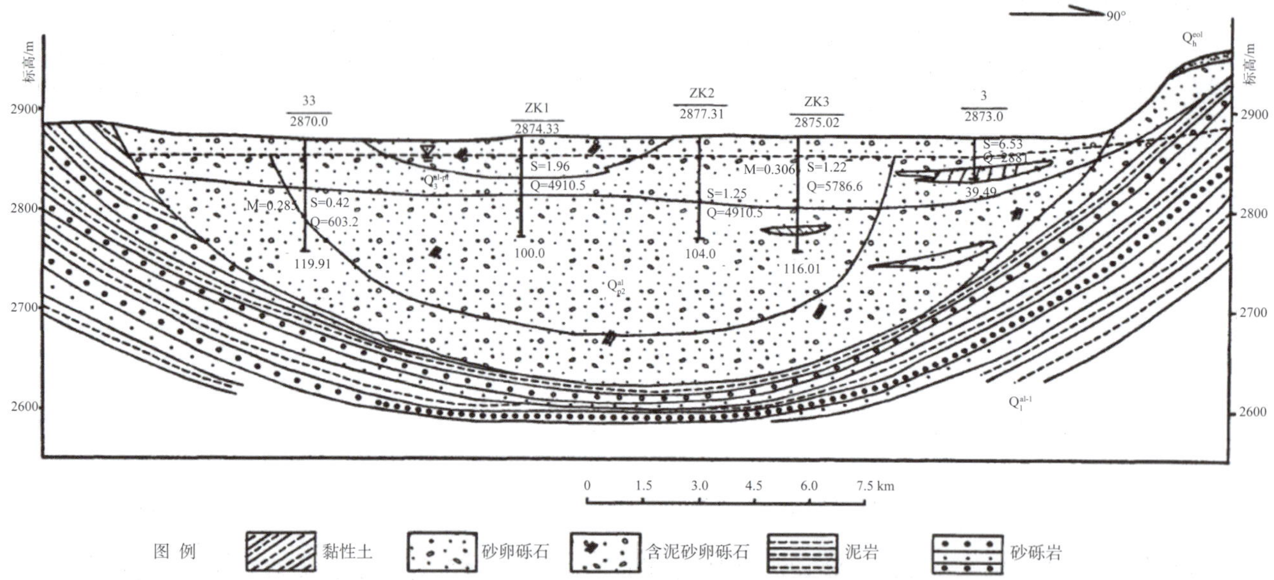

图 5.6　研究区横向水文地质剖面图（李小林等，2011）

量物探工作，并收集了部分深钻和其他资料，对目标区覆盖层情况有了较清楚的认识。工程地质勘查共完成了 80 个钻孔工作（钻孔位置见图 5.7），从该图可看出钻孔比较均匀的覆盖了小区划目标区，并绘制了钻孔剖面图（图 5.8 ～图 5.14）。从各钻孔资料、剖面图分析德令哈目标地层并不是非常复杂，场地北部和南部地层存在一定差异，所布设钻孔比较好地控制和揭示了这些差异。虽然钻孔密度没有达到 1km^2 一个控制孔要求，但通过大量前期工作，应该能够满足地震安全性评价规范要求的精度。

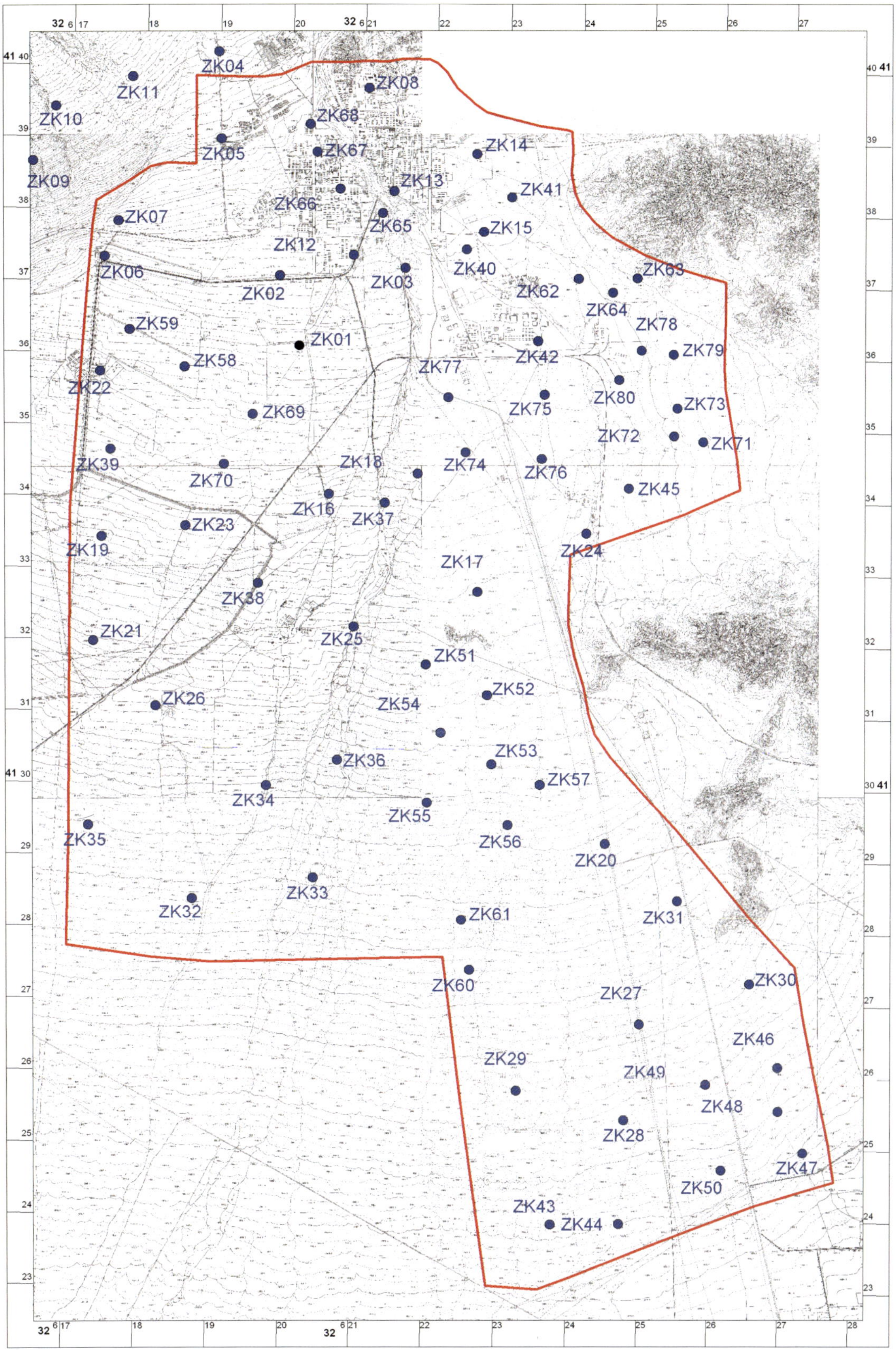

图 5.7　德令哈小区划钻孔分布图（1∶5 万）

图中坐标为大地坐标

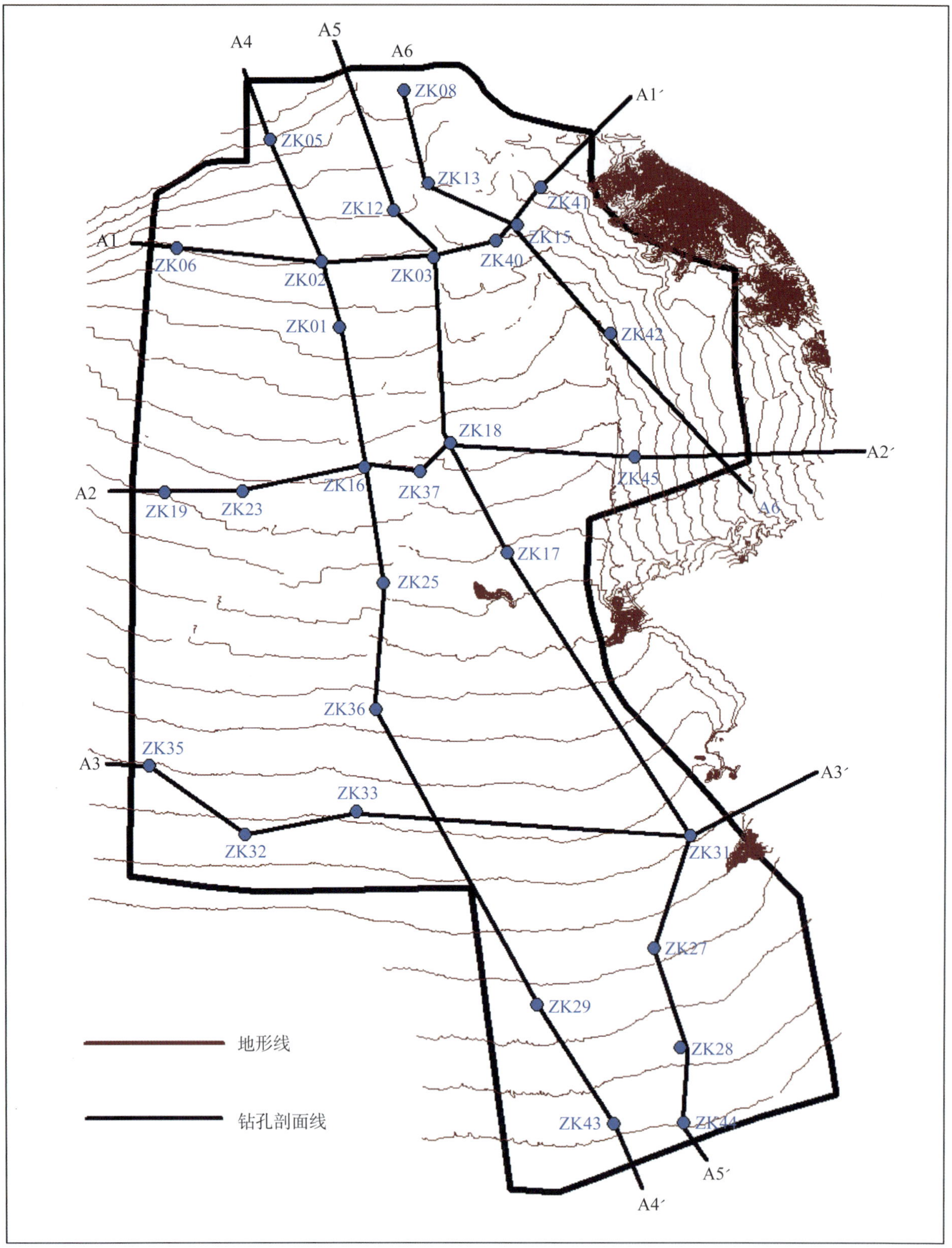
A4
A5
A6
A1´
ZK08
ZK05
ZK13
ZK41
ZK12
ZK15
A1
ZK06
ZK02
ZK03
ZK40
ZK01
ZK42
ZK18
A2´
ZK16
ZK37
ZK45
A2
ZK19
ZK23
A6´
ZK17
ZK25
ZK36
ZK35
A3
A3´
ZK33
ZK32
ZK31
ZK27
ZK29
ZK28
ZK43
ZK44
A5´
A4´
地形线
钻孔剖面线

图 5.8 钻孔剖面位置图

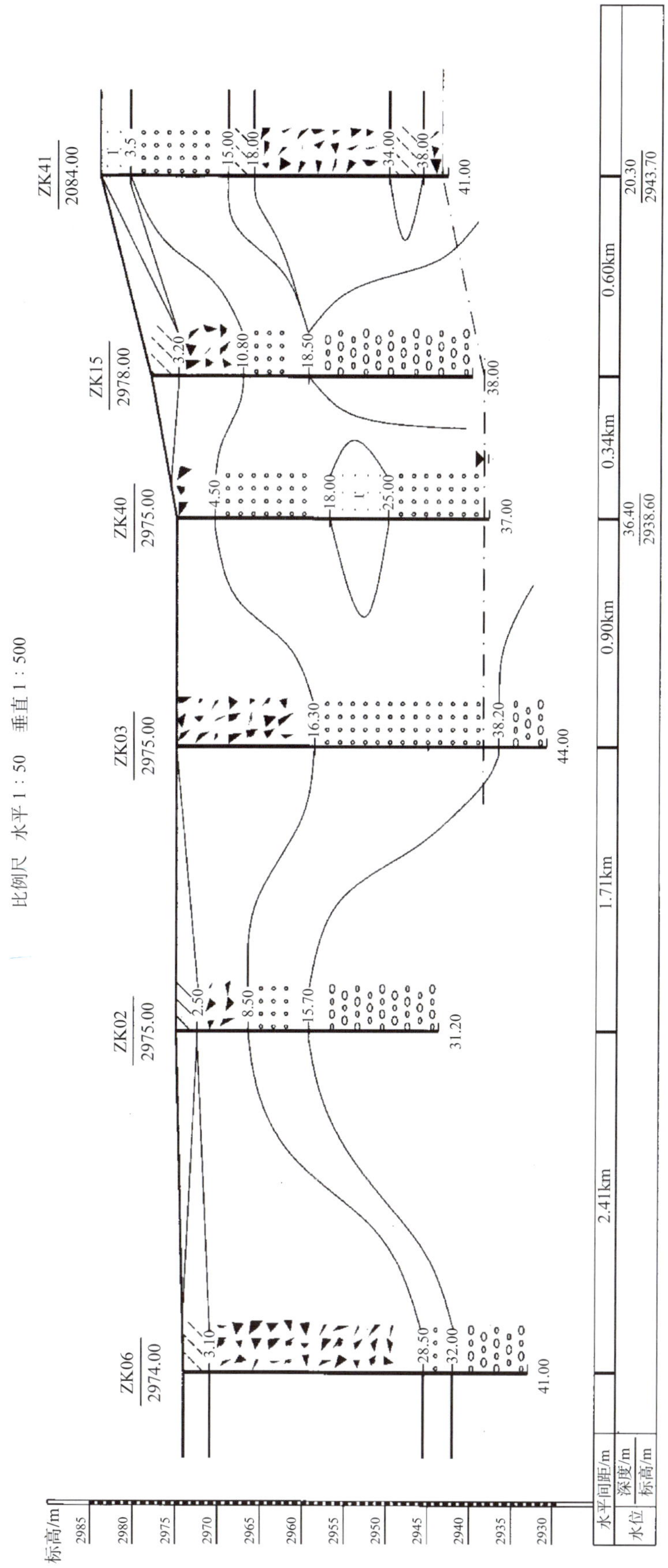

图 5.9 A1–A1′工程地质剖面图

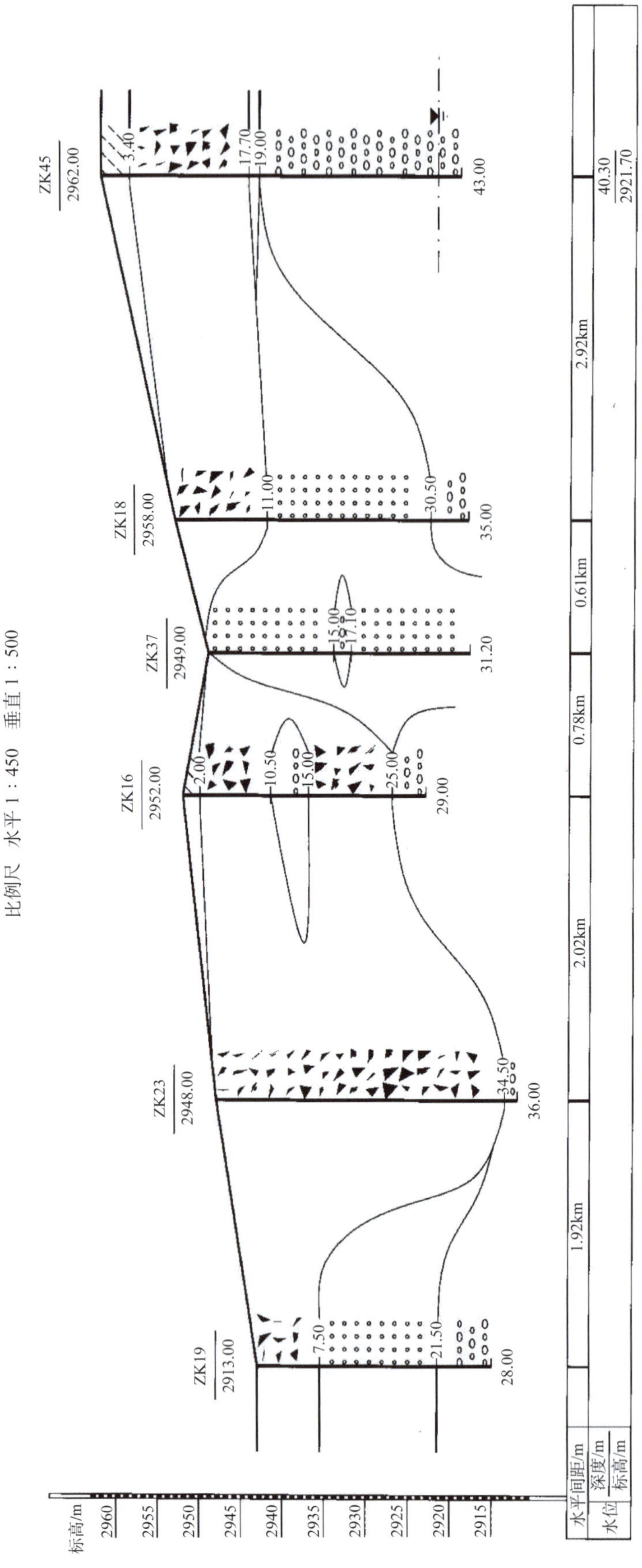

图 5.10 A2–A2′ 工程地质剖面图

比例尺 水平 1∶350 垂直 1∶500

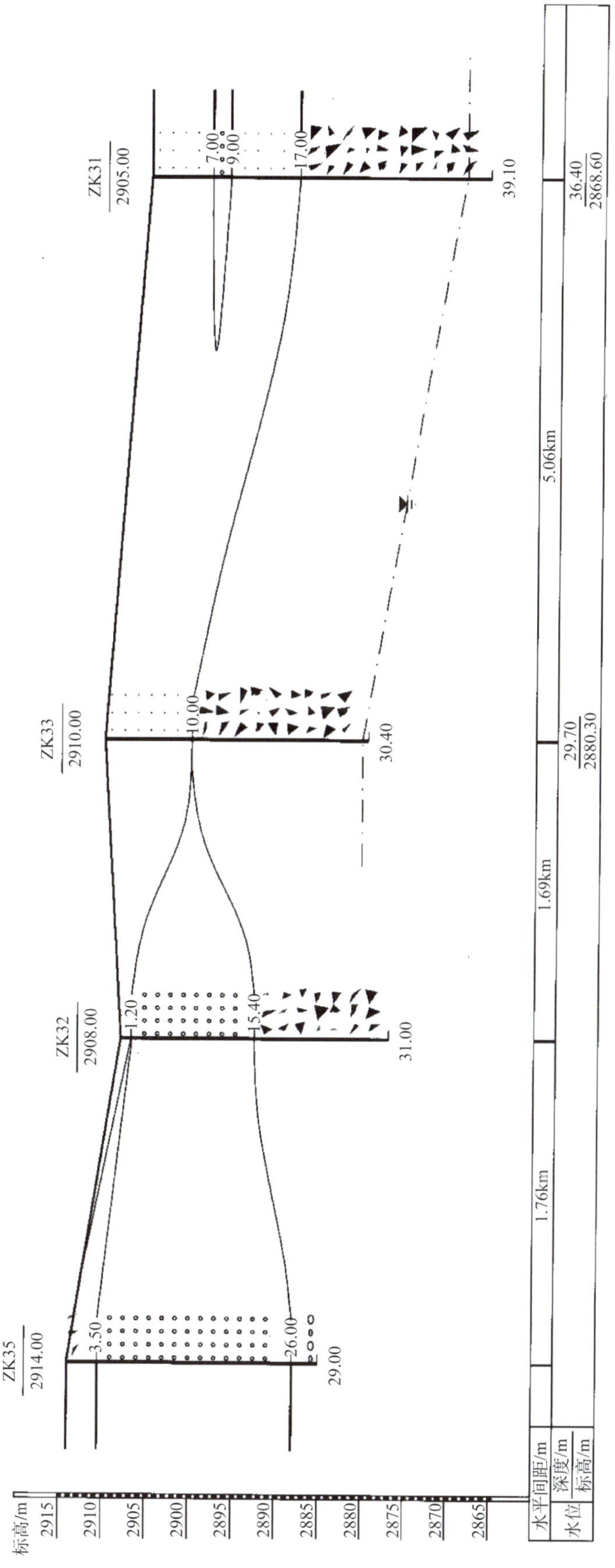

图 5.11 A3–A3′工程地质剖面图

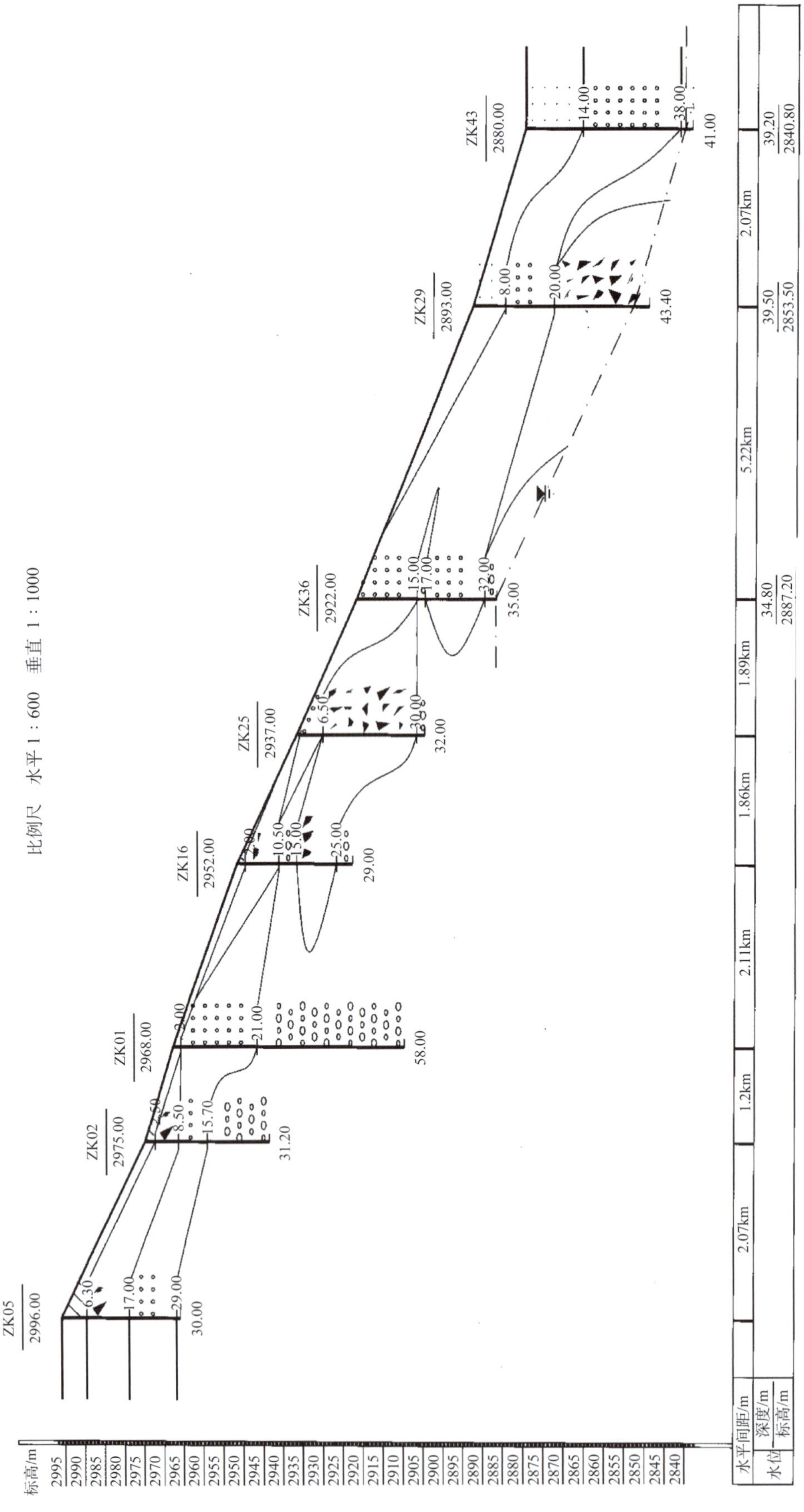

图 5.12 A4-A4′工程地质剖面图

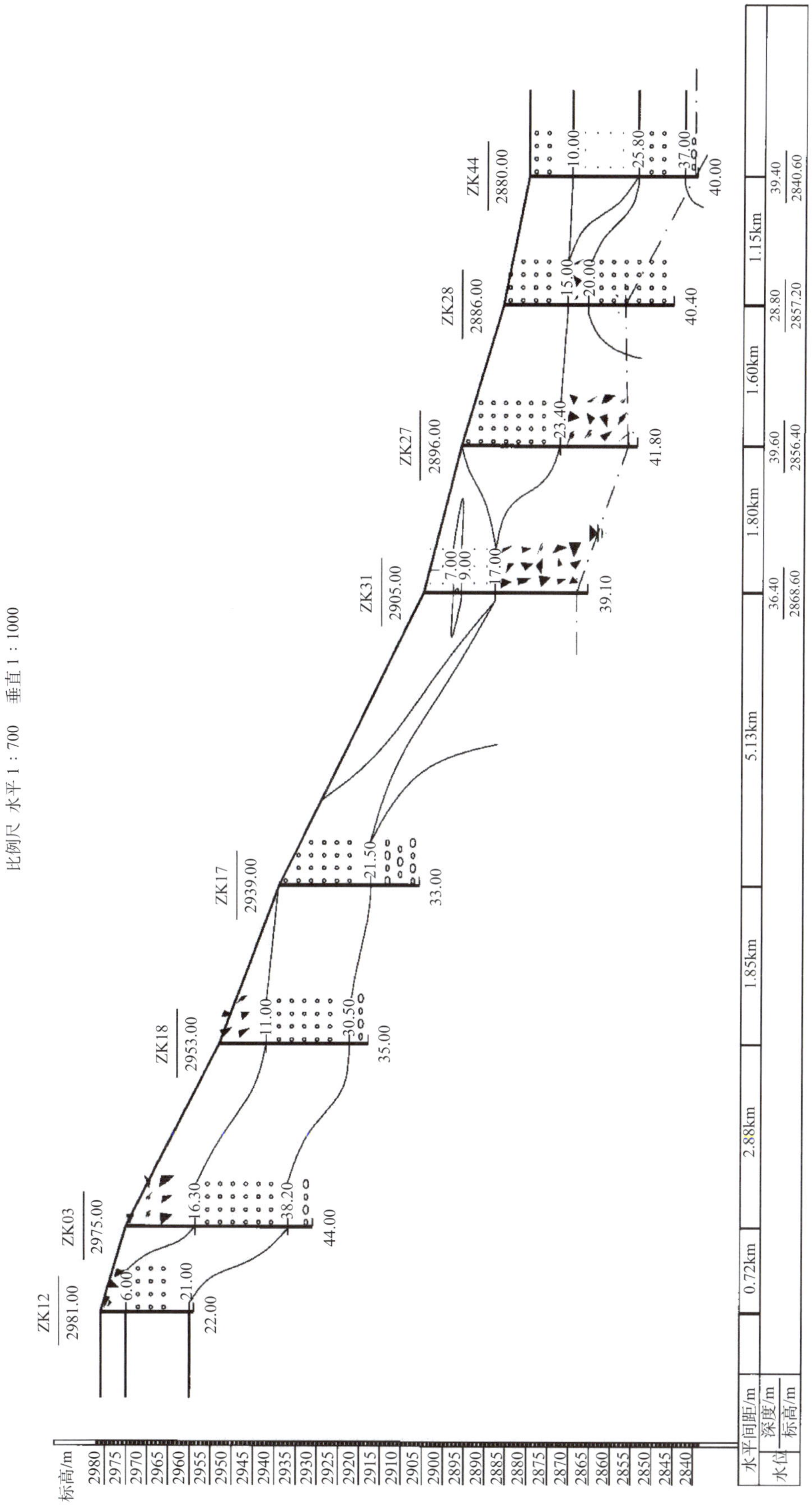

图 5.13 A5–A5′工程地质剖面图

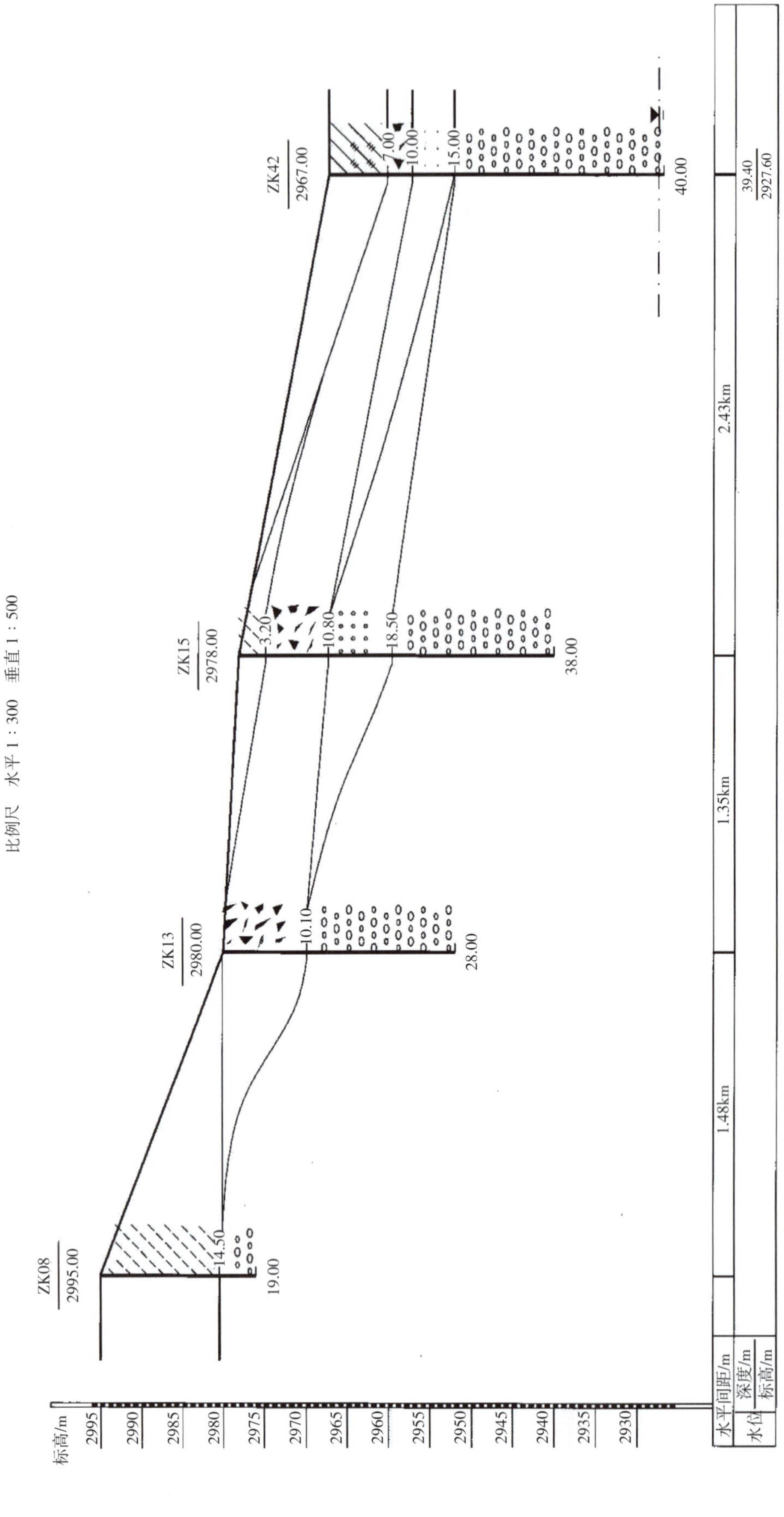

图 5.14 A6–A6′工程地质剖面图

5.5 工程地质分区

5.5.1 分区原则

德令哈市地震小区划工程地质分区原则是按照“区内相似，区际相异”的原则，由于目标区内只有一个大的地貌单元，即巴音郭勒河河谷地貌区。因此在 1 ： 1 万地形图、1 ： 5 万地形图、Google earth 遥感影像图解译的基础上，通过实地考察目标区地形地貌、地层分布、河流阶地发育情况等进行工程地质单元划分。

5.5.2 分区依据

根据上述分区原则，目标区可分为 2 个工程地质单元（图 5.15），即Ⅰ河谷冲洪积扇区，Ⅱ基岩山前冲洪积扇区。

Ⅰ河谷冲洪积扇区：该区位于巴音河两岸，布赫特山的山前。山前一带海拔高度在 2900 ~ 2950m 之间，地形以 1% 的平均坡降向 S 倾斜。该区的沉积基底为前震旦系花岗片麻岩，上覆第四系平均厚度为 121m 左右，上部地层主要由灰白色黏土砂砾石和含卵砾石层组成，厚 4 ~ 16m，为粗碎屑堆积、渗水性好，地下水埋深在 51.21 ~ 115.46m；该区总体都是布赫特山前次级（低级）的冲洪积扇，该区南部是可鲁克湖 – 尕海湖连线以北大面积河湖相堆积平原的组成部分，地势平坦，微向湖区倾斜，平均坡降仅为 8%，第四系覆盖层较厚，钻孔资料揭示孔深达 350.18m 仍未揭穿第四系，地下水埋深 31.05m，其中上部地层为砂砾石层和砂卵石地层，厚约 31m。德令哈市区巴音河河谷呈带状分布于该区中、东部，长约 17km，宽约 500 ~ 7000m，并形成Ⅰ和Ⅱ级阶地较宽的河床堆积。阶地明显具有二元结构，上部为亚砂土层，下部为砂砾卵石层，阶面平坦，阶坎陡立，在长达 5km 地段范围内Ⅱ级阶地的后缘陡坎平均高差 5m 左右。随着河流的弯延曲折，洪水季对部分河段岸壁的冲刷形成的陡坎高达 10m。该区在 Google earth 影像图上和Ⅱ区界限明显。

Ⅱ基岩山前冲洪积扇区：位于目标区北东部、东部，宗务隆山山前一带。沿山前分布大小不等的倾斜冲洪积扇，海拔高度在 2950 ~ 3000m，地形以 4% 的坡降向 SW 向倾斜。该冲洪积扇群的后缘山体由古老的变质岩系组成，坡体较缓。

在昆仑碱业西南侧约 2km（N37°T19′31.6″，E97°24′6.2″）存在一条陡坎，该陡坎走向总体 NS 向，局部走向 N5° ~ 10°W，延伸长约 3km，最大高度约 7.2m。该陡坎在地貌上构成Ⅰ区（东侧）和Ⅱ区的分界（图 5.16）。

德令哈小区划目标区场地地层主要为；①填土层；②角砾层；③圆砾层；④砾砂；⑤卵石层。

现分别对Ⅰ、Ⅱ区地层岩性分别予以介绍：

Ⅰ区：该区西侧地貌类型属低冲洪积扇面，地势较为平坦，现今大部分为农田耕种土地，表层分布一层平均厚度约 1.0m 的耕作土，土黄色、松散，含少量碎石、生活垃圾、植物根系等；其下为角砾层，厚度约 1.9 ~ 34.1m，顶面埋深 0 ~ 6.3m，在全区均有分布，厚度不一，青灰色、稍密、稍湿，成分主要以石英岩和花岗岩等组成，粒径最大 60mm，呈棱角状，磨圆度差，零星可见卵石颗粒；其下为圆砾层，青灰色、灰黄色，颗粒成分由砂岩、石英砂岩、花岗岩为主，平均粒径介于 2 ~ 20mm，最大粒径可达 50mm，局部钻孔间隙充填黏性土和少量石英砂，层厚约 2.0 ~ 20.7m，埋深 3.5 ~ 36.0m；该层其下为砾砂，青灰色、中密、稍湿，主要成分以石英、长石为主，粒径约 2mm，颗粒均一，含少量砾石，砾石的颗粒成分以砂岩、花岗岩为主，厚度约 0.5 ~ 7.0m，埋深 15.0 ~ 18.0m，该层仅在 ZK34

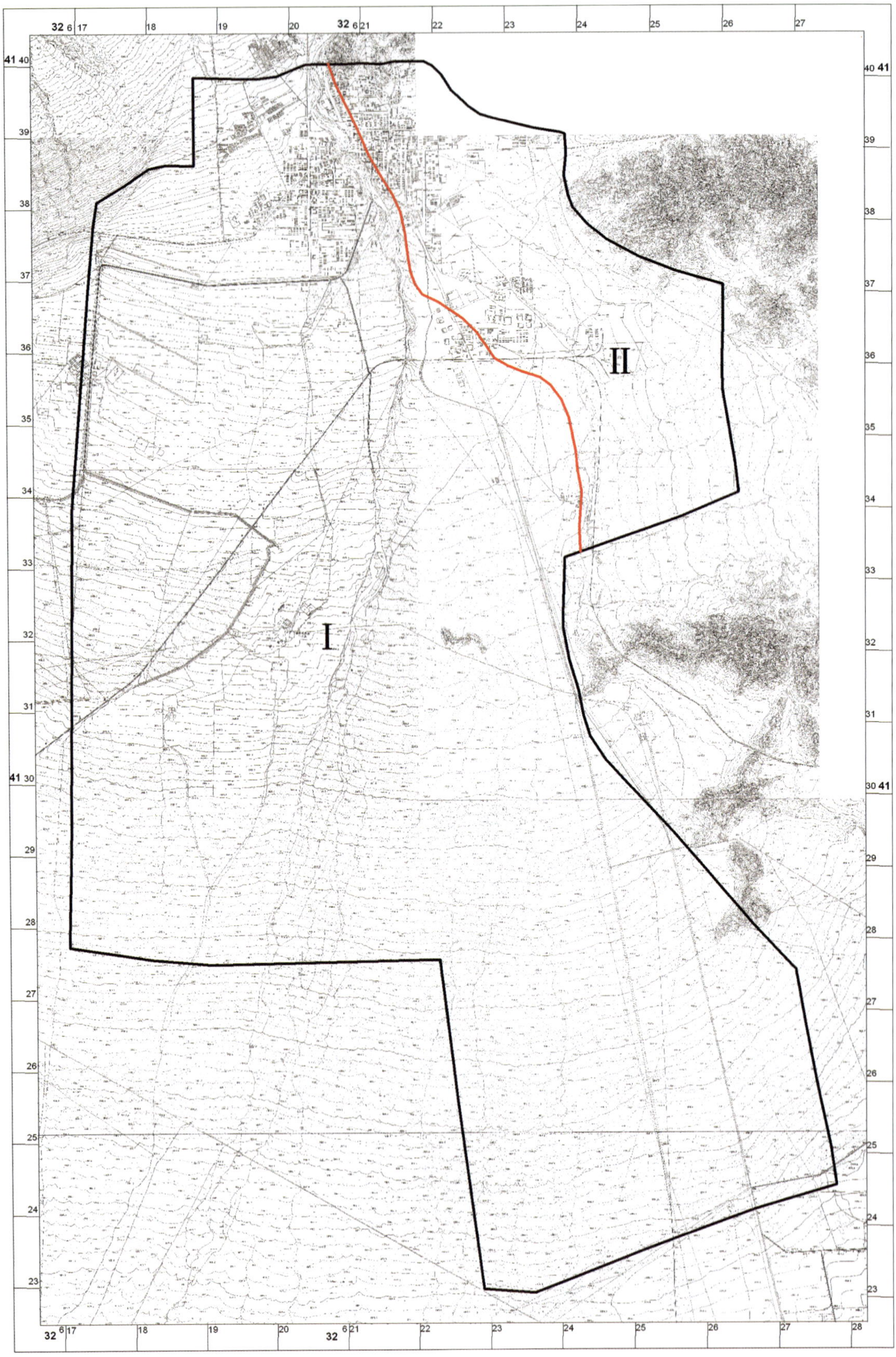

图 5.15　德令哈目标区工程地质单元划分图

图 5.16　工程地质单元Ⅰ、Ⅱ区分区边界处陡坎（镜向 E）

中可见；其下为卵石层，青灰色、杂色，骨架颗粒主要由石英岩花岗岩及片麻岩等组成，磨圆度较好，多呈亚圆状，充填物为中粗砂及细砂等，勘察深度范围内未揭穿该层。

德令哈市区地势较为平坦，该区主要为巴音郭勒河Ⅱ、Ⅰ级阶地，表层分布一层平均厚度约 0.5m 的耕作土，土黄色、松散，含少量碎石、生活垃圾、植物根系等，ZK33 该层未出露；其下为角砾层，厚度约 0.7 ~ 22.1m，顶面埋深 0.5 ~ 28.0m，在该区除 ZK37、ZK43 外均有分布，厚度不一，该地层为青灰色、稍密、稍湿，骨架颗粒成分主要以砂岩和花岗岩为主，粒径最大 60mm，呈棱角状，磨圆度较好，零星可见卵石颗粒；其下为圆砾层，青灰色、灰黄色，呈圆状－亚圆状，颗粒成分由砂岩、花岗岩为主，平均粒径介于 20 ~ 40mm，最大粒径 60mm，厚度约 3.0 ~ 17.8m，埋深 0.6 ~ 26.0m。其中 ZK27 钻孔 4.1 ~ 5.6 m 为粗砂，钻孔 ZK27、ZK28、ZK30、ZK31、ZK33 等均含黏性土，ZK27、ZK29、ZK37、ZK39 等均取出比较完整的短柱状、柱状花岗岩、砂岩岩心，体现了该区基岩和河流冲洪积相互作用的特点。钻孔 ZK28、ZK33、ZK36、ZK43 含砾砂层，黄褐色、中密、稍湿，主要成分以石英、长石为主，级配一般，颗粒不均一，粒径约 2mm，颗粒均一，含少量砾石，砾石的颗粒成分以砂岩、花岗岩为主，厚度约 1.6 ~ 12.4m，顶面埋深 18.4 ~ 38.0m。钻孔 ZK36、ZK44 含卵石层，土黄色、灰褐色，主要以砂岩为主，磨圆度一般，呈圆棱状，间隙充填黏性土和杂砂，勘察深度范围内未揭穿该层。

Ⅱ区：该区地貌类型属基岩山前冲洪积扇面，表层分布一层平均厚度约 1.0 ~ 7.0m 的素填土，褐黄色、稍密、稍湿，主要以粉土和砾砂为主，ZK45 为回填砂；其下为角砾层，厚度约 0.7 ~ 32.6m，顶面埋深 1.0 ~ 38.0m，除 ZK37、ZK43 外均有分布，厚度不一，青灰色、稍密、稍湿，骨架颗粒成分主要以砂岩、石英岩、花岗岩、变砂岩等为主，粒径最大 60mm，呈棱角状，孔隙间多由黏性土和粗砂、中砂充填；其下为圆砾层，青灰色、灰黄色，呈圆状－亚圆状，颗粒成分由砂岩、花岗岩为主，充填中粗砂，平均粒径介于 2 ~ 20mm 之间，厚度约 5.7 ~ 12.0m，埋深 3.5 ~ 33.6m。该区位于分界线附近远离基岩山前的钻孔 ZK40、ZK42、ZK45 含砾砂，青灰色、中密、稍湿，主要成分以石英、长石为主，级配一般，磨圆度一般，颗粒排列均一，粒径约 2mm，含少量砾石，砾石的颗粒成分以砂岩、花岗岩为主，厚度约 1.3 ~ 7.0m，顶面埋深 10.0 ~ 18.0m。个别钻孔 ZK08、ZK44 含卵石层，青灰色、灰色，主要以石英岩、砂岩、花岗岩及片麻岩等为主，粒径一般在 20 ~ 60mm 之间，局部含漂石，漂石成分为灰色、灰白色的块状花岗岩，磨圆度一般，呈亚圆状，充填物为中粗砂及细砂，顶面埋深 10.0 ~ 42.0m，勘察深度范围内未揭穿该层。该区 ZK08、ZK15、ZK41、ZK45 钻孔含厚度约 1 ~ 3.5m 厚的粉土、黏性土夹层，ZK24、ZK42 含厚度约 1.2 ~ 5.5m 的粉砂层，代表该区处于基岩山前和巴音郭勒河河流冲积地貌的过渡地貌类型，也说明了巴音郭勒河河道向东扩展的趋势。

5.6 目标区场地土层剪切波速测试

剪切波速原位测试是判定场地土类型、确定覆盖层厚度、划分场地类别和评价场地条件不可缺少的工作。德令哈小区划目标区钻孔剪切波速测试由青海省工程地震研究院完成，获得钻孔波速数据 80 组。

5.6.1 剪切波速测试结果

场地钻孔的剪切波速测试采用单孔法，图 5.17 ~图 5.96 为工场地钻孔实际布设的钻孔波速测试图。

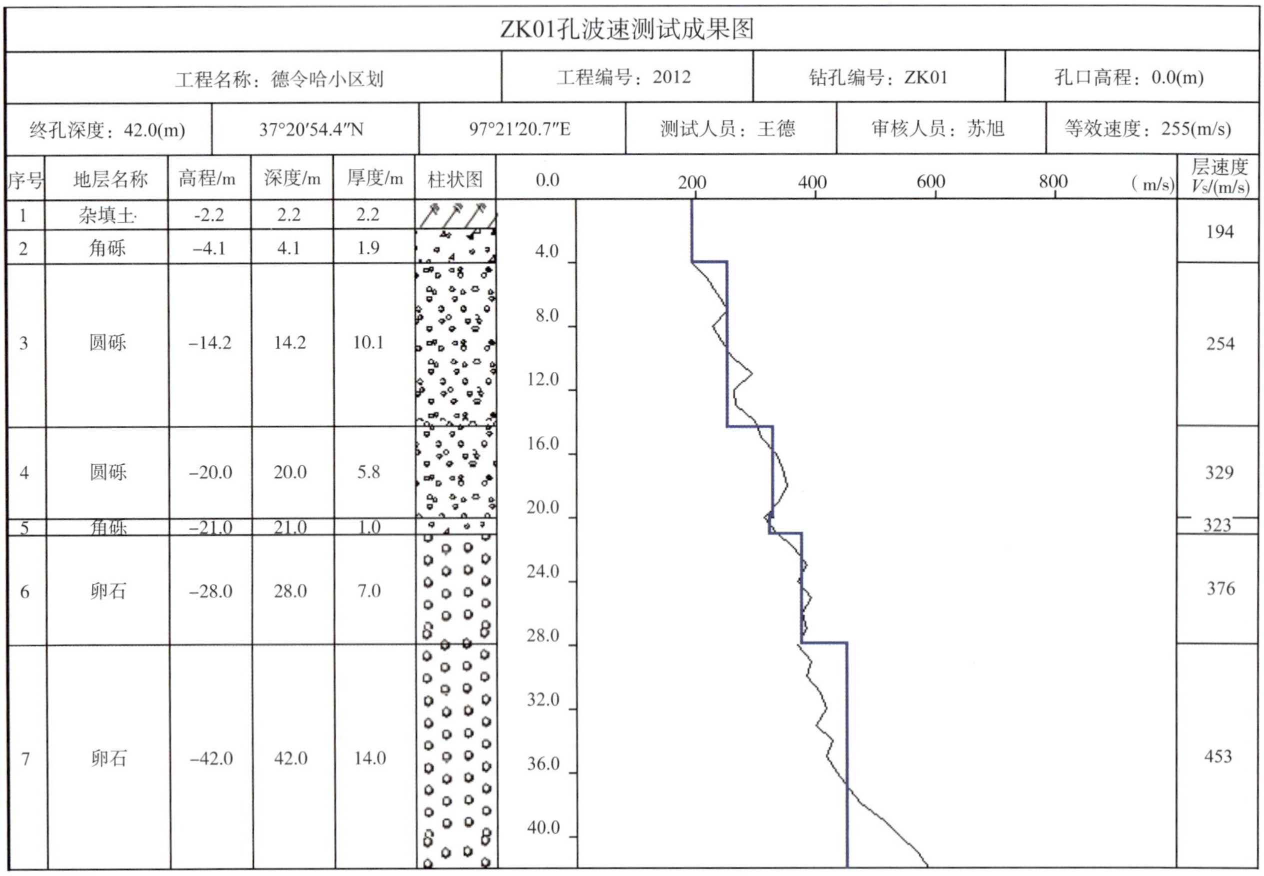

图 5.17 ZK01 钻孔测试波速图

ZK02孔波速测试成果图

工程名称：德令哈小区划	工程编号：2012	钻孔编号：ZK02	孔口高程：0.0(m)
终孔深度：31(m)　37°21′26.2″N　97°21′09.8″E	测试人员：王德	审核人员：苏旭	等效速度：231(m/s)

序号	地层名称	高程/m	深度/m	厚度/m	柱状图	层速度 V_S/(m/s)
1	杂填土	-2.5	2.5	2.5		197
2	角砾	−8.5	8.5	6.0		
3	圆砾	−15.7	15.7	7.2		258
4	卵石	−31.0	31.0	15.3		385

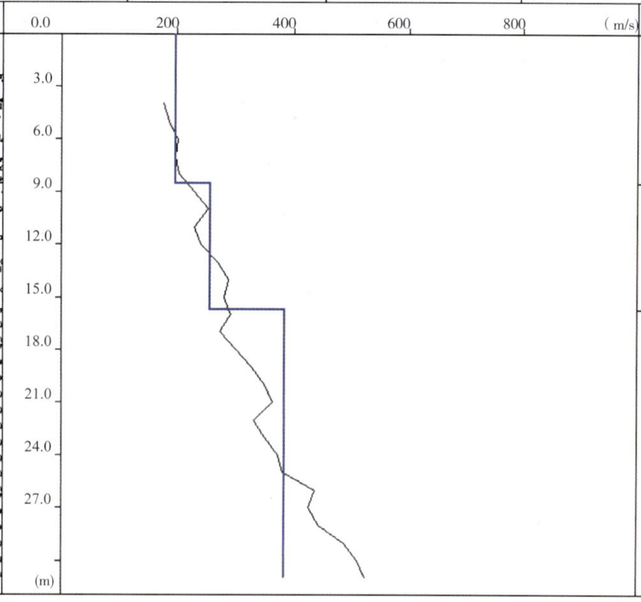

图 5.18　ZK02 钻孔测试波速图

ZK03孔波速测试成果图

工程名称：德令哈小区划	工程编号：2012	钻孔编号：ZK03	孔口高程：0.0(m)
终孔深度：44.0(m)　37°21′29.5″N　97°22′19.6″E	测试人员：王德	审核人员：苏旭	等效速度：258(m/s)

序号	地层名称	高程/m	深度/m	厚度/m	柱状图	层速度 V_S/(m/s)
1	角砾	−14.9	14.9	14.9		262
2	角砾	−16.3	16.3	1.4		296
3	卵石	−22.0	22.0	5.7		329
4	圆砾	−24.0	24.0	2.0		347
5	卵石	−33.0	33.0	9.0		392
6	圆砾	−38.2	38.2	5.2		431
7	卵石	−44.0	44.0	5.8		

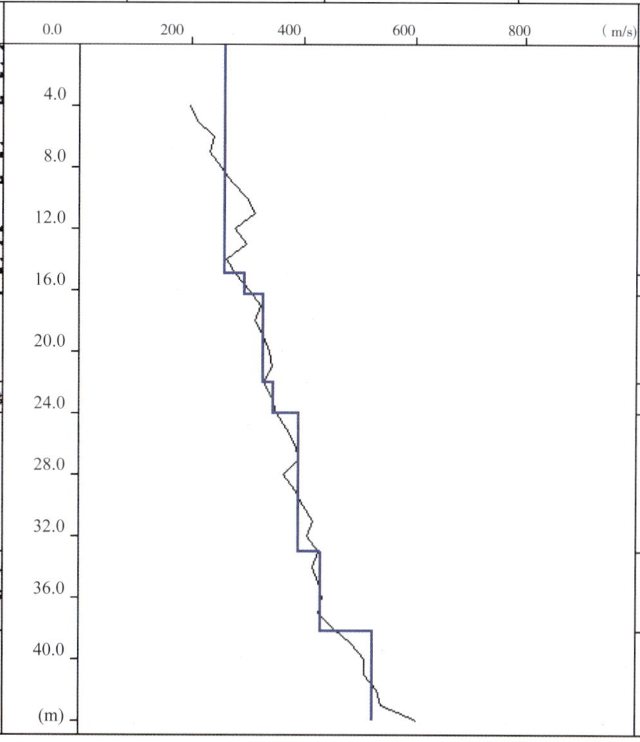

图 5.19　ZK03 钻孔测试波速图

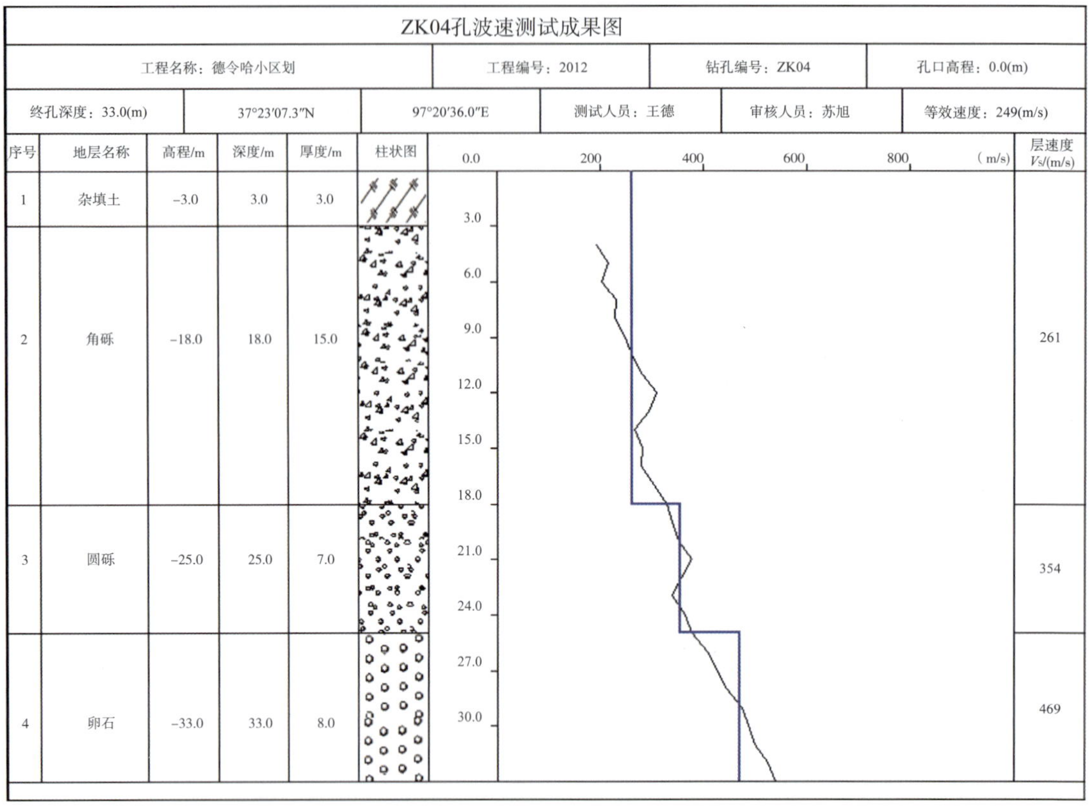

图 5.20　ZK04 钻孔测试波速图

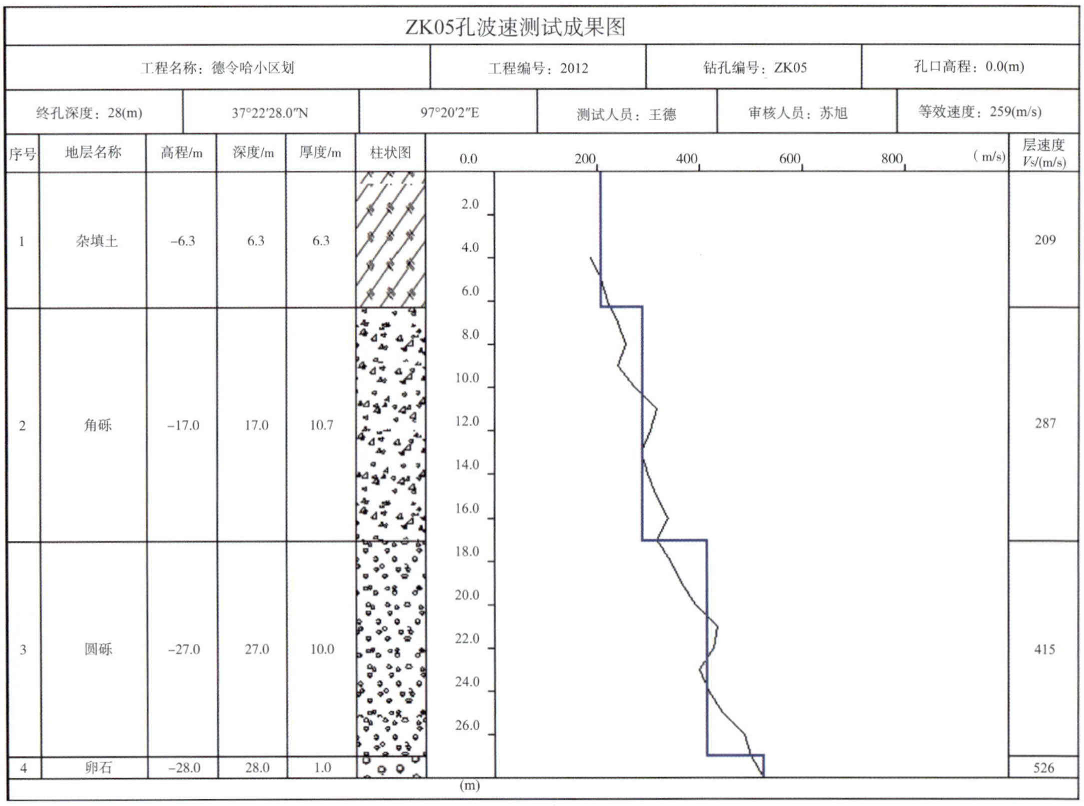

图 5.21　ZK05 钻孔测试波速图

ZK06孔波速测试成果图

工程名称：德令哈小区划	工程编号：2012	钻孔编号：ZK06	孔口高程：0.0(m)		
终孔深度：41.0(m)	37°21′35.0″N	97°19′32.1″E	测试人员：王德	审核人员：苏旭	等效速度：254(m/s)

序号	地层名称	高程/m	深度/m	厚度/m	柱状图	层速度 V_s/(m/s)
1	粉土	−3.1	3.1	3.1		232
2	角砾	−9.5	9.5	6.4		
3	角砾	−22.5	22.5	13.0		311
4	角砾	−28.5	28.5	6.0		356
5	圆砾	−32.0	32.0	3.5		404
6	卵石	−41.0	41.0	9.0		488

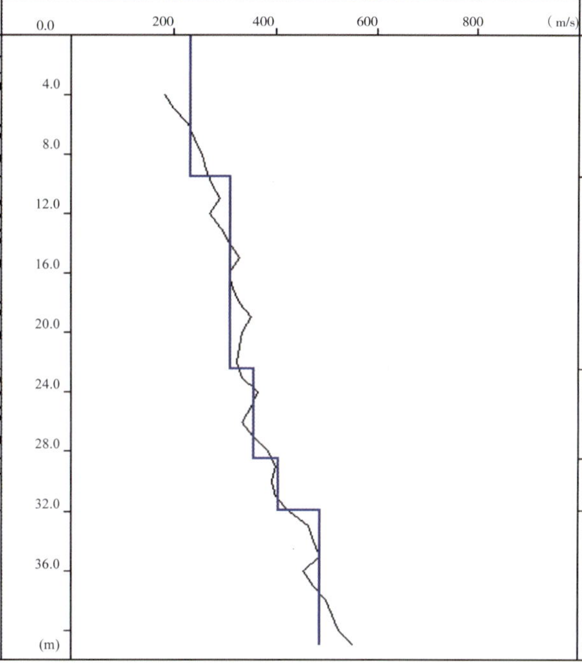

图 5.22　ZK06 钻孔测试波速图

ZK07孔波速测试成果图

工程名称：德令哈小区划	工程编号：2012	钻孔编号：ZK07	孔口高程：0.0(m)		
终孔深度：29(m)	37°21′49.6″N	97°19′15.7″E	测试人员：王德	审核人员：苏旭	等效速度：257(m/s)

序号	地层名称	高程/m	深度/m	厚度/m	柱状图	层速度 V_s/(m/s)
1		−0.5	0.5	0.5		222
2	角砾	−8.7	8.7	8.2		
3	圆砾	−13.0	13.0	4.3		283
4	角砾	−26.5	26.5	13.5		381
5	卵石	−29.0	29.0	2.5		538

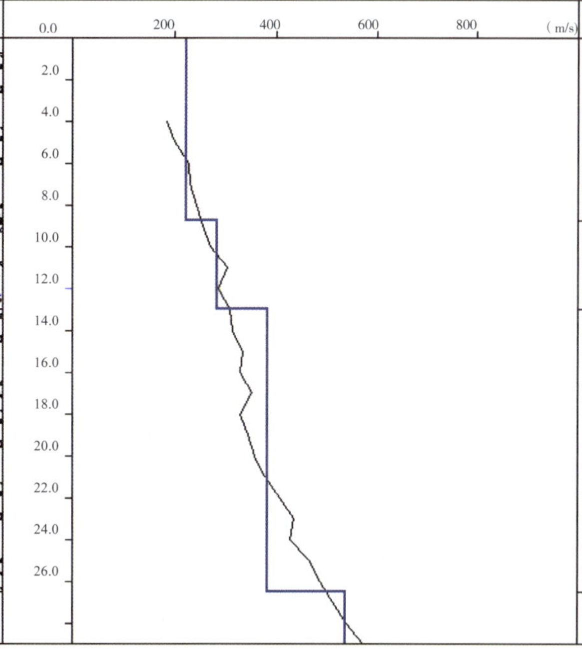

图 5.23　ZK07 钻孔测试波速图

ZK08孔波速测试成果图

工程名称：德令哈小区划	工程编号：2012	钻孔编号：ZK08	孔口高程：0.0(m)		
终孔深度：18(m)	37°22′59.3″N	97°22′04.8″E	测试人员：王德	审核人员：苏旭	等效速度：263(m/s)

序号	地层名称	高程/m	深度/m	厚度/m	柱状图	层速度 Vs/(m/s)
1	杂填土	-3.1	3.1	3.1		194
2	角砾	-5.0	5.0	1.9		
3	粉土	-11.2	11.2	6.2		273
4	粉质黏土	-13.8	13.8	2.6		370
5	角砾	-14.5	14.5	0.7		411
6	花岗岩	-18.0	18/.0	3.5		474

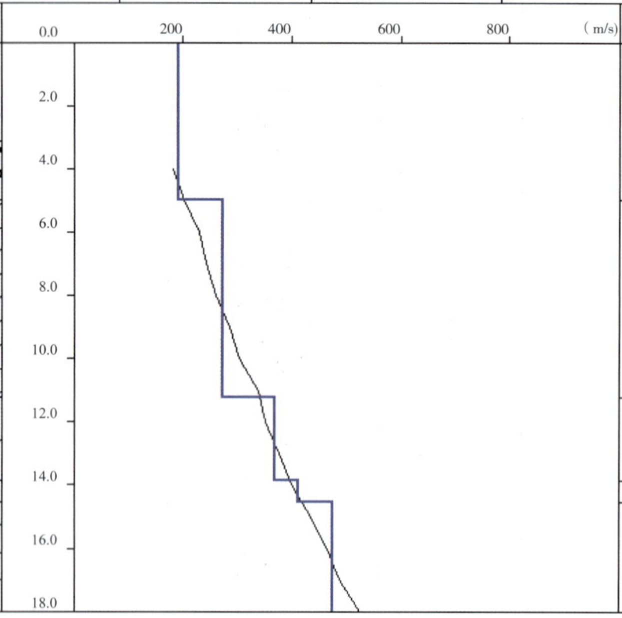

图 5.24　ZK08 钻孔测试波速图

ZK09孔波速测试成果图

工程名称：德令哈小区划	工程编号：2012	钻孔编号：ZK09	孔口高程：0.0(m)		
终孔深度：34(m)	37°22′18.4″N	97°18′52.2″E	测试人员：王德	审核人员：苏旭	等效速度：245(m/s)

序号	地层名称	高程/m	深度/m	厚度/m	柱状图	层速度 Vs/(m/s)
1	杂填土	-0.5	0.5	0.5		
2	角砾	-10.8	10.8	10.3		232
3	圆砾	-25.5	25.5	14.7		323
4	卵石	-34.0	34.0	8.5		486

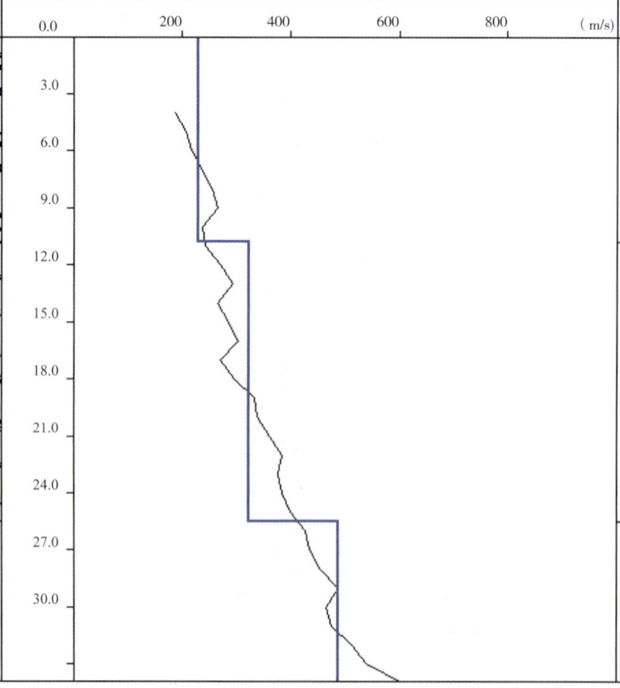

图 5.25　ZK09 钻孔测试波速图

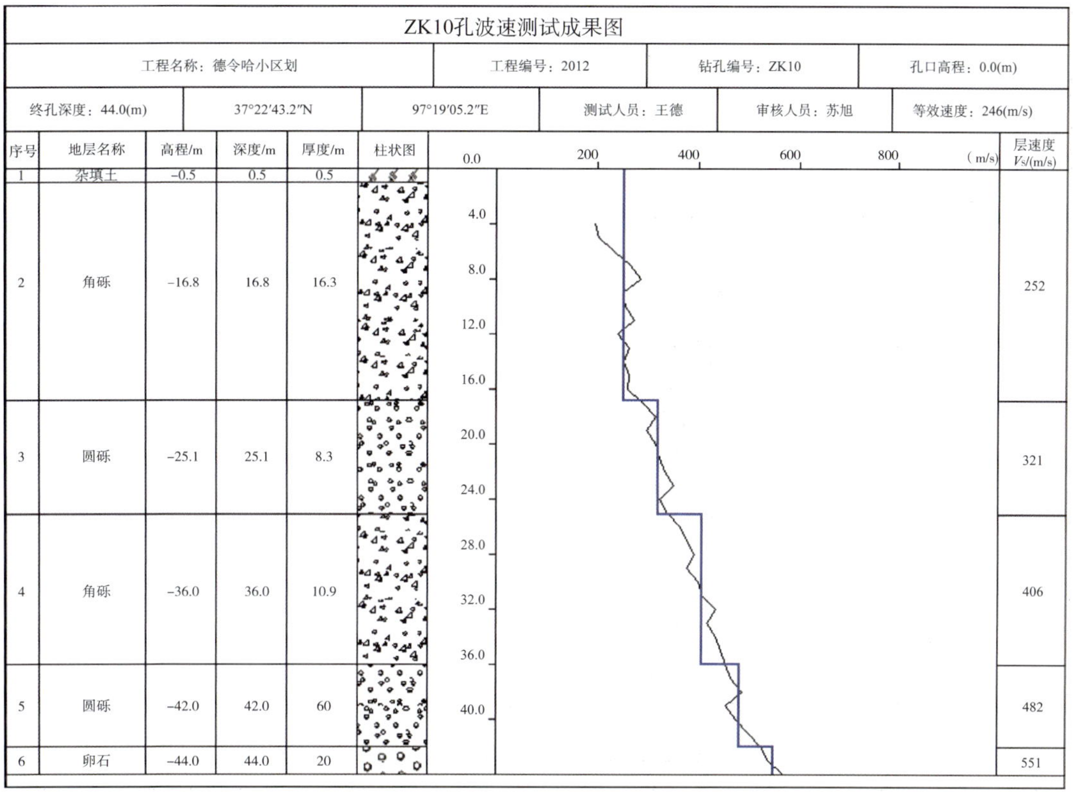

图 5.26　ZK10 钻孔测试波速图

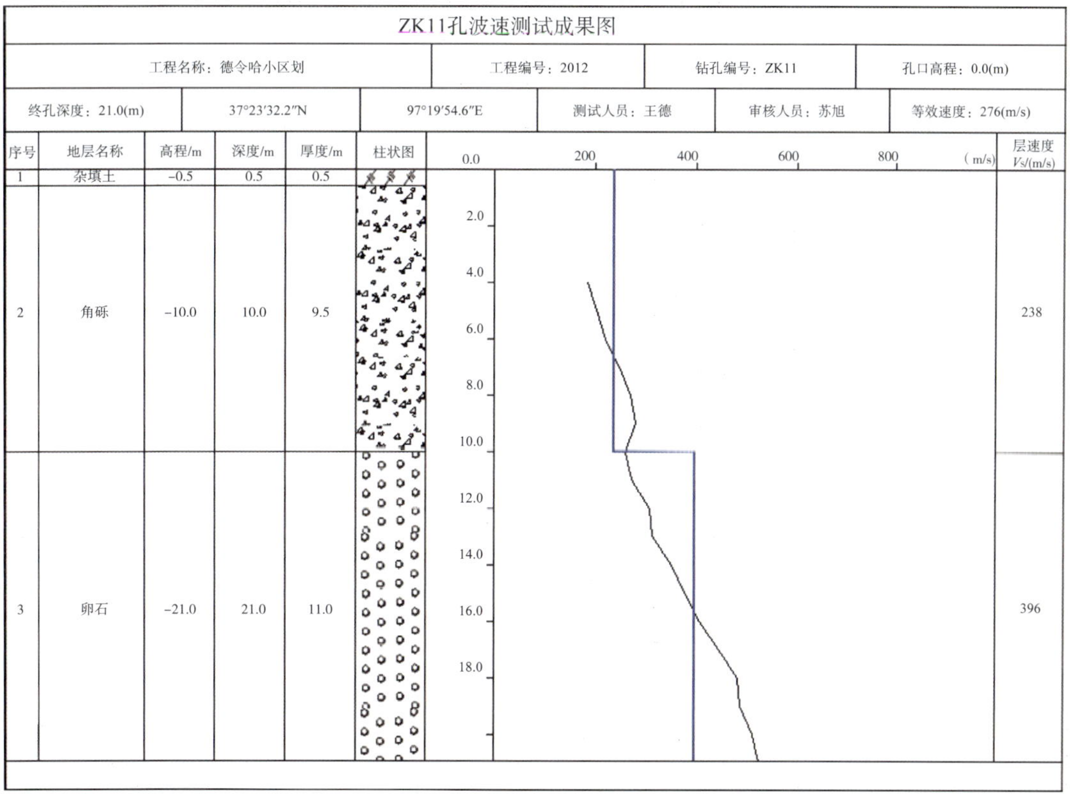

图 5.27　ZK11 钻孔测试波速图

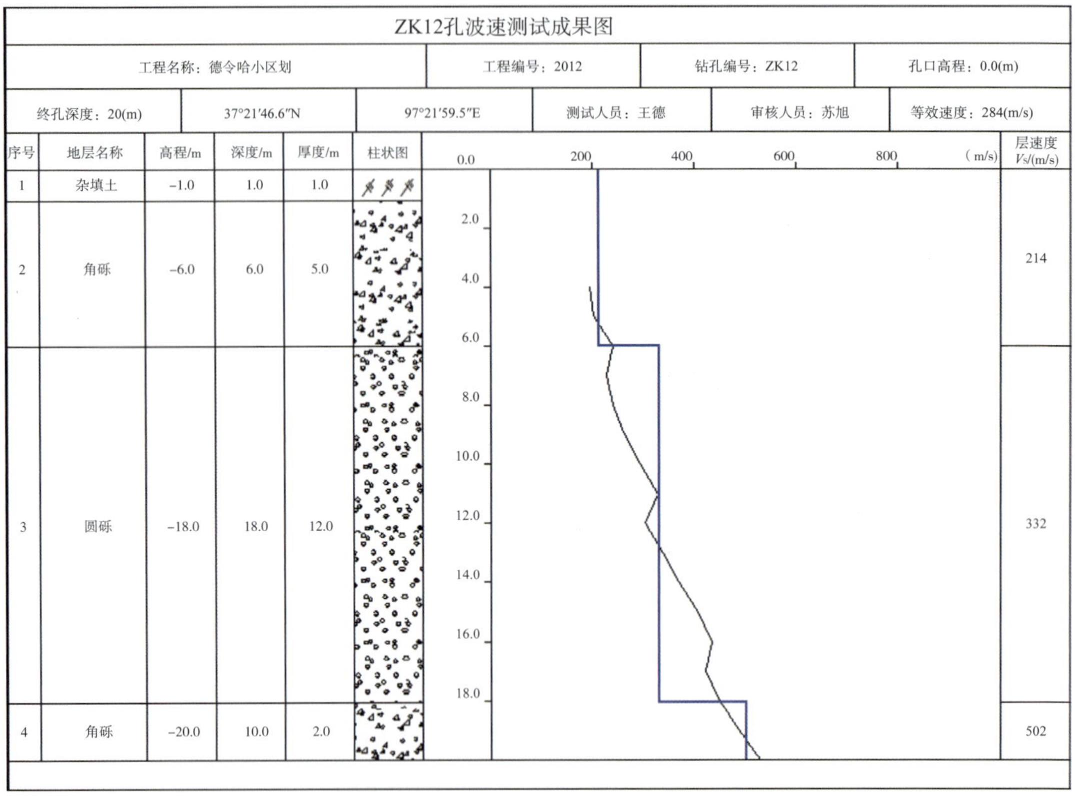

图 5.28　ZK12 钻孔测试波速图

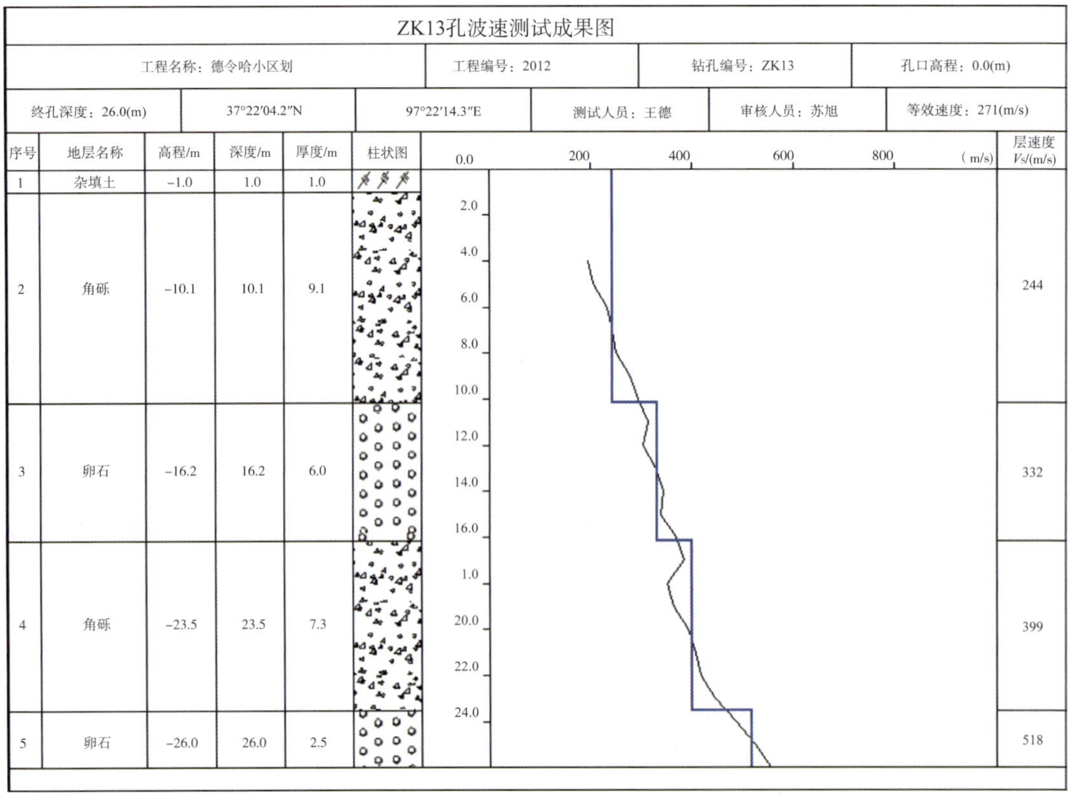

图 5.29　ZK13 钻孔测试波速图

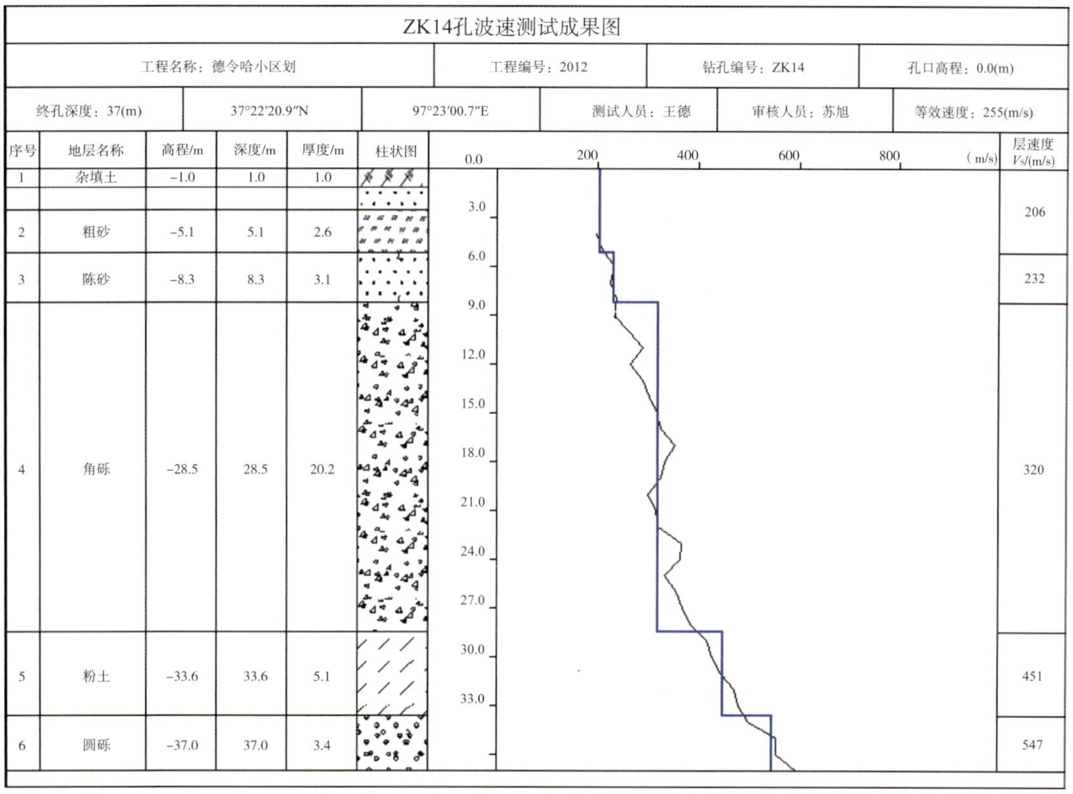

图 5.30 ZK14 钻孔测试波速图

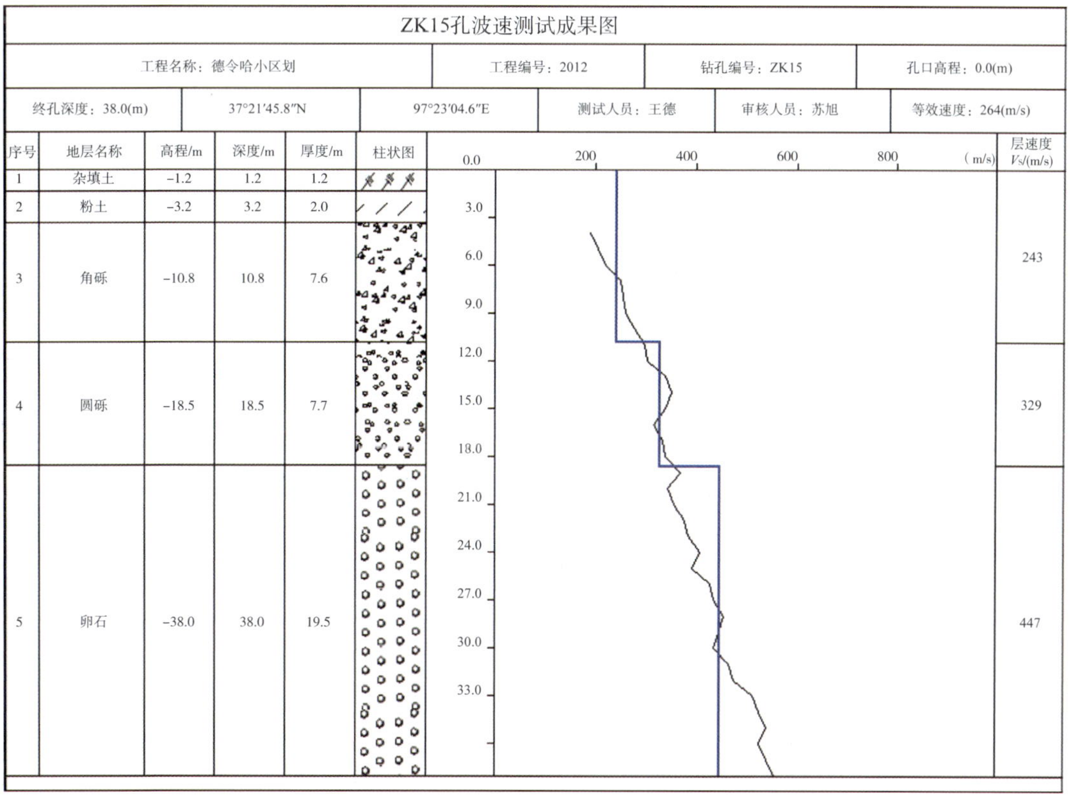

图 5.31 ZK15 钻孔测试波速图

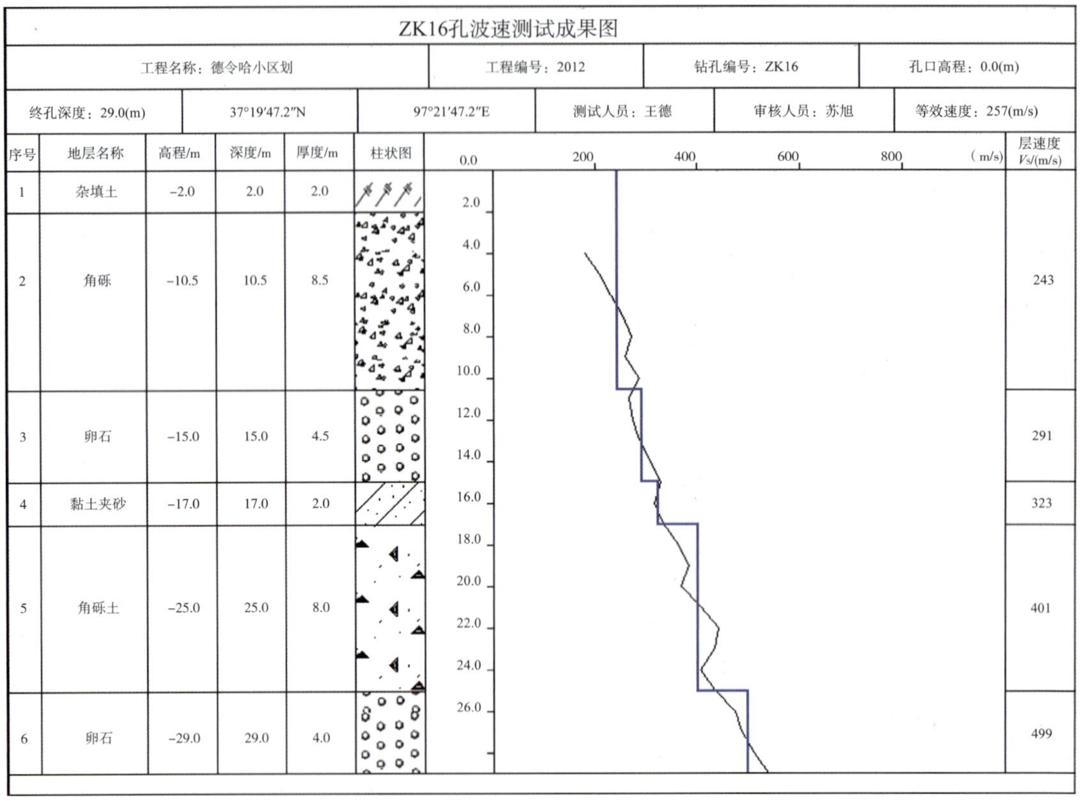

序号	地层名称	高程/m	深度/m	厚度/m	层速度 Vs/(m/s)
1	杂填土	-2.0	2.0	2.0	
2	角砾	-10.5	10.5	8.5	243
3	卵石	-15.0	15.0	4.5	291
4	黏土夹砂	-17.0	17.0	2.0	323
5	角砾土	-25.0	25.0	8.0	401
6	卵石	-29.0	29.0	4.0	499

图 5.32　ZK16 钻孔测试波速图

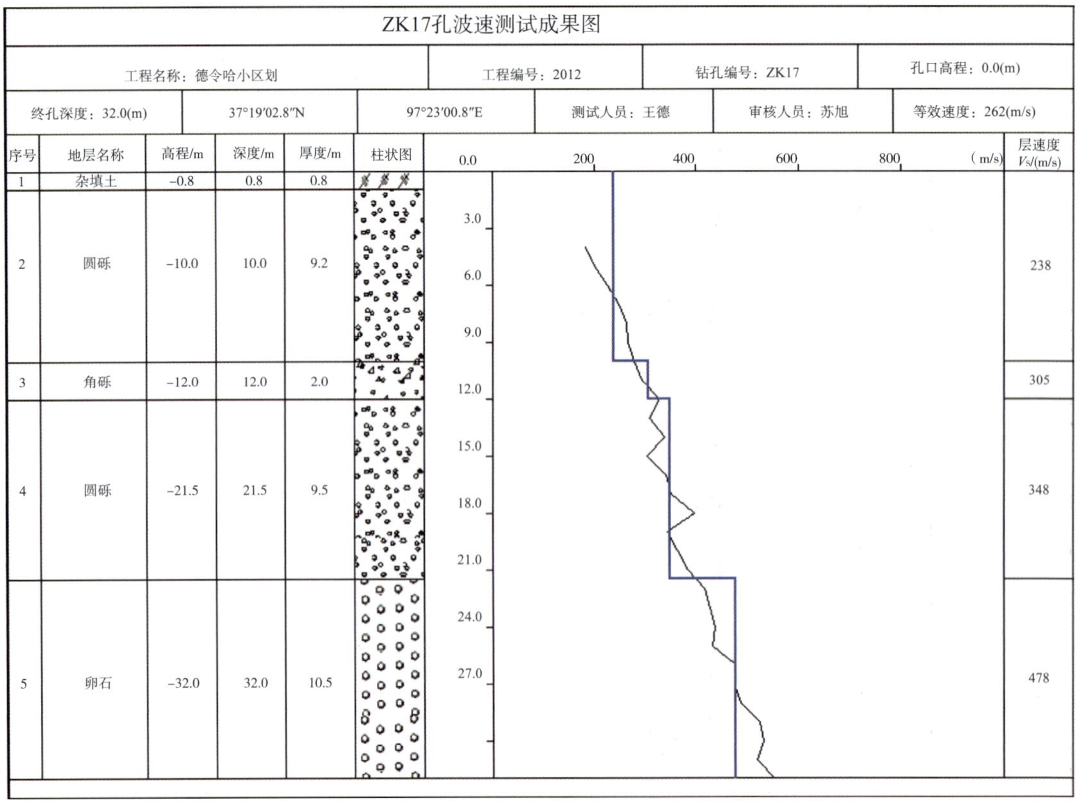

序号	地层名称	高程/m	深度/m	厚度/m	层速度 Vs/(m/s)
1	杂填土	-0.8	0.8	0.8	
2	圆砾	-10.0	10.0	9.2	238
3	角砾	-12.0	12.0	2.0	305
4	圆砾	-21.5	21.5	9.5	348
5	卵石	-32.0	32.0	10.5	478

图 5.33　ZK17 钻孔测试波速图

ZK18孔波速测试成果图

工程名称：德令哈小区划	工程编号：2012	钻孔编号：ZK18	孔口高程：0.0(m)		
终孔深度：35.0(m)	37°19′56.3″N	97°22′27.4″E	测试人员：王德	审核人员：苏旭	等效速度：254(m/s)

序号	地层名称	高程/m	深度/m	厚度/m	层速度 V_s/(m/s)
1	角砾	−11.0	11.0	11.0	234
2	圆砾	−14.8	14.8	3.9	295
3	角砾	−19.0	19.0	4.1	319
4	圆砾	−23.0	23.0	4.0	343
5	角砾	−25.5	25.5	25	397
6	圆砾	−30.5	30.5	5.0	440
7	卵石	−35.0	35.0	4.5	511

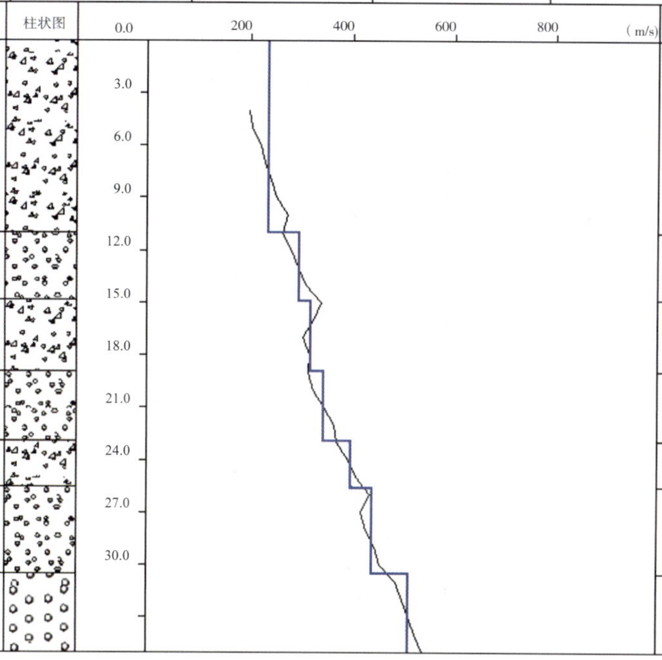

图 5.34　ZK18 钻孔测试波速图

ZK19孔波速测试成果图

工程名称：德令哈小区划	工程编号：2012	钻孔编号：ZK19	孔口高程：0.0(m)		
终孔深度：28.0(m)	37°19′33.3″N	97°18′58.4″E	测试人员：王德	审核人员：苏旭	等效速度：263(m/s)

序号	地层名称	高程/m	深度/m	厚度/m	层速度 V_s/(m/s)
1	角砾	−7.5	7.5	7.5	218
2	圆砾	−18.0	18.0	10.5	309
3	圆砾	−21.5	21.5	3.5	383
4	卵石	−28.0	28.0	6.5	

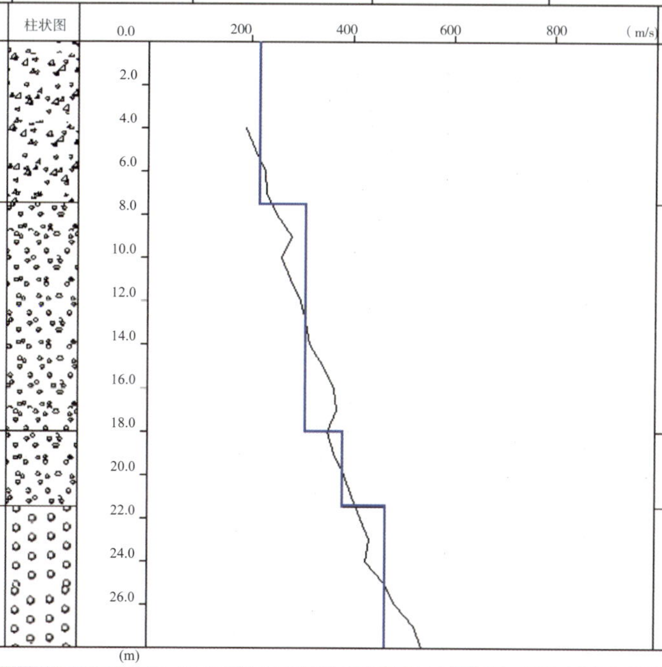

图 5.35　ZK19 钻孔测试波速图

ZK20孔波速测试成果图

工程名称：德令哈小区划		工程编号：2012	钻孔编号：ZK20	孔口高程：0.0(m)	
终孔深度：42.0(m)	N:37°18′06.9″	E:97°25′17.8″	测试人员：王德	审核人员：苏旭	等效速度：262(m/s)

序号	地层名称	高程/m	深度/m	厚度/m	柱状图	层速度 Vs/(m/s)
1	粉砂	-11.0	11.0	11.0		244
2	粗砂	-12.1	12.1	1.0		338
3	粉砂	-36.0	36.0	23.9		360
4	角砾	-40.2	40.2	4.3		475
5	黏土	-42.6	42.0	1.8		537

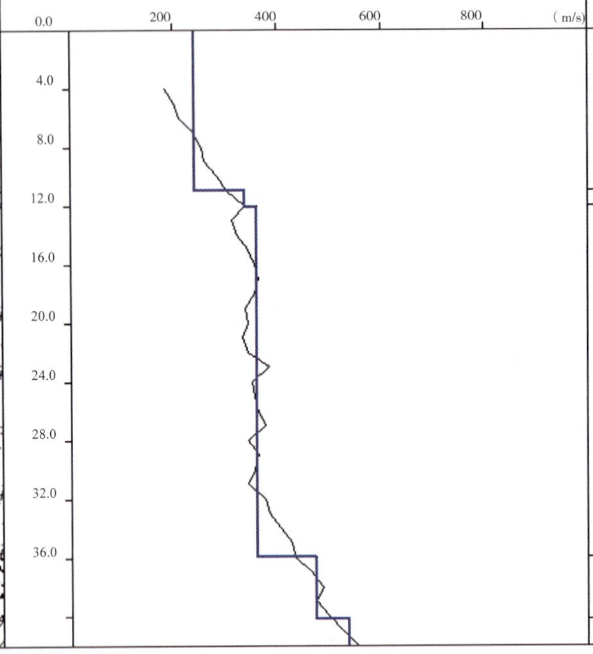

图 5.36　ZK20 钻孔测试波速图

ZK21孔波速测试成果图

工程名称：德令哈小区划		工程编号：2012	钻孔编号：ZK21	孔口高程：0.0(m)	
终孔深度：31.0(m)	37°18′35.2″N	97°19′06.7″E	测试人员：王德	审核人员：苏旭	等效速度：258(m/s)

序号	地层名称	高程/m	深度/m	厚度/m	柱状图	层速度 Vs/(m/s)
1	杂填土	-1.5	1.5	1.5		203
2	角砾	-5.5	5.5	4.0		
3	圆砾	-9.0	9.0	3.5		234
4	角砾	-15.6	15.6	6.7		304
5	卵石	-19.0	19.0	3.4		341
6	角砾	-22.0	22.0	3.0		402
7	卵石	-31.0	31.0	9.0		494

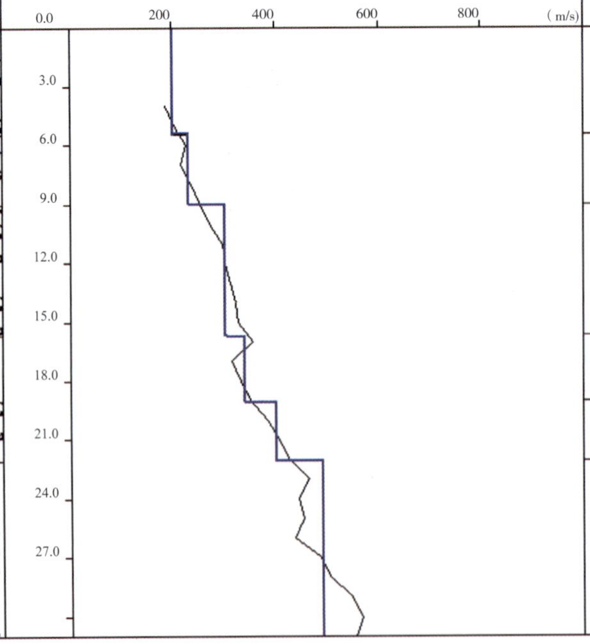

图 5.37　ZK21 钻孔测试波速图

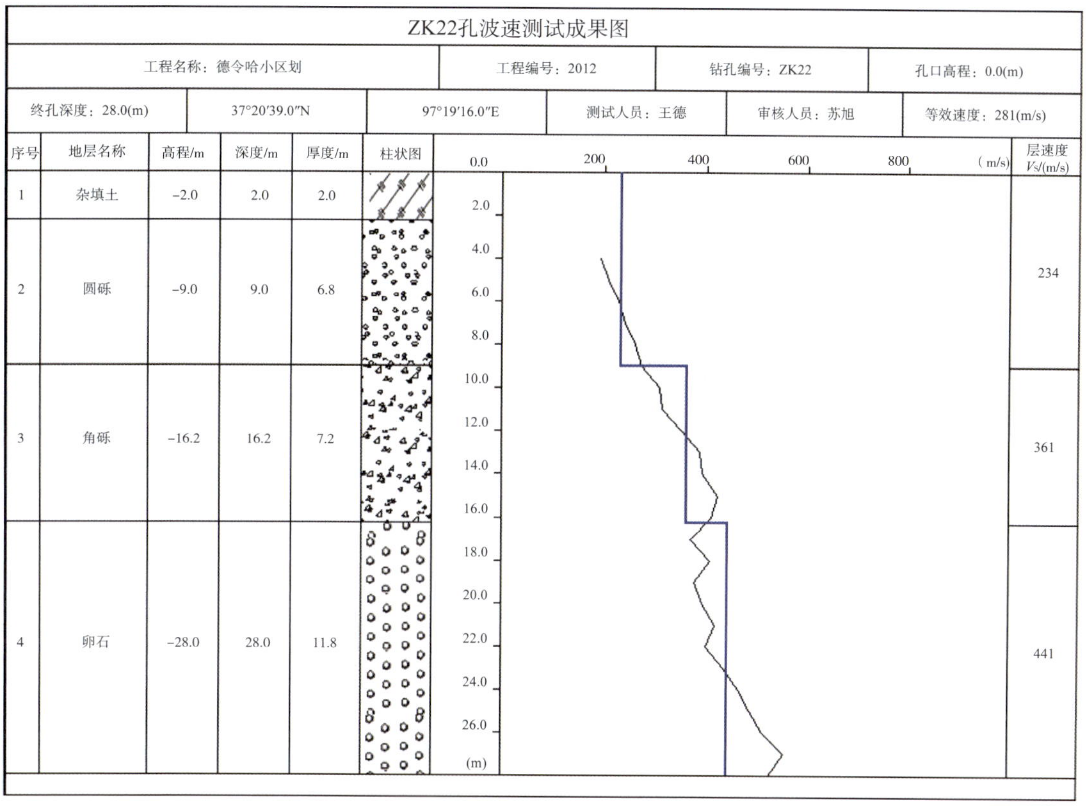

图 5.38　ZK22 钻孔测试波速图

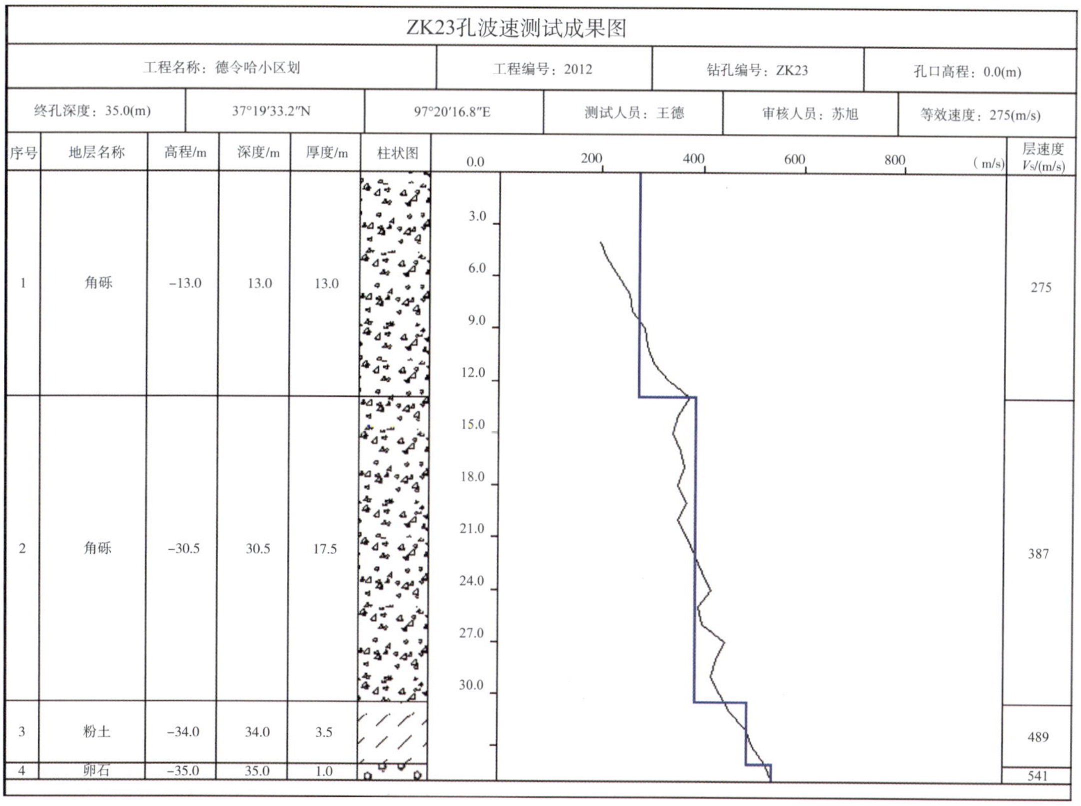

图 5.39　ZK23 钻孔测试波速图

ZK24孔波速测试成果图

工程名称：德令哈小区划	工程编号：2012	钻孔编号：ZK24	孔口高程：0.0(m)		
终孔深度：29.0(m)	37°19′20.1″N	97°24′06.8″E	测试人员：王德	审核人员：苏旭	等效速度：275(m/s)

序号	地层名称	高程/m	深度/m	厚度/m	层速度 V_s/(m/s)
1	杂填土	−4.0	4.0	4.0	192
2	细砂	−6.0	6.0	2.0	223
3	角砾	−10.0	10.0	4.0	285
4	细砂	−15.5	15.5	5.5	324
5	卵石	−29.0	29.0	13.5	441

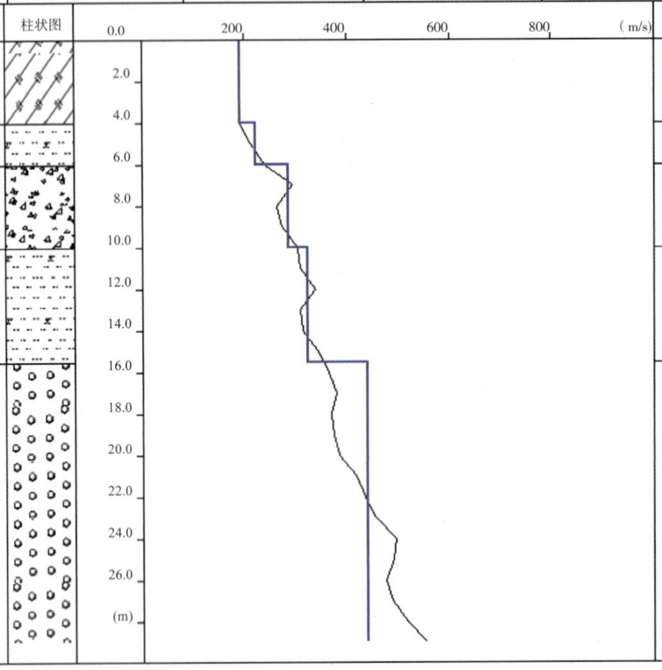

图 5.40　ZK24 钻孔测试波速图

ZK25孔波速测试成果图

工程名称：德令哈小区划	工程编号：2012	钻孔编号：ZK25	孔口高程：0.0(m)		
终孔深度：31.0(m)	37°18′47.5″N	97°21′47.5″E	测试人员：王德	审核人员：苏旭	等效速度：276(m/s)

序号	地层名称	高程/m	深度/m	厚度/m	层速度 V_s/(m/s)
1	圆砾	−6.5	6.5	6.5	222
2	角砾	−18.8	18.8	12.3	324
3	角砾	−21.2	21.2	2.4	357
4	角砾	−30.0	30.0	8.8	439
5	卵石	−31.0	31.0	1.0	513

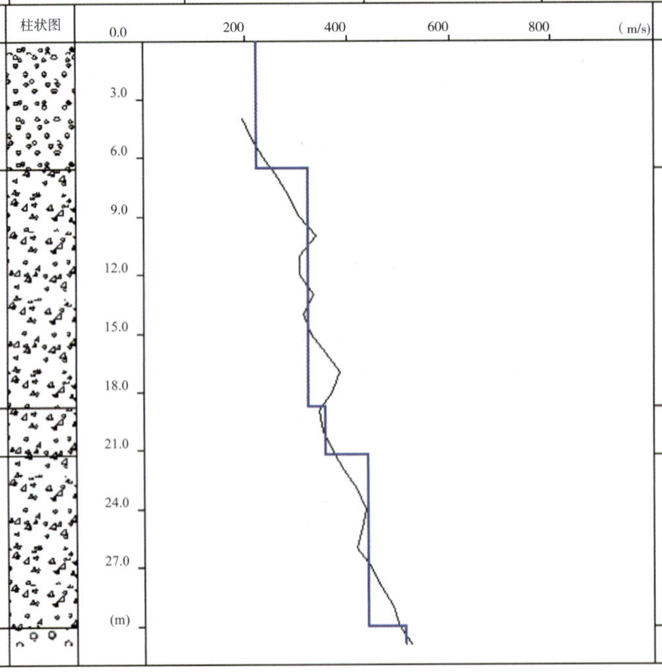

图 5.41　ZK25 钻孔测试波速图

ZK26孔波速测试成果图

工程名称：德令哈小区划	工程编号：2012	钻孔编号：ZK26	孔口高程：0.0(m)
续孔深度：27.0(m) 37°18′11.8″N	97°19′59.9″E 测试人员：王德	审核人员：苏旭	等效速度：276(m/s)

序号	地层名称	高程/m	深度/m	厚度/m	层速度 Vs/(m/s)
1	杂填土	−0.7	0.7	0.7	
2	角砾	−4.8	4.8	4.1	199
3	圆砾	−10.0	10.0	5.2	252
4	圆砾	−15.5	15.5	5.5	347
5	粗砂	−18.0	18.0	2.5	400
6	卵石	−27.0	27.0	9.0	439

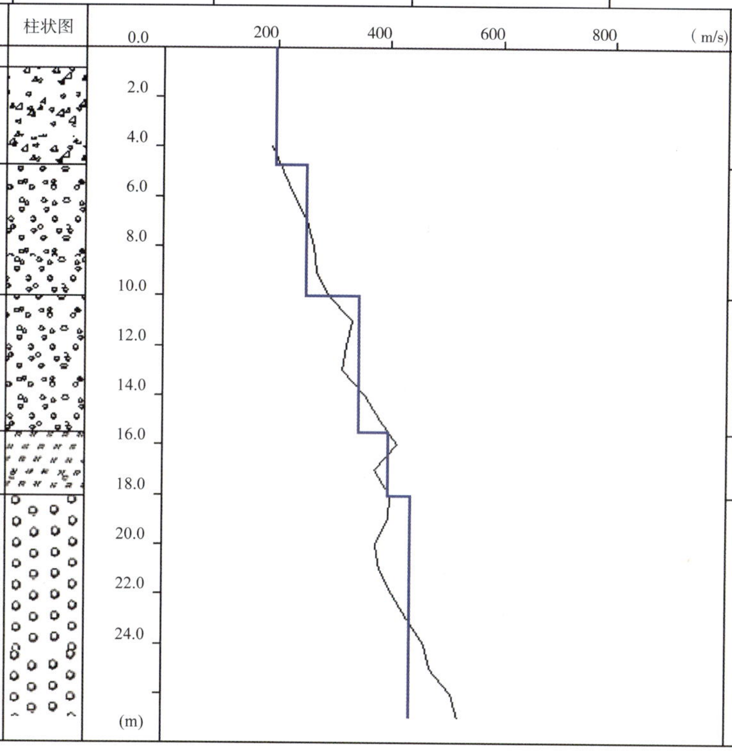

图 5.42 ZK26 钻孔测试波速图

ZK27孔波速测试成果图

工程名称：德令哈小区划	工程编号：2013.5	钻孔编号：	孔口高程：0.0(m)
终孔深度：41.00 X坐标：	Y坐标 开孔日期：	终孔日期：	等效速度：226(m/s)

序号	地层名称	高程/m	深度/m	厚度/m	层速度 Vs/(m/s)
1	回填土	−0.5	0.5	0.5	183
2	圆砾	−1.5	1.5	1.0	
3	粗砂	−5.6	5.6	4.0	
4	圆砾	−7.0	7.0	1.4	183
5	圆砾土	−8.0	8.0	1.0	181
6	圆砾土	−17.0	17.0	9.0	246
7	角砾	−25.0	25.0	7.9	345
8	角砾土	−34.0	34.0	9.0	378
9	角砾土	−39.0	39.0	5.0	478

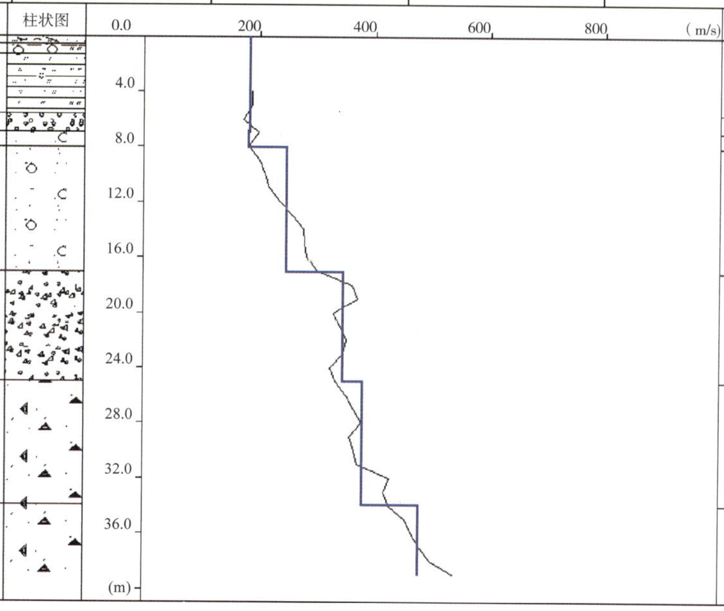

图 5.43 ZK27 钻孔测试波速图

ZK28孔波速测试成果图

工程名称：德令哈小区划	工程编号：2013.5	钻孔编号：	孔口高程：0.0(m)

终孔深度：39(m)	X坐标：	Y坐标：	开孔日期：	终孔日期：	等效速度：232(m/s)

序号	地层名称	高程/m	深度/m	厚度/m	柱状图	层速度 Vs/(m/s)
1	回填土	-0.8	0.8	0.8		
2	圆砾土	-5.3	5.3	4.7		186
3	圆砾土	-9.2	9.2	3.9		209
4	角砾	-16.4	16.4	7.2		248
5	圆砾	-21.0	21.0	4.6		340
6	角砾	-29.1	29.1	8.1		347
7	砾砂	-31.7	31.7	2.6		363
8	砾砂	-32.5	32.5	0.8		394
9	粗砂	-33.5	33.5	1.0		422
10	圆砾土	-35.0	35.0	1.5		443
11	圆砾土	-39.0	39.0	4.0		492

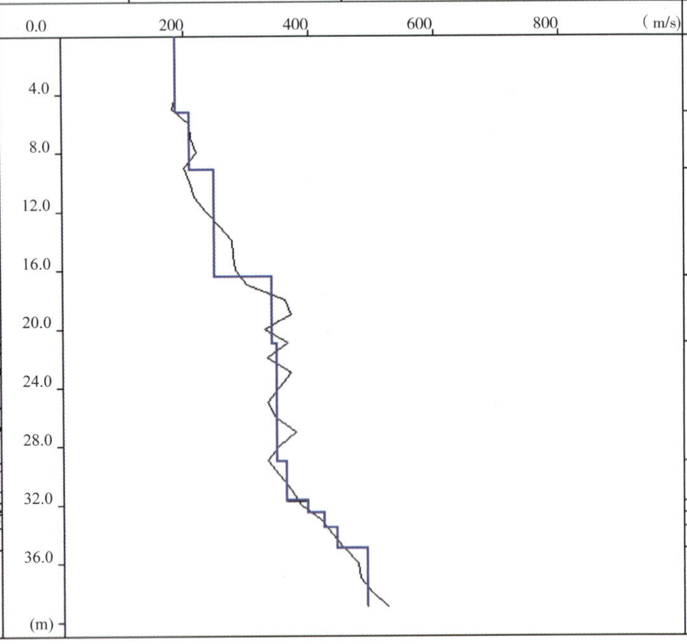

图 5.44　ZK28 钻孔测试波速图

ZK29孔波速测试成果图

工程名称：德令哈小区划	工程编号：2013.5	钻孔编号：	孔口高程：0.0(m)

终孔深度：(m)	X坐标：	Y坐标：	开孔日期：	终孔日期：	等效速度：232(m/s)

序号	地层名称	高程/m	深度/m	厚度/m	柱状图	层速度 Vs/(m/s)
1	充填砂	-0.5	0.5	0.5		
2	砾砂	-1.1	1.1	0.6		
3	粗砂	-3.8	3.8	2.7		197
4	粗砂	-7.0	7.0	3.2		
5	圆砾土	-8.5	8.5	1.5		214
6	圆砾土	-15.3	15.3	6.9		257
7	圆砾土	-18.0	18.0	2.7		291
8	角砾	-20.9	20.9	2.9		292
9	角砾	-31.4	31.4	10.5		361
10	角砾	-32.1	32.1	0.7		420
11	角砾	-42.0	42.0	9.9		477

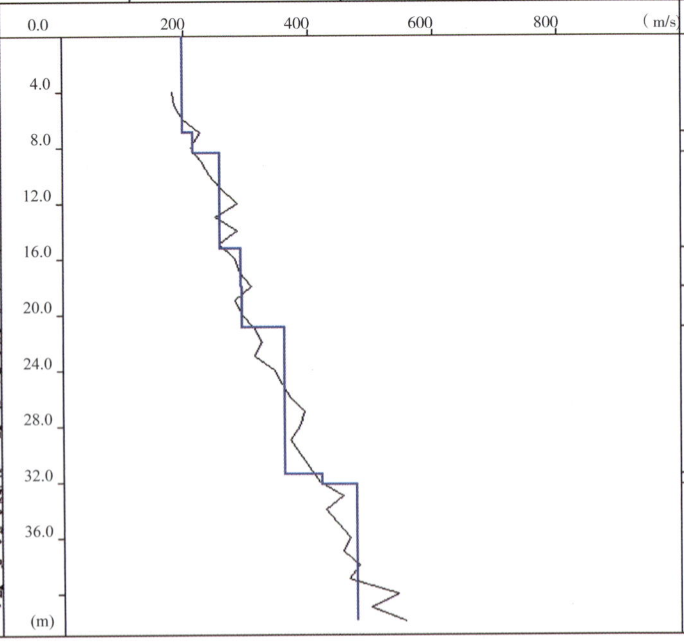

图 5.45　ZK29 钻孔测试波速图

ZK30孔波速测试成果图

工程名称：德令哈小区划	工程编号：2013.5	钻孔编号：	孔口高程：0.0(m)
终孔深度：38.0(m)　X坐标：　Y坐标：	开孔日期：	终孔日期：	等效速度：251(m/s)

序号	地层名称	高程/m	深度/m	厚度/m	层速度 Vs/(m/s)
1	充填砂	-0.5	0.5	0.5	
2	角砾土	-1.0	1.0	0.5	
3	圆砾土	-9.0	9.0	8.0	220
4	圆砾土	-10.5	10.5	1.5	289
5	砾砂	-21.6	21.6	11.1	303
6	砾砂	-24.1	24.1	2.5	329
7	角砾	-27.5	27.5	3.4	365
8	砾砂	-30.9	30.9	3.3	391
9	砾砂	-38.0	38.0	7.1	476

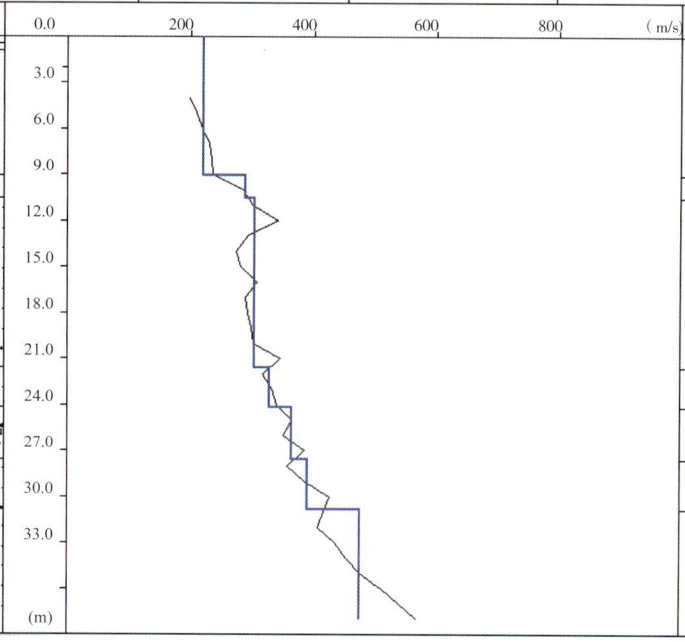

图 5.46　ZK30 钻孔测试波速图

ZK31孔波速测试成果图

工程名称：德令哈小区划	工程编号：2013.5	钻孔编号：	孔口高程：0.0(m)
终孔深度：37.0(m)　X坐标：　Y坐标：	开孔日期：	终孔日期：	等效速度：227(m/s)

序号	地层名称	高程/m	深度/m	厚度/m	层速度 Vs/(m/s)
1	充填砂	−0.5	0.5	0.5	
2	砾砂	−1.0	1.0	0.5	
3	圆砾土	−8.0	8.0	7.0	195
4	圆砾土	−9.0	9.0	1.0	222
5	圆砾土	−11.7	11.7	2.7	250
6	砾砂	−14.0	14.0	2.3	270
7	角砾土	−18.1	18.1	4.1	269
8	角砾土	−20.1	20.1	2.0	285
9	角砾土	−28.0	28.0	7.9	366
10	角砾土	−34.1	34.1	6.1	447
11	角砾土	−37.0	37.0	2.9	541

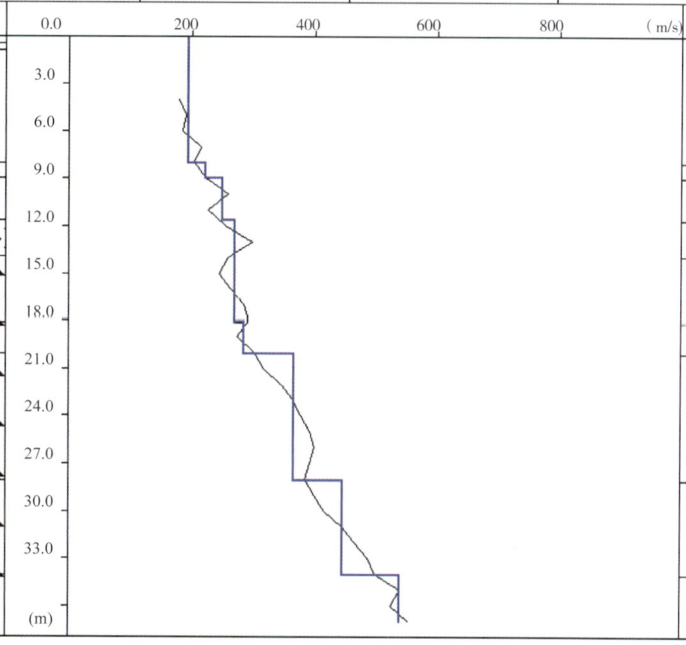

图 5.47　ZK31 钻孔测试波速图

ZK32孔波速测试成果图

工程名称：德令哈小区划	工程编号：2013.5	钻孔编号：	孔口高程：0.0(m)		
终孔深度：31.0(m)	X坐标：	Y坐标：	开孔日期：	终孔日期：	等效速度：238(m/s)

序号	地层名称	高程/m	深度/m	厚度/m	层速度 V_S/(m/s)
1	充填砂	-0.2	0.2	0.2	
2	砾砂	-1.2	1.2	1.0	
3	圆砾土	-4.3	4.3	3.1	176
4	圆砾土	-5.6	5.6	1.3	189
5	圆砾土	-15.4	15.4	9.8	248
6	角砾土	-22.0	22.0	6.6	374
7	角砾土	-23.2	23.2	1.2	374
8	角砾土	-28.0	28.0	4.8	466

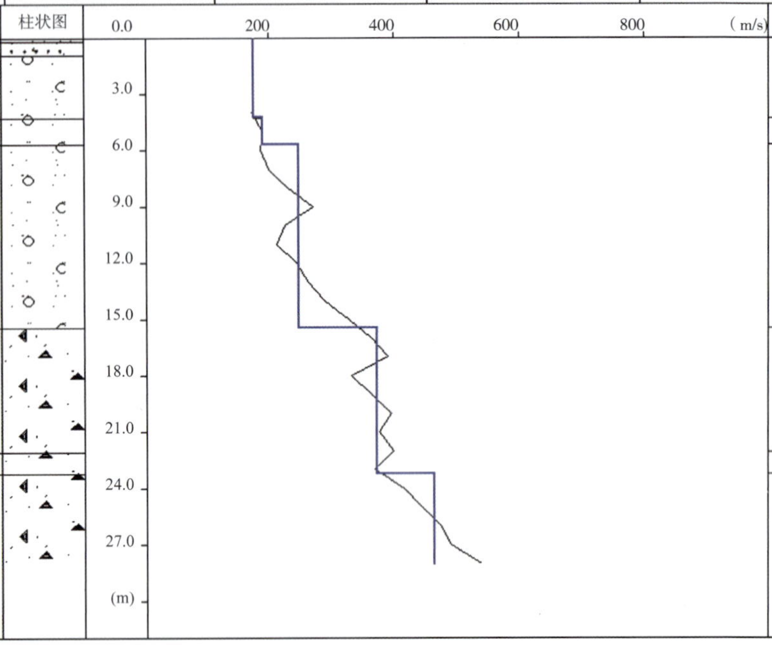

图 5.48　ZK32 钻孔测试波速图

ZK33孔波速测试成果图

工程名称：德令哈小区划	工程编号：2013.5	钻孔编号：	孔口高程：0.0(m)		
终孔深度：29.0(m)	X坐标：	Y坐标：	开孔日期：	终孔日期：	等效速度：252(m/s)

序号	地层名称	高程/m	深度/m	厚度/m	层速度 V_S/(m/s)
1	充填砂	-0.5	0.5	0.5	
2	圆砾土	-4.0	4.0	3.5	183
3	砾砂	-7.0	7.0	3.0	203
4	角砾土	-10.7	10.7	3.7	254
5	砾砂	-14.6	14.6	3.9	293
6	角砾土	-15.5	15.5	0.9	333
7	圆砾土	-17.6	17.6	2.1	327
8	砾砂	-19.4	19.4	1.8	370
9	角砾土	-21.1	21.1	1.7	392
10	角砾土	-29.0	29.0	7.9	444

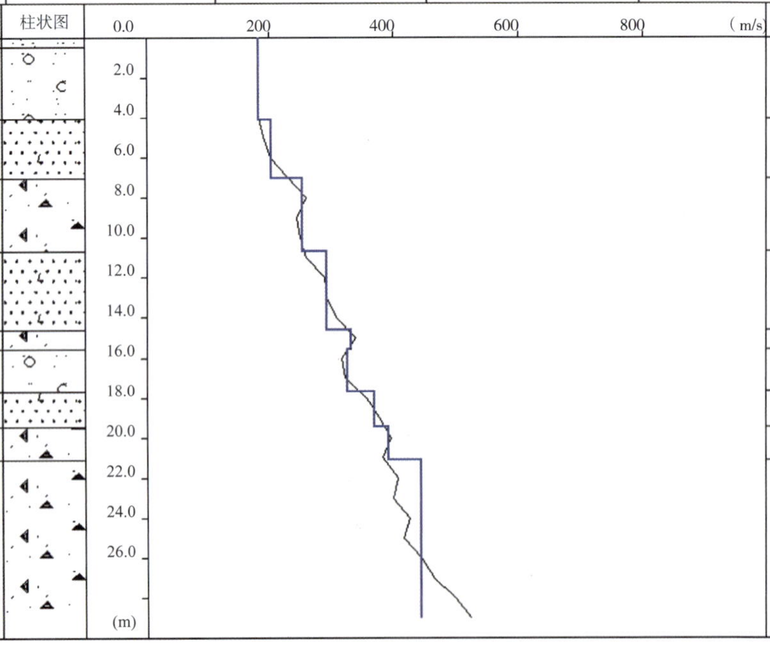

图 5.49　ZK33 钻孔测试波速图

ZK34孔波速测试成果图

工程名称：德令哈小区划	工程编号：2013.5	钻孔编号：	孔口高程：0.0(m)

终孔深度：36.0(m)	X坐标：	Y坐标：	开孔日期：	终孔日期：	等效速度：225(m/s)

序号	地层名称	高程/m	深度/m	厚度/m
1	耕作土	−0.5	0.5	0.5
2	角砾土	−1.0	1.0	0.5
3	圆砾土	−2.8	2.8	1.8
4	圆砾土	−7.0	7.0	5.2
5	砾砂	−15.5	15.5	8.5
6	圆砾土	−16.0	16.0	0.5
7	圆砾土	−17.2	17.2	1.2
8	砾砂	−18.0	18.0	0.8
9	砾砂	−26.1	26.1	8.1
10	砾砂	−33.1	33.1	7.0
11	卵石	−36.0	36.0	2.9

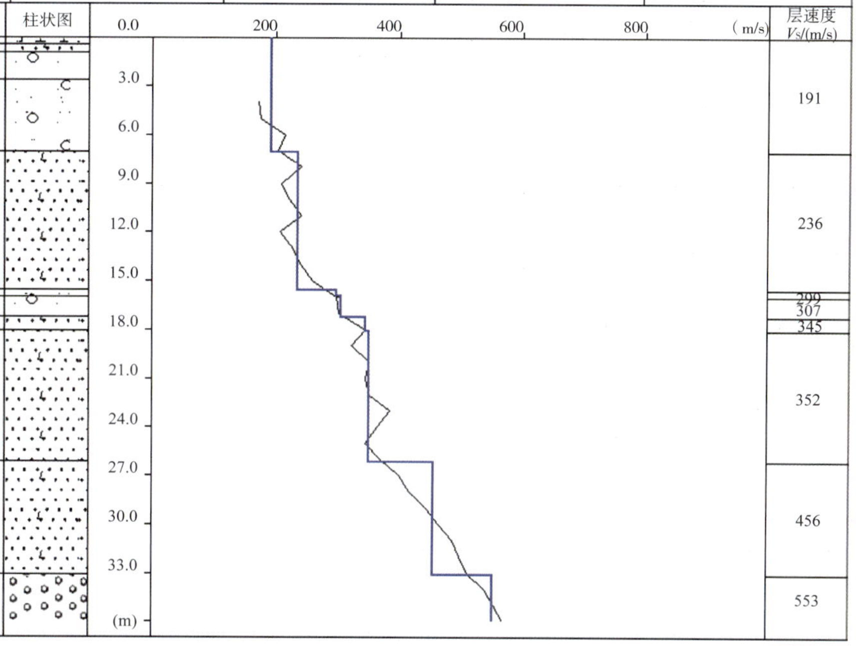

图 5.50　ZK34 钻孔测试波速图

ZK32孔波速测试成果图

工程名称：德令哈小区划	工程编号：2013.5	钻孔编号：	孔口高程：0.0(m)

终孔深度：28.0(m)	X坐标：	Y坐标：	开孔日期：	终孔日期：	等效速度：243(m/s)

序号	地层名称	高程/m	深度/m	厚度/m
1	回填土	−0.5	0.5	0.5
2	角砾土	−1.0	1.0	0.5
3	圆砾土	−4.1	4.1	3.1
4	圆砾土	−8.9	8.9	4.8
5	圆砾土	−17.3	17.3	8.4
6	圆砾土	−23.1	23.1	5.8
7	卵石	−26.5	26.5	3.4
8	卵石	−28.0	28.0	1.5

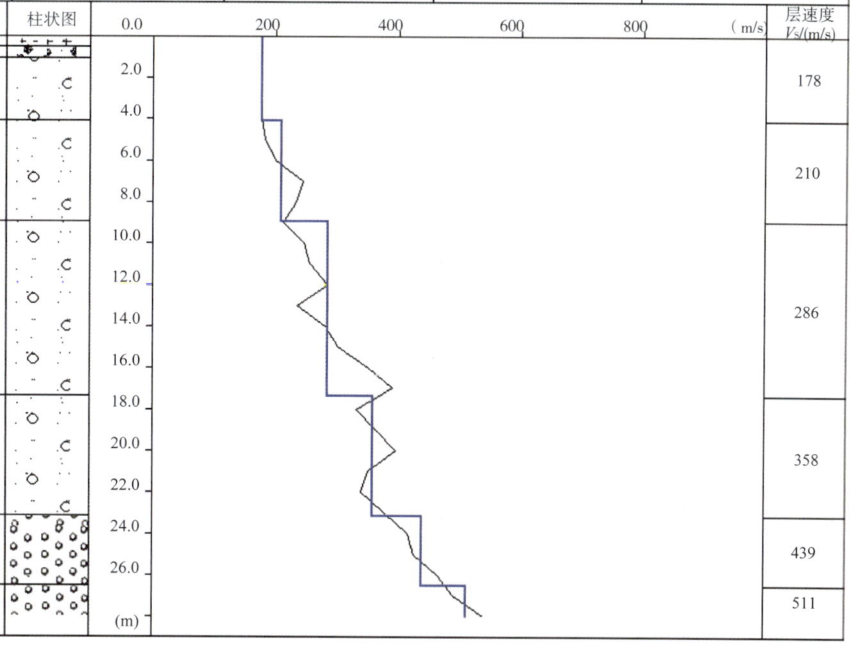

图 5.51　ZK35 钻孔测试波速图

ZK32孔波速测试成果图

工程名称：德令哈小区划	工程编号：2013.5	钻孔编号：	孔口高程：0.0(m)		
终孔深度：31.0(m)	X坐标：	Y坐标：	开孔日期：	终孔日期：	等效速度：237(m/s)

序号	地层名称	高程/m	深度/m	厚度/m	层速度 Vs/(m/s)
1	回填土	-0.4	0.4	0.4	194
2	圆砾土	-1.1	1.1	0.7	
3	圆砾土	-3.6	3.6	2.5	
4	圆砾土	-7.3	7.3	3.7	
5	圆砾土	-10.5	10.5	3.2	227
6	卵石土	-15.7	15.7	5.2	282
7	圆砾土	-18.1	18.1	2.4	342
8	圆砾土	-19.4	19.4	1.3	368
9	卵石土	-24.9	24.9	5.5	398
10	圆砾土	-27.0	27.0	2.1	510

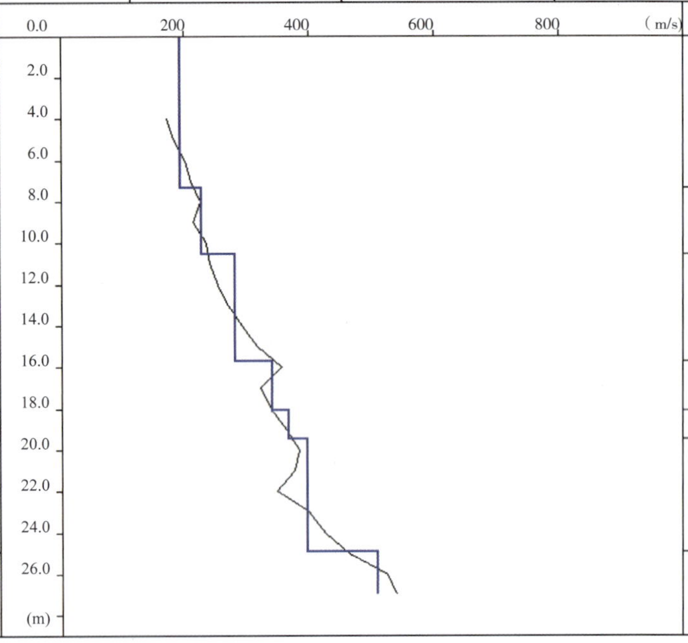

图 5.52　ZK36 钻孔测试波速图

ZK37孔波速测试成果图

工程名称：德令哈小区划	工程编号：2013.5	钻孔编号：	孔口高程：0.0(m)		
终孔深度：29.0(m)	X坐标：	Y坐标：	开孔日期：	终孔日期：	等效速度：247(m/s)

序号	地层名称	高程/m	深度/m	厚度/m	层速度 Vs/(m/s)
1	回填砂	-0.5	0.5	0.5	201
2	圆砾土	-6.5	6.5	6.0	
3	圆砾土	-7.6	7.6	1.1	228
4	圆砾土	-11.1	11.1	3.5	234
5	卵石土	-16.0	16.0	4.9	289
6	圆砾土	-18.1	18.1	4.9	367
7	圆砾土	-24.0	24.0	5.9	376
8	圆砾土	-29.0	29.0	5.0	453

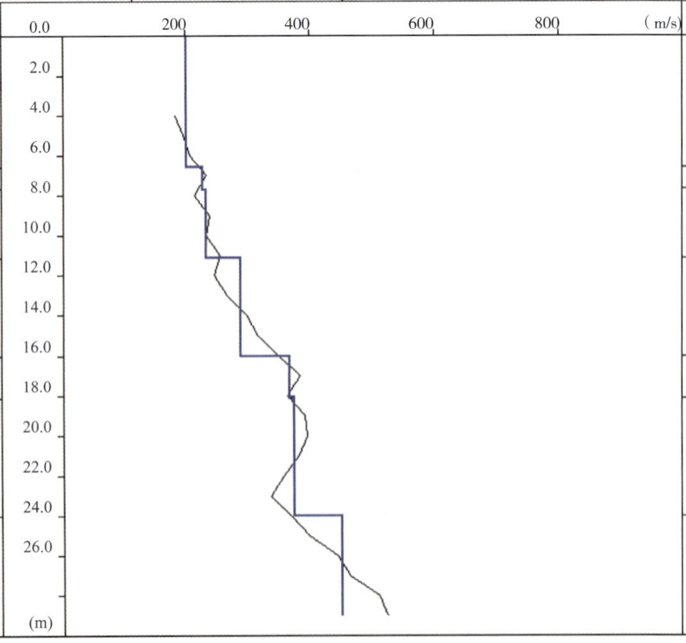

图 5.53　ZK37 钻孔测试波速图

ZK38孔波速测试成果图

工程名称：德令哈小区划	工程编号：2013.5	钻孔编号：	孔口高程：0.0(m)

终孔深度：33.0(m)	X坐标：	Y坐标：	开孔日期：	终孔日期：	等效速度：230(m/s)

序号	地层名称	高程/m	深度/m	厚度/m	层速度 Vs/(m/s)
1	耕作土	−0.3	0.3	0.3	
2	砾砂	−0.7	0.7	0.4	
3	角砾土	−1.4	1.4	0.7	
4	圆砾土	−7.8	7.8	6.4	191
5	砾砂	−11.0	11.0	3.2	226
6	圆砾土	−14.0	14.0	3.0	249
7	圆砾土	−18.0	18.0	4.0	310
8	圆砾土	−20.0	20.0	2.0	364
9	卵石	−26.0	26.0	6.0	372
10	卵石	−33.0	33.0	7.0	469

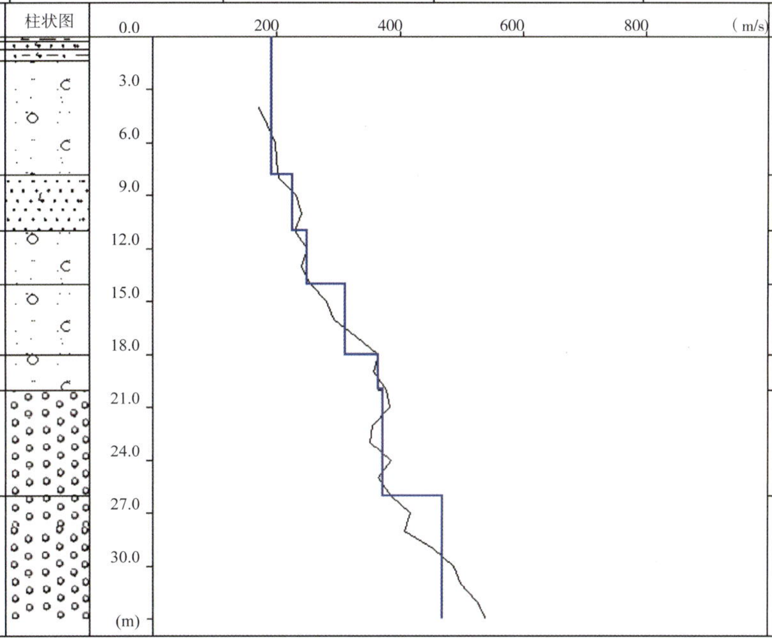

图 5.54 ZK38 钻孔测试波速图

ZK39孔波速测试成果图

工程名称：德令哈小区划	工程编号：2013.5	钻孔编号：	孔口高程：0.0(m)

终孔深度：35.0(m)	X坐标：	Y坐标：	开孔日期：	终孔日期：	等效速度：220(m/s)

序号	地层名称	高程/m	深度/m	厚度/m	层速度 Vs/(m/s)
1	耕作土	−0.5	0.5	0.5	
2	角砾土	−1.5	1.5	1.0	
3	圆砾土	−4.0	4.0	2.5	163
4	圆砾土	−10.0	10.0	6.0	196
5	圆砾土	−16.0	16.0	5.9	248
6	卵石	−23.0	23.0	7.0	337
7	卵石	−31.0	31.0	8	414
8	卵石	−35.0	35.0	4.0	538

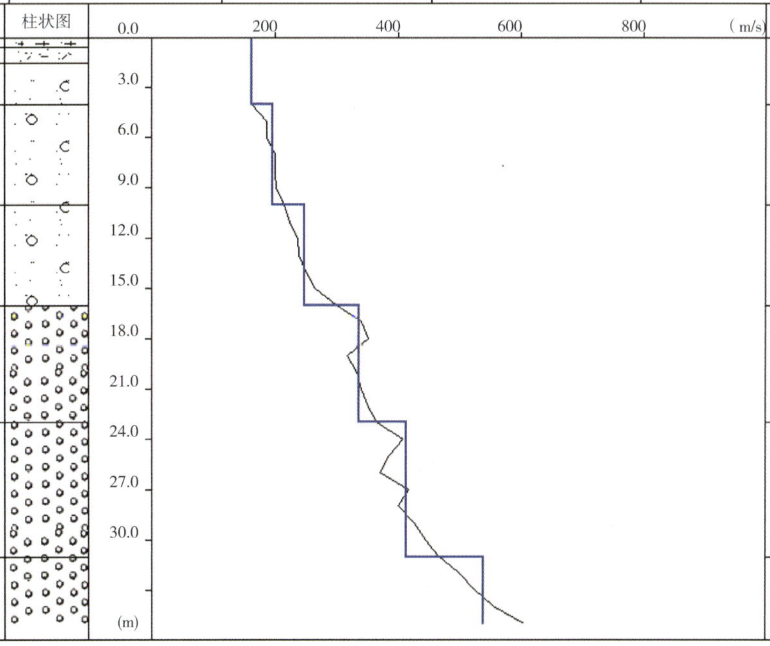

图 5.55 ZK39 钻孔测试波速图

ZK40孔波速测试成果图

工程名称：德令哈小区划	工程编号：2013.5	钻孔编号：	孔口高程：0.0(m)		
终孔深度：35.0(m)	X坐标：	Y坐标：	开孔日期：	终孔日期：	等效速度：235(m/s)

序号	地层名称	高程/m	深度/m	厚度/m	柱状图	层速度 Vs/(m/s)
1	素填土	-0.4	0.4	0.4		
2	角砾土	-1.4	1.4	1.0		
3	圆砾	-5.4	5.4	4.0		204
4	圆砾	-8.3	8.3	2.9		226
5	圆砾	-12.0	12.0	3.7		254
6	砾砂	-19.0	19.0	7.0		269
7	砾砂	-21.3	21.3	23		302
8	圆砾	-26.0	26.0	4.7		354
9	卵石	-35.0	35.0	9.0		470

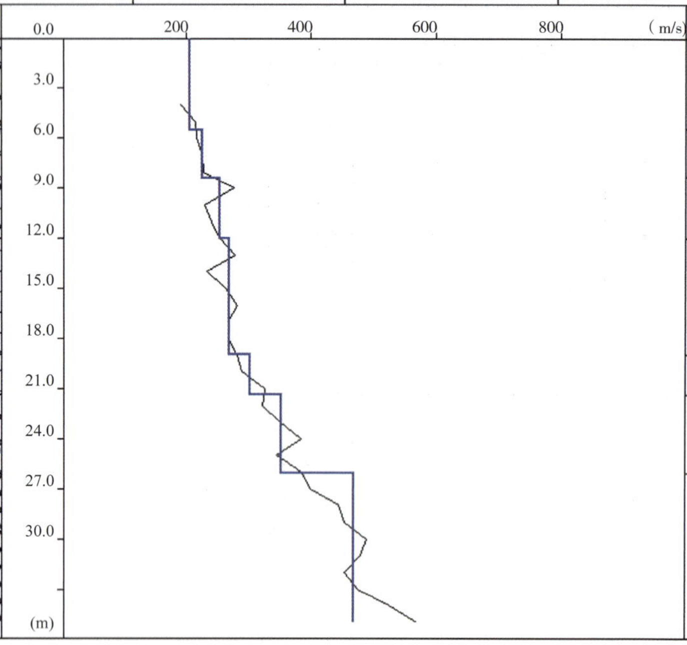

图 5.56　ZK40 钻孔测试波速图

ZK41孔波速测试成果图

工程名称：德令哈小区划	工程编号：2013.5	钻孔编号：	孔口高程：0.0(m)		
终孔深度：39.0(m)	X坐标：	Y坐标：	开孔日期：	终孔日期：	等效速度：231(m/s)

序号	地层名称	高程/m	深度/m	厚度/m	柱状图	层速度 Vs/(m/s)
1	耕作土	-0.3	0.3	0.3		
2	粗砂	-0.7	0.7	0.4		
3	圆砾土	-4.0	4.0	3.7		172
4	圆砾土	-10.0	10.0	6.0		236
5	粉土	-16.0	16.0	6.0		251
6	角砾土	-19.0	19.0	3.0		293
7	角砾	-20.0	20.0	1.1		289
8	角砾	-31.0	31.0	11.0		357
9	粉土	-35.0	35.0	3.9		447
10	角砾	-39.0	39.0	4.0		504

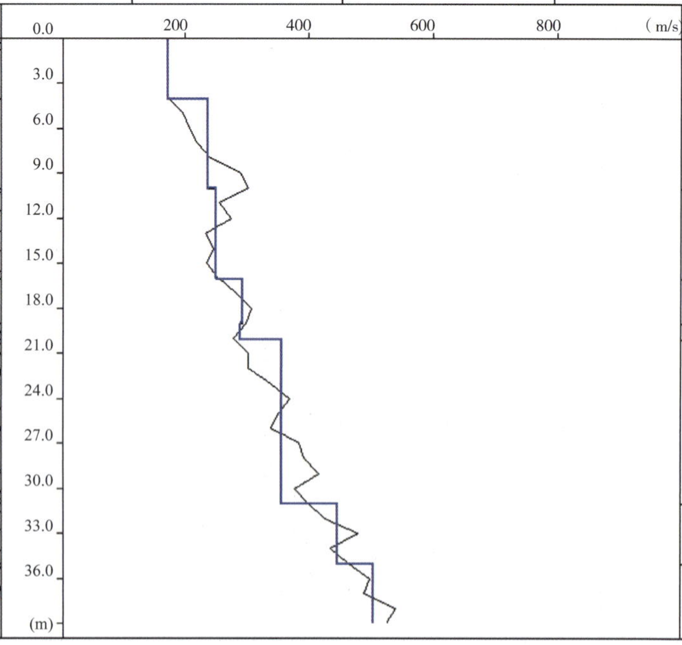

图 5.57　ZK41 钻孔测试波速图

ZK42孔波速测试成果图

工程名称：德令哈小区划	工程编号：2013.5	钻孔编号：	孔口高程：0.0(m)		
终孔深度：37.0(m)	X坐标：	Y坐标：	开孔日期：	终孔日期：	等效速度：227(m/s)

序号	地层名称	高程/m	深度/m	厚度/m	柱状图	层速度 V_s/(m/s)
1	回填土	−0.4	0.4	0.4		
2	角砾土	−8.0	8.0	7.6		186
3	砾砂	−11.0	11.0	3.0		246
4	卵石	−15.9	15.9	4.9		273
5	粉砂	−20.6	20.6	3.7		296
6	卵石	−22.1	22.1	1.5		287
7	卵石	−31.2	31.2	9.1		386
8	卵石	−37.0	37.0	5.8		504

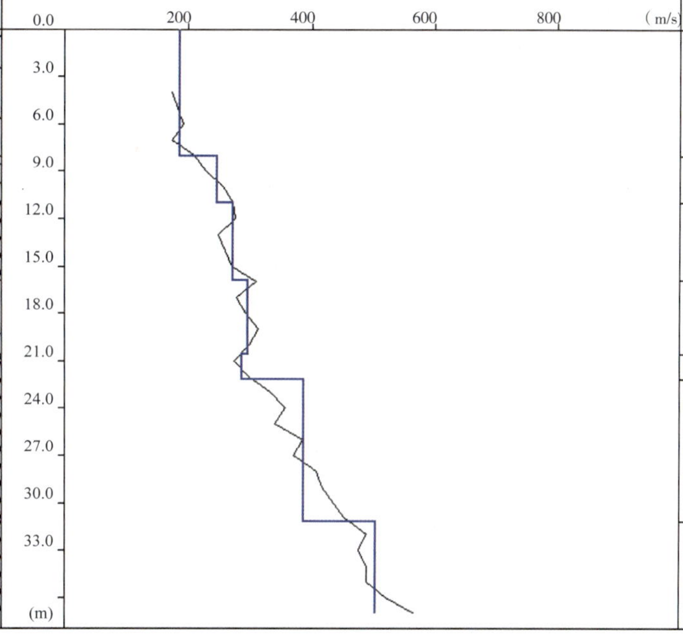

图 5.58 ZK42 钻孔测试波速图

ZK43孔波速测试成果图

工程名称：德令哈小区划	工程编号：2013.5	钻孔编号：	孔口高程：0.0(m)		
终孔深度：38.0(m)	X坐标：	Y坐标：	开孔日期：	终孔日期：	等效速度：232(m/s)

序号	地层名称	高程/m	深度/m	厚度/m	柱状图	层速度 V_s/(m/s)
1	回填土	−0.5	0.5	0.5		
2	砾砂	−0.9	0.9	0.4		
3	粉土	−6.4	6.4	5.5		181
4	砾砂	−8.0	8.0	1.6		207
5	圆砾	−15.1	15.1	7.1		261
6	圆砾	−20.0	20.0	4.9		332
7	圆砾	−23.2	23.2	3.3		332
8	角砾	−31.0	31.0	7.8		380
9	角砾	−34.0	34.0	3.0		423
10	砾砂	−38.0	38.0	4.0		497

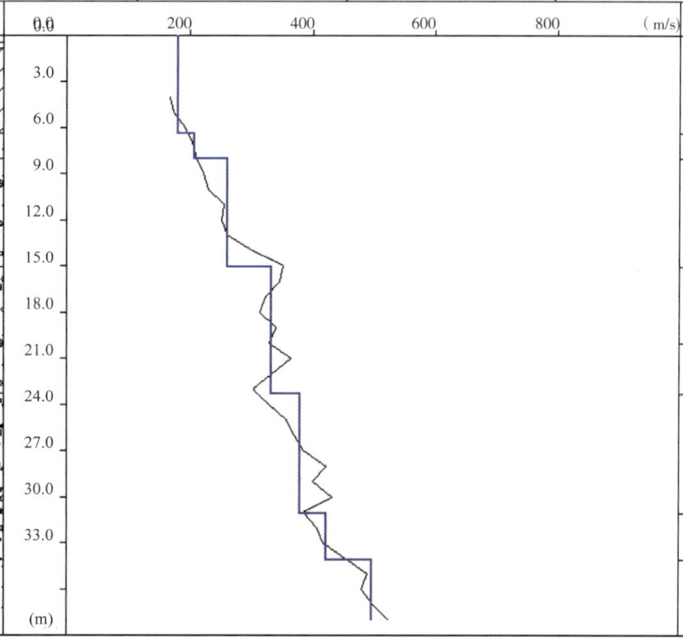

图 5.59 ZK43 钻孔测试波速图

ZK44孔波速测试成果图

工程名称：德令哈小区划　工程编号：2013.5　钻孔编号：　孔口高程：0.0(m)

终孔深度：37.0(m)　X坐标：　Y坐标：　开孔日期：　终孔日期：　等效速度：227(m/s)

序号	地层名称	高程/m	深度/m	厚度/m	柱状图	层速度 Vs/(m/s)
1	回填土	-0.5	0.5	0.5		
2	圆砾土	-10.0	10.0	9.5		213
3	砾砂	-11.2	11.2	1.2		269
4	角砾土	-16.0	16.0	4.8		258
5	砾砂	-17.2	17.2	1.2		277
6	角砾	-20.0	20.0	2.8		287
7	砾砂	-21.1	21.1	1.0		309
8	圆砾土	-26.8	26.8	5.8		344
9	圆砾土	-31.6	31.6	4.8		389
10	卵石	-37.0	37.0	5.4		472

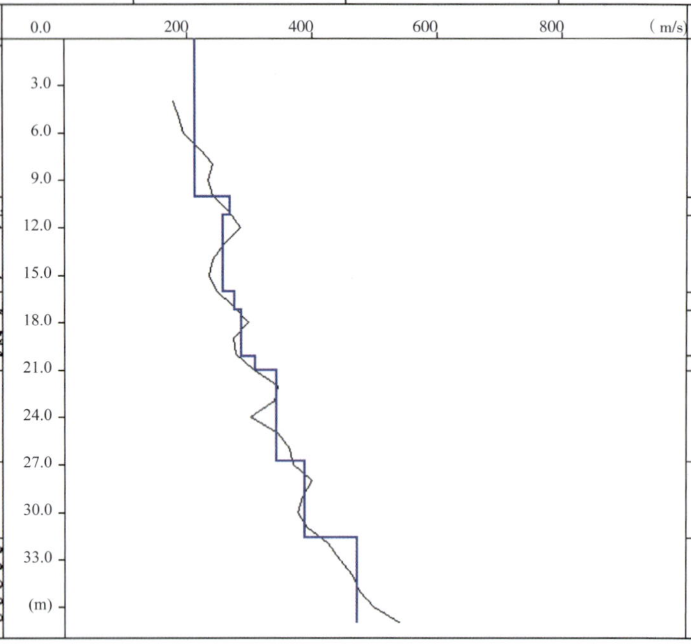

图 5.60　ZK44 钻孔测试波速图

ZK45孔波速测试成果图

工程名称：德令哈小区划　工程编号：2013.5　钻孔编号：　孔口高程：0.0(m)

终孔深度：44.0(m)　X坐标：　Y坐标：　开孔日期：　终孔日期：　等效速度：237(m/s)

序号	地层名称	高程/m	深度/m	厚度/m	柱状图	层速度 Vs/(m/s)
1	回填土	-0.4	0.4	0.4		
2	角砾土	-4.0	4.0	3.6		183
3	砾砂	-6.3	6.3	2.3		207
4	角砾土	-8.0	8.0	1.7		274
5	粉土	-16.0	16.0	7.9		257
6	角砾土	-17.0	17.0	1.0		251
7	砾砂	-18.4	18.4	1.5		277
8	卵石	-20.0	20.0	1.5		279
9	卵石	-28.1	28.1	8.1		333
10	卵石	-38.0	38.0	9.9		404
11	卵石	-44.0	44.0	6.0		524

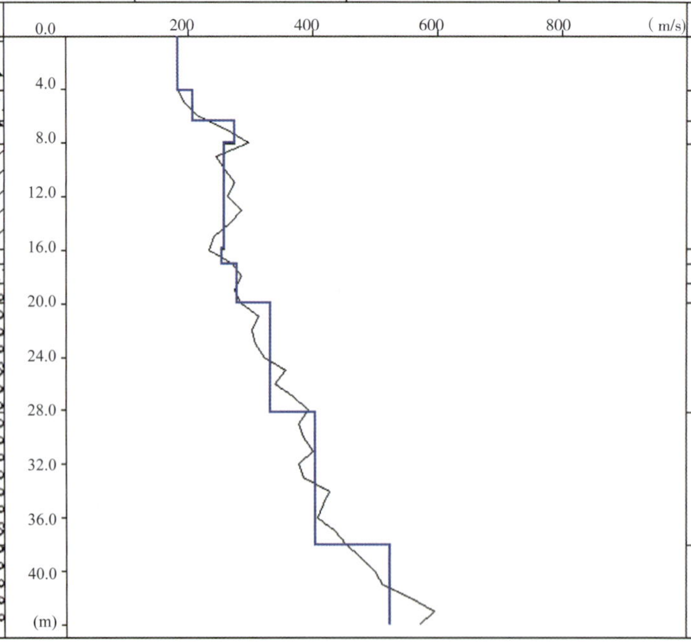

图 5.61　ZK45 钻孔测试波速图

工程名称：德令哈小区划	工程编号：	钻孔编号：ZK46	孔口高程：0.0(m)
终孔深度：44.0(m)	测试人员：王德	审核人员：	等效速度：223(m/s)

序号	地层名称	深度/m	厚度/m
1	圆砾	4.10	4.10
2	角砾	8.50	4.40
3	圆砾	11.30	2.80
4	角砾	27.10	15.80
5	圆砾	32.50	5.40
6	角砾土	44.00	11.50

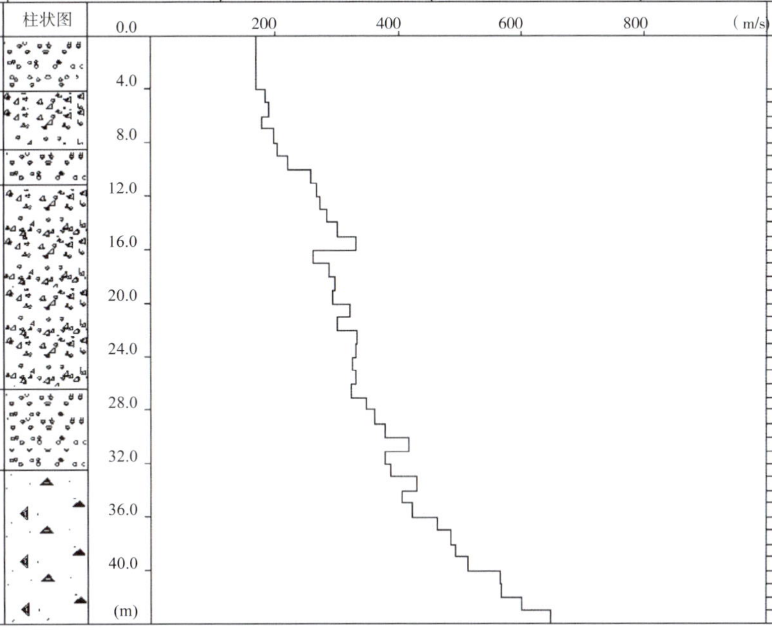

层速度 V_s/(m/s)：170, 185, 191, 179, 197, 202, 220, 257, 267, 273, 284, 301, 330, 262, 287, 297, 294, 321, 300, 332, 331, 325, 330, 323, 348, 360, 377, 416, 377, 386, 430, 405, 423, 464, 485, 493, 514, 566, 568, 603, 648

图 5.62 ZK46 钻孔测试波速图

工程名称：德令哈小区划	工程编号：2014	钻孔编号：ZK47	孔口高程：0.0(m)
终孔深度：42(m)	测试人员：王德	审核人员：苏旭	等效速度：227(m/s)

序号	地层名称	深度/m	厚度/m
1	圆砾	2.40	2.40
2	角砾	6.50	4.10
3	圆砾	9.30	2.80
4	粗砂	10.50	1.20
5	角砾	26.80	16.30
6	碎石土	32.50	5.70
7	角砾土	42.00	9.50

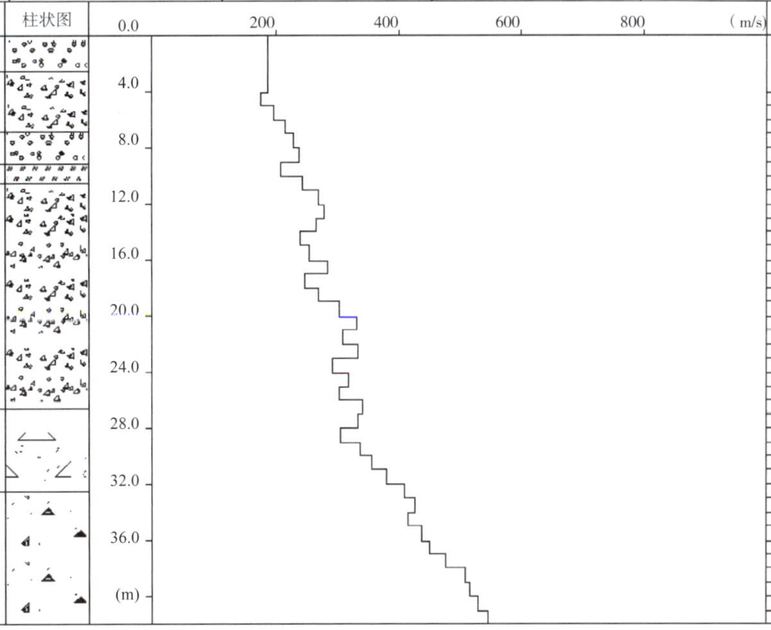

层速度 V_s/(m/s)：187, 176, 195, 214, 227, 237, 208, 243, 268, 279, 265, 238, 253, 283, 246, 268, 302, 331, 307, 333, 292, 317, 303, 340, 333, 304, 336, 355, 380, 408, 427, 415, 437, 451, 476, 508, 515, 529, 546

图 5.63 ZK47 钻孔测试波速图

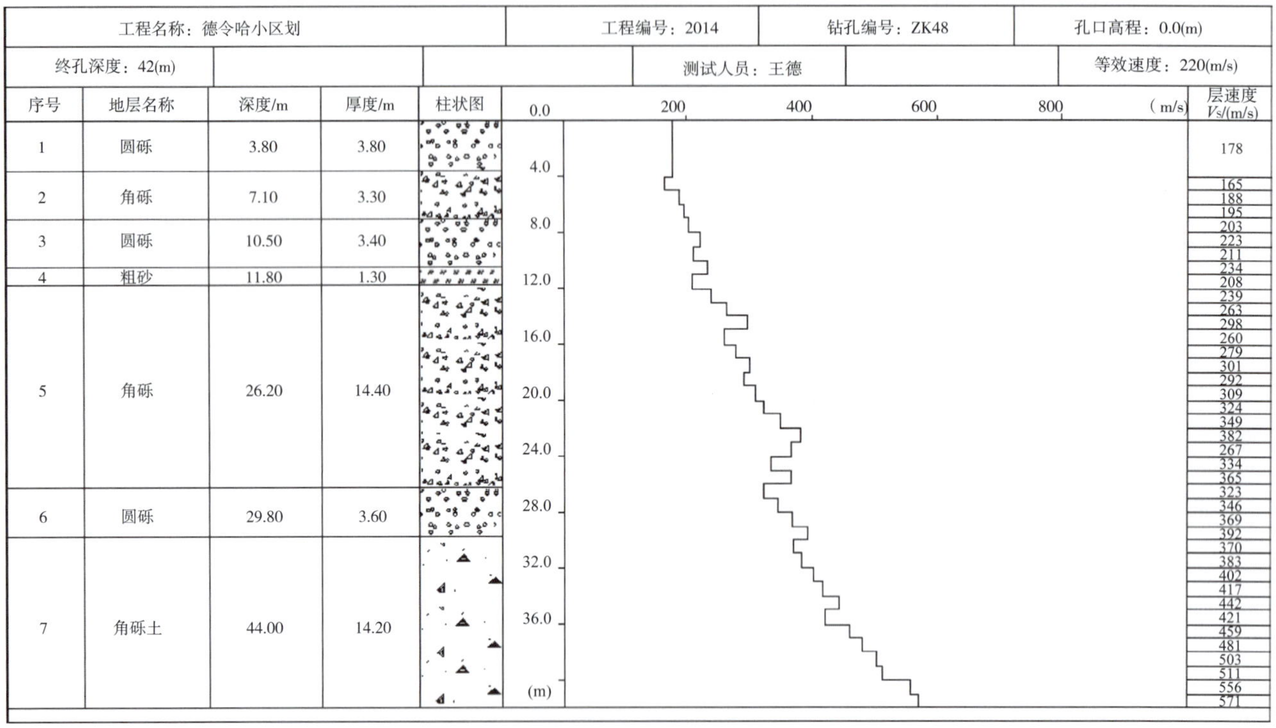

图 5.64　ZK48 钻孔测试波速图

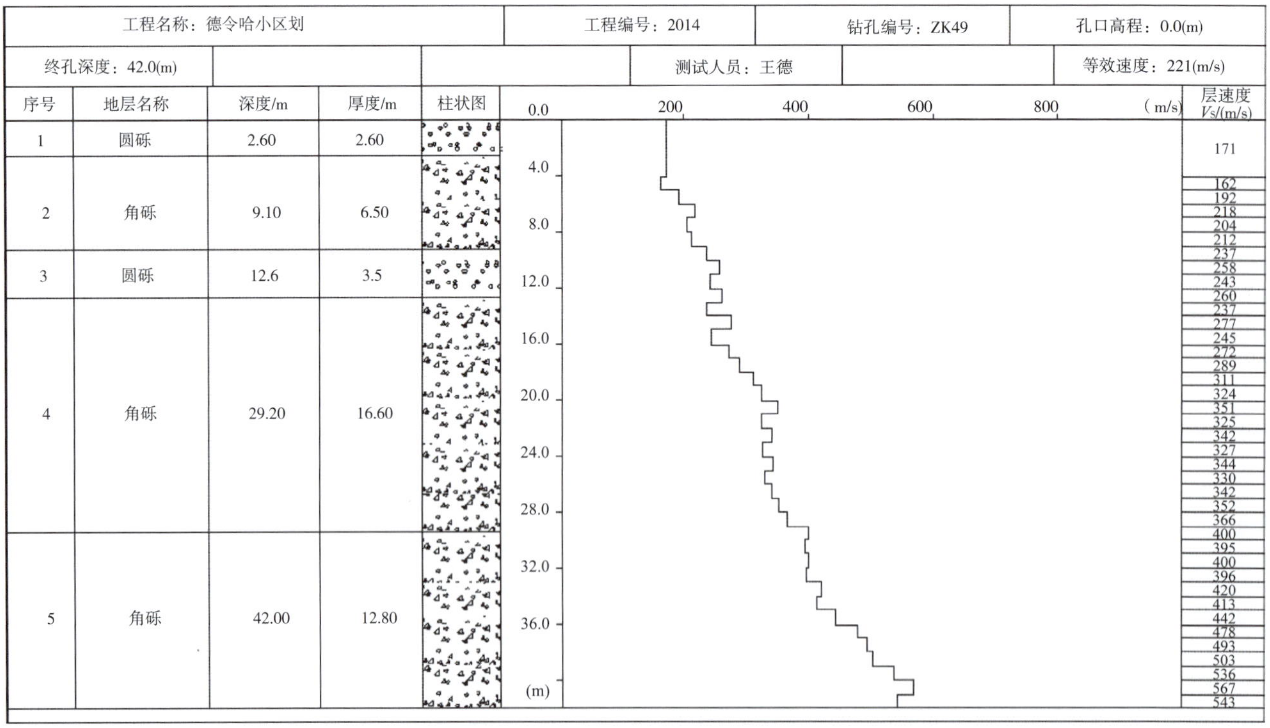

图 5.65　ZK49 钻孔测试波速图

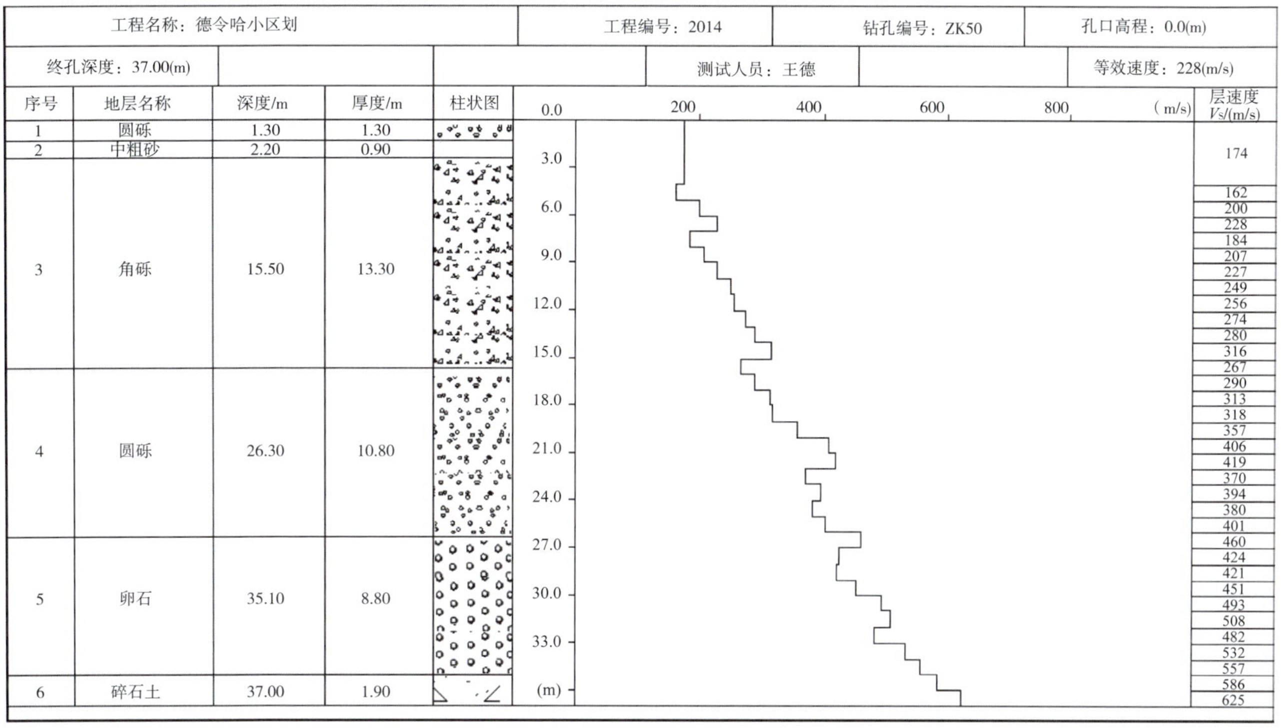

图 5.66　ZK50 钻孔测试波速图

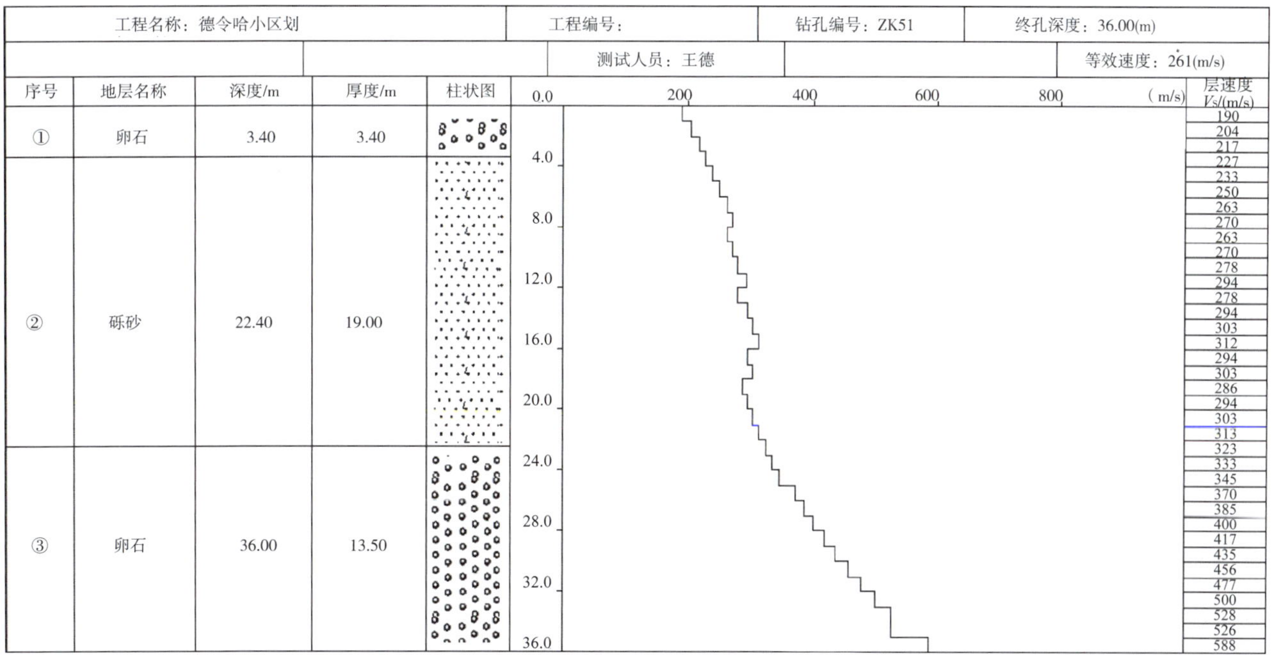

图 5.67　ZK51 钻孔测试波速图

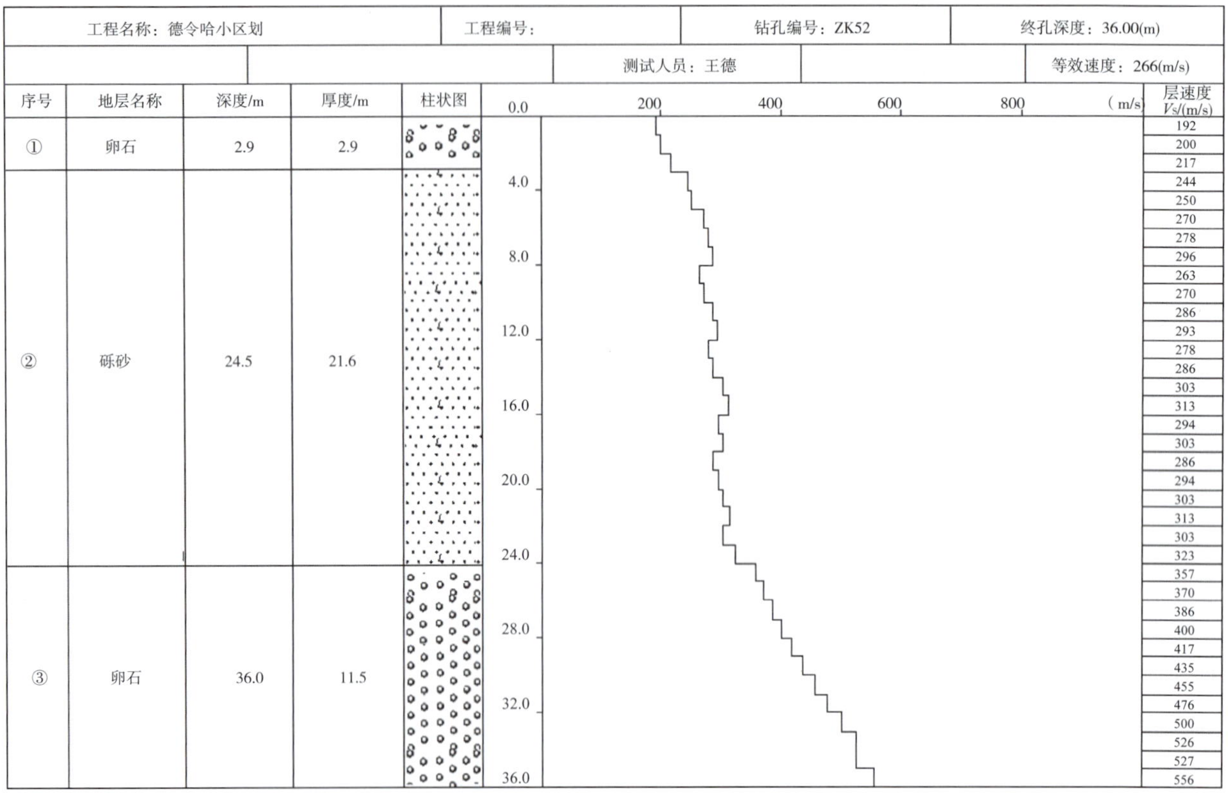

图 5.68　ZK52 钻孔测试波速图

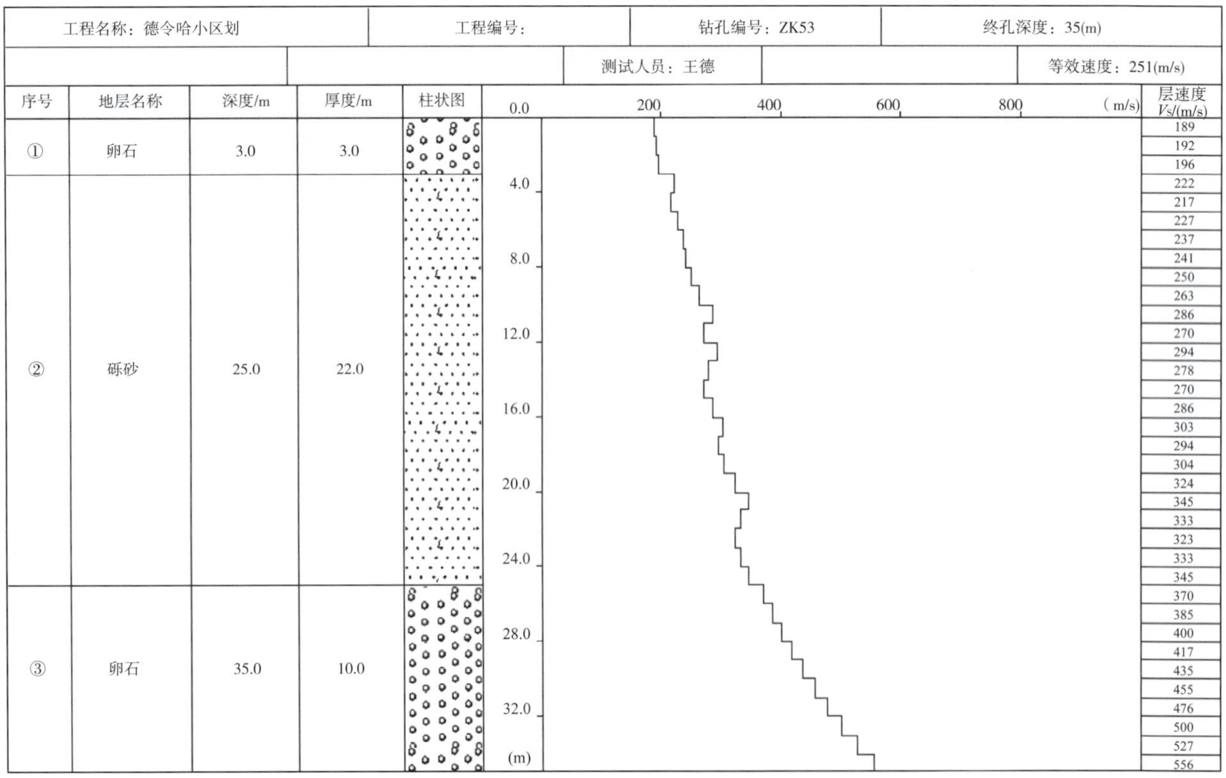

图 5.69　ZK53 钻孔测试波速图

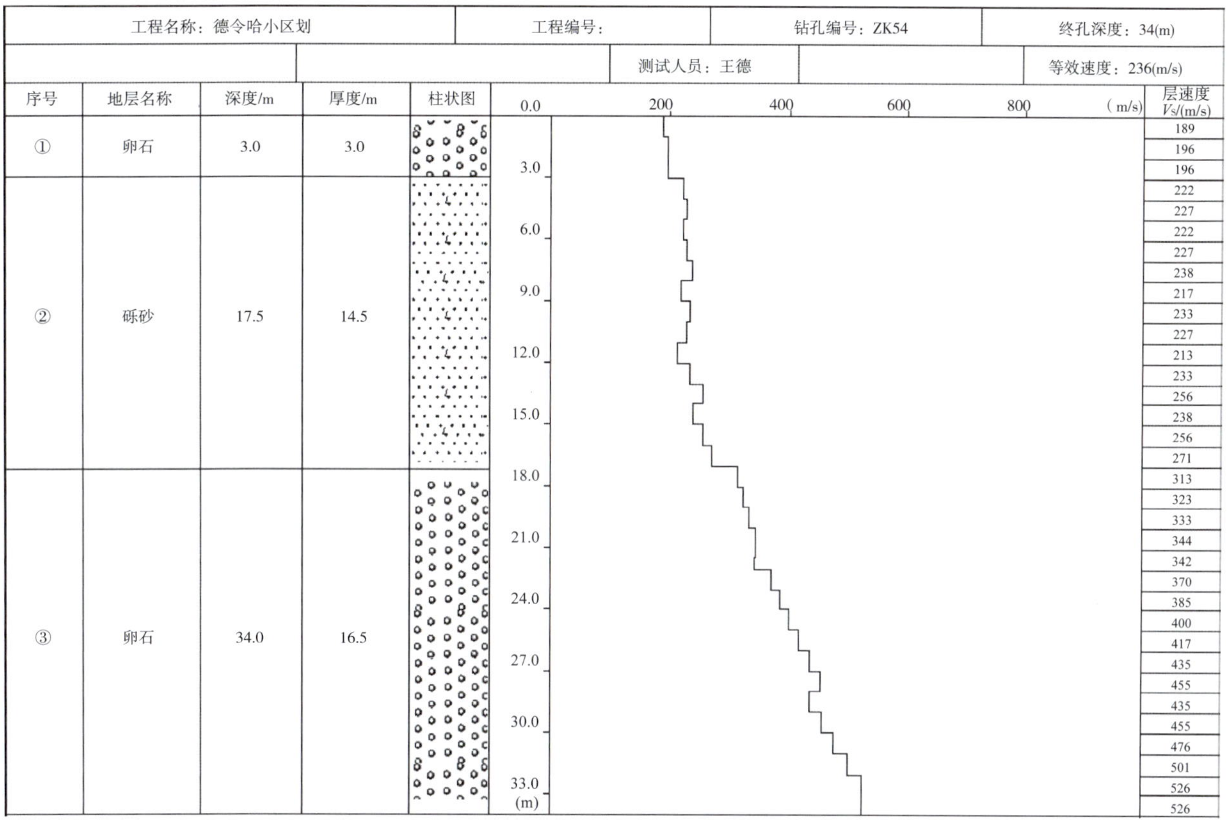

图 5.70 ZK54 钻孔测试波速图

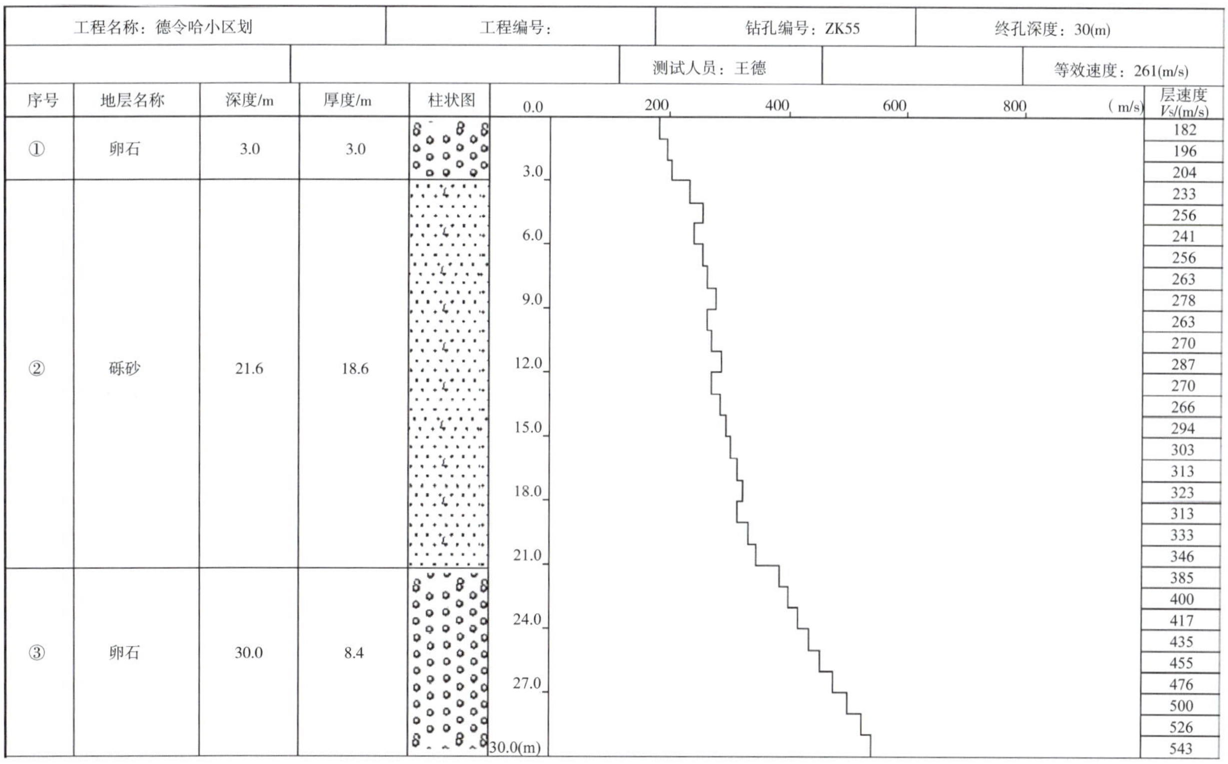

图 5.71 ZK55 钻孔测试波速图

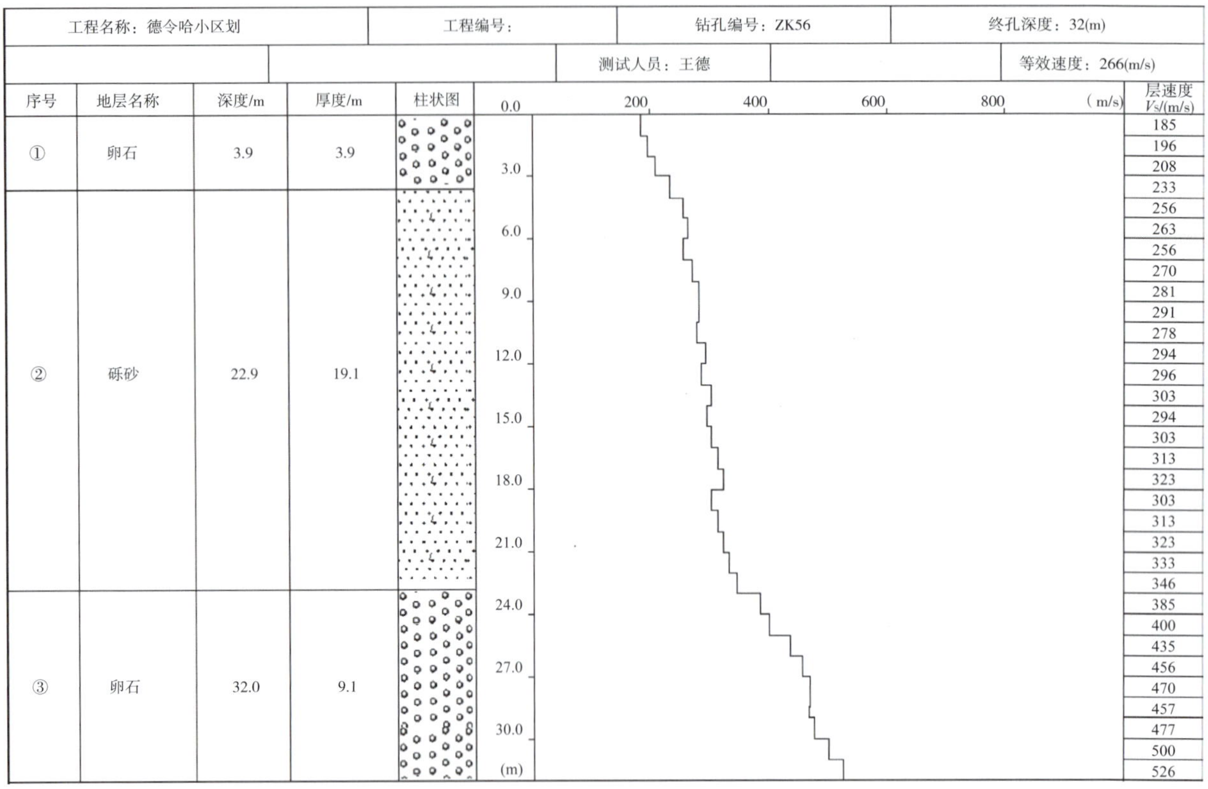

图 5.72　ZK56 钻孔测试波速图

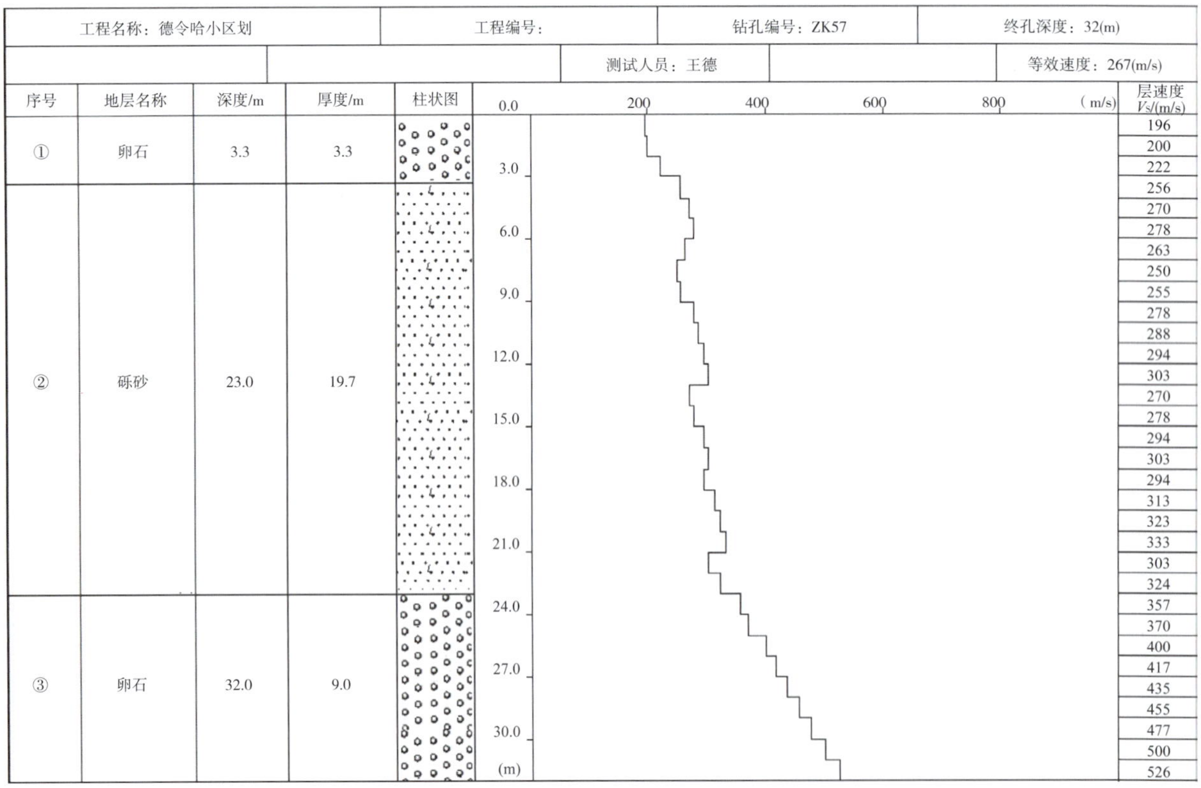

图 5.73　ZK57 钻孔测试波速图

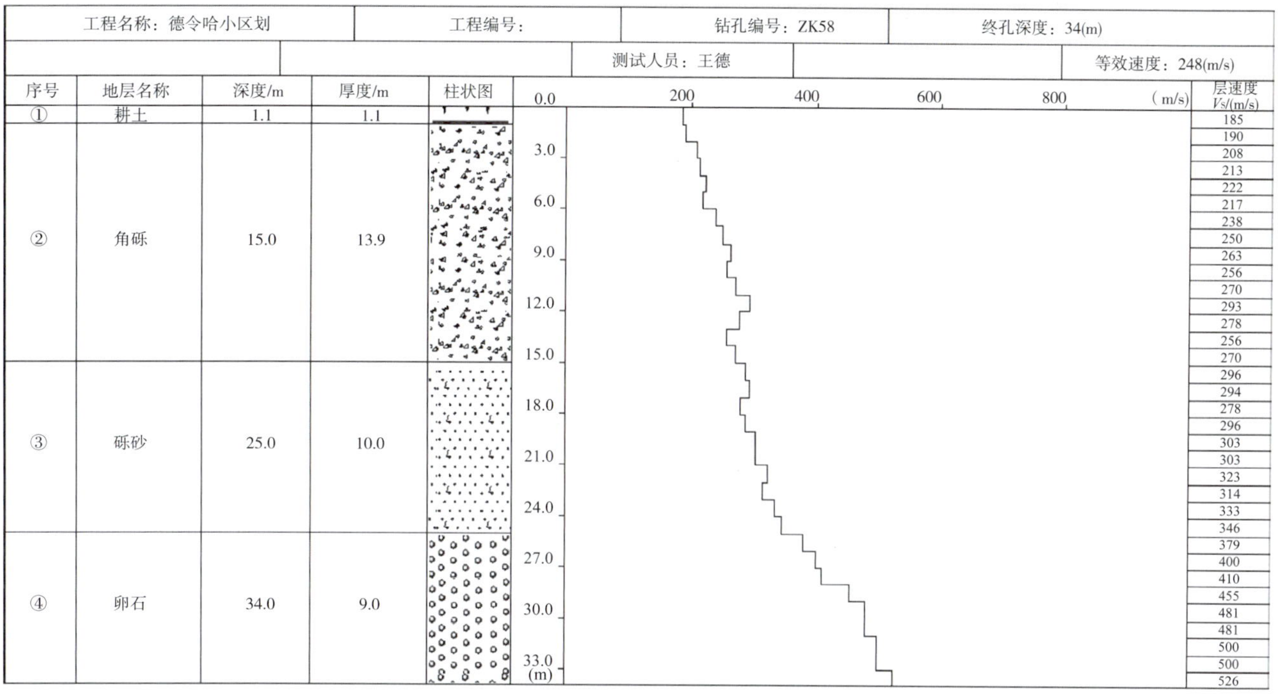

图 5.74 ZK58 钻孔测试波速图

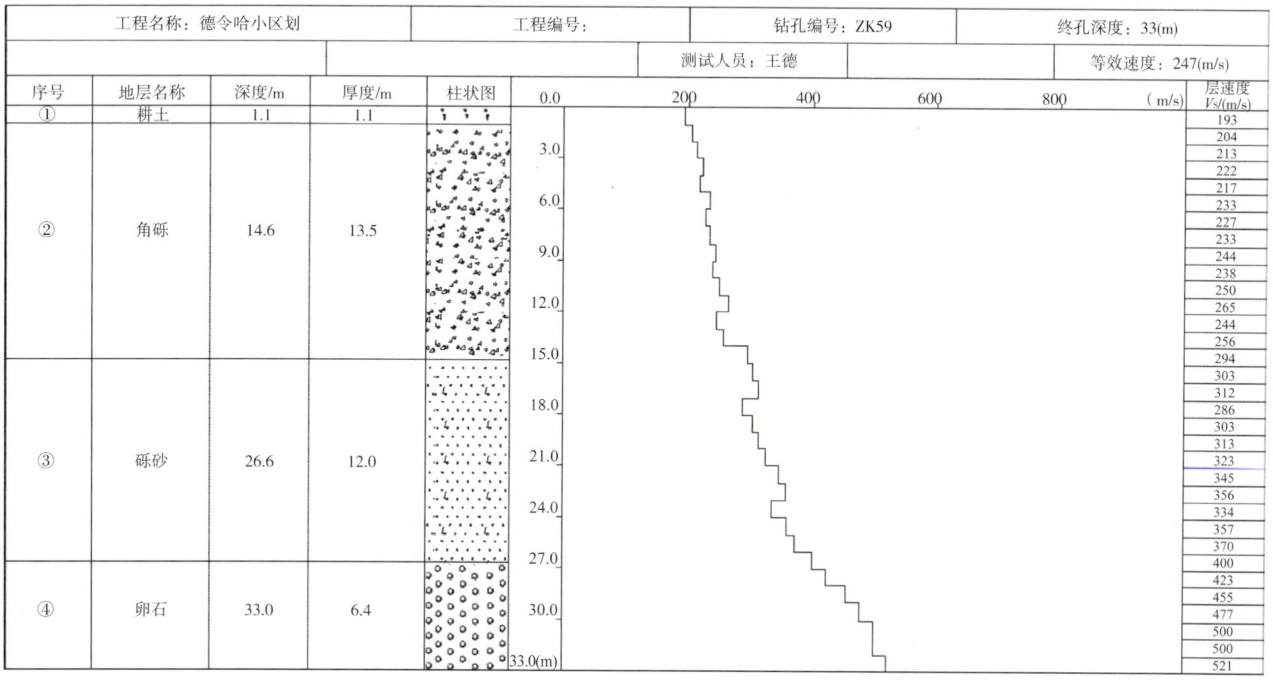

图 5.75 ZK59 钻孔测试波速图

工地名称	德令哈小区划			测试人员	邹海宁
钻孔编号	ZK60	高程/m	0.00	测试日期	2013.5

层号	层底深度/m	土层名称	速度/(m/s)	土层描述
		砾砂含少量卵石	142.5	
			178.9	
			198.2	
			208.3	
1	10.3		225.4	
		砾砂	259.3	
			272.8	
			301.3	
			318.5	
			347.6	
			361.9	
2	23.5		390.1	
		卵石	411.6	
			427.8	
			459.2	
			483.6	
			501.5	
			519.7	
3	38.2		531.4	

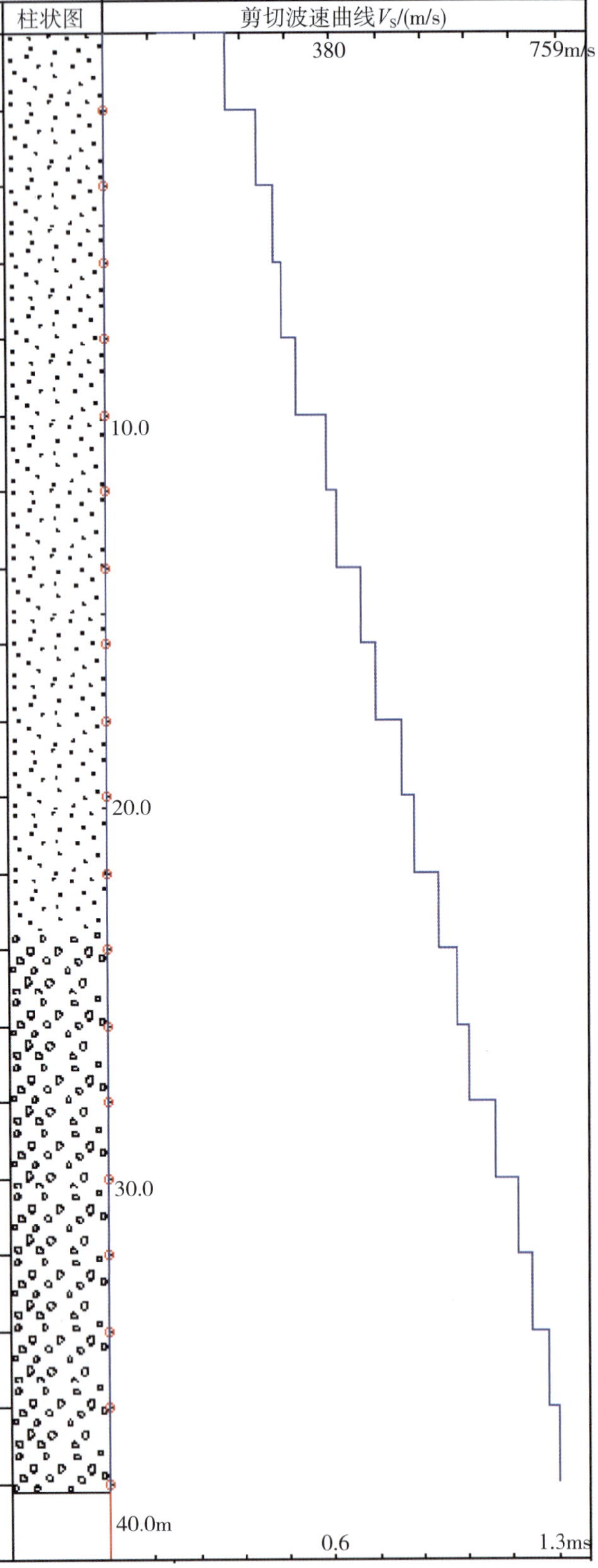

图 5.76　ZK60 钻孔测试波速图

工地名称	德令哈小区划			测试人员	邹海宁
钻孔编号	ZK61	高程/m	0.00	测试日期	2013.5

层号	层底深度/m	土层名称	速度/(m/s)	土层描述	柱状图	剪切波速曲线 V_S/(m/s)
		砾砂含少量卵石	151.3			
			188.9			
			201.5			
			214.7			
			235.4			
1	11.2		259.3			
		砾砂	262.8			
			278.9			
			328.5			
			367.6			
			382.7			
2	24.2		391.3			
		卵石	419.2			
			431.9			
			462.8			
			489.9			
			510.5			
3	36.0		530.1			

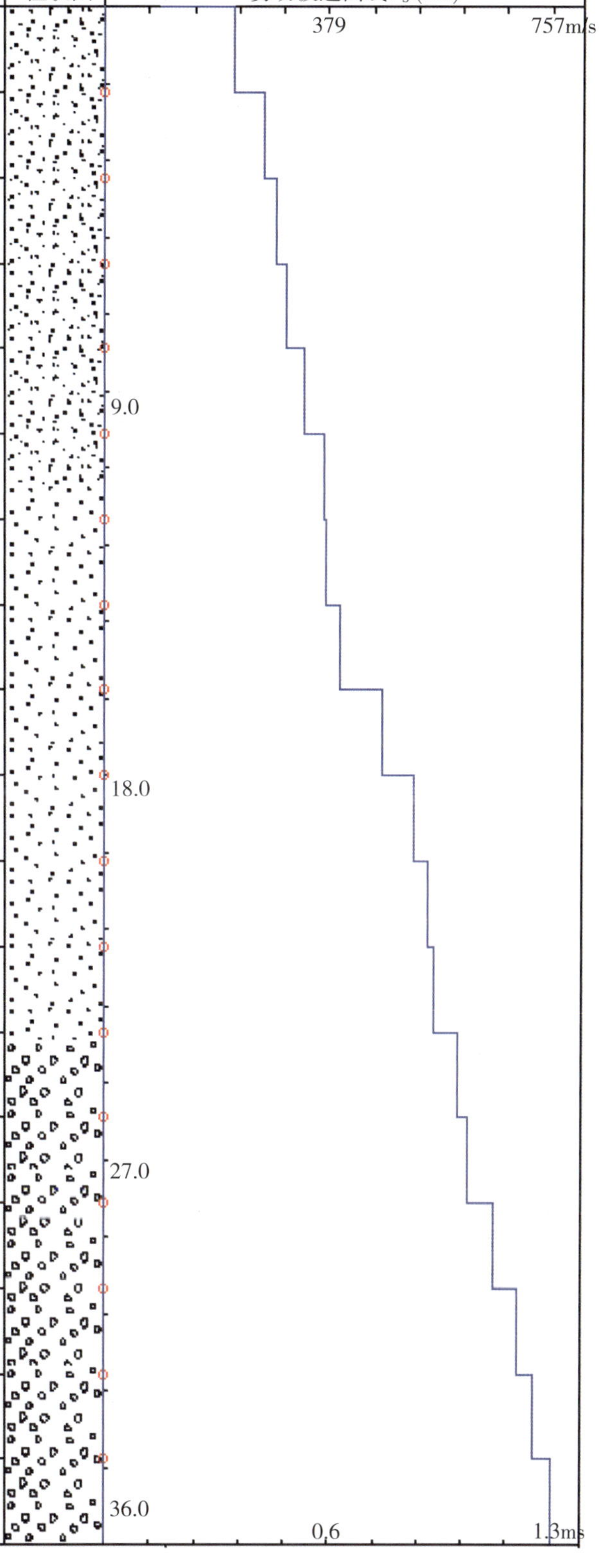

图 5.77 ZK61 钻孔测试波速图

工地名称		德令哈小区划				测试人员	邹海宁
钻孔编号		ZK62	高程/m	2968.00		测试日期	2013.6
层号	层底深度/m	土层名称	速度/(m/s)	土层描述	柱状图	剪切波速曲线V_S/(m/s)	
		粉砂	112.9				
			124.1				
1	3.2		117.5				
		细砂	137.5				
			189.4				
			203.7				
			198.5				
			208.4				
2	9.6		213.8				
		砾砂	229.3				
			215.4				
			209.7				
			228.3				
			230.8				
			241.9				
			235.8				
			247.2				
			254.5				
3	19.5		249.7				
		细砂	243.8				
			246.9				
			259.3				
			256.8				
			254.9				
2	25.3		264.7				
		角砾	261.9				
			279.3				
			302.7				
			315.3				
			349.5				
			340.8				
			350.3				
			357.7				
			364.3				
			379.7				
			371.8				
			382.9				
			389.4				
			396.9				
			392.8				
			420.9				
			430.7				
			459.6				
			467.3				
			487.9				
			518.4				
			549.6				
4	48.0		560.3				

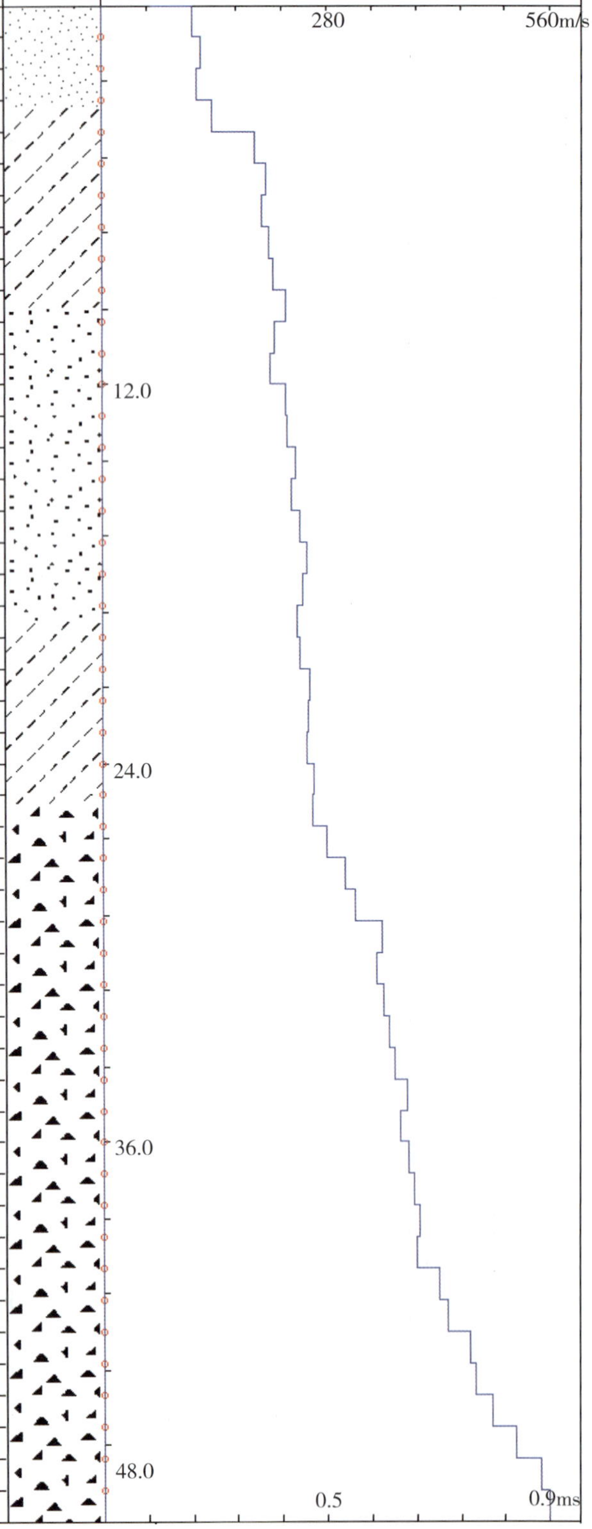

图 5.78　ZK62 钻孔测试波速图

工地名称	德令哈小区划			测试人员	邹海宁
钻孔编号	ZK63	高程（m）	2968.00	测试日期	2013.6

层号	层底深度/m	土层名称	速度/(m/s)	土层描述
		粉砂	105.4	
			104.7	
1	3.3		109.5	
		细砂	156.9	
			183.4	
			207.3	
			205.8	
2	8.5		227.9	
		砾砂	231.5	
			233.7	
			247.3	
			253.8	
			261.0	
			252.9	
3	14.6		247.8	
		细砂	251.9	
			265.2	
			279.4	
			268.2	
			287.5	
			294.8	
			305.4	
			302.9	
2	24.3		321.6	
		角砾	330.5	
			362.8	
			371.5	
			368.3	
			382.9	
			381.4	
			388.5	
			408.4	
			403.2	
			414.7	
			420.0	
			429.5	
			442.8	
			456.9	
			471.9	
			468.6	
4	40.6		488.9	
		基岩	495.7	
			520.8	
			548.3	
			581.4	
			608.7	
			614.9	
5	48.0			

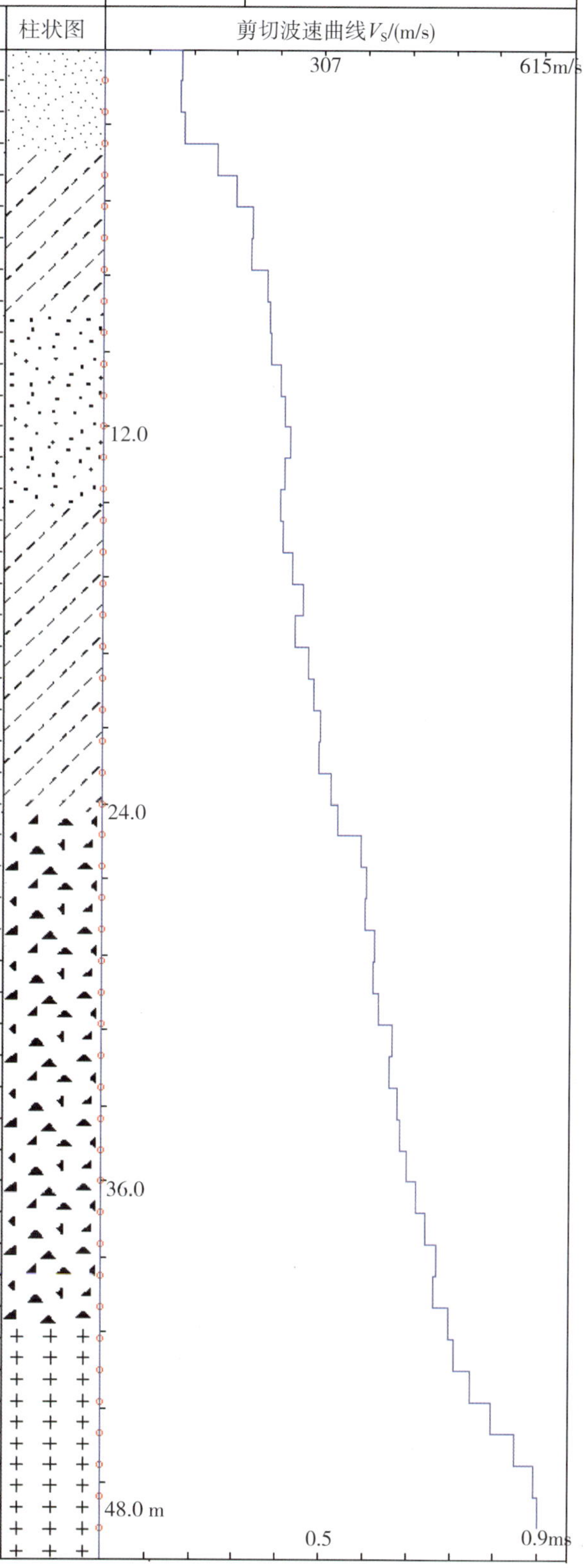

图 5.79 ZK63 钻孔测试波速图

工地名称	德令哈小区划			测试人员	邹海宁
钻孔编号	ZK64	高程/m	2969.00	测试日期	2013.6

层号	层底深度/m	土层名称	速度/(m/s)	土层描述	柱状图
		粉土	161.9		
1	2.5		153.6		
			182.4		
		细砂	186.9		
			197.5		
			189.4		
			209.6		
			202.2		
			213.9		
			228.3		
2	11.5		231.5		
			243.9		
		角砾	251.8		
			249.7		
			256.4		
			251.9		
			278.3		
			269.4		
			278.2		
			298.2		
			294.8		
			308.4		
			303.9		
			309.3		
			323.8		
			339.5		
			363.2		
			368.3		
			382.9		
			381.4		
			391.6		
			397.4		
			395.2		
			401.7		
			420.0		
			429.5		
			442.8		
			456.9		
			471.9		
			468.6		
			475.1		
			498.9		
			510.8		
			502.7		
			518.5		
			528.1		
			542.3		
3	48.0		547.9		

剪切波速曲线 V_S/(m/s)

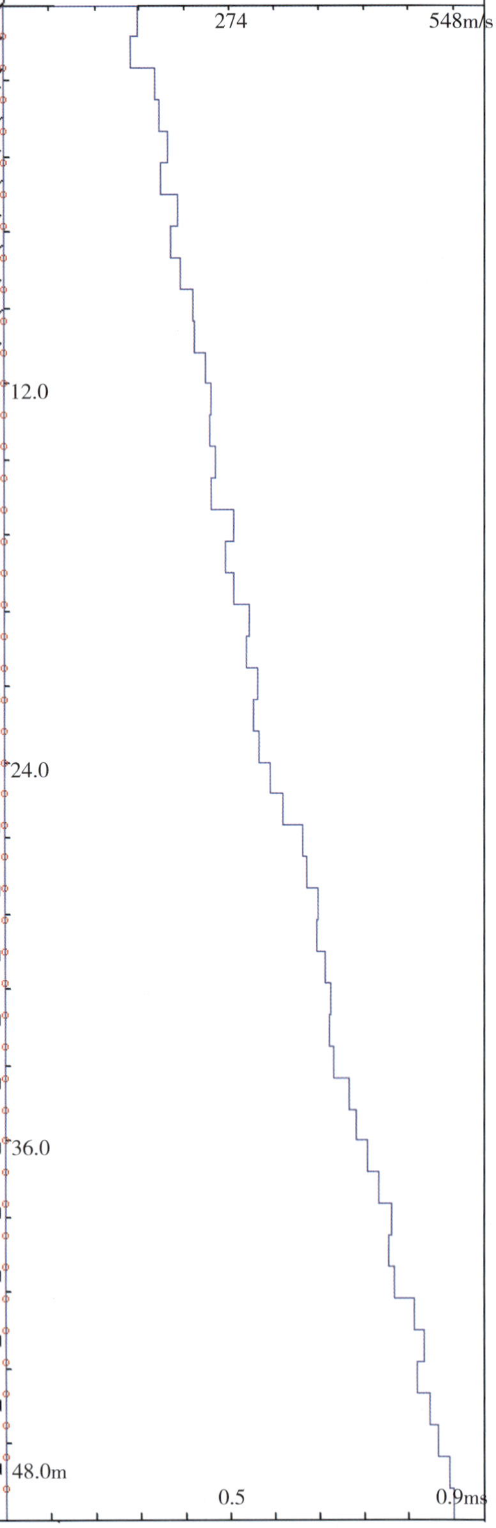

图 5.80　ZK64 钻孔测试波速图

工程名称	德令哈小区划					
工程编号	2013.7.22			钻孔编号	ZK65	
孔口高程	0.00m	坐标		开工日期	稳定水位深度	
孔口直径	127.00mm			竣工日期	测量水位日期	

地层编号	稳定水位/m和水位日期	层底高程/m	层底深度/m	分层厚度/m	柱状图 1∶250	岩土名称及期特征	横波波速/(m/s)	横波波速平均值/(m/s)
①		-0.90	0.90	0.90		杂填土		142.00
②		-21.50	21.50	20.60		角砾		261.10
③		-22.60	22.60	1.10		卵石		321.00
④		-27.00	27.00	4.40		碎石		334.40
③		-28.10	28.10	1.10		卵石		351.00
④	(1)-29.50	-48.50	48.50	20.40		碎石		465.14

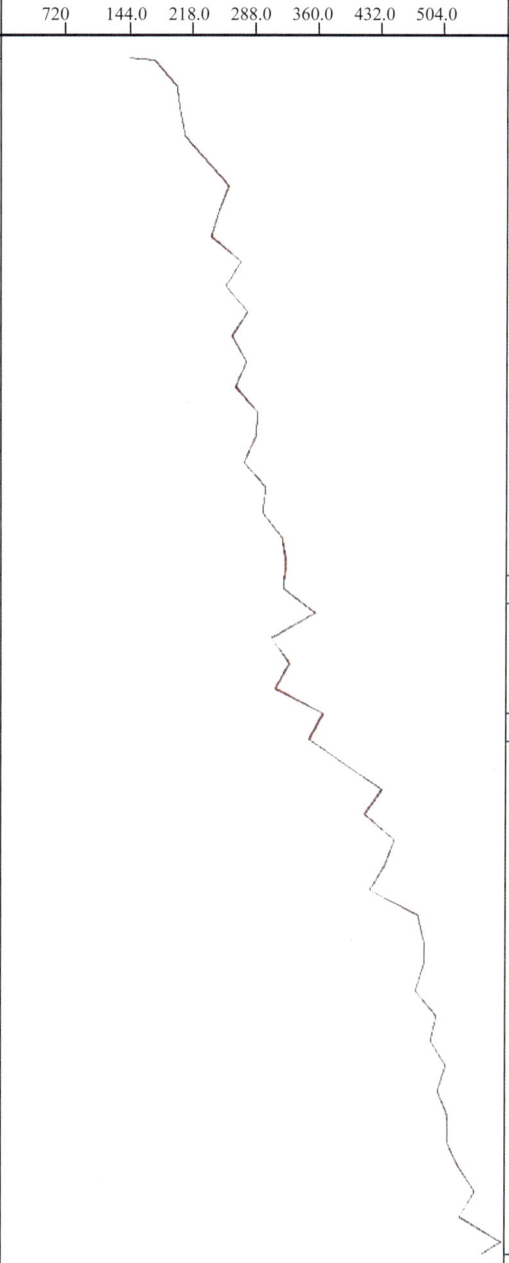

图 5.81 ZK65 钻孔测试波速图（收集钻孔）

工程名称	德令哈小区划						
工程编号	2013.7.22			钻孔编号	ZK66		
孔口高程	0.00m	坐标		开工日期		稳定水位深度	
孔口直径	127.00mm			竣工日期		测量水位日期	

地层编号	稳定水位/m和水位日期	层底高程/m	层底深度/m	分层厚度/m	柱状图 1：250	岩土名称及期特征	横波波速/(m/s)	横波波速平均值/(m/s)
①		-0.60	0.60	0.60		杂填土		89.00
②		-5.10	5.10	4.50		角砾		204.00
④		-6.00	6.00	0.90		碎石		208.00
②		-15.30	18.30	12.30		角砾		263.30
③		-28.30	28.30	10.00		卵石		355.30
④	▼(1)-38.20	-47.60	47.60	19.30		碎石		496.00

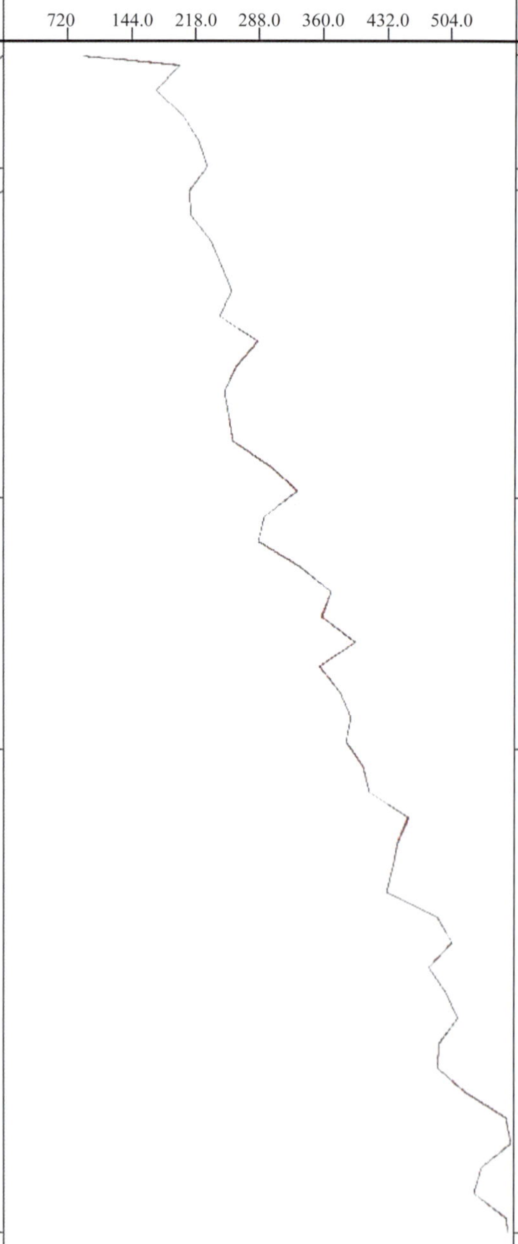

图 5.82　ZK66 钻孔测试波速图（收集钻孔）

工地名称		德令哈小区划				测试人员	邹海宁
钻孔编号		ZK67	高程/m	0.00		测试日期	2008.11.04
层号	层底深度/m	土层名称	速度/(m/s)	土层描述	柱状图	剪切波速曲线V_S/(m/s)	
		圆砾	176.3				
			201.2				
			188.1				
			203.9				
1	9.3		221.0				
		卵石	239.5				
			265.2				
			273.8				
			271.4				
			289.6				
			299.4				
			350.4				
			378.9				
			408.6				
			412.8				
			435.7				
			470.4				
			491.5				
			538.5				
2	40.2		563.2				

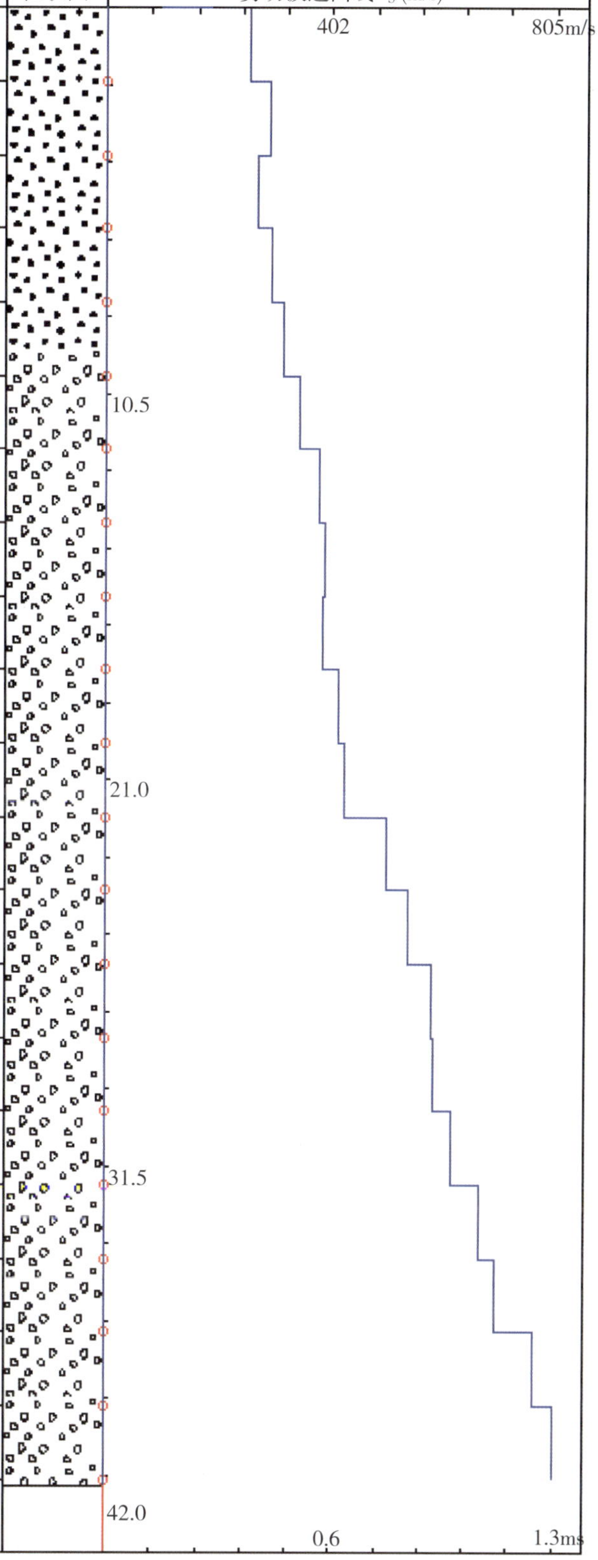

图 5.83　ZK67 钻孔测试波速图（收集钻孔）

工地名称	德令哈小区划			测试人员	邹海宁
钻孔编号	ZK68	高程/m	0.00	测试日期	2008.11.08

层号	层底深度/m	土层名称	速度/(m/s)	土层描述	柱状图
		圆砾	168.5		
			172.3		
			201.8		
1	6.7		203.9		
		卵石	253.2		
			239.5		
			265.2		
			269.4		
			276.3		
			289.6		
			299.4		
			350.4		
			368.9		
			390.2		
			412.8		
			447.7		
			432.1		
			478.9		
			501.2		
2	40.2		539.3		

剪切波速曲线 V_S/(m/s)

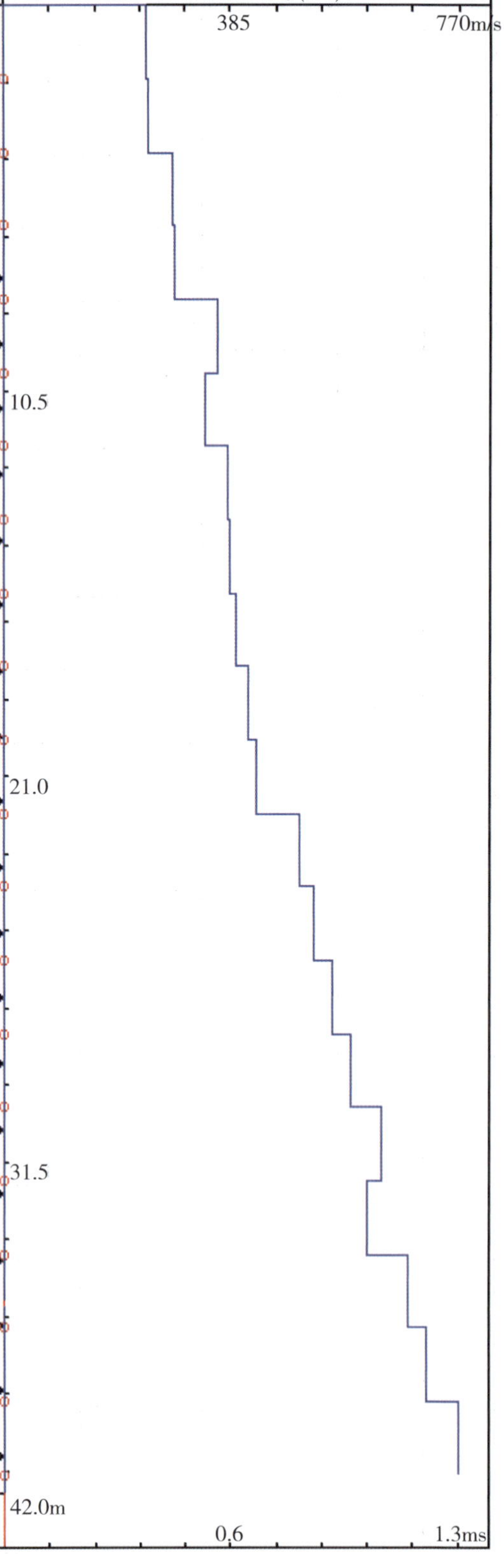

图 5.84　ZK68 钻孔测试波速图（收集钻孔）

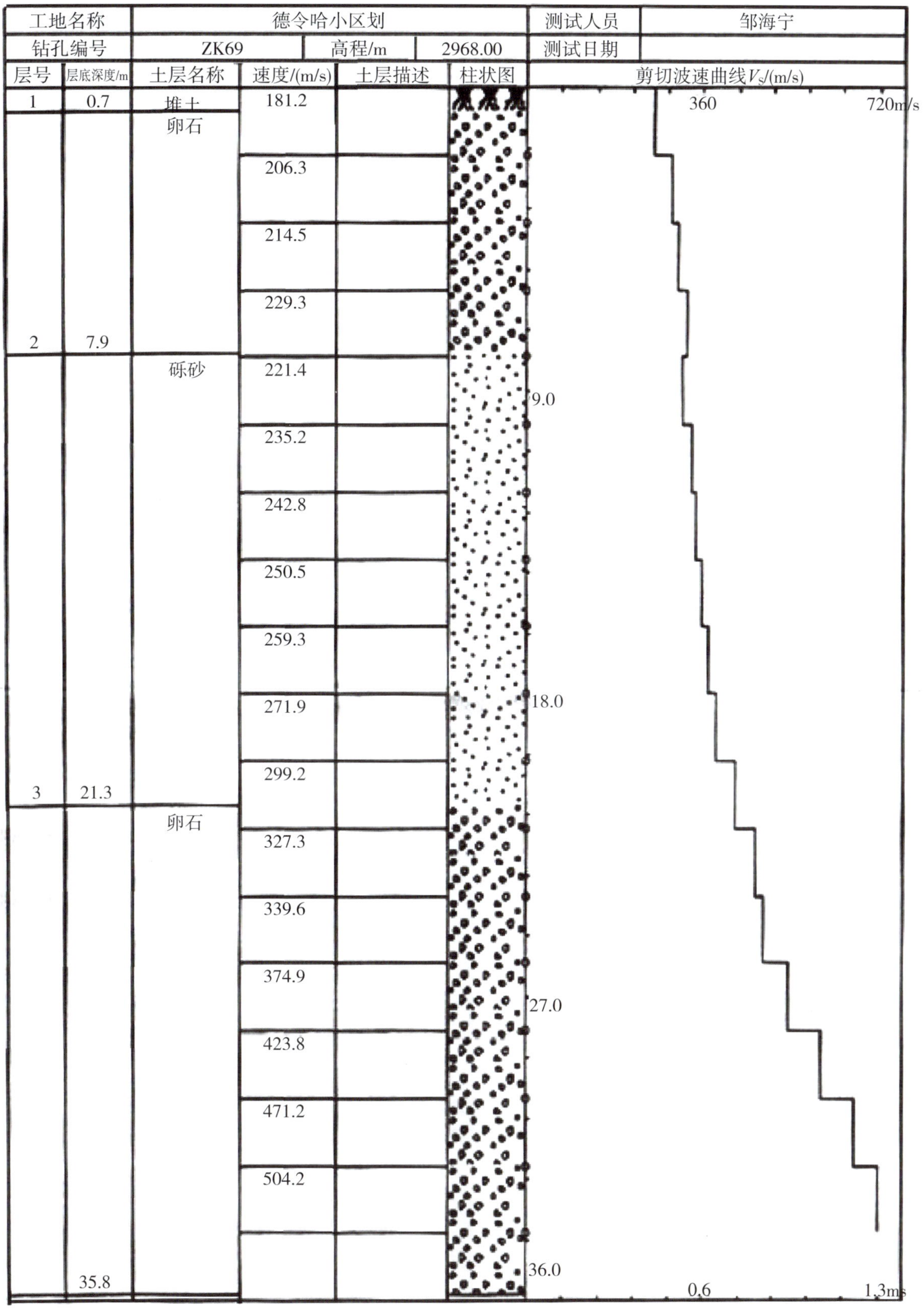

图 5.85　ZK69 钻孔测试波速图（收集钻孔）

工地名称	德令哈小区划			测试人员	邹海宁	
钻孔编号	ZK70	高程/m	2962.00	测试日期		
层号	层底深度/m	土层名称	速度/(m/s)	土层描述	柱状图	剪切波速曲线V_S/(m/s)
1	0.7	堆土	107.9			
		卵石	209.0			
			212.6			
			256.2			
			275.9			
			291.4			
2	10.8		272.2			
		砾砂	279.3			
			291.6			
3	19.7		310.3			
		卵石	315.4			
			342.9			
			351.1			
			380.4			
			426.3			
			478.2			
			509.4			
	35.5					

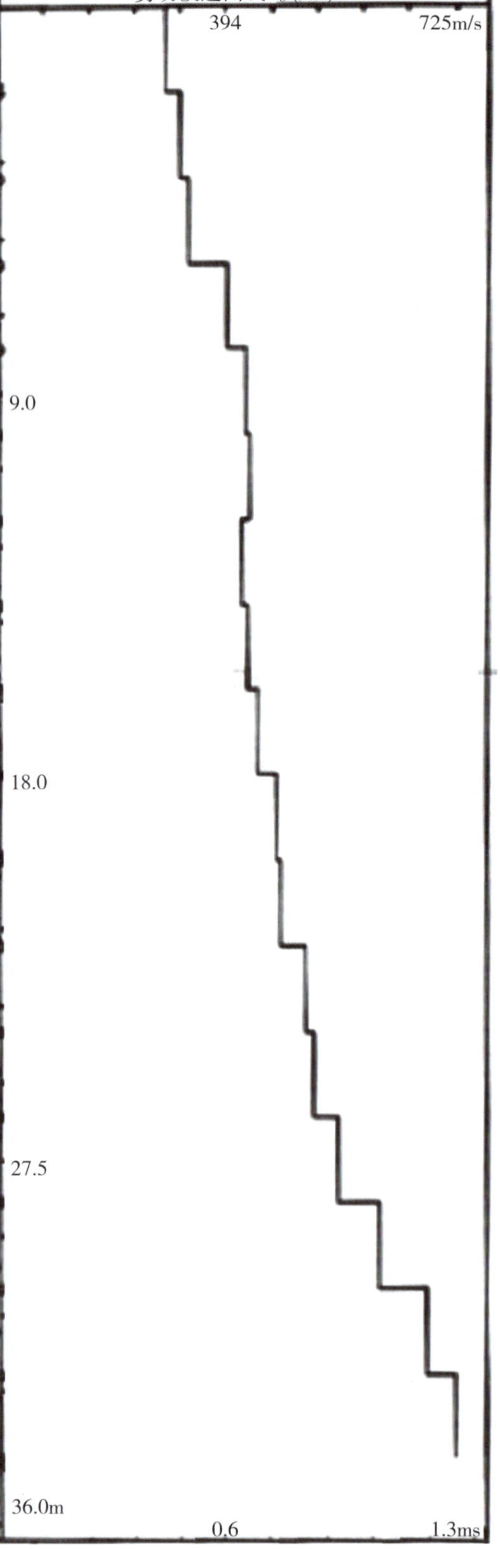

图 5.86　ZK70 钻孔测试波速图（收集钻孔）

工地名称		德令哈小区划				测试人员	邹海宁
钻孔编号		ZK71		高程/m	2982.00	测试日期	2013.5

层号	层底深度/m	土层名称	速度/(m/s)	土层描述
		砾砂	198.5	
			189.4	
			203.9	
			201.8	
			223.5	
			217.5	
			214.4	
			209.2	
			221.5	
			250.8	
			258.3	
1	23.5		286.4	
		角砾	297.3	
			291.6	
			321.9	
			365.4	
			404.9	
			459.2	
			501.7	
			494/8	
			512.4	
			564.2	
			548.9	
			578.3	
2	49.0			

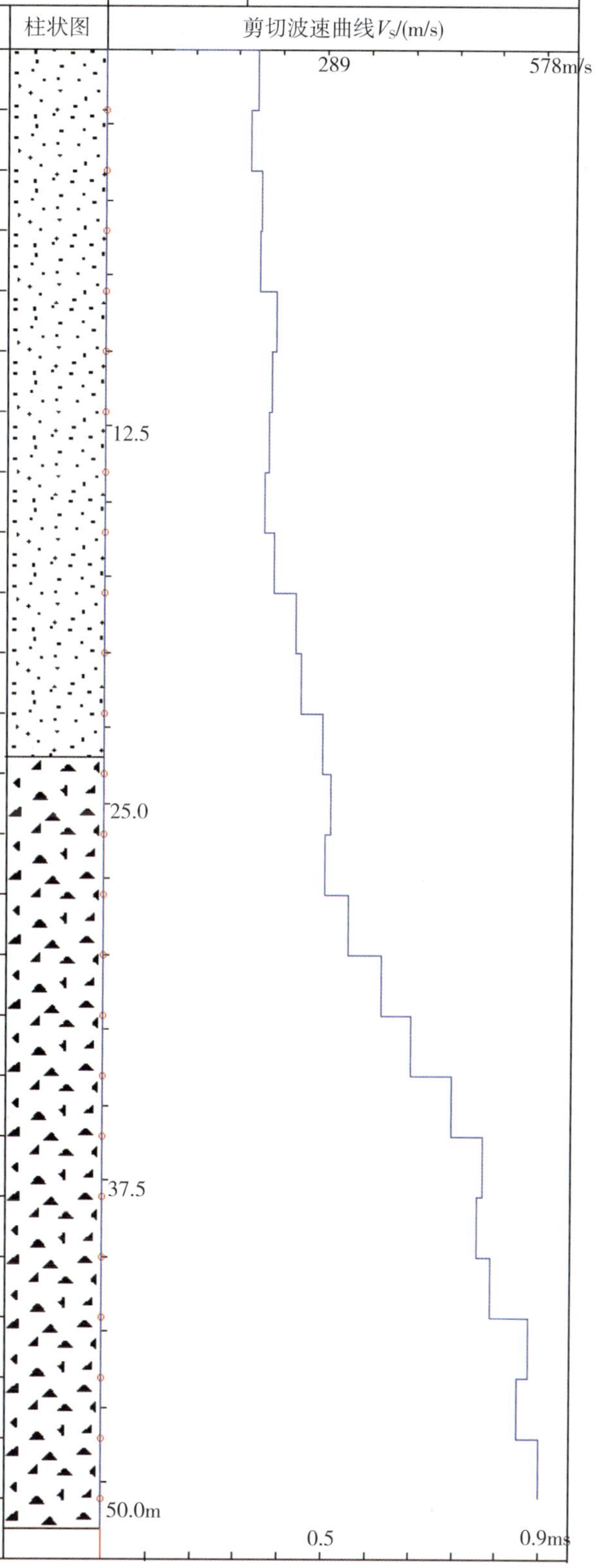

图 5.87 ZK71 钻孔测试波速图

工地名称		德令哈小区划				测试人员	邹海宁
钻孔编号		ZK72	高程/m	2969.00		测试日期	2013.5
层号	层底深度/m	土层名称	速度/(m/s)	土层描述	柱状图	剪切波速曲线V_S/(m/s)	
		砾砂	186.8				
			193.9				
			189.5				
			205.8				
			222.7				
			207.5				
			221.1				
			229.6				
			238.9				
			240.8				
			258.3				
1	24.5		247.1				
		角砾	277.2				
			299.6				
			345.8				
			372.9				
			411.5				
			460.0				
			512.8				
2	40.5		520.5				

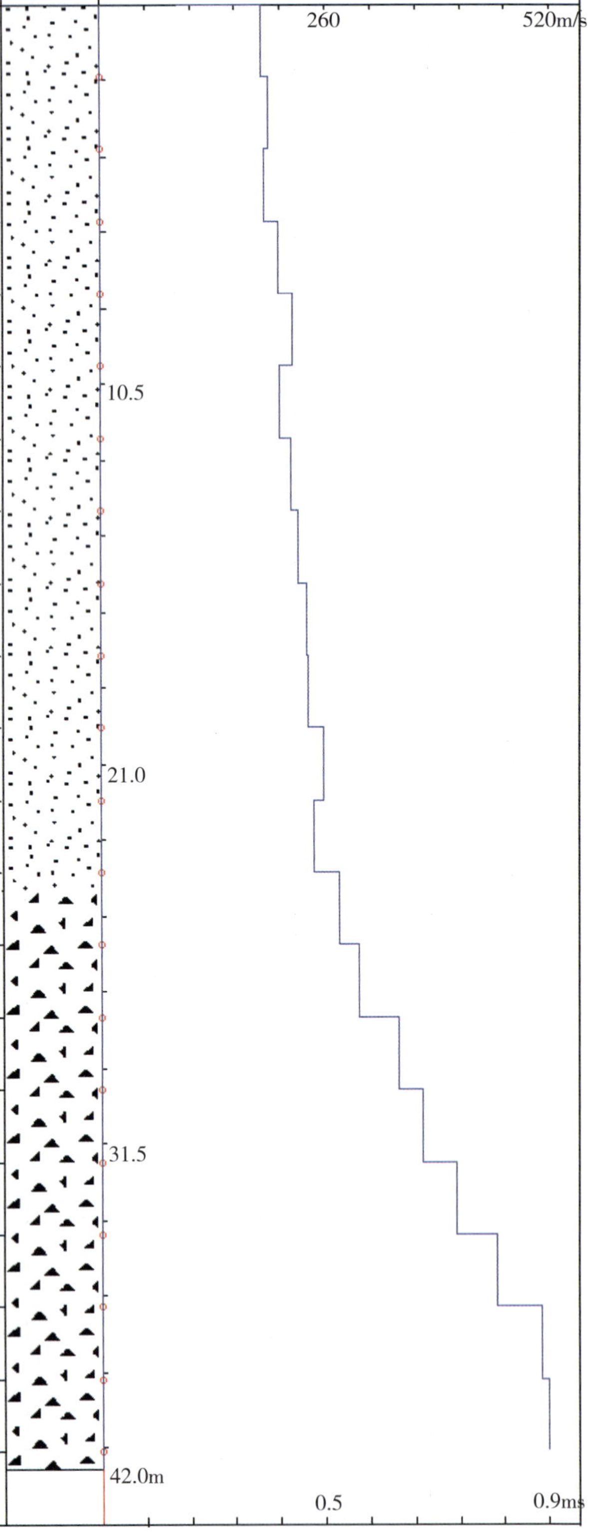

图 5.88 ZK72 钻孔测试波速图

工地名称	德令哈小区划			测试人员	邹海宁
钻孔编号	ZK73	高程/m	2970.00	测试日期	2013.5

层号	层底深度/m	土层名称	速度/(m/s)	土层描述	柱状图	剪切波速曲线V_S/(m/s)
		砾砂	182.5			
			194.2			
			189.5			
			209.8			
			212.7			
			207.5			
			231.9			
			233.1			
			258.9			
			249.2			
			262.1			
			247.1			
1	25.1		277.2			
		角砾	305.4			
			345.8			
			381.4			
			409.1			
			487.2			
			522.8			
			529.9			
2	40.6					

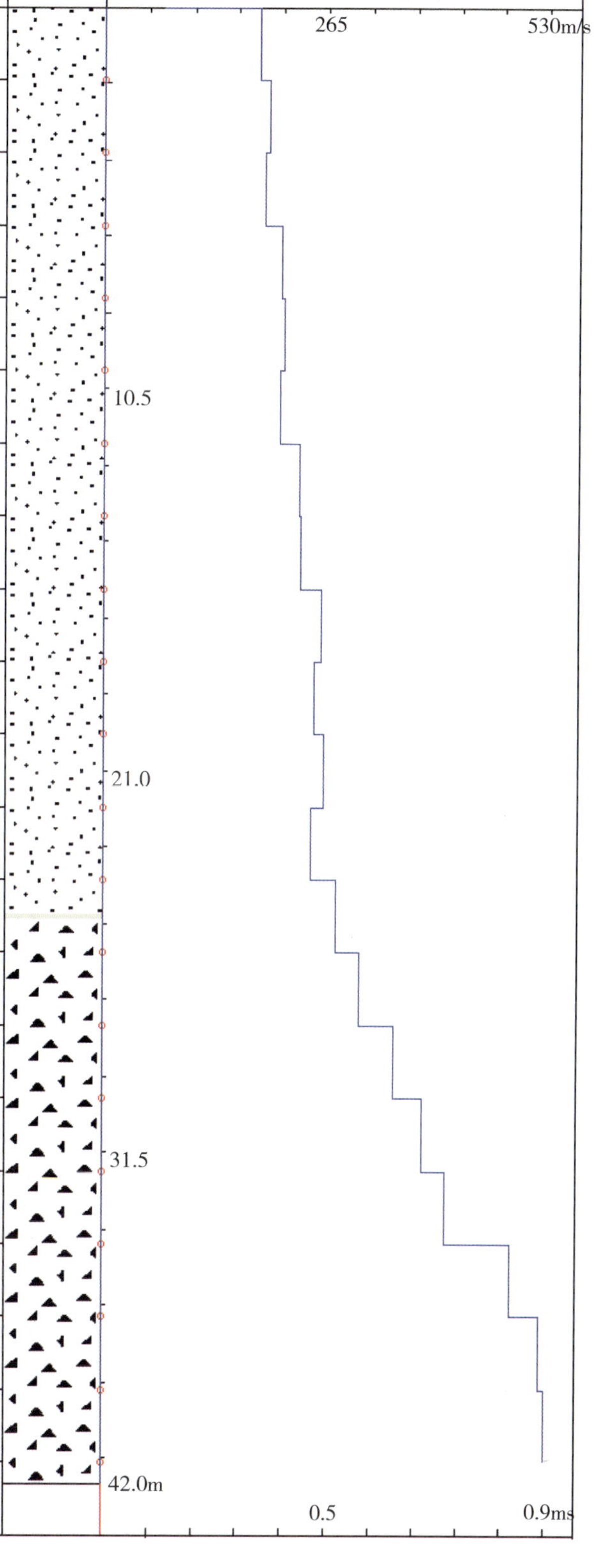

图 5.89　ZK73 钻孔测试波速图

工地名称	德令哈小区划			测试人员	邹海宁	
钻孔编号	ZK74	高程/m	2951.00	测试日期	2013.5	
层号	层底深度/m	土层名称	速度/(m/s)	土层描述	柱状图	剪切波速曲线V_S/(m/s)
		圆砾	197.3			
			185.3			
			198.6			
			207.3			
			214.8			
			208.5			
			227.4			
			219.5			
			229.9			
			238.2			
			257.8			
			301.2			
			292.4			
			342.2			
			369.1			
			412.8			
			469.3			
			492.5			
			511.3			
			529.4			
1	40.8					

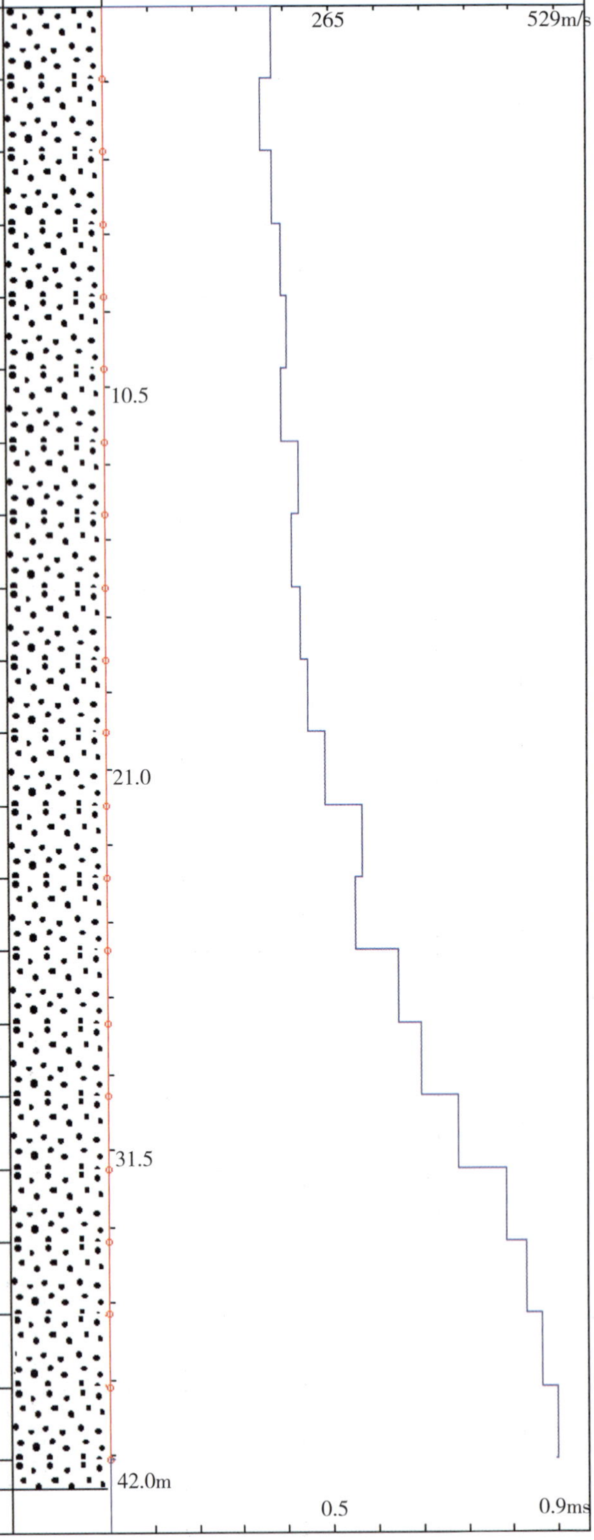

图 5.90　ZK74 钻孔测试波速图

工地名称	德令哈小区划			测试人员	邹海宁
钻孔编号	ZK75	高程/m		测试日期	

层号	层底深度/m	土层名称	速度/(m/s)	土层描述	柱状图	剪切波速曲线V_S/(m/s)
		圆砾	198.5			
			189.4			
			203.9			
			201.8			
			223.5			
			217.5			
			214.4			
			209.2			
			221.5			
			250.8			
			258.3			
			286.4			
			297.3			
			291.6			
			321.9			
			365.4			
			404.9			
			459.2			
			501.7			
			494/8			
			512.4			
			564.2			
			548.9			
			578.3			
1	51.3					

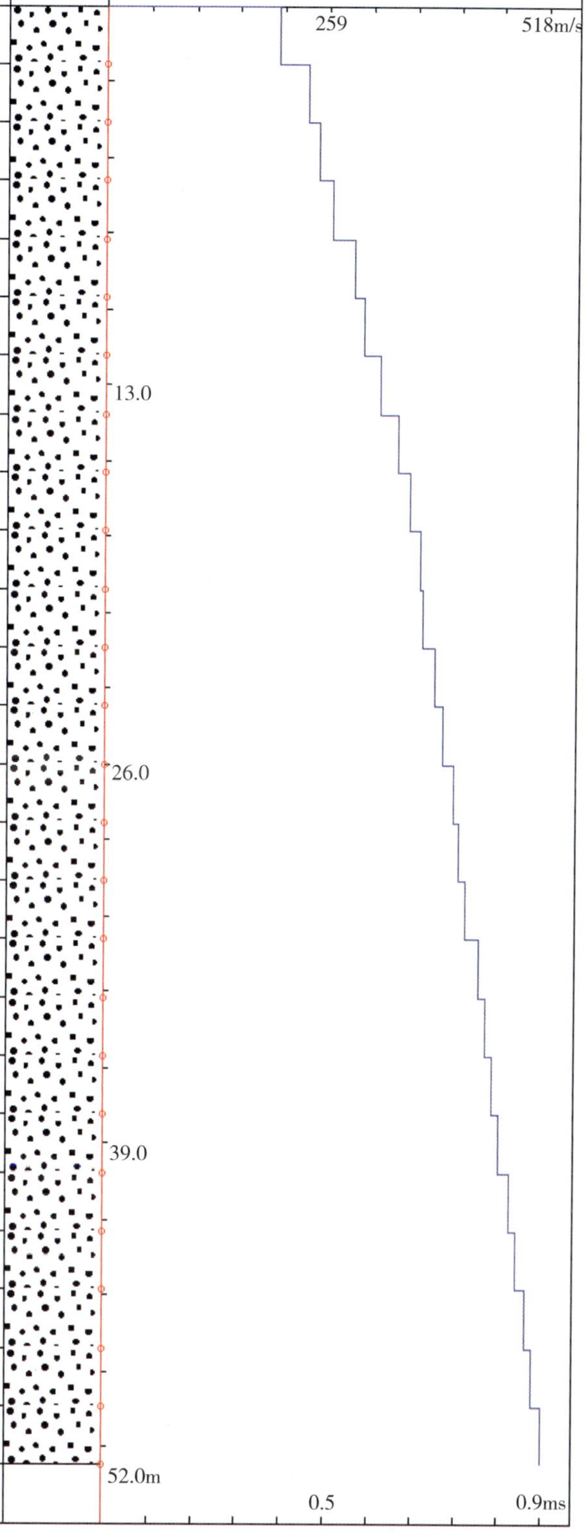

图 5.91　ZK75 钻孔测试波速图

工地名称	德令哈小区划			测试人员	邹海宁	
钻孔编号	ZK76	高程/m		测试日期		
层号	层底深度/m	土层名称	速度/(m/s)	土层描述	柱状图	剪切波速曲线 V_s/(m/s)
		圆砾	203.0			
			219.0			
			233.0			
			242.0			
			246.0			
			257.0			
			272.0			
			291.0			
			295.0			
			317.0			
			336.0			
			354.0			
			371.0			
			380.0			
			390.0			
			401.0			
			425.0			
			453.0			
			486.0			
1	56.2		511.0			

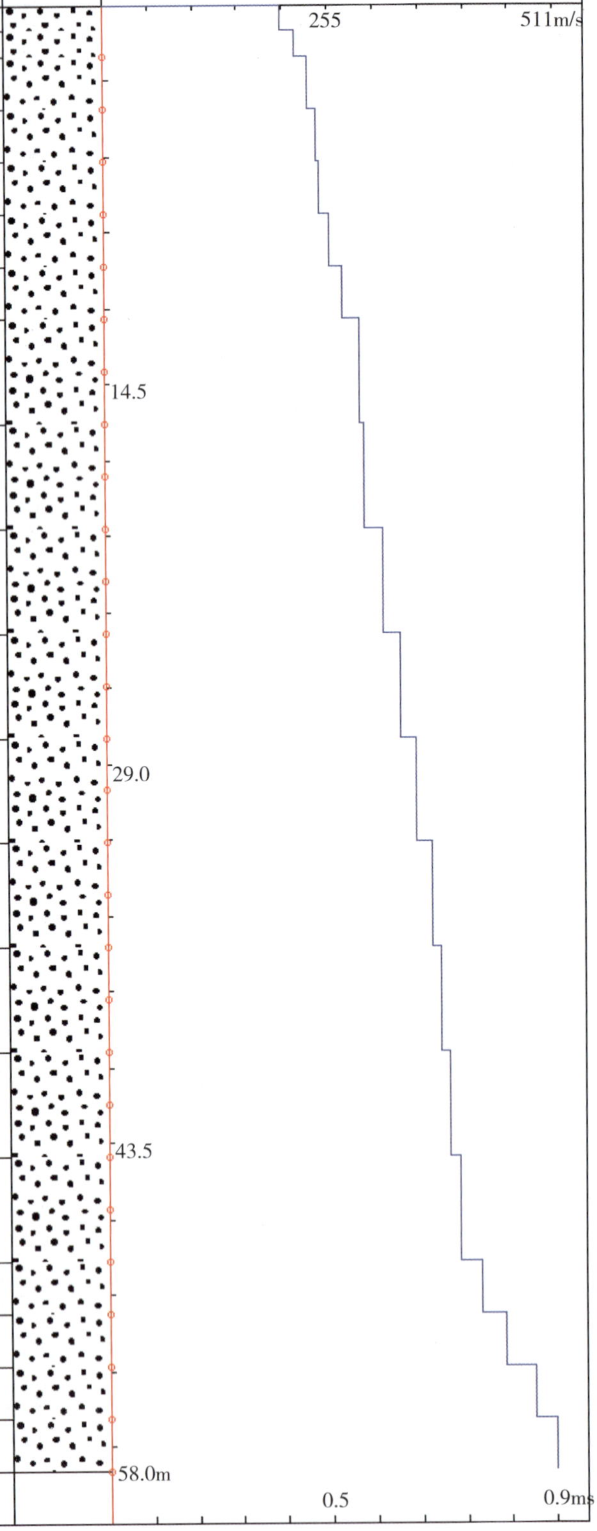

图 5.92 ZK76 钻孔测试波速图

工地名称	德令哈小区划			测试人员	邹海宁
钻孔编号	ZK77	高程/m		测试日期	

层号	层底深度/m	土层名称	速度/(m/s)	土层描述	柱状图	剪切波速曲线V_S/(m/s)
		圆砾	208.0			
			219.0			
			237.0			
			228.0			
			242.0			
			262.0			
			294.0			
			326.0			
			314.0			
			359.0			
			378.0			
			388.0			
			408.0			
			422.0			
			450.0			
			478.0			
			506.0			
1	56.4		538.0			

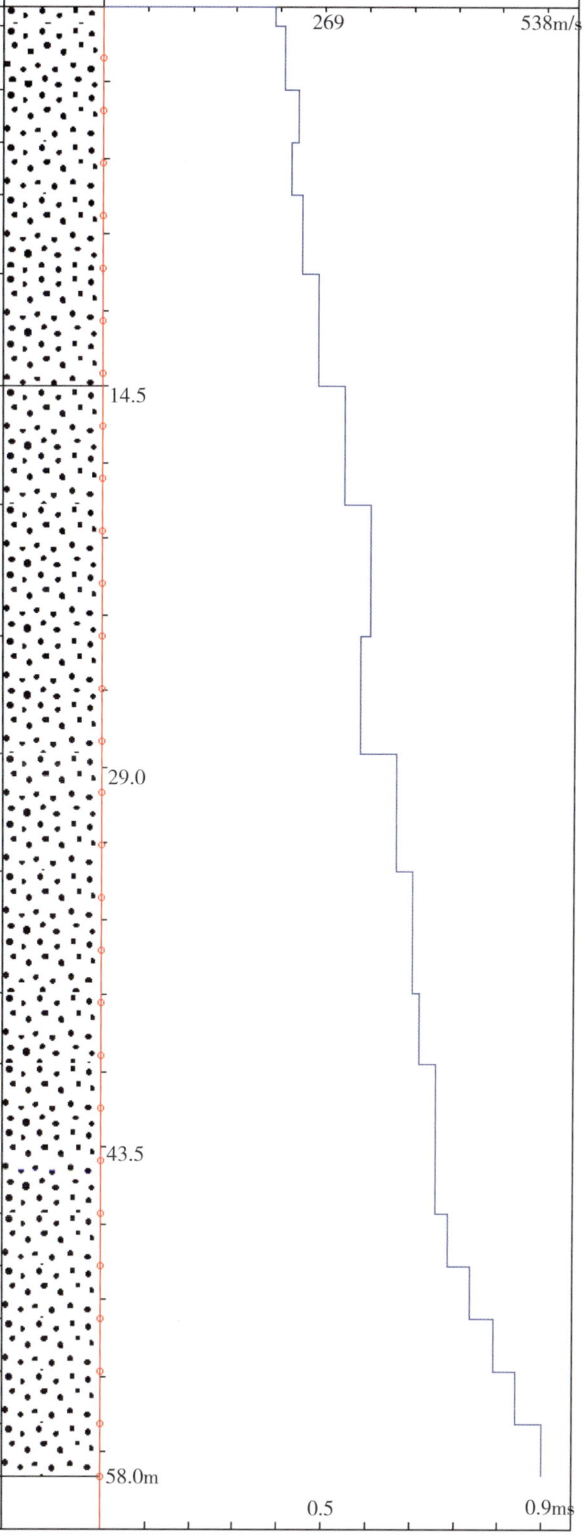

图 5.93　ZK77 钻孔测试波速图

工地名称		德令哈小区划			测试人员	邹海宁
钻孔编号		ZK78	高程/m	2968.00	测试日期	
层号	层底深度/m	土层名称	速度/(m/s)	土层描述	柱状图	剪切波速曲线V_S/(m/s)
1	1.2	杂填土	169.8			
2	28.3	砾砂	195.7			
			227.3			
			234.9			
			252.4			
			274.6			
			295.9			
			305.2			
			312.4			
			330.5			
			352.9			
			364.5			
			378.3			
			391.4			
			405.9			

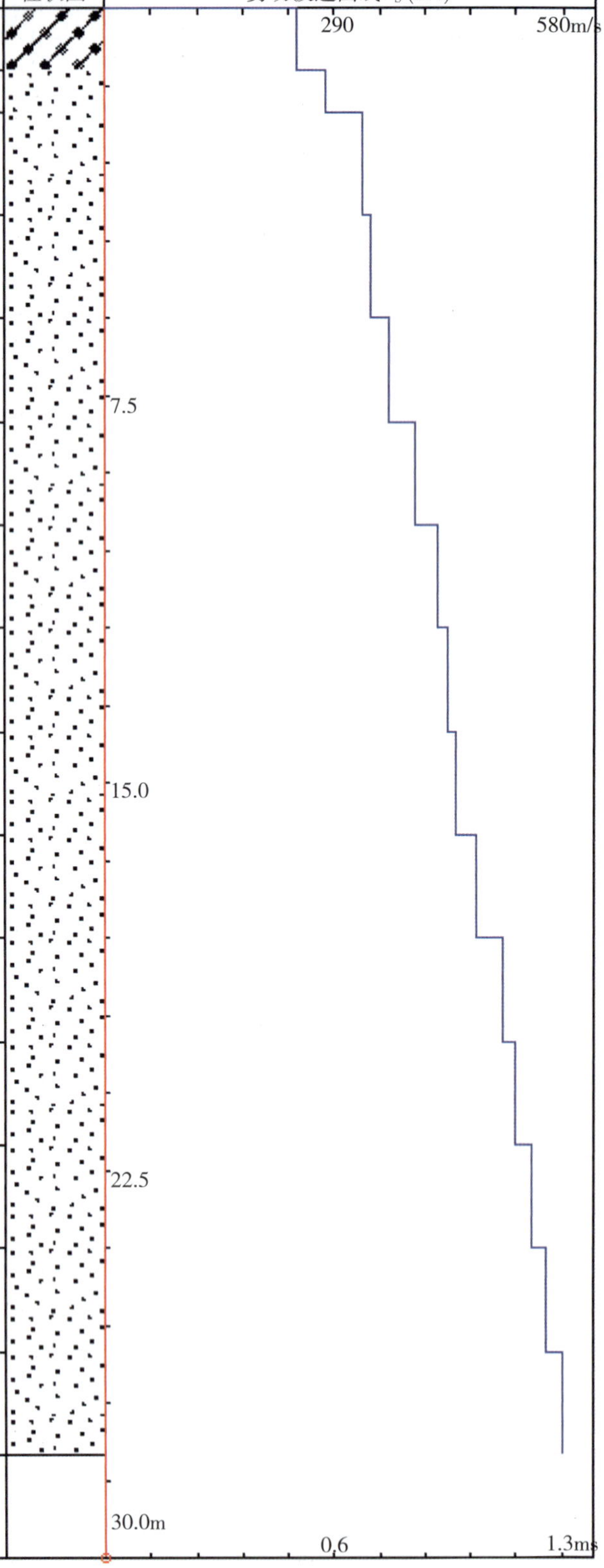

图 5.94 ZK78 钻孔测试波速图

工地名称	德令哈小区划			测试人员	邹海宁
钻孔编号	ZK79	高程/m	2968.20	测试日期	

层号	层底深度/m	土层名称	速度/(m/s)	土层描述	柱状图	剪切波速曲线 V_S/(m/s)
1	0.5	杂填土	114.5			
		砾砂	208.3			
			241.2			
			275.9			
			288.3			
			295.9			
			315.3			
			329.2			
			346.9			
			361.0			
			373.1			
			409.2			
			418.9			
			430.1			
			453.2			
2	29.3					

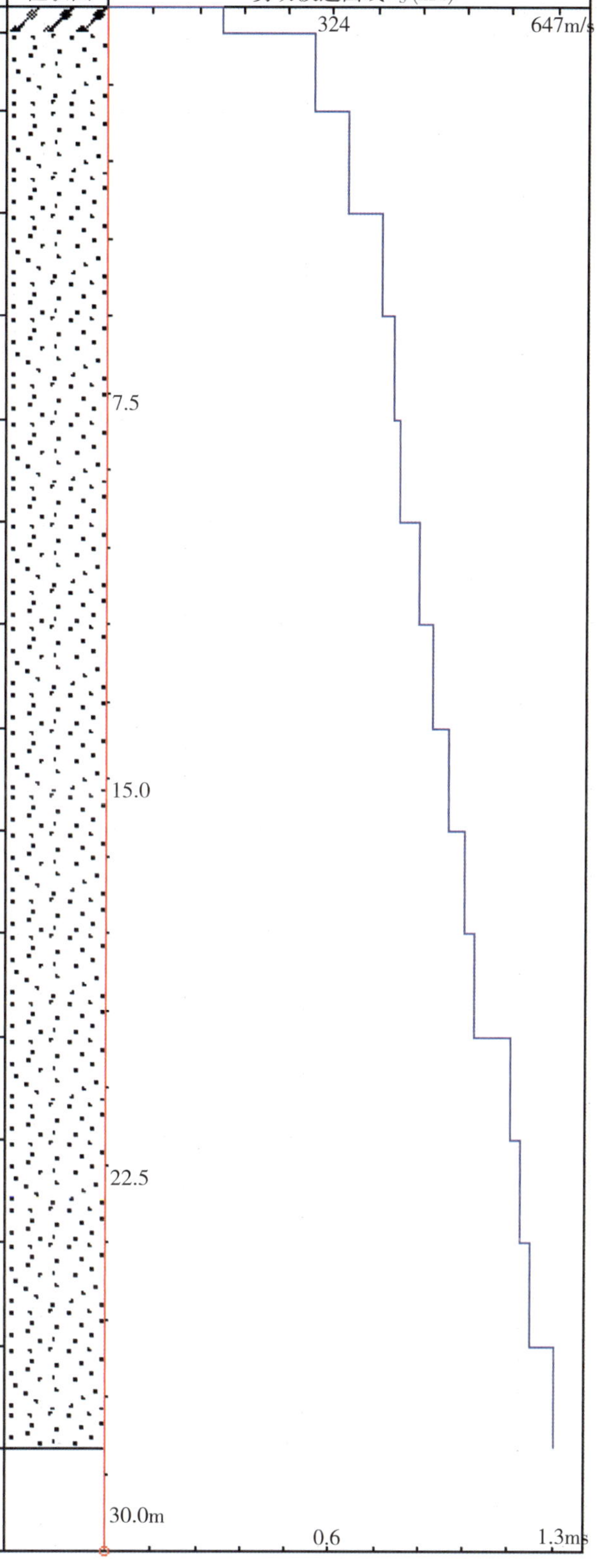

图 5.95　ZK79 钻孔测试波速图

工地名称		德令哈小区划				测试人员	邹海宁
钻孔编号		ZK80	高程/m	2968.30		测试日期	
层号	层底深度/m	土层名称	速度/(m/s)	土层描述	柱状图	剪切波速曲线V_S/(m/s)	
1	0.5	杂填土	109.9				
		砾砂	209.7				
			228.5				
			244.3				
			271.5				
			296.3				
			312.2				
			319.5				
			331.4				
			358.9				
			377.2				
			397.9				
			412.8				
			439.5				
			451.6				
2	29.2						

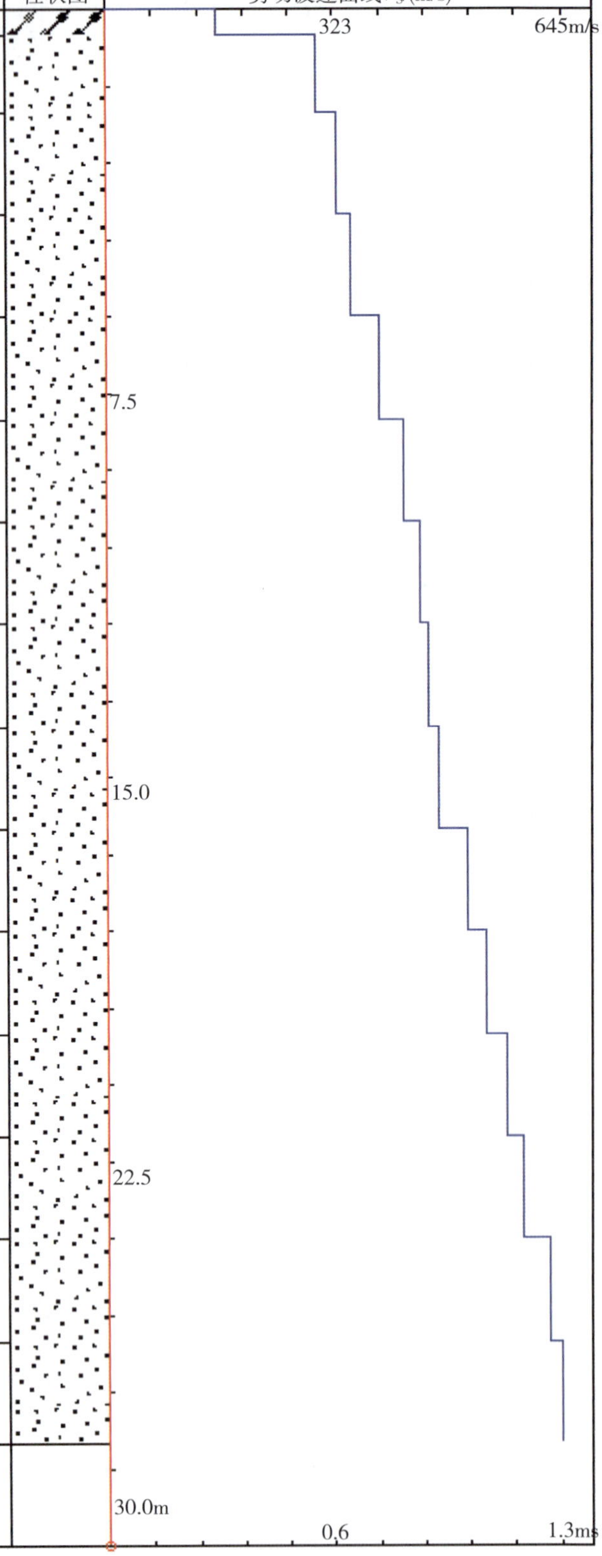

图 5.96　ZK80 钻孔测试波速图

5.6.2 场地类别划分

根据《建筑抗震设计规范》(GB 50011 — 2010) 的有关规定，根据土层等效剪切波速和场地覆盖层厚度划分场地土的类型和建筑场地类别。划分标准参见表 5.1、表 5.2。

（1）场地有效覆盖层厚度的确定

按地面至剪切波速大于 500m/s 的土层顶面的距离确定，本场地测试覆盖层厚度为 18.0 ~ 20.0m。

（2）土层的等效剪切波速的确定

依据《建筑抗震设计规范》(GB 50011 — 2010) 的规定，土层的等效剪切波速应按下列公式计算：

$$V_{se}=d_0/t$$

$$t=\Sigma(d_i/v_{si})$$

式中，V_{se} 为土层等效剪切波速（m/s）；d_0 为计算深度（m），取覆盖层厚度和 20m 二者的较小值。

故本场地覆盖层有效厚度应取 20.0m。此土层厚度值即为该场地土层反应计算的基岩输入界面深度。根据各个钻孔现场实测土层平均剪切波速结果，计算覆盖层厚度内等效剪切波速。

表 5.3 为德令哈小区划目标区钻孔等效剪切波速划分场地类别表，表 5.4 为德令哈小区划目标区工程地质单元覆盖层统计结果表。

表5.1 场地土类型划分

土的类型	岩土名称和性状	土层剪切波速范围 /(m/s)
岩 石	坚硬，较硬且完整的岩石	$V_S > 800$
坚硬土或软质岩石	破碎和较破碎的岩石或软和较软的岩石，密实的碎石土	$800 \geqslant V_S > 500$
中硬土	中密、稍密的碎石土，密实、中密的砾、粗、中砂，$f_{ak} > 150$kPa 的黏性土和粉土，坚硬黄土	$500 \geqslant V_S > 250$
中软土	稍密的砾、粗、中砂，除松散外的细，粉砂，$f_{ak} \leqslant 150$kPa 的黏性土和粉土，$f_{ak} > 130$kPa 的填土，可塑新黄土	$250 \geqslant V_S > 150$
软弱土	淤泥和淤泥质土，松散的砂，新近沉积的黏性土和粉土，$f_{ak} \leqslant$ 130kPa 的填土，流塑黄土	$V_S \leqslant 150$

表5.2 场地类别划分

等效剪切波速 /(m/s)	场地类别	场地类别	场地类别	场地类别	场地类别
	I_0	I_1	Ⅱ	Ⅲ	Ⅳ
$V_S > 800$	0				
$800 \geqslant V_S > 500$		0			
$500 \geqslant V_S > 250$		< 5	≥ 5		
$250 \geqslant V_S > 150$		< 3	3 ~ 50	> 50	
$V_S \leqslant 150$		< 3	3 ~ 15	> 15 ~ 80	> 80

表5.3 德令哈地震小区划目标区钻孔等效剪切波速划分场地类别

钻孔号	ZK-1	ZK-2	ZK-3	ZK-4	ZK-5	ZK-6	ZK-7	ZK-8	ZK-9	ZK-10
覆盖层厚度 / m	38	28	38	25	27	32	27	15	33	42
等效剪切波速 /(m/s)	255	244	258	249	259	254	257	263	245	246
场地类别	Ⅱ	Ⅱ	Ⅱ	Ⅱ	Ⅱ	Ⅱ	Ⅱ	Ⅱ	Ⅱ	Ⅱ
钻孔号	ZK-11	ZK-12	ZK-13	ZK-14	ZK-15	ZK-16	ZK-17	ZK-18	ZK-19	ZK-20
覆盖层厚度 / m	19	19	25	35	33	28	28	33	28	42
等效剪切波速 /(m/s)	276	284	271	255	264	257	262	254	263	262
场地类别	Ⅱ	Ⅱ	Ⅱ	Ⅱ	Ⅱ	Ⅱ	Ⅱ	Ⅱ	Ⅱ	Ⅱ
钻孔号	ZK-21	ZK-22	ZK-23	ZK-24	ZK-25	ZK-26	ZK-27	ZK-28	ZK-29	ZK-30
覆盖层厚度 / m	29	27	34	28	30	27	39	38	39	36
等效剪切波速 /(m/s)	258	281	275	275	276	276	226	232	232	251
场地类别	Ⅱ	Ⅱ	Ⅱ	Ⅱ	Ⅱ	Ⅱ	Ⅱ	Ⅱ	Ⅱ	Ⅱ
钻孔号	ZK-31	ZK-32	ZK-33	ZK-34	ZK-35	ZK-36	ZK-37	ZK-38	ZK-39	ZK-40
覆盖层厚度 / m	37	28	28	34	28	26	26	32	33	34
等效剪切波速 /(m/s)	227	238	252	225	243	237	247	230	220	235
场地类别	Ⅱ	Ⅱ	Ⅱ	Ⅱ	Ⅱ	Ⅱ	Ⅱ	Ⅱ	Ⅱ	Ⅱ
钻孔号	ZK-41	ZK-42	ZK-43	ZK-44	ZK-45	ZK-46	ZK-47	ZK-48	ZK-49	ZK-50
覆盖层厚度 / m	37	35	38	36	41	32	32	39	36	36
等效剪切波速 /(m/s)	231	227	232	227	237	229	234	212	212	214
场地类别	Ⅱ	Ⅱ	Ⅱ	Ⅱ	Ⅱ	Ⅱ	Ⅱ	Ⅱ	Ⅱ	Ⅱ
钻孔号	ZK-51	ZK-52	ZK-53	ZK-54	ZK-55	ZK-56	ZK-57	ZK-58	ZK-59	ZK-60
覆盖层厚度 / m	36	46	42	42	32	32	32	32	31	27
等效剪切波速 /(m/s)	212	192	198	219	228	232	266	251	236	261
场地类别	Ⅱ	Ⅱ	Ⅱ	Ⅱ	Ⅱ	Ⅱ	Ⅱ	Ⅱ	Ⅱ	Ⅱ
钻孔号	ZK-61	ZK-62	ZK-63	ZK-64	ZK-65	ZK-66	ZK-67	ZK-68	ZK-69	ZK-70
覆盖层厚度 / m	30	30	31	31	34	33	33	46	44	45
等效剪切波速 /(m/s)	266	267	248	247	267	288	261	283	221	275
场地类别	Ⅱ	Ⅱ	Ⅱ	Ⅱ	Ⅱ	Ⅱ	Ⅱ	Ⅱ	Ⅱ	Ⅱ
钻孔号	ZK-71	ZK-72	ZK-73	ZK-74	ZK-75	ZK-76	ZK-77	ZK-78	ZK-79	ZK-80
覆盖层厚度 / m	39	38	38	38	33	32	16	18		
等效剪切波速 /(m/s)	229	227	220	221	228	261	317	313		
场地类别	Ⅱ	Ⅱ	Ⅱ	Ⅱ	Ⅱ	Ⅱ	Ⅱ	Ⅱ	Ⅱ	Ⅱ

表5.4 德令哈地震小区划目标区工程地质单元覆盖层统计结果

工程地质分区	钻孔数	20m 以内等效剪切波速 /（m/s）			覆盖层厚度 / m		
		最小值	最大值	平均值	最小值	最大值	平均值
Ⅰ区	49	212	276	249.5	19	42	31.1
Ⅱ区	17	192	275	230.6	15	46	35.3

5.7 地脉动测试

目标区范围内的场地地脉动测试是为了了解场地振动卓越周期的重要方法之一，而场地的振动卓越周期又是建筑物、构筑物抗震设计的重要依据之一。场地地脉动测试的基本原理是用仪器记录场地的常时微振动时间序列信号，然后通过频谱分析计算出场地的振动频谱，提取卓越周期。

场地地脉动现场数据采集使用的是河北省廊坊市开发区大地工程检测技术开发有限公司生产的XG–I 悬挂式波速测井仪，测试方法为采集场地自然振动信息。

在小区划范围内和附近共布设 42 个地脉动测试点，测试结果见表 5.5，按其工程地质单元划分统计结果见表 5.6。

表5.5 德令哈地震小区划地脉动测试结果

测点编号	测试点位		测试数据						分区
			N—S		E—W		U—D		
	纬度（N）	经度（E）	卓越频率 /Hz	卓越周期 /s	卓越频率 /Hz	卓越周期 /s	卓越频率 /Hz	卓越周期 /s	
1	37°22′51.5″	097°22′49.6″							区划外
2	37°22′29.0″	097°23′43.9″	4.785	0.209	5.154	0.194	4.608	0.217	Ⅲ
3	37°22′02.9″	097°23′54.3″	4.695	0.213	4.808	0.208	4.785	0.209	Ⅲ
4	37°23′46.7″	097°21′44.9″							区划外
5	37°18′36.3″	097°22′42.5″	3.484	0.287	3.636	0.275	3.584	0.279	Ⅱ
6	37°19′04.2″	097°23′00.0″	3.436	0.291	4.098	0.244	3.891	0.257	Ⅱ
7	37°22′18.6″	097°22′07.7″	3.937	0.254	4.149	0.241	3.968	0.252	Ⅱ
8	37°19′38.3″	097°23′35.5″	3.802	0.263	3.906	0.256	4.630	0.216	Ⅱ
9	37°23′31.3″	097°20′02.2″			Ⅰ				区划外
10	37°21′48.8″	097°18′35.4″							区划外
11	37°21′52.4″	097°18′58.2″							区划外
12	37°23′27.5″	097°20′18.3″							区划外
13	37°19′35.1″	097°19′19.0″	4.098	0.244	4.132	0.242	4.184	0.239	Ⅰ
14	37°19′30.2″	097°19′35.7″	3.937	0.254	4.032	0.248	4.048	0.247	Ⅰ

续表

测点编号	测试点位		测试数据						分区
	纬度（N）	经度（E）	N—S		E—W		U—D		
			卓越频率 /Hz	卓越周期 /s	卓越频率 /Hz	卓越周期 /s	卓越频率 /Hz	卓越周期 /s	
15	37°18′42.3″	097°19′59.8″	4.149	0.241	4.184	0.239	4.202	0.238	Ⅰ
16	37°21′18.4″	097°23′57.6″	4.202	0.238	4.545	0.220	4.149	0.241	Ⅲ
17	37°20′34.8″	097°23′53.0″	4.065	0.246	3.906	0.256	4.115	0.243	Ⅱ
18	37°18′47.6″	097°24′13.2″							区划外
19	37°22′00.6″	097°24′24.7″							区划外
20	37°18′06.3″	097°24′21.1″							区划外
21	37°22′31.3″	097°24′27.9″							区划外
22	37°16′46.5″	097°22′54.1″	4.184	0.239	4.425	0.226	4.292	0.233	Ⅱ
23	37°16′47.2″	097°24′22.0″	4.386	0.228	4.484	0.223	4.219	0.237	Ⅱ
24	37°17′05.5″	097°24′09.4″	4.739	0.211	4.630	0.216	4.425	0.226	Ⅱ
25	37°15′16.4″	097°23′00.2″	4.950	0.202	4.651	0.215	4.545	0.220	Ⅱ
26	37°15′17.8″	097°23′39.5″	4.048	0.247	4.115	0.243	4.292	0.233	Ⅱ
27	37°14′31.5″	097°25′14.6″	4.566	0.219	4.673	0.214	4.695	0.213	Ⅱ
28	37°19′16.8″	097°24′16.3″	5.586	0.179	5.682	0.176	5.882	0.170	区划外
29	37°19′19.2″	097°24′27.7″	5.682	0.176	5.780	0.173	5.747	0.174	区划外
30	37°19′12.7″	097°24′55.6″	5.682	0.176	5.682	0.176	5.650	0.177	区划外
31	37°17′43.6″	097°21′05.5″	4.405	0.227	4.386	0.228	4.464	0.224	Ⅰ
32	37°17′43.8″	097°21′24.4″	4.000	0.250	4.082	0.245	3.546	0.282	Ⅱ
33	37°17′19.6″	097°21′20.9″	3.731	0.268	4.000	0.250	4.115	0.243	Ⅱ
34	37°19′01.3″	097°21′54.2″	3.984	0.251	3.460	0.289	3.861	0.259	Ⅰ
35	37°19′14.4″	097°22′13.8″	3.663	0.273	4.016	0.249	3.952	0.253	Ⅱ
36	37°17′36.7″	097°20′00.0″	4.348	0.230	4.219	0.237	4.274	0.234	Ⅰ
37	37°20′01.1″	097°21′29.8″	4.484	0.223	4.255	0.235	4.525	0.221	Ⅰ
38	37°21′35.5″	097°19′31.3″	4.525	0.221	4.608	0.217	4.651	0.215	Ⅰ
39	37°21′08.0″	097°21′14.6″	4.587	0.218	4.566	0.219	4.525	0.221	Ⅰ
40	37°21′59.1″	097°20′30.3″	4.367	0.229	4.673	0.214	4.425	0.226	Ⅰ
41	37°22′53.3″	097°21′46.2″	4.292	0.233	4.367	0.229	4.444	0.225	Ⅲ
42	37°21′42.1″	097°23′00.8″	4.132	0.242	4.566	0.219	4.608	0.217	Ⅲ

表5.6 地脉动场地工程地质分区统计结果

工程地质分区		统计点数	卓越周期 / s								
			南北向（N—S）			东西向 (E—W)			垂直向 (U—D)		
			最大值	最小值	平均值	最大值	最小值	平均值	最大值	最小值	平均值
1	Ⅰ	25	0.291	0.202	0.241	0.289	0.214	0.238	0.282	0.213	0.237
2	Ⅱ	5	0.242	0.209	0.227	0.229	0.194	0.214	0.241	0.209	0.222

根据地脉动测试结果得到工程场地分区的平均卓越周期：Ⅰ区冲积倾斜平原区南北向（N—S）为0.241s、东西向（E—W）为0.238s、垂直向（U—D）为0.237s；Ⅱ洪积平原区南北向（N—S）为0.227s、东西向（E—W）为0.214s、垂直向（U—D）为0.222s。

第六章　地震地质灾害评价

地震地质灾害评价及其划分是针对目标区内已有的和潜在的不良地质环境，预测未来大震发生时可能形成的地震地质灾害类型及破坏强度。在综合各种地质要素与灾害类型相对应的基础上，确定各种地震地质灾害分布的区域，为目标区的城市建设规划、工程震害的预测和预防、救灾措施的制定提供基础资料。

6.1　德令哈小区划目标区地质地貌概况

德令哈盆地位于柴达木准地台的北部欧龙布鲁克台隆之上，北邻柴北缘断缘褶带，南接柴北缘残山褶带，是新构造运动以来南北两大褶带隆升所挟持的断陷盆地。地貌属于柴达木北缘戈壁滩地貌，小区划目标区北部及东部大部分地区为宗务隆山山脉，呈 NWW 走向，与区域构造线方向一致，山体主要由砂岩、砾岩、灰岩组成，平均海拔 4000m，海拔 4500m 以上常年积雪覆盖，海拔 4500m 以下生长圆柏和灌木林。山脉向南过度为野马滩洪积扇平原区，矗立着宗吾隆山余脉小孤山山体。野马滩向南为德令哈山间盆地区，市中心坐落于此。巴音郭勒河贯穿目标区范围内，呈“S”形展布，最终流入柯鲁克湖，冰雪融水、泉水等为其重要来源。

地貌主要由北部高山地貌和区内巴音郭勒河及支流组成的河谷地貌构成，整个地形上具有北高南低的特点。

北部山区主要为宗务隆山群。由于第三纪以来该地区间歇式上升和隆起，造成了本区宗务隆山地区高大山脉的存在，一般高程在 3000m 以上，最高的宗务隆山 4324m，最低高程位于河谷，海拔在 3265m，相对高差在 500 ~ 1000m 左右。

区内河谷地貌主要为巴音郭勒河河谷地貌。区内巴音郭勒河主河道呈近 SN 向，河谷阶地在山区内不发育，山区外较发育。山区内阶地主要为冲积物所形成的，而山区外存在Ⅰ ~ Ⅴ级阶地。河流在山区内切割山体较深，多形成险峻的峡谷，呈“V”或者“U”形河谷。在山区外河谷、河漫滩、阶地主要有松散砂、砾石及局部淤泥质土构成，河谷平而阔，一般在 100 ~ 200m 不等。由于巴音郭勒河受天气影响很大，其水量变化很大，没有严格的河谷和河漫滩区别。

由于挽近构造的差异性升降运动，山区在隆升过程中遭受水流侵蚀、剥蚀作用，大量的碎屑物被水流搬运堆积于盆地中，形成了盆地内巨厚的堆积层，尤其上、中更新统冲洪积、冰水相砂卵砾石、含泥砂砾石沉积厚度大，分布广。

小区划目标区位于巴音郭勒河冲洪积平原中后缘部位，地形自北向南缓慢倾斜，地形总体平坦。根据本次浅层地震勘探和收集深孔资料，第四系覆盖层由北向南逐渐增厚，由100m增加至200m以上，岩性主要以冲洪积、冰水沉积的砂卵砾石、含泥砂砾石层为主，结构较为单一、颗粒粗大、厚度大。

6.2 气象、水文特征

6.2.1 气候特征

德令哈地区地处高寒，属典型的内陆干旱气候类型。其特点是降水量少，蒸发强烈，气温低，温差大，西北风盛行。

据德令哈气象站1956 ~ 2013年资料，多年平均气温为4.1℃，最热月为7月份，平均气温为16.5℃，最冷月为1月份，平均气温为−10.6℃，相差25℃。极端最高气温为34.7℃（2000年7月23日），极端最低气温为−27.9℃（1991年12月27日）。多年平均蒸发量1410.1mm，最大冻土深度1.96m，无霜期324天，多年平均风速2.79m/s，风向以东北风居多，西北风次之，最大风力可达7.8级。

表6.1 德令哈气象站历年降水量统计（单位：mm）

年 份							1956	1957	1958	1959
降水量							60.4	70.0	114.9	121.0
年 份	1960	1961	1962	1963	1964	1965	1966	1967	1968	1969
降水量	155.4	80.5	95.4	144.7	91.0	95.7	119.4	211.9	86.0	143.6
年 份	1970	1971	1972	1973	1974	1975	1976	1977	1978	1979
降水量	197.5	138.1	82.5	129.8	178.9	161.9	145.4	318.7	121.9	192.4
年 份	1980	1981	1982	1983	1984	1985	1986	1987	1988	1989
降水量	159.3	194.4	198.3	159.9	128.4	166.5	227.2	167.1	244.8	282.5
年 份	1990	1991	1992	1993	1994	1995	1996	1997	1998	1999
降水量	187.8	167.0	207.2	189.2	155.8	155.2	155.4	168.6	196.6	146.7
年 份	2000	2001	2002	2003	2004	2005	2006	2007	2008	2009
降水量	205.6	158.5	302.4	195.3	287.3	228.0	141.7	80.8	246.1	326.5
年 份	2010	2011	2012	2013						
降水量	264.9	165.7	306.5	123.8						

据德令哈气象站1956 ~ 2013年观测资料（表6.1），多年平均降水量为169.3mm，降水量年际间呈现出丰、平、枯交替的周期性性变化规律，一般5年为一个降水周期，历年最大降水量为326.5mm（2009年），最小年降水量为60.4mm（1956年），丰水年与枯水年的极值比为5.4倍；近60a降水量资料分析成果显示：20世纪50 ~ 60年代降水量明显少于70年代以后的降水量；降水量总体上呈上升的趋势，平均每10年降水量增加约22.33mm，70 ~ 80年代降水量增加较明显，90年代降水量较80年代有轻微减少，进入21世纪降水量又迅猛增加（图6.1）。降水年内分配极不均匀，每年5 ~ 9月降水量约占全年降水量的84%以上，且多以暴雨形式降落。

6.2.2 水文特征

目标区属于内陆水系，影响区内主要河流有两条：巴音郭勒河和白水河。

巴音郭勒河：发源于宗务隆山北麓，由西向东流至拜勒尔奇处，折向南流，穿越宗务隆山，流入

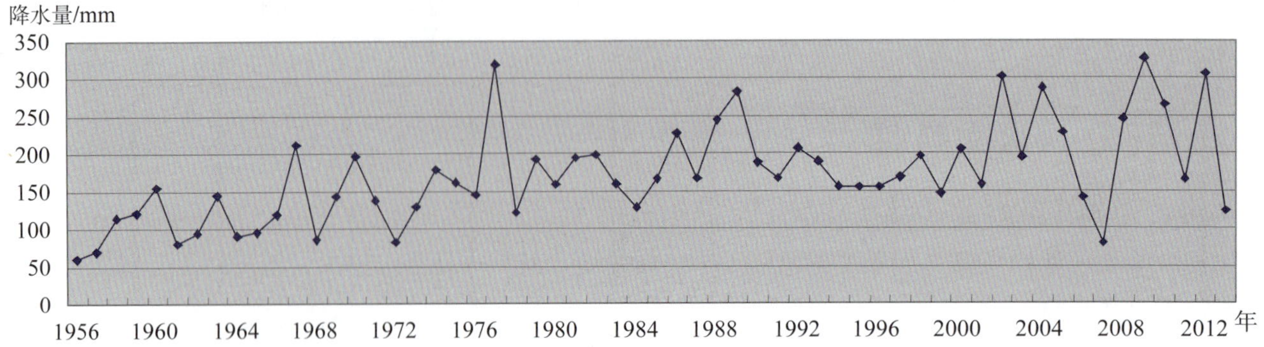

图 6.1 德令哈地区历年降水量变化曲线图

泽令沟谷地，出山后 10km 左右河水全部（除洪流外）渗入地下转化为地下水。径流于野马滩山前冲洪积平原，在德令哈市以东 18km 处河水再现，地下水又转为河水，沿途增量，由东向西流至德令哈市北与白水河汇合后，折向南流，穿越市区至郭里木村，折向西流注入库柯鲁克湖。全长 188km，流域面积 7281km^2。

据德令哈水文站观测资料显示，巴音郭勒河多年平均流量为 10.56 m^3/s，历年最大流量 19.42m^3/s，最小流量为 7.49m^3/s。图 6.2 为巴音郭勒河历年径流量变化曲线图，由该图可知巴音郭勒河历年径流量基本稳定，变幅较小；总体上来看，具有逐年增加的趋势，进入 2000 年后流量明显增加进入丰水年。

巴音郭勒河的水文要素特征严格受控于气象要素特征的变化，主要表现为夏末初秋季降水与峰值流量基本一致，且表现出与最大雨月或雨日同步。

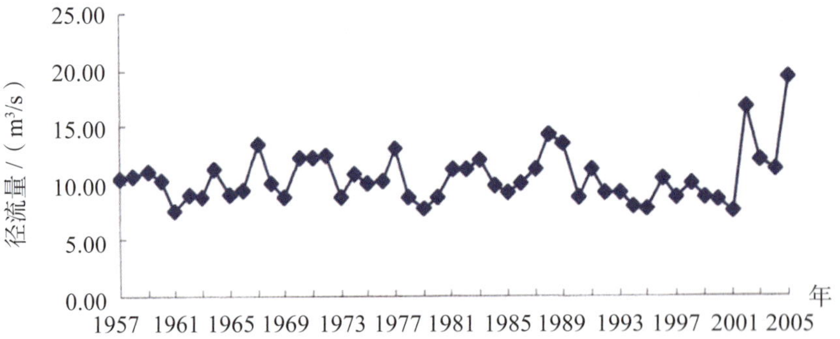

图 6.2 巴音郭勒河历年径流量变化曲线图

白水河发源于柏树山，由石炭、二叠纪的岩溶泉水汇集而成，流经柏树山煤矿、宗务隆乡汇入巴音郭勒河。全长 18.1km，流域面积 50.6km^2，在山口附近最大流量 1.5m^3/s，出山口后强烈下渗，减至 0.67m^3/s，多年平均流量 0.65m^3/s。

6.3 砂土液化判别

砂土液化是地震时地面失效的一种类型，它是在含水饱和的砂、粉细砂堆积区，经地震力往复震动的条件下，所产生的砂土液化现象。由于砂土液化丧失了原有地基的承载力，导致上部建筑物的沉陷和变形。经调查资料统计分析，地震烈度在Ⅶ度以下时，由地基土形成的液化导致的灾害较轻，而在地震烈度在Ⅶ度以上，烈度越高地基土液化形成的灾害越重。导致地基土液化除承受地震强烈的振动作用外，必须存在两个必然条件，一是场地是否存在一定厚度的饱和砂土和粉土；二是水位埋深，如果地下水位埋深较浅，震前地面形变会促使水位上升，使原来不饱和的砂土和粉土饱和。

德令哈地区地下水主要为第四系松散岩类孔隙水，来源主要由巴音郭勒河河水渗漏补给，其次为大气降水、冰雪融水渗入、引灌水渗漏及宗务隆山基岩裂隙水的侧向补给，分布在冲洪积平原、谷地及冲湖积平原区。地下水量丰富地段，分布在德令哈市以南的巴音郭勒河冲洪积平原中部、中前缘地带。地下水位埋深 2.0 ~ 79.0m。含水层由第四系上更新统冲洪积砂砾卵石、含泥砂卵砾石及中更新统冰水含泥砂卵砾石构成。德令哈小区划目标区位于冲洪积平原中后缘地带，根据我院勘察钻孔和收集钻孔资料显示，目标区地下水埋深在 30 ~ 70m。由北向南地下水位逐渐变浅，目标区北部地下水位埋深在自然地面 50m 以下，目标区南部地下水埋深在自然地面 30m 以下。

为了更准确的了解目标区地下水分布特征，青海省地震局工程地震研究院又收集了目标区及附近有连续观测资料的钻孔水文资料，钻孔位置见图 6.3。

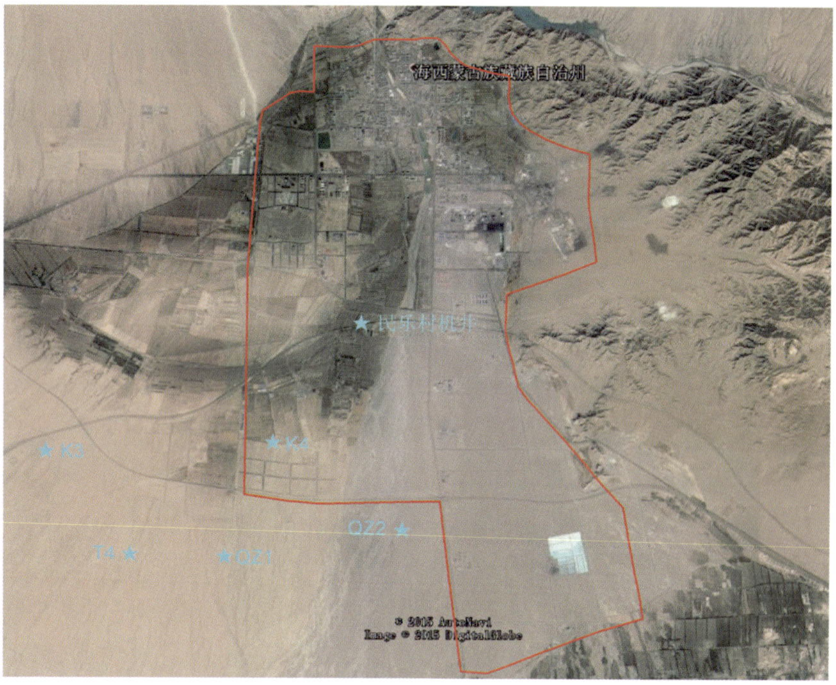

图 6.3　地下水连续观测钻孔位置图

这些钻孔水文资料，观测时间为 2012 ~ 2014 年，连续观测 2 ~ 3a，对于该地区地下水分布特征的研究具有指导意义。本次共收集 6 个钻孔（井）连续观测水文资料，其中 K4 孔和民乐村机井位于小区划目标区内，其余 4 个孔位于目标区外围。2012 ~ 2014 年地下水位变化曲线见图 6.4，从该图可以看出各钻孔地下水位变化幅度基本比较稳定，地下水埋深基本在 30m 以下，由北向南地下水位由深到浅。2012 年 7 ~ 10 月地下水位有明显上升的过程，参考当地的气象资料，2012 年降水量为 306.5mm，为历年来降水量第 3 位，几乎达到了历年平均降水量的 2 倍；而 2012 年 5 ~ 8 月的降水量为 287.7mm，从而导致该时段德令哈地区地下水位明显上升，进一步说明德令哈地区地下水位的变幅与大气降水的相关性。

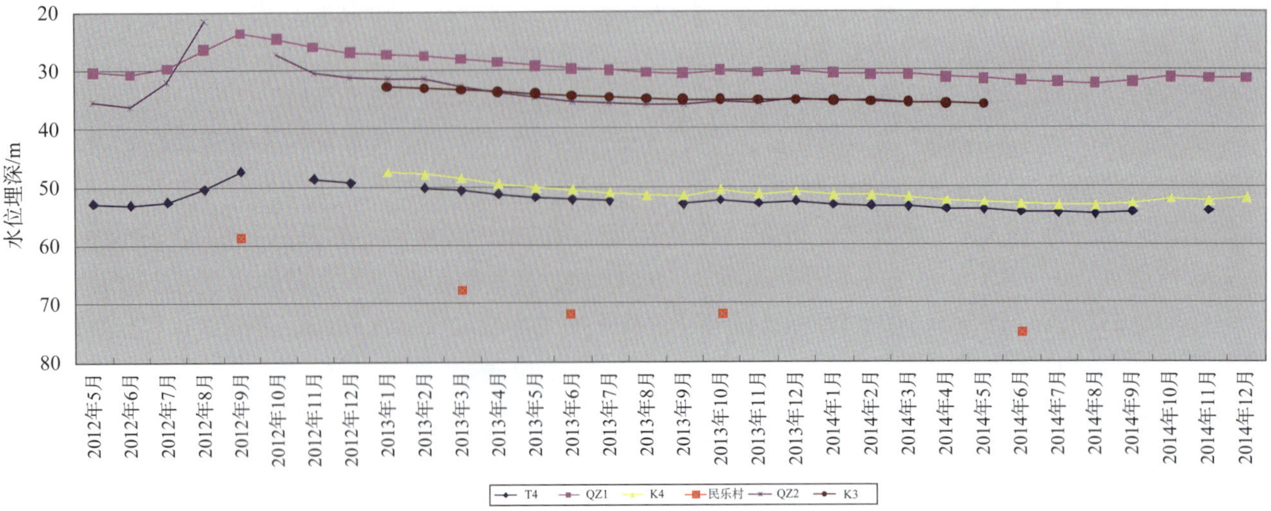

图 6.4　钻孔水位变化曲线

2012 年德令哈降水量几乎达到了历史最高水平，因此这一年地下水位的变幅基本可以代表极端气候条件下当地最高水位的变化情况。而青海省地震工程地震研究院勘察为 5 ~ 10 月，为丰水期，地下水位均在自然地面 30m 以下。综合考虑，德令哈小区划目标区地下水平均水位在自然地面 30m 以下，考虑极端气候条件，地下水位也在自然地面 20m 以下，参考国家标准 GB 5011—2010《建筑抗震设计规范》中有关砂土液化的判别标准，德令哈小区划目标区范围内可不考虑砂土液化的影响。

6.4　软土震陷判别

根据国家标准 GB 50021 — 2001《岩土工程勘察规范》(2009 版) 中规定“抗震设防烈度等于或大于 7 度的厚层软土分布区，宜判别软土震陷的可能性和估计震陷量”。“厚层软土”在该标准 6.3.1 款中有明确的定义是指:“天然孔隙比大于或等于 1.0，且天然含水量大于液限的细粒土，应判定为软土，包括淤泥、淤泥质土、泥炭、泥炭质土等”。显然所谓的软土不符合本地貌区土层分布的实际情况。从地学意义上来说，软土存在的地质环境，应是古湖泊及古河道分布区或现金蓄水条件较好的低洼区和滨湖区。就本地貌区的地形和沉积环境，以及本次勘察工作结果，上部地层均以粗碎屑堆积为主，孔隙度大、渗水性好，发育于目标区北部山区的河流及冲沟水，流经市区，很快潜入地下，以潜流的方式注入可鲁克湖凹陷之中，因此本地貌区不存在低洼的蓄水环境和软土层分布。

同时按照《岩土工程勘察规范》的标准，当地基承载力特征值或剪切波速满足表 6.2 所规定的数值条件时，可以不考虑震陷的影响。

表6.2　临界承载力特征值和等效剪切波速

抗震设防烈度	Ⅶ	Ⅷ	Ⅸ
承载力特征值 f_a (kPa)	> 80	> 130	> 160
等效剪切波速 V_{se}/(m/s)	> 90	> 140	> 200

根据钻探等资料综合考虑，德令哈小区划目标区内不存在淤泥、淤泥质土、泥炭、泥炭质土等软弱土，地表以下 30m 内不存在饱和土，因此可判定德令哈小区划目标区范围内可不考虑软土震陷问题。

6.5 滑坡、崩塌、泥石流

6.5.1 滑坡

德令哈小区划目标区巴音郭勒河谷的两侧为大面积的冲积平原区，海拔高度在 2900 ~ 2950m 之间，目标区北部地面以 1% 的坡降向 S 倾斜，而越向南越趋于平缓，南部区坡降仅为 8‰。地势平坦开阔，不存在滑坡体。

根据 2005 年青海省环境地质调查局完成的《青海省德令哈市地质灾害调查与区划报告》，在德令哈市北侧发育一处小的滑坡体。该滑坡分布于宗务隆山山前冲洪积平原上，距白水河出山口约 2km 的河道西侧（图 6.5），发育于上更新统冲洪积地层中，滑坡体由扰动的砂卵砾石组成。原始坡高 50m，坡度 67°，滑坡体表面有起伏的松散鼓泡，滑坡纵长 11.5m，宽 7.8m，体积约 322.9m^3，滑动方向 94°，后壁直立，高 0.5 ~ 1.0m，且不连续。滑床为上侏罗系的砂岩，滑床的纵剖面为弧形，坡度 20° ~ 70°，自后缘向前缘逐渐变缓。该滑坡体规模很小不会对目标区造成影响。

6.5.2 崩塌

巴音郭勒河谷呈带状分布于目标区的中间部位，区内长约 17km，宽约 500 ~ 2000km，并形成Ⅰ、Ⅱ级阶地及较宽的河流堆积。阶地具有二元结构，上部为亚砂土层，下部为砂砾卵石层，阶面平坦，在经过市区长约 3km 地段，Ⅱ级阶地的后缘陡坎平均高约 5m 左右。随着河流的蜿蜒曲折，洪水对部分河段岸壁的冲刷，形成的陡坎高度可达 8m 左右。通过类似地貌区地震宏观调查资料的对比，本地貌区在遭遇烈度为Ⅶ ~ Ⅷ度地震时，最有可能发生的地震地质灾害时沿阶地陡坎发生零散的小规模的沟壁崩塌灾害，因而存在一定的地震安全隐患。从目前德令哈市政府对该河段的工程治理和绿化来看，该河段地震崩塌灾害，已得到有效的治理。因此可忽略崩塌影响。

6.5.3 泥石流

根据现场实际调查，德令哈小区划目标区范围内不存在泥石流物源，没有泥石流的灾害。但是在目标区外围，根据 2005 年青海省环境地质调查局完成的《青海省德令哈市地质灾害调查与区划报告》，在德令哈市北部存在白水河泥石流（图 6.5）。泥石流特征如下。

白水河流域中上游为宗务隆山区，上游河谷狭窄，呈“V”形，河流总体走向近 EW，河床坡降为 39%。河谷右侧泥石流发育较密集，达 14 条，平均 3.5 条 /km。规模以中小型为主，其中中型 6 个，小型 8 个，产生了大量松散物质。该段泥石流类型为水石流。

中游河谷以“V”形为主，部分地段呈“U”形，河流总体走向变为近 SN 向。河床纵坡降平均为 22.5%。该段河谷有泥石流 10 条，均为水石流，大部分位于右岸；不稳定斜坡 1 处，也位于右岸。灾害点规模巨型 2 处，大型 2 处，中型 4 处，小型 2 处。泥石流沟多排泄于白水河中，部分泥石流堆积于台地上，厚度 3 ~ 6m。多处为护路而修筑的浆砌石泄洪沟已被冲毁，矿区公路上堆积大量松散物。

下游位于宗务隆山山前冲洪积平原上，平原略向盆地倾斜，坡降为 5%，其中北部山前为 6%，南部为 4%。其上植物覆盖率低，为 30% ~ 40%，河流为南北向，河床坡降为 4.3%。河流下切平原形成

20 ~ 50m 陡岸，岸坡近于直立，岩性为第四系上更新统的冲洪积砂卵砾石，结构松散。受自然风化及河水冲刷影响，该段河谷发育滑坡 1 处，位于河流右岸。

白水河流域松散物质来源于三个方面：一是其沟道两侧发育有 24 条规模不一的泥石流，产生了丰富的松散物质。二是近年来人类工程活动频繁，如建造水电站后丢弃的大量废弃物、碎石；右岸采矿点产渣速度约 2000m^3/a，尚存碎石 4700m^3；白水河上游的军事工程区施工产生的废弃碎石带等，自然堆积于支沟沟口，方量约 78000m^3。三是流域内生态环境逐渐恶化，对沟内林木、植被樵采破坏，致使植被覆盖率由 60% 下降到 20%，边坡裸露，风化破碎，产生松散堆积物。

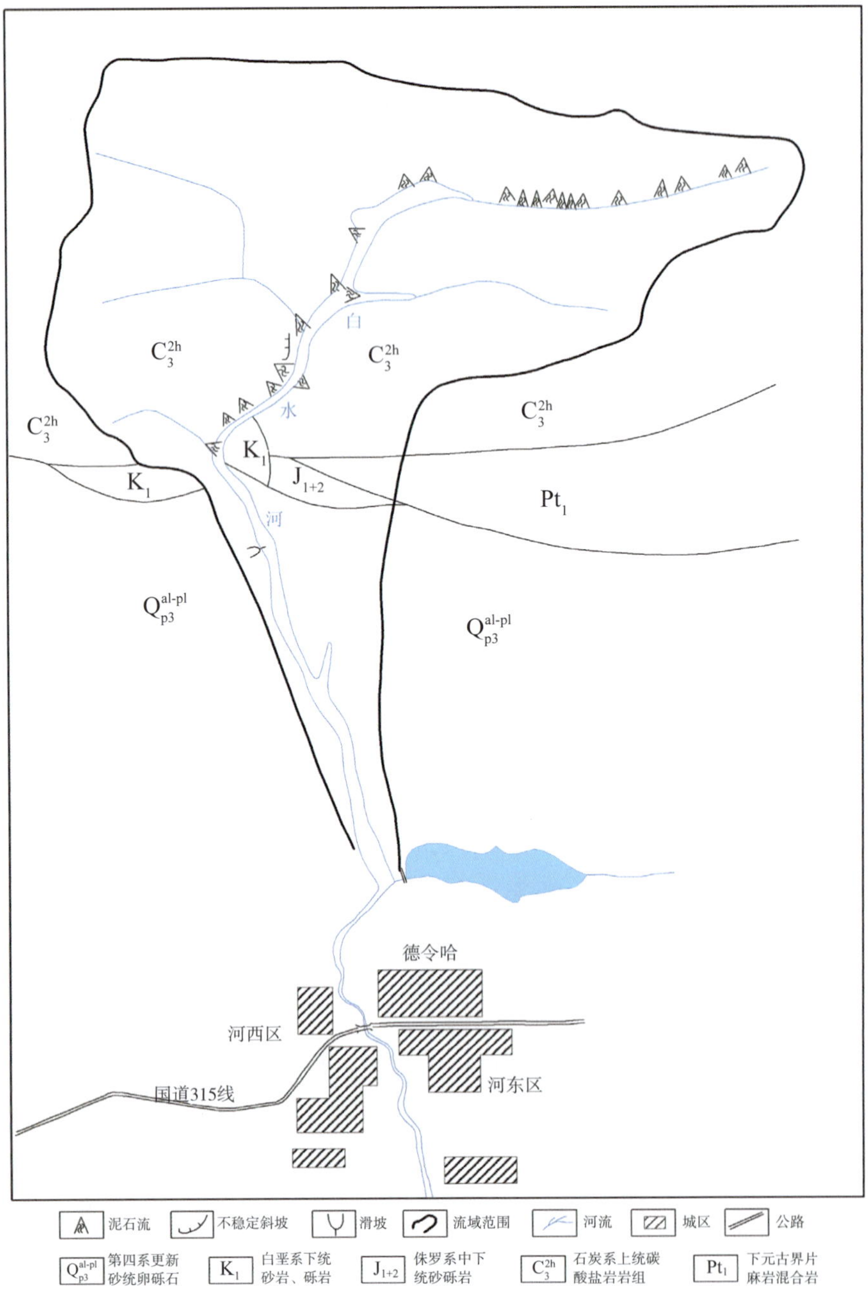

图 6.5　白水河流域泥石流分布特征图（青海省环境地质调查局，2005）

白水河泥石流危害的直接影响范围为白水河河道及白水河的黑石山水库电站，直接危害的人口并不多，首当其冲的是白水河上的一系列梯级电站，危害面积为 $10km^2$。但间接危害包括白水河流域和巴音郭勒河下游沿岸居民区、国道 315 线、青藏公路及大量农田等，影响范围可达 $20km^2$。特别是在白水河河口处，泥石流的冲击力侧蚀和刨蚀力极大，对黑石山水库大坝构成极大威胁。

6.6 断层影响评价

目标区是否存在断层，尤其是活动断层，是城市地震小区划和工程建设最为重视的问题。因为断层发生位移、升降等现象，会直接破坏地表，使位于断层之上的建筑物瞬间遭到的破坏时毁灭性的，是现有建筑抗震条件难以抵御的灾害。因此，《工程场地地震安全性评价》(GB 17741 — 2005)第 12.6.2 条明确规定，“应根据断层活动性调查结果，评价断层的地表特征及对工程场地的影响”,《岩土工程勘察规范》(GB 50021 — 2001)第 5.8.1 条规定，要求“抗震设防烈度等于或大于Ⅶ度的重大工程场地应进行断裂勘察”，第 5.8.6 条要求“大型工业建设场地，在可行性研究勘察时，应建议避让全新世活动断裂”。《建筑抗震设计规范》(GB 50011 — 2010)第 4.1.7 条给出了各类建筑应避开发震断裂的最小避让距离。

青海省地震局工程地震研究院在开展德令哈地震小区划工作之前，首先完成了“德令哈活断层探测与地震危险性评价”专题，在该地区开展大量地面地质调查，以及浅层人工地震勘探、化探、钻探等工作，结果显示在目标区北部和南部分别有宗务隆山南缘断裂和托素湖 — 尕海隐伏断裂，但在目标区内不存在活动断裂，因此目标区内的建设工程可不考虑发震断裂错动对地面工程的直接影响。

综上所述，德令哈小区划目标区内可不考虑砂土液化和软土震陷问题；没有滑坡、崩塌灾害；不存在泥石流直接危害，德令哈市北部的白水河泥石流有一定间接影响；目标区内无活动断裂直接穿过，可不考虑发震断裂错动对地面工程的直接影响。

第七章　场地地震反应分析

一个具体的工程场地，是由一定的岩体所构成的，来自震源的地震波通过场地岩体、土体的滤波、放大，最后作用到工程上，不同的工程场地有不同的地质构造环境。由于不同地质环境下形成的岩土体构成的各种工程场地，既有成因上的差别，也有物质组成、岩相构成、状态及物理力学性质上的差别，作为地震波的传播介质，这些工程场地的差别必然会导致对地震波的传播、滤波和放大等效应的不同，从而出现不同场地上不同地震反应特征。场地地震反应分析就是在搞清场地地质环境的基础上，应用地震波在介质中传播的基本理论与岩土体动力性状相适应的数学、物理模型，对不同地质环境下地震动特征进行定量研究，并对各种场地地质条件下可能出现的地震反应做出预测。设计地震动参数的确定就是将上述地震反应的结果进行统计和修正，得出的地震动参数作为抗震设计的依据。

本章将依据下述思路来完成地震反应分析和设计地震动参数的确定：

（1）利用地震危险性分析所给的自由基岩表面地震动反应谱、加速度峰值、持时等来确定场地反应计算中的基底输入地震波时程。

（2）建立与工程场地相对应的场地计算力学模型。对局部场地介质土层界面、下卧基岩面及地表较为平坦的场地，可以建立一维场地计算模型；对于土层界面、下卧基岩面及地表沿一个水平方向起伏较大而沿另一个水平方向较平坦的场地，可建立二维场地计算模型；对于土层界面、下卧基岩面及地表沿两个水平方向均起伏较大的场地，需要建立三维场地计算模型。

（3）利用数值动力反应分析方法，求解工程场地对应的力学模型在已知基底入射波情况下的反应，并给出场地地表或地下某一深度处的地震反应时程及相关的（加速度）反应谱或其他有关的反应量。

（4）由于场地地震反应计算中，计算基底入射波时程是在地震危险性分析所给基岩地震相关加速度反应谱的基础上，利用人工地震动合成技术给出的，所以，每一人工合成的地震动时程均只能看作与所给相关反应谱相对应的时程中的一个样本。为此，要使得场地反应计算结果的可靠性更大，则在场地地震反应计算时，应利用多条时程作为计算基底入射波时程，计算出每一样本入射波时程对应的场地地震反应量后，在确定场地表面或某一深度处的设计地震动参数时还得对计算结果进行综合评判，以给出场地地震相关反应谱及相对应的地震动时程。

7.1 基岩输入地震动的确定

7.1.1 原理和方法

基岩地震动的人工合成，即根据输入地震反应谱，模拟地震动的时间过程，多用加速度图表示。加速度时程为一非平稳的随机过程，一般可用三角级数叠加法或自回归滑动平均模型模拟。

三角级数叠加法的基本思想是用一组三角级数构造一个近似的平稳高斯过程，然后再乘以强度包络线得到一个非平稳的加速度时程曲线。可表示为：

$$Z(t)=\psi(t)\chi(t) \tag{7.1}$$

式中，$Z(t)$ 为基岩地震动加速度曲线；$\chi(t)$ 为具有零均值和功率谱密度函数 $S(\omega)$ 的高斯平稳随机过程，用傅里叶级数表示：

$$\chi(t)=\sum_{K=0}^{N-1}C_K\cos(\omega_K t+\varphi_K) \tag{7.2}$$

式中，C_K 和 φ_K 是第 k 个谐和分量和傅氏谱幅值和相位角，ω 是圆频率；$\psi(t)$ 是确定的包络线函数，常称为渐进非平稳过程，用以考虑加速度的非平稳性。表示为：

$$\psi(t)=\begin{cases}(t/T_1)^2 & t<T_1\\ 1 & T_1\leqslant t\leqslant T_2\\ \exp[-c(t-T_2)] & t>T_2\end{cases} \tag{7.3}$$

c 为衰减常数。

因被模拟的地震波谱特征用加速度反应谱来表示，而 $\chi(t)$ 函数为傅里叶级数。需利用“功率谱”概念将二者统一起来。

（1）反应谱与功率谱之间存在近似转换关系：

$$S(\omega)=\frac{\xi}{\pi\omega}\cdot\frac{[S_a^T(\omega)]^2}{\ln[(-\pi/\omega T)\ln(1-P)]} \tag{7.4}$$

式中，$S_a^T(\omega)$ 为给定的目标反应谱；ξ 为阻尼比；P 为反应超越概率。

（2）傅里叶系数 C_K 与功率谱密度函数的关系为：

$$C_K=[4\cdot S(\omega_K)\cdot\Delta\omega]^{1/2} \tag{7.5}$$

（3）由上式进行傅里叶反应变换求得 $\chi(t)$。实际计算中采用快速傅里叶变换技术（FFT）：

$$\chi(t)=\sum_{k=0}^{n}C(\omega_K)\exp(i\omega_K t) \tag{7.6}$$

其中，$C(\omega_K)=FS(\omega_K)\exp(i\varphi_K)$，$FS(\omega_K)$ 为振幅谱；φ_K 为相位谱，并假定其在（0, 2π）之间均匀分布。

因式（7.4）是近似的，因此第一次计算得到的 $\chi(t)$ 的反应谱与目标反应谱有一定距离，为提高合成程度，可采用反复叠代的方法，即：

$$FS^{I+1}(\omega_K)=\frac{S_a^T(\omega_K)}{S_a(\omega_K)}\cdot FS^I(\omega_K) \tag{7.7}$$

两次叠代的误差小于 5% 时可以认为满足精度要求了。

7.1.2 地震动时程合成参数

（1）基岩加速度峰值和地震动目标谱，采用场址地震危险性分析结果。通过地震危险性分析可以获得能够综合反映研究区内各潜在震源影响的等效震级 M 和等效距离 R，结果见表 7.1。

（2）地震动持时参数的确定，采用地震危险性分析结果与地震动时程合成过程中地震动能量匹配的原则，即以地震危险性分析所得等效震级与距离，以及由地震动持时参数统计经验关系所得的地震动持时参数值作为参考，在地震动时程合成过程中，综合考虑地震动反应谱与强度包线参数之间的匹配情况，调整地震动持时参数值，并加以最终确定。根据地震危险性分析得到的等效震级和距离，参考霍俊荣（1989）给出的计算持续时间的公式，公式如下：

$$\lg Y=C_0+C_1M+C_2\lg(D+R_0)+\varepsilon \tag{7.8}$$

式中，Y 为非平稳包络函数 $f(t)$ 中的上升段长 T_1、平稳段长 $T_s=T_2-T_1$、下降系数 C 三个参数中之一，式中相应的系数见表 7.1。

表7.1　强度包络函数$f(t)$的系数

参数 Y	C_0	C_1	C_2	R_0	σ_ε
T_1	−1.074	0	1.005	10	0.31
T_s	−2.268	0.3262	0.5815	10	0.16
c	1.941	−0.2817	−0.5670	10	0.10

根据式 7.8 及表 7.1 可获得德令哈小区划目标区内 50a 基准期超越概率 63%、10%、2% 风险水平水准下的基岩地震动时程包线函数参数（表 7.3），表 7.2 为地震危险性分析所确定的等效震级和等效距离。

表7.2　地震危险性分析所确定的等效震级和等效距离

超越概率	63%	10%	2%
等效震级 M	6.04	6.76	7.03
等效距离 R / km	38.2	27.04	20.22

表7.3　地震动时程包线函数参数

概率水平	t_1(s)	t_2(s)	c
63%	8.4	15.3	0.24
10%	6.5	16.7	0.18
2%	5.3	16.7	0.17

7.1.3 基岩地震动合成结果

在合成本小区划的基岩地震动时程时，50a 超越概率 63%、10% 和 2% 所对应的目标峰值加速度和加速度反应谱取前面危险性分析得到的结果，由于小区划目标区不同位置控制点计算出的结果差异不大，因此，合成基岩人工地震动时程是取地震危险性分析计算结果最大的值，以此得到本区基岩地震动时程。根据所给参数分别合成 3 个概率水平的地震动时程。为了考虑相位随机性的影响，对于每一概率水平情况都分别合成 3 个不同随机相位的地震动时程样本。合成的时程均以 0.02s 为间隔，离散值点数为 2048。

目标加速度反应谱在 0.04 ~ 6s 内取 55 个控制点，以保证合成地震动时拟合目标反应谱的精度。在合成过程中，利用逐步逼近目标谱的方法，使合成的加速度时程精确满足目标峰值加速度，并近似满足目标加速度反应谱。本项目中拟合目标加速度反应谱时其拟合相对误差小于 5%。计算时选用 55 个控制点，各控制点误差在 5% 以内。合成结果见图 7.1。

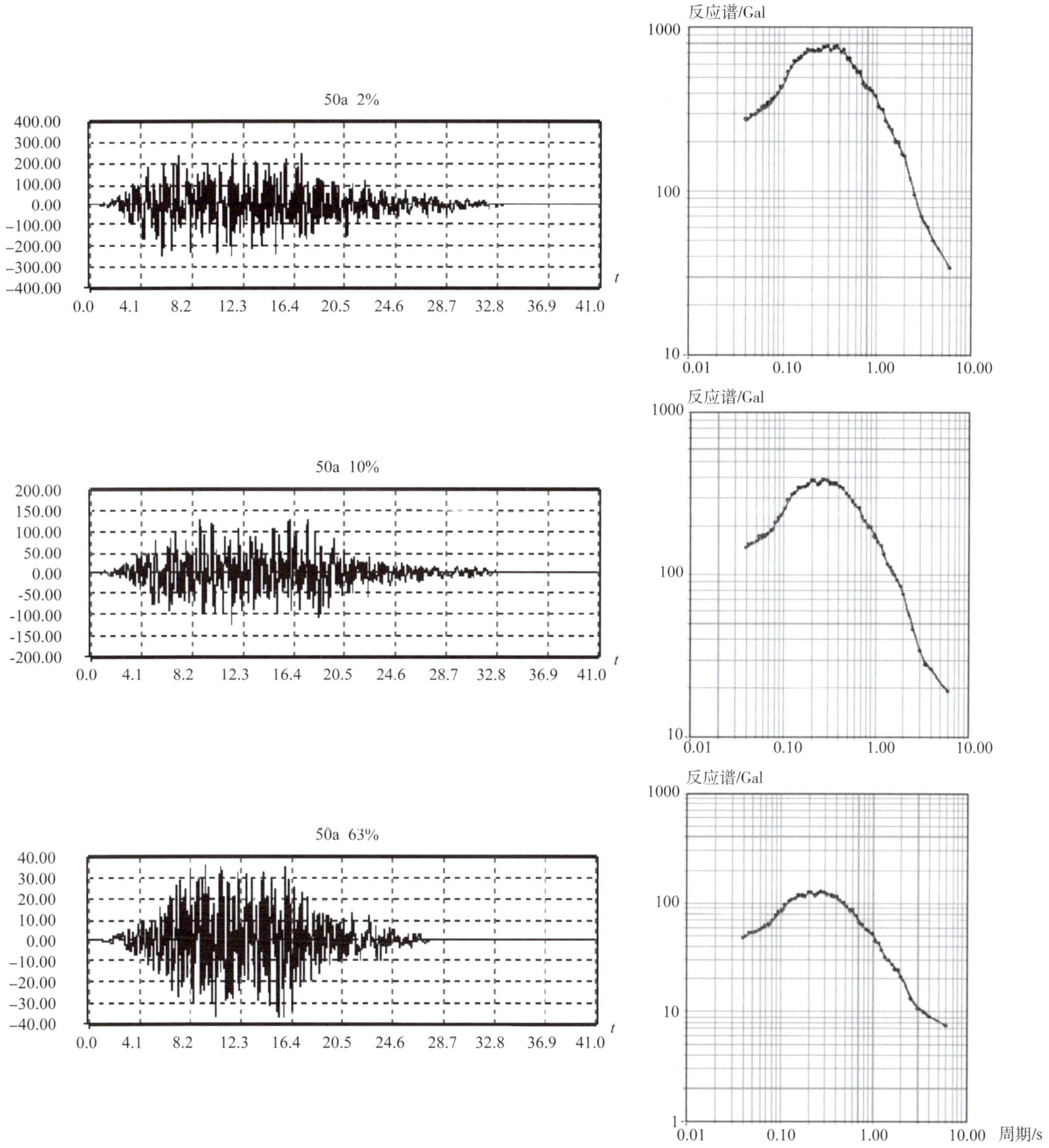

图 7.1　输入基岩地震加速度时程图（三种超越概率水准任意一条）

7.2 场地地震反应分析计算

在上述工作的基础上，本项目采用一维场地模型来考虑场地条件对地震地面运动的影响。

7.2.1 计算原理

一维场地模型地震地面运动影响的分析，采用《工程场地地震安全性评价》(GB 17741 — 2005) 所推荐的一维土层剪切动力反应分析的等效线性化方法，其基本原理如下：

假设剪切波从黏弹性半无限基岩空间垂直入射到水平成层 (N 层) 非线性土体中，并向上传播。对于这一计算模型，根据波传播理论，利用时频变换技术 (即傅氏变换法) 结合土体非线性特性的复阻尼模拟及等效线性化处理方法可以计算出场地介质动力反应值。

设有一剪切谐波自计算基底垂直向上入射并在土层中传播，则根据波动理论及复阻尼理论可知，每一土层中介质运动必须满足波动方程：

$$\rho_j \frac{\partial^2 U_j(x,t)}{\partial t^2} = G_j^c \frac{\partial^2 U_j(x,t)}{\partial x^2} \tag{7.9}$$

式中，$U_j(x,t)$—— 第 j 土层中介质反应的位移值；ρ_j—— 第 j 土层中介质的密度；G_j^c—— 第 j 土层中介质的动力复剪切模量。

G_j^c 由式 (7.10) 给出：

$$G_j^c=[1+2\lambda_j(\gamma_{je})i]G_{jd}(\gamma_{je})G_{jo} \tag{7.10}$$

其中，$i=(-1)^{0.5}$；G_{jo}—— 第 j 土层中介质的最大动力剪切模量；$G_{jd}(\gamma_{je})$, $\lambda_j(\gamma_{je})$—— 第 j 土层中介质的等效动力剪切模量无量纲系数及滞回阻尼比；γ_{je}—— 第 j 土层中点介质的等效动力剪切应变值。

各土层之间介质运动满足位移连续条件和应力连续条件；

$$U_j(x,t)|x=h=U_{j+1}(x,t)|_{x=0} \tag{7.11}$$

$$\tau_j(x,t)|x=h=\tau_{j+1}(x,t)|_{x=0} \tag{7.12}$$

$$\tau_j(x,t)|_{x=0}=0 \tag{7.13}$$

这里，H_j 为第 j 土层的层厚，且规定 X 坐标以垂直向下方向为正方向，坐标原点置于每一土层层顶面位置。求解方程式 (7.9)，并利用已知的计算基底入射波值可得到土层中介质反应量的频域值，再利用傅氏变换方法可以得到土层中介质反应量的时域值。

考虑到土体的非线性特性，各土层的等效动力剪切模量的无量纲系数和滞回阻尼比都是等效剪应变的函数。因此，实际计算时，先假定每一土层层内介质反应的初始等效动力剪切应变，利用上述方法进行反应计算，并计算出相应的各土层内中点处介质的剪应变反应的最大值，尔后取每一土层内层中点处介质反应的最大剪应变值乘以折减系数 (这里取 0.65) 的值作为该土层中介质的等效剪应变的计算值。比较计算所用等效剪切应变及计算所得等效剪切应变相对应的等效动力剪切模量和滞回阻尼比值，如果它们的相对误差都小于给定的允许误差 (这里取 0.05)，则认为土体的非线性特性的考虑满足了要求，否则，以最新计算所得等效剪切应变值取代初始等效剪切应变值，并重复上述计算过程，直到相对误差都小于允许误差为止。

7.2.2 场地土动力特性参数

进行场地土层地震动力反应分析，需要土层剖面的土层分层厚度及土层土体性状描述资料，同时也需要土层中土体的力学特性资料。它们包括土体的波速值（剪切波速值）、土体的密度值及土体动力非线性特性参数值。本次工作现场采集原状土样，送实验室进行动三轴实验(中国地震局兰州地震研究所)。对于缺少动三轴实验资料的土类动力特性参数参考有关文献提供的应力应变关系典型值，本次工作使用的场地土体的力学特性参数见表 7.4。建立土层反应计算模型时，以现场实际得到的 80 个钻孔资料为基础，仔细分析每个钻孔的岩性选择合适的土动力学参数；剪切波速为现场原位测试结果，测试点位间隔 1m，对于厚度不大的土层不再细分，模型波速使用该层的平均剪切波速，对于厚度较大的土层，需要将土层划分为较薄的若干层，再取每层的平均剪切波速。容重取实验结果，如无实测结果则参考当地岩土勘察报告中的土工试验结果或相关参考文献，在此基础上建立土层反应分析计算模型（见附件），为场地地震反应分析提供资料。

表7.4 场地主要土类动力特性参数

土类	参数	剪应变							
		5×10^{-6}	1×10^{-5}	5×10^{-5}	1×10^{-4}	5×10^{-4}	1×10^{-3}	5×10^{-3}	1×10^{-2}
填土 耕土	G/G_{max}	0.9600	0.9500	0.8000	0.7000	0.3000	0.2000	0.1500	0.100
	ξ	0.0250	0.0280	0.0300	0.0350	0.0800	0.1000	0.1100	0.1200
角砾	G/G_{max}	0.9953	0.9906	0.9546	0.9131	0.6775	0.5123	0.1736	0.0951
	ξ	0.0026	0.0051	0.0237	0.0435	0.1317	0.1764	0.2422	0.2540
圆砾	G/G_{max}	0.9976	0.9951	0.9761	0.9533	0.8032	0.6712	0.2899	0.1695
	ξ	0.0048	0.0093	0.0395	0.0664	0.1456	0.1711	0.1991	0.2032
卵石	G/G_{max}	0.9900	0.9700	0.9000	0.8500	0.7000	0.5500	0.3200	0.2000
	ξ	0.0040	0.0060	0.0190	0.0300	0.0750	0.0900	0.1100	0.1200
砾砂	G/G_{max}	0.9983	0.9966	0.9834	0.9673	0.8554	0.7474	0.3718	0.2283
	ξ	0.0009	0.0018	0.0088	0.0169	0.0668	0.1058	0.1982	0.2225
粗砂	G/G_{max}	0.9973	0.9947	0.9741	0.9495	0.7900	0.6529	0.2733	0.1583
	ξ	0.0023	0.0046	0.0210	0.0377	0.1045	0.1342	0.1737	0.1803
粉砂	G/G_{max}	0.9975	0.9951	0.9759	0.9529	0.8020	0.6695	0.2883	0.1684
	ξ	0.0023	0.0045	0.0205	0.0369	0.1031	0.1329	0.1728	0.1796
黏土	G/G_{max}	0.9975	0.9950	0.9756	0.9523	0.7998	0.6664	0.2855	0.1665
	ξ	0.0025	0.0049	0.0226	0.0410	0.1167	0.1518	0.2000	0.2082
粉土	G/G_{max}	0.9987	0.9975	0.9876	0.9754	0.8881	0.7988	0.4426	0.2842
	ξ	0.0021	0.0042	0.0191	0.0347	0.0997	0.1301	0.1721	0.1793

续表

土类	参数	剪应变							
		5×10^{-6}	1×10^{-5}	5×10^{-5}	1×10^{-4}	5×10^{-4}	1×10^{-3}	5×10^{-3}	1×10^{-2}
粉质黏土 1	G/G_{max}	0.9975	0.9949	0.9751	0.9514	0.7964	0.6617	0.2812	0.1636
	ξ	0.0045	0.0088	0.0372	0.0622	0.1348	0.1579	0.1829	0.1866
粉质黏土 2	G/G_{max}	0.9972	0.9944	0.9728	0.9470	0.7815	0.6414	0.2634	0.1517
	ξ	0.0026	0.0051	0.0236	0.0430	0.1258	0.1656	0.2218	0.2317
基岩	G/G_{max}	1.0000	1.0000	1.0000	1.0000	1.0000	1.0000	1.0000	1.0000
	ξ	0.0000	0.0000	0.0000	0.0000	0.0000	0.0000	0.0000	0.0000

7.3 场地地震反应计算结果

利用场地不同概率水准的基岩输入波和 80 个钻孔的计算模型，对场地进行地震动反应计算，分别以 50a 超越概率 63%、10% 和 2% 的基岩地震动时程，按幅值缩小一半确定一维土层反应分析模型的基底入射波，得到场地地表的地震动加速度时程、加速度反应谱及峰值加速度。场地 80 个钻孔计算模型 50a 不同超越概率水准的水平向加速度反应谱曲线见图 7.2 ~ 图 7.81，结合 80 个钻孔模型地表峰值加速度和反应谱曲线综合判定各钻孔不同概率水准的特征周期并计算加速度均值，表 7.5 为场地各计算模型在 3 组输入波下的水平向峰值加速度及特征周期。

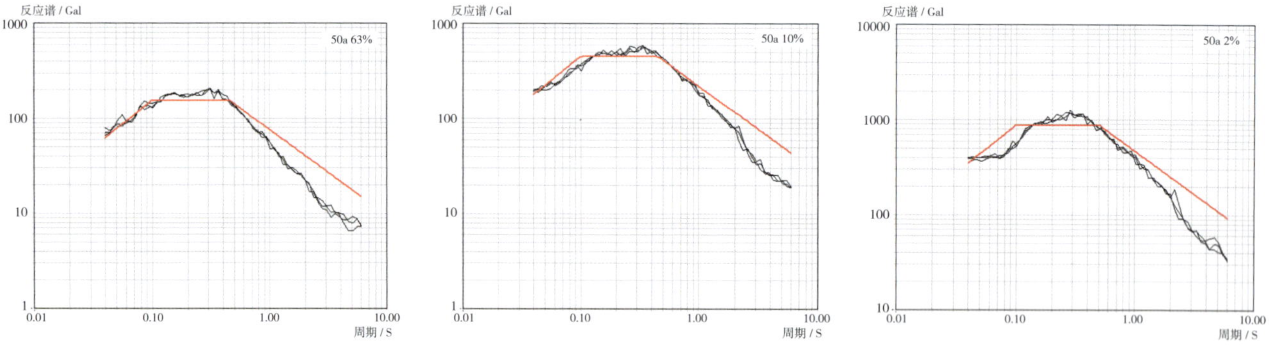

图 7.2 ZK01 钻孔不同概率水准地表水平加速度反应谱

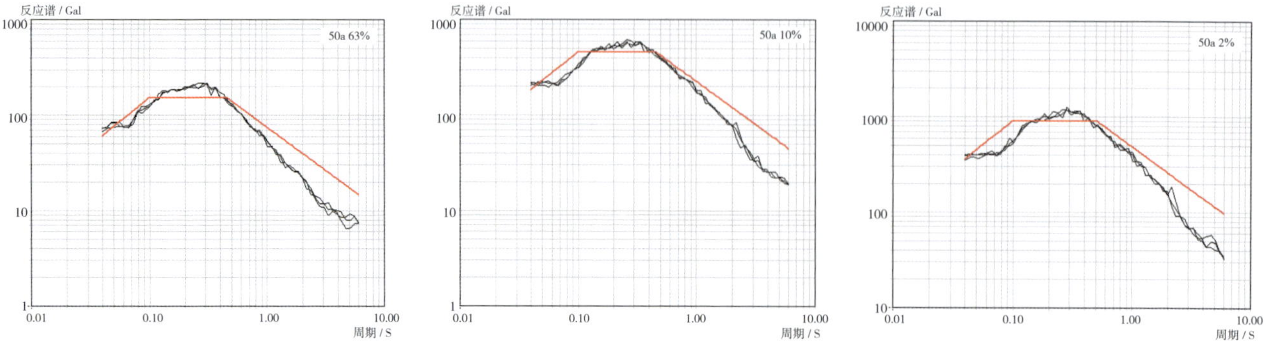

图 7.3 ZK02 钻孔不同概率水准地表水平加速度反应谱

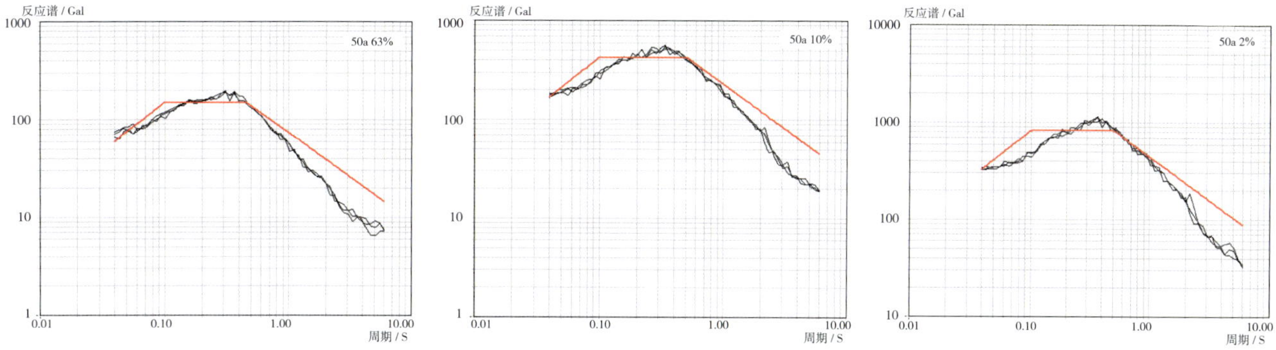

图 7.4 ZK03 钻孔不同概率水准地表水平加速度反应谱

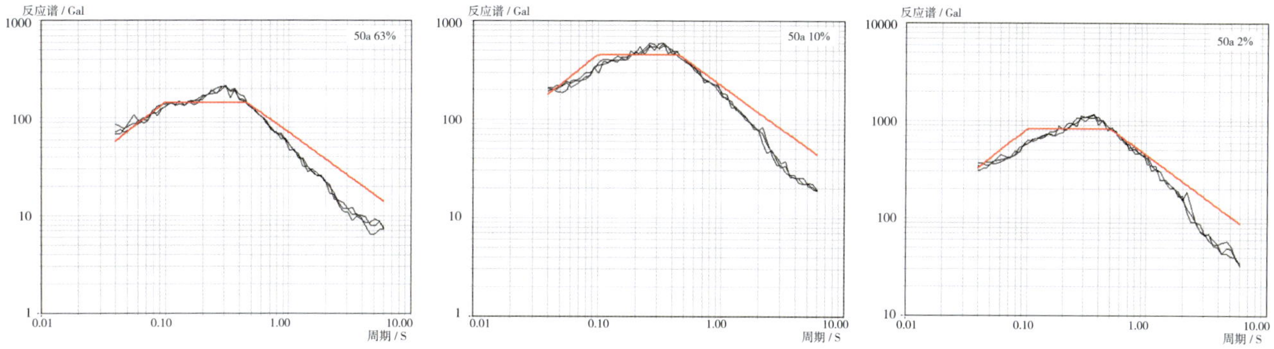

图 7.5 ZK04 钻孔不同概率水准地表水平加速度反应谱

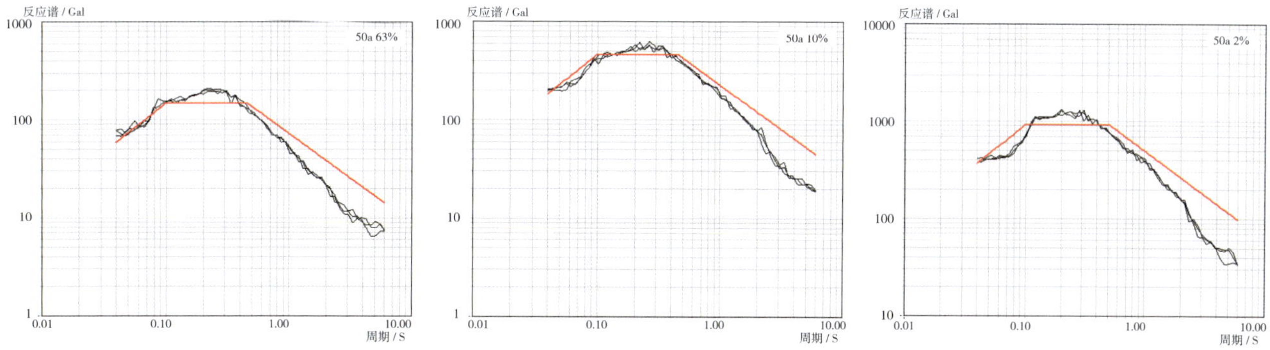

图 7.6 ZK05 钻孔不同概率水准地表水平加速度反应谱

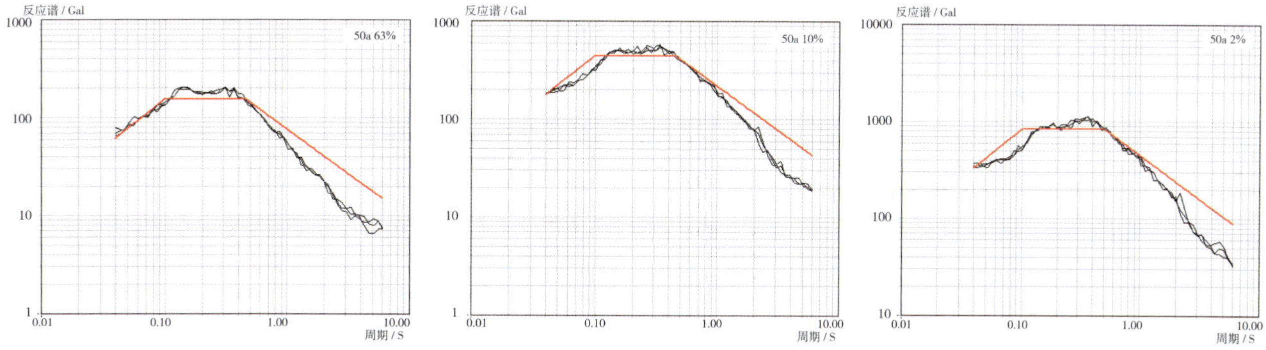

图 7.7 ZK06 钻孔不同概率水准地表水平加速度反应谱

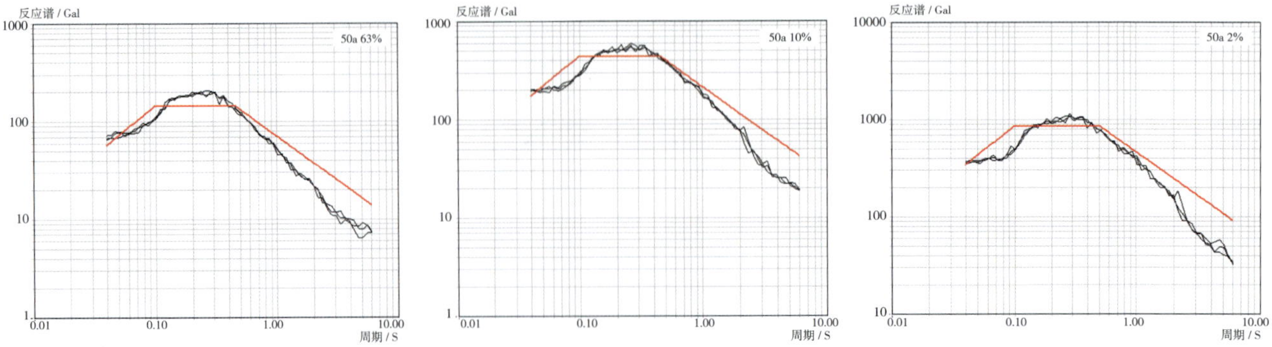

图 7.8　ZK07 钻孔不同概率水准地表水平加速度反应谱

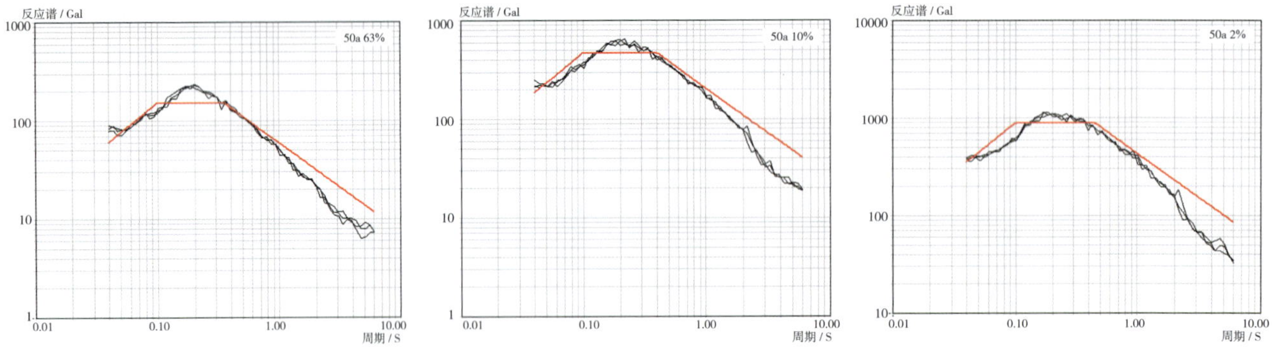

图 7.9　ZK08 钻孔不同概率水准地表水平加速度反应谱

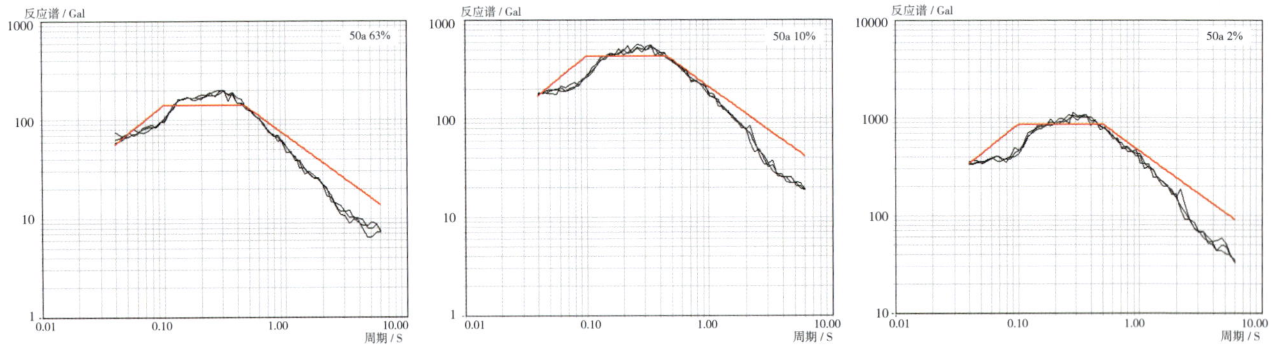

图 7.10　ZK09 钻孔不同概率水准地表水平加速度反应谱

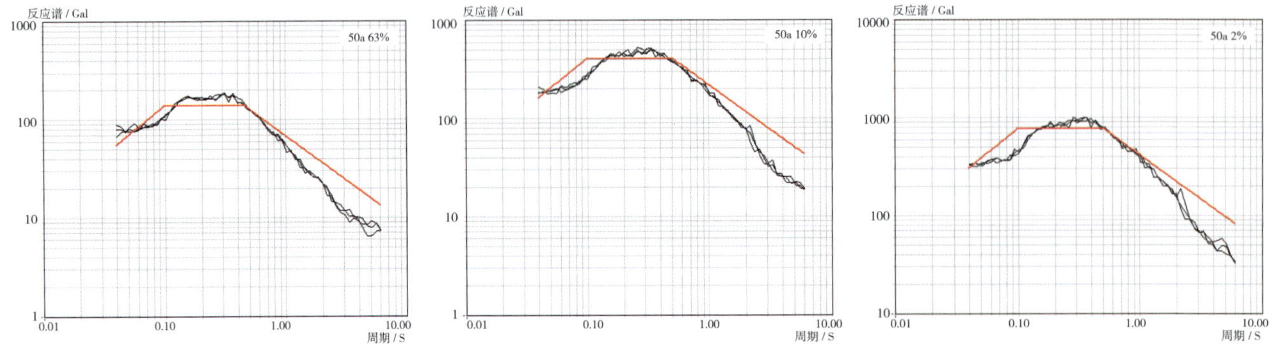

图 7.11　ZK10 钻孔不同概率水准地表水平加速度反应谱

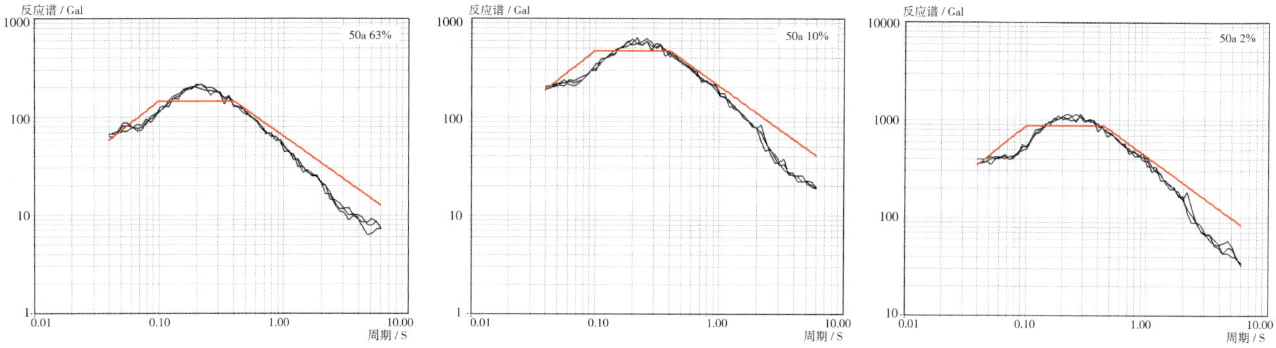

图 7.12 ZK11 钻孔不同概率水准地表水平加速度反应谱

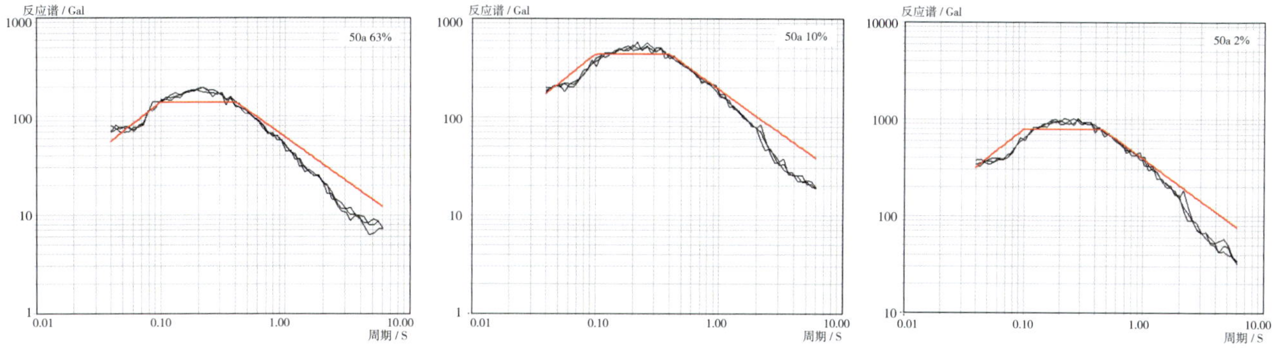

图 7.13 ZK12 钻孔不同概率水准地表水平加速度反应谱

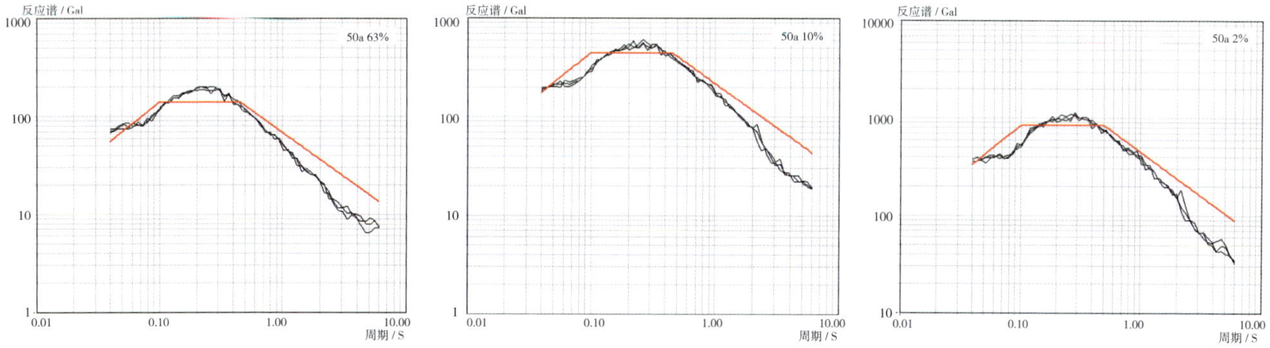

图 7.14 ZK13 钻孔不同概率水准地表水平加速度反应谱

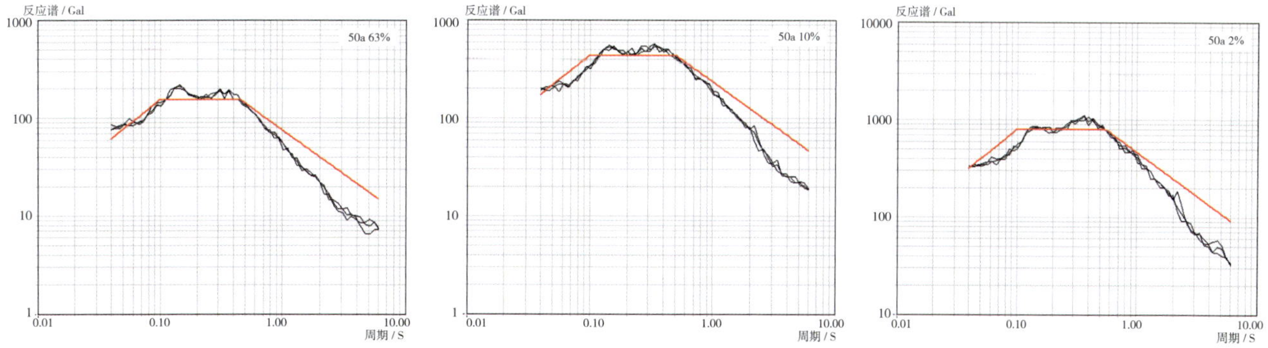

图 7.15 ZK14 钻孔不同概率水准地表水平加速度反应谱

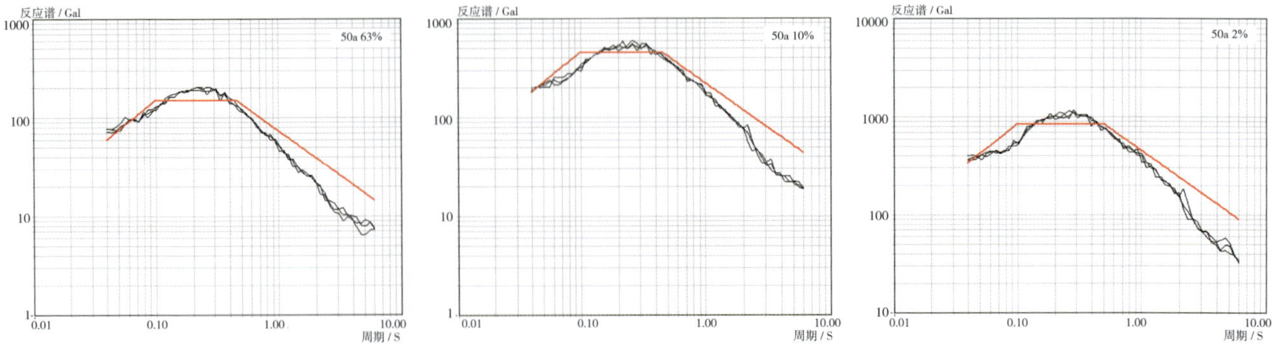

图 7.16　ZK15 钻孔不同概率水准地表水平加速度反应谱

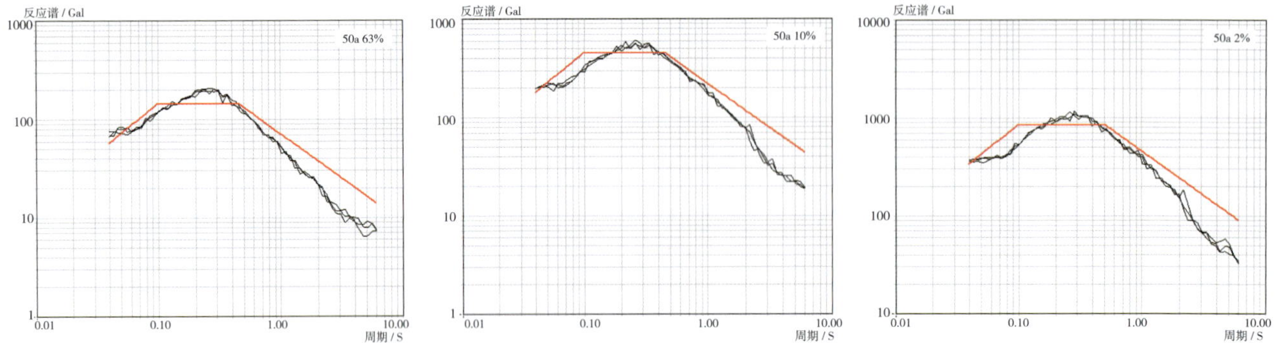

图 7.17　ZK16 钻孔不同概率水准地表水平加速度反应谱

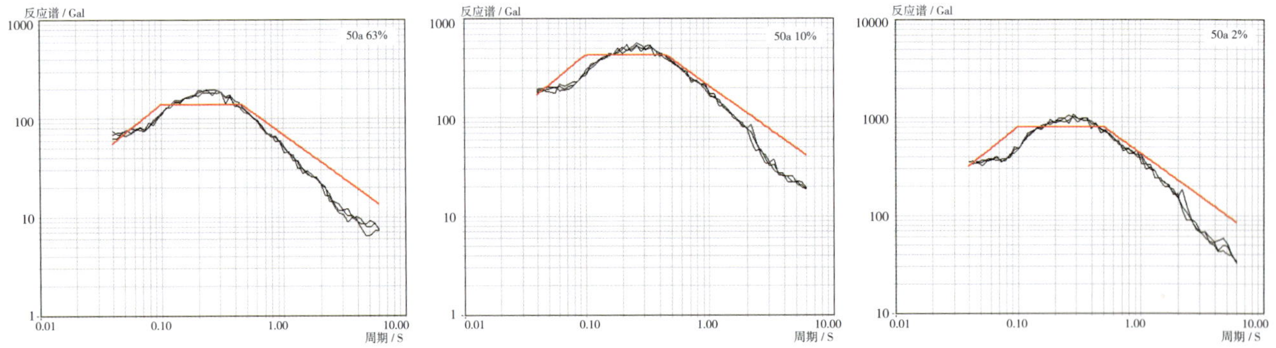

图 7.18　ZK17 钻孔不同概率水准地表水平加速度反应谱

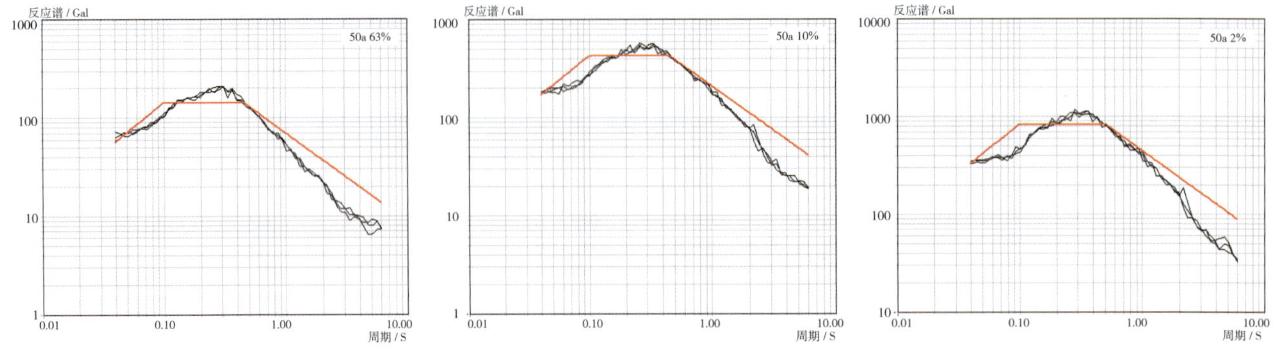

图 7.19　ZK18 钻孔不同概率水准地表水平加速度反应谱

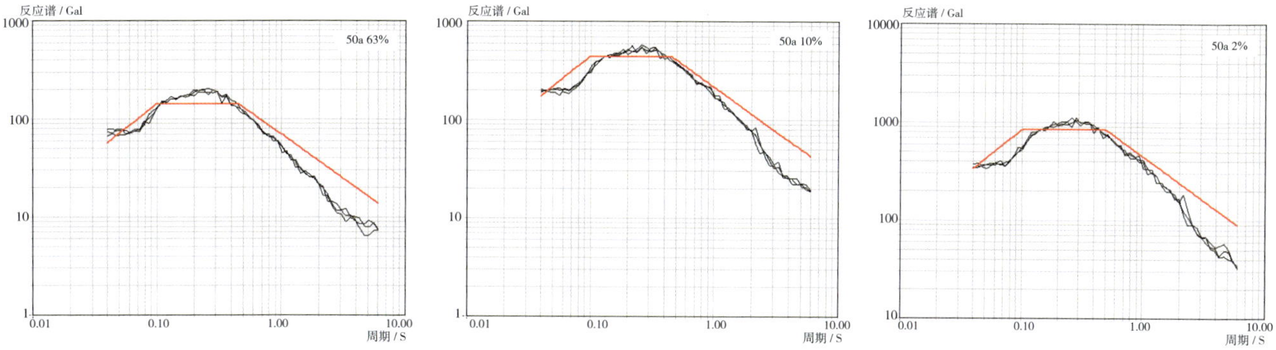

图 7.20 ZK19 钻孔不同概率水准地表水平加速度反应谱

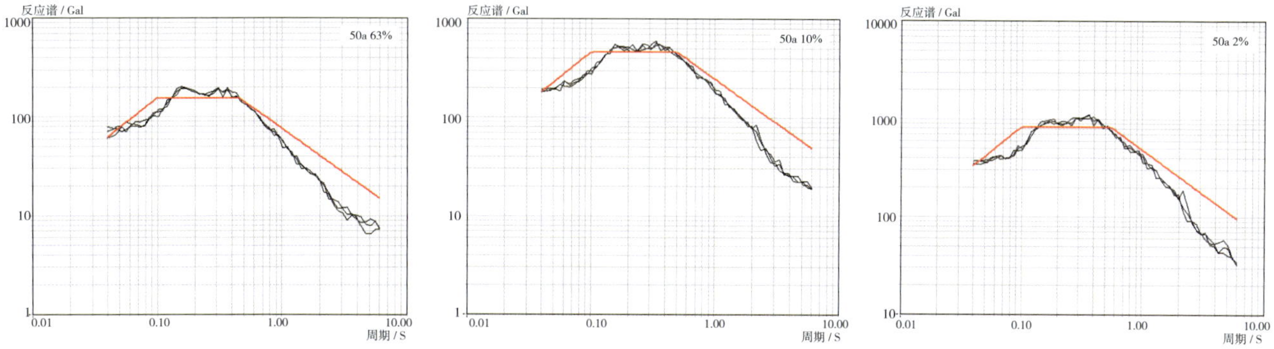

图 7.21 ZK20 钻孔不同概率水准地表水平加速度反应谱

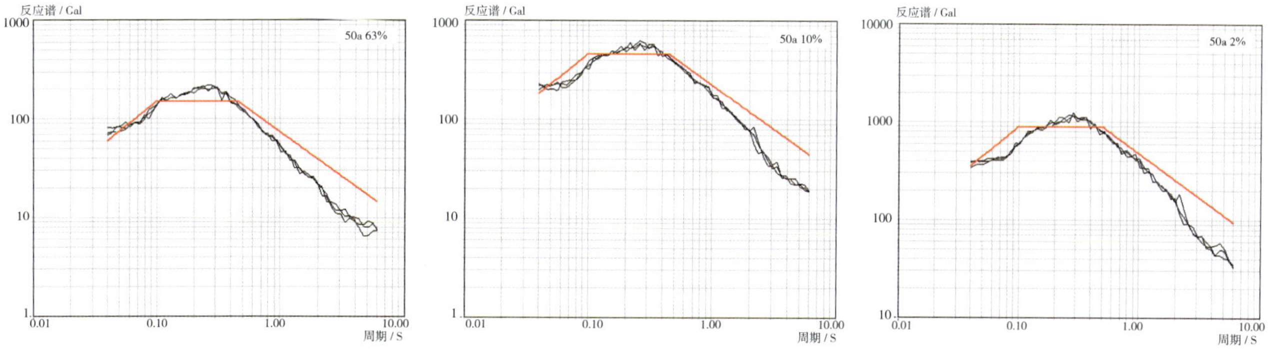

图 7.22 ZK21 钻孔不同概率水准地表水平加速度反应谱

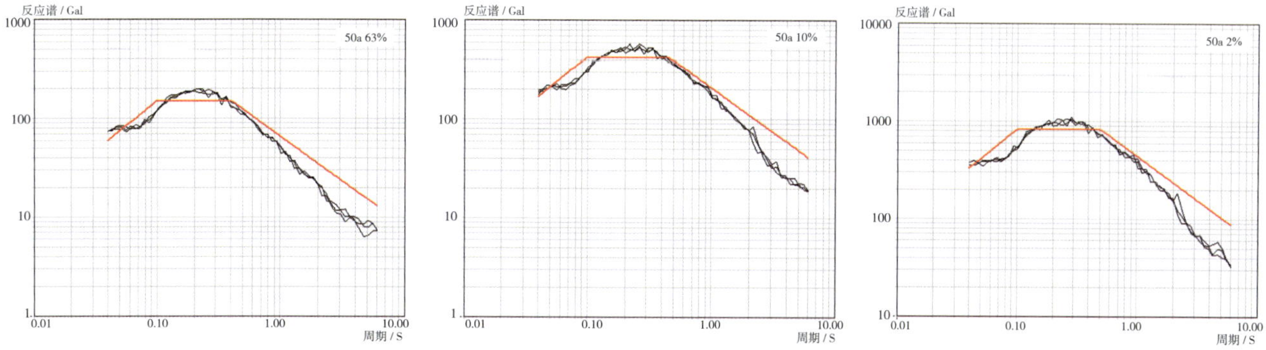

图 7.23 ZK22 钻孔不同概率水准地表水平加速度反应谱

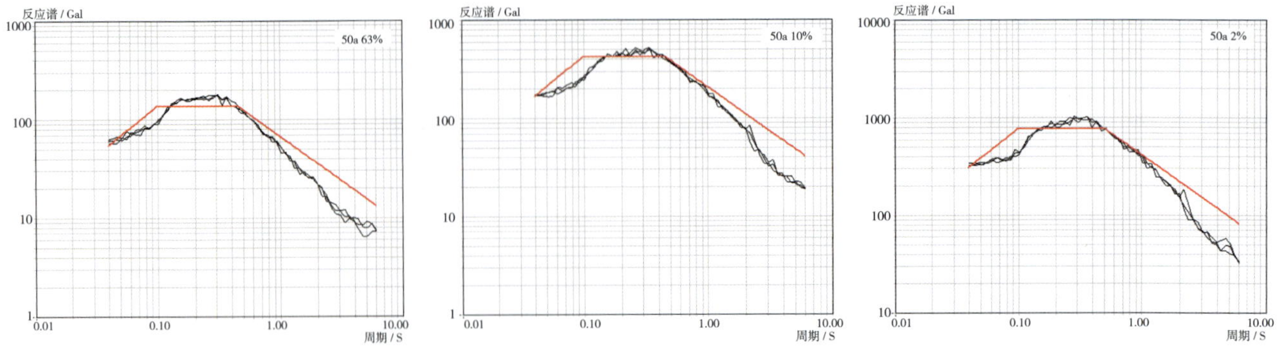

图 7.24　ZK23 钻孔不同概率水准地表水平加速度反应谱

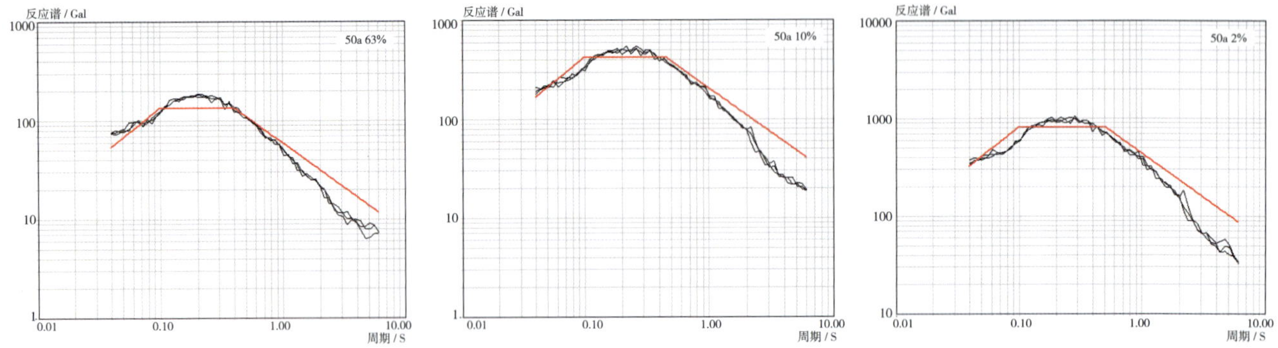

图 7.25　ZK24 钻孔不同概率水准地表水平加速度反应谱

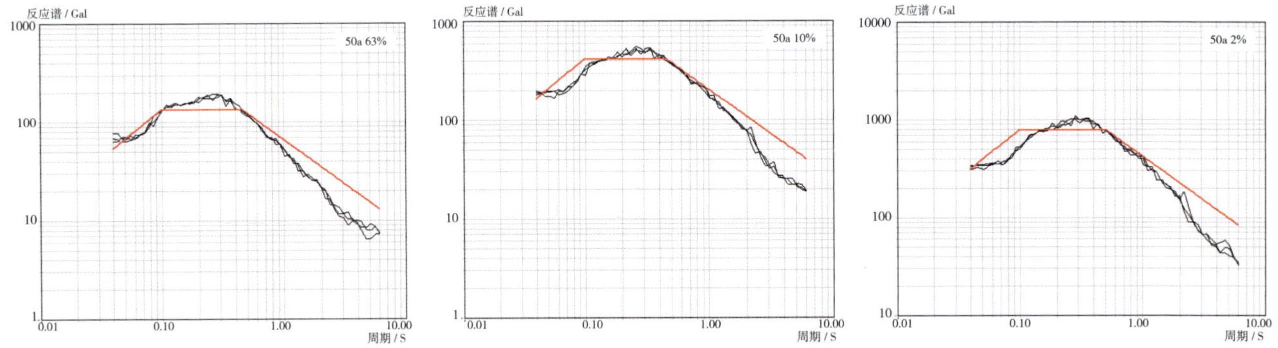

图 7.26　ZK25 钻孔不同概率水准地表水平加速度反应谱

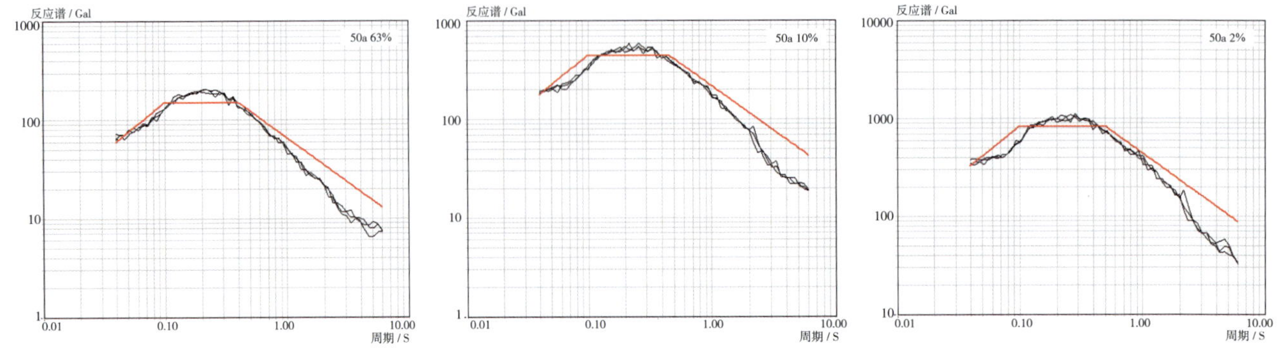

图 7.27　ZK26 钻孔不同概率水准地表水平加速度反应谱

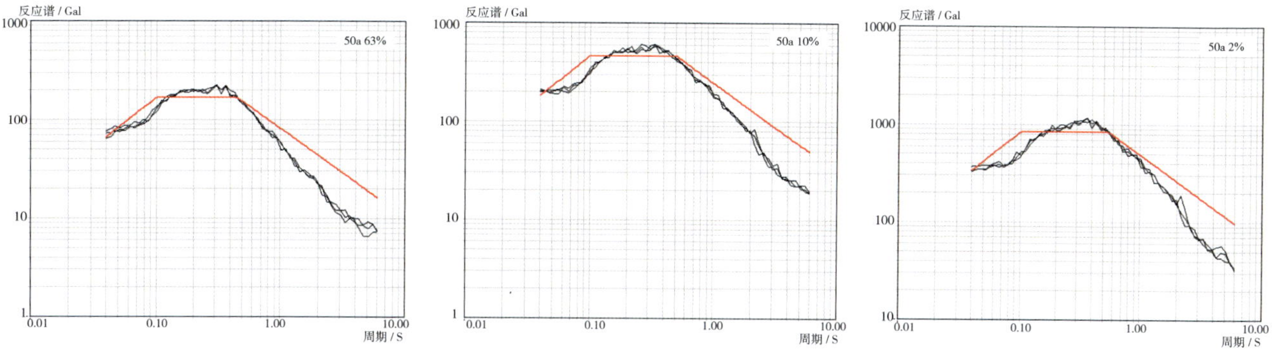

图 7.28 ZK27 钻孔不同概率水准地表水平加速度反应谱

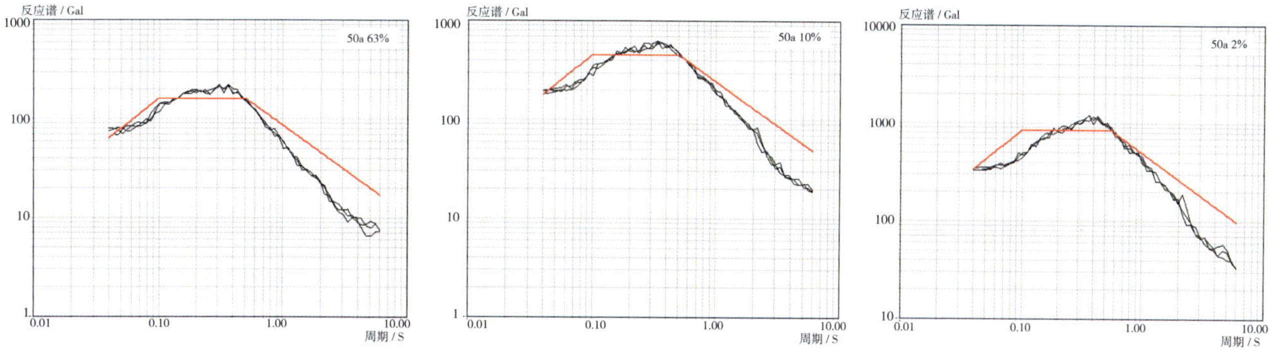

图 7.29 ZK28 钻孔不同概率水准地表水平加速度反应谱

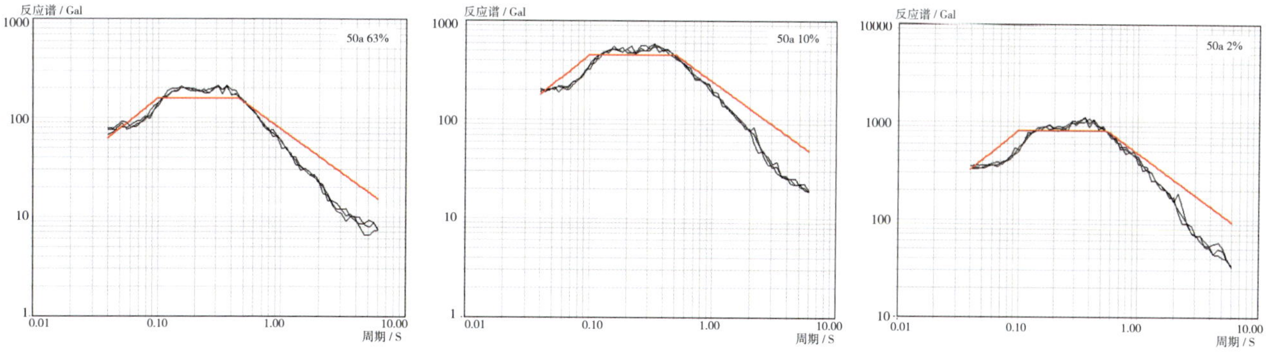

图 7.30 ZK29 钻孔不同概率水准地表水平加速度反应谱

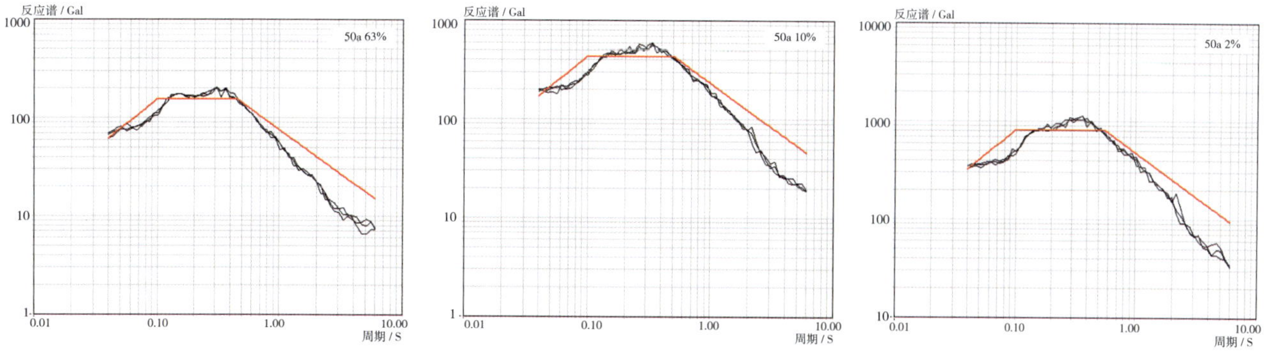

图 7.31 ZK30 钻孔不同概率水准地表水平加速度反应谱

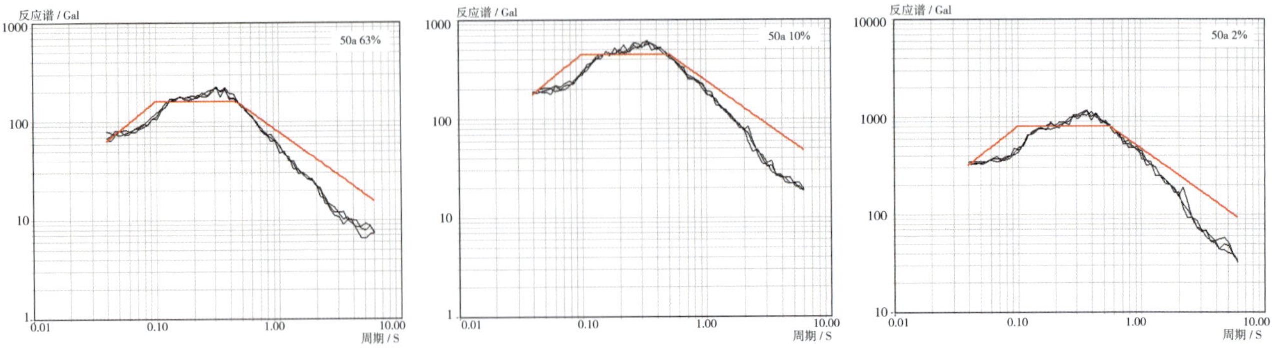

图 7.32　ZK31 钻孔不同概率水准地表水平加速度反应谱

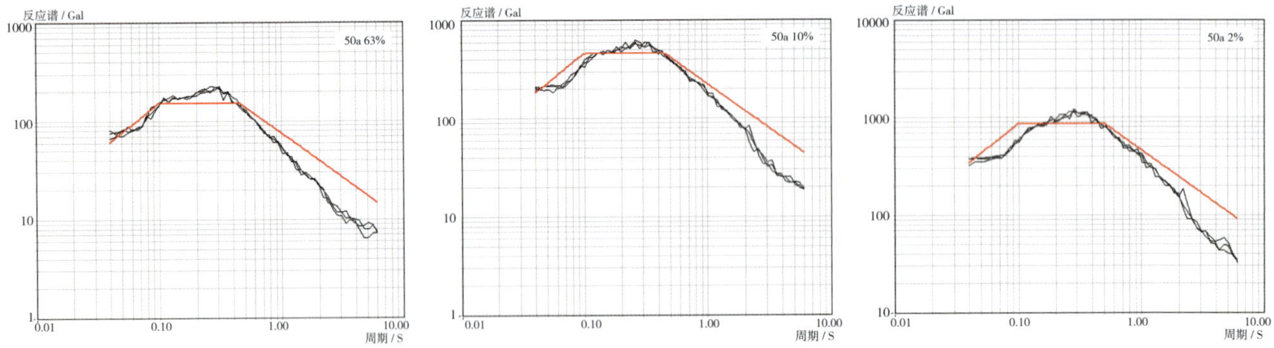

图 7.33　ZK32 钻孔不同概率水准地表水平加速度反应谱

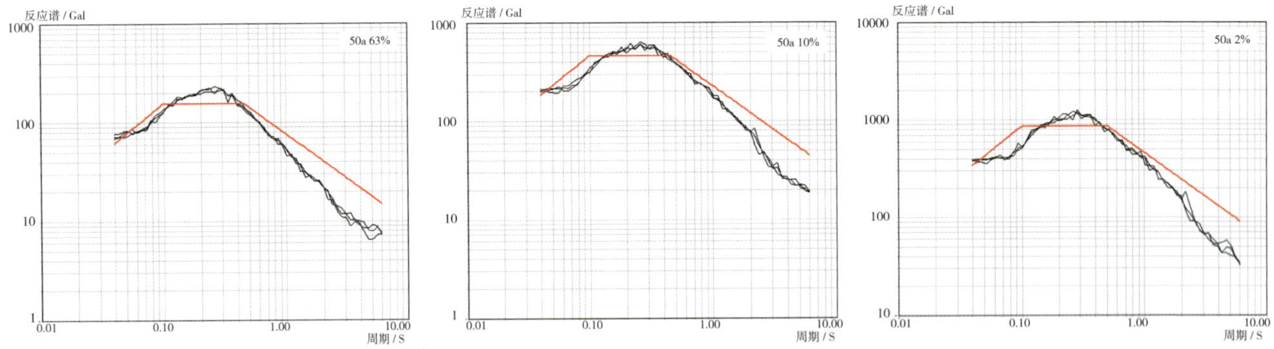

图 7.34　ZK33 钻孔不同概率水准地表水平加速度反应谱

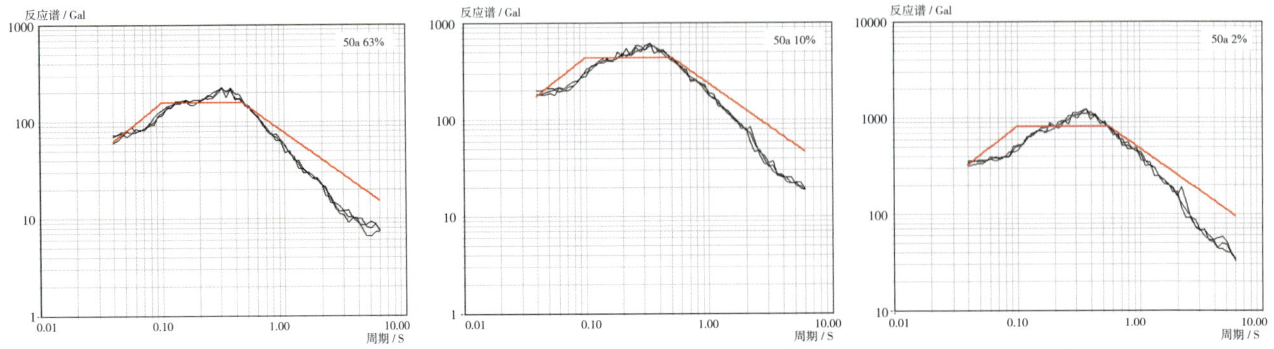

图 7.35　ZK34 钻孔不同概率水准地表水平加速度反应谱

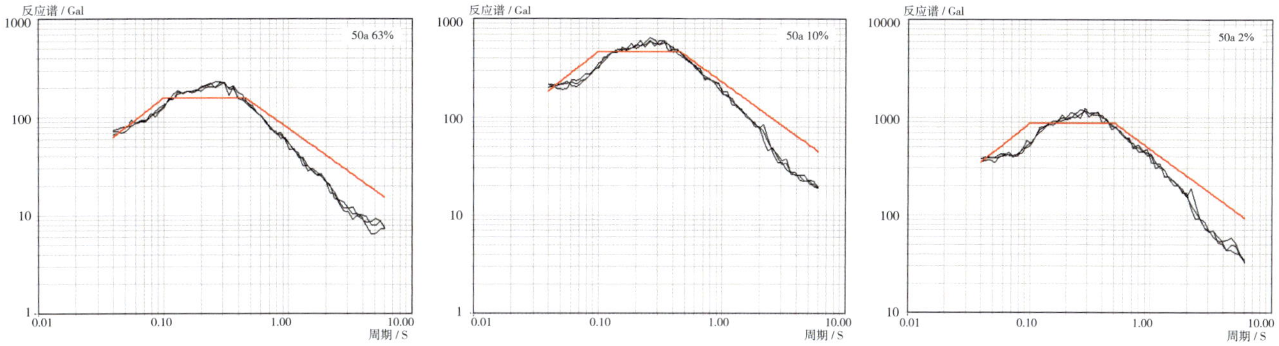

图 7.36 ZK35 钻孔不同概率水准地表水平加速度反应谱

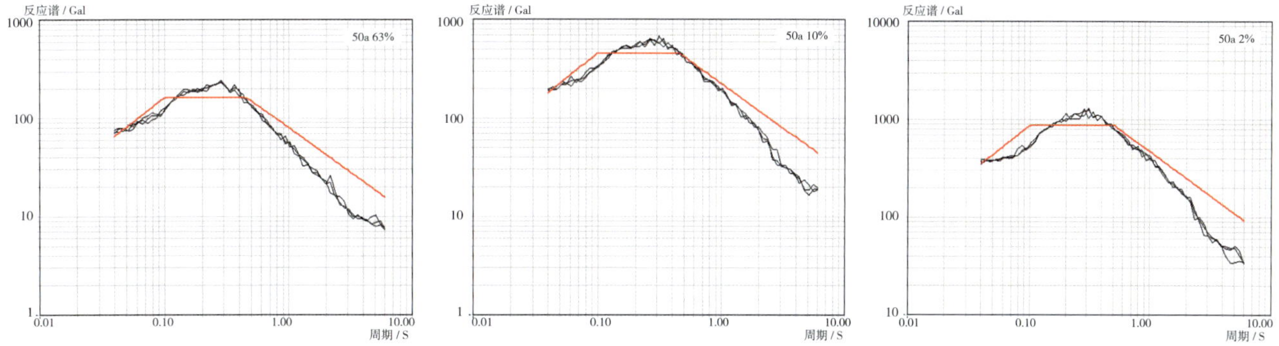

图 7.37 ZK36 钻孔不同概率水准地表水平加速度反应谱

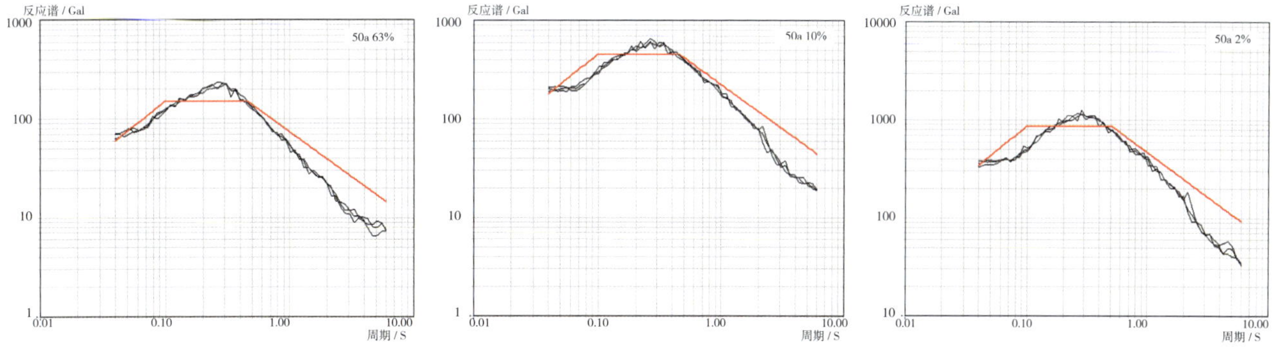

图 7.38 ZK37 钻孔不同概率水准地表水平加速度反应谱

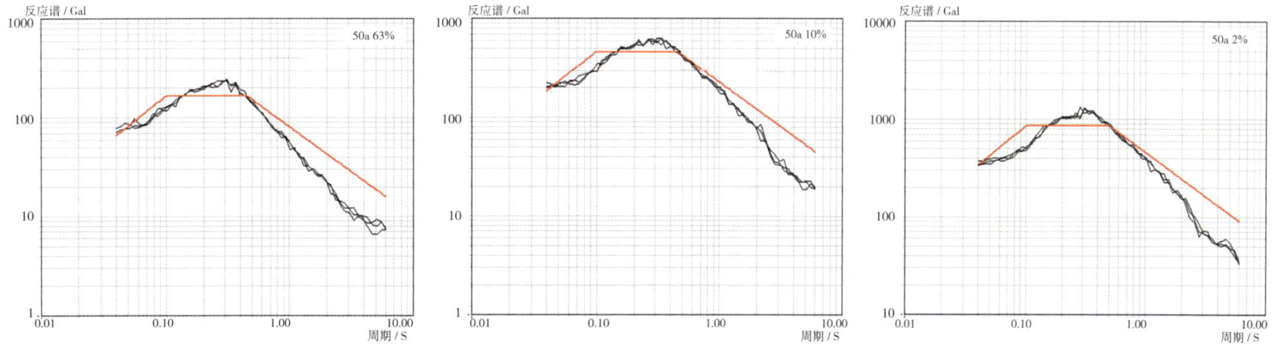

图 7.39 ZK38 钻孔不同概率水准地表水平加速度反应谱

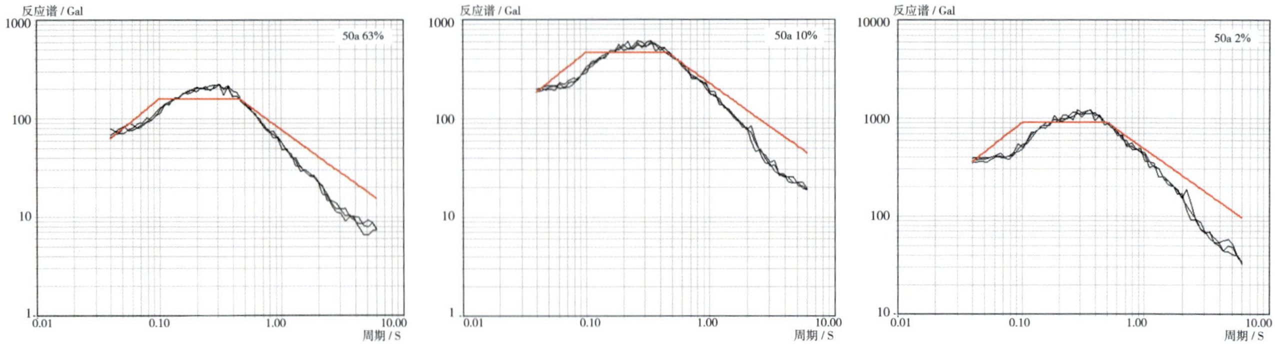

图 7.40　ZK39 钻孔不同概率水准地表水平加速度反应谱

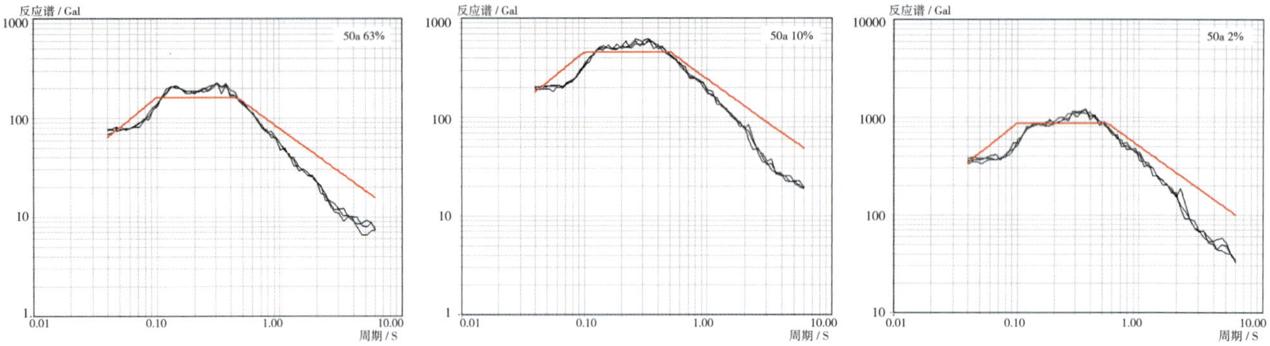

图 7.41　ZK40 钻孔不同概率水准地表水平加速度反应谱

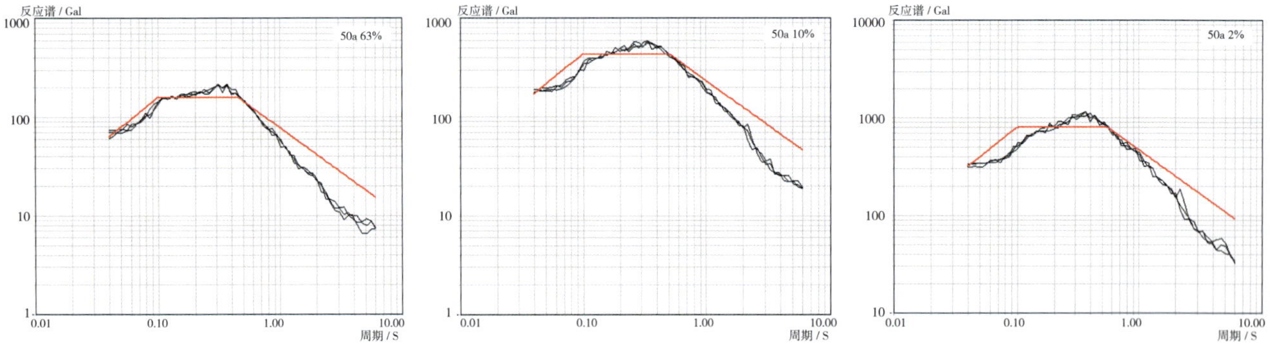

图 7.42　ZK41 钻孔不同概率水准地表水平加速度反应谱

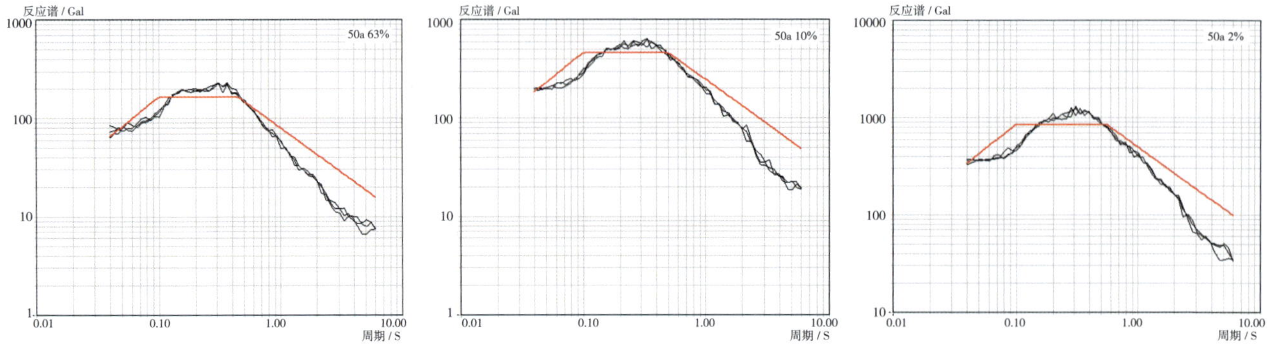

图 7.43　ZK42 钻孔不同概率水准地表水平加速度反应谱

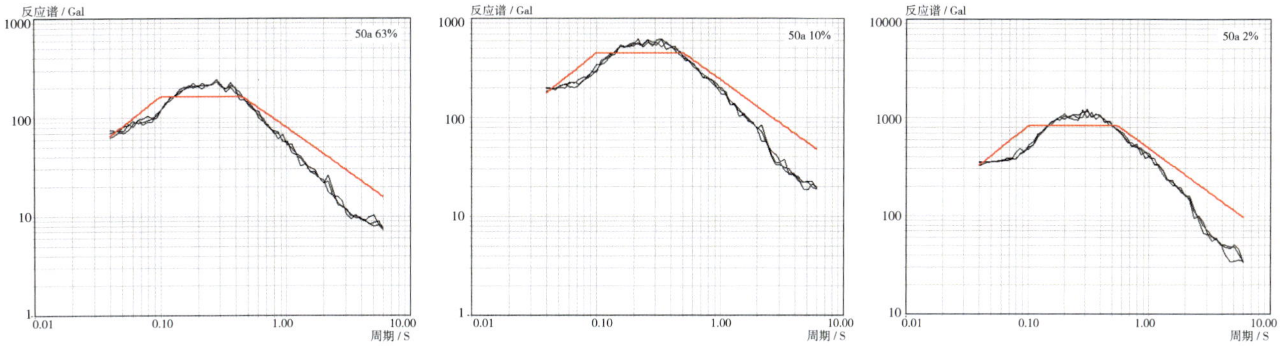

图 7.44　ZK43 钻孔不同概率水准地表水平加速度反应谱

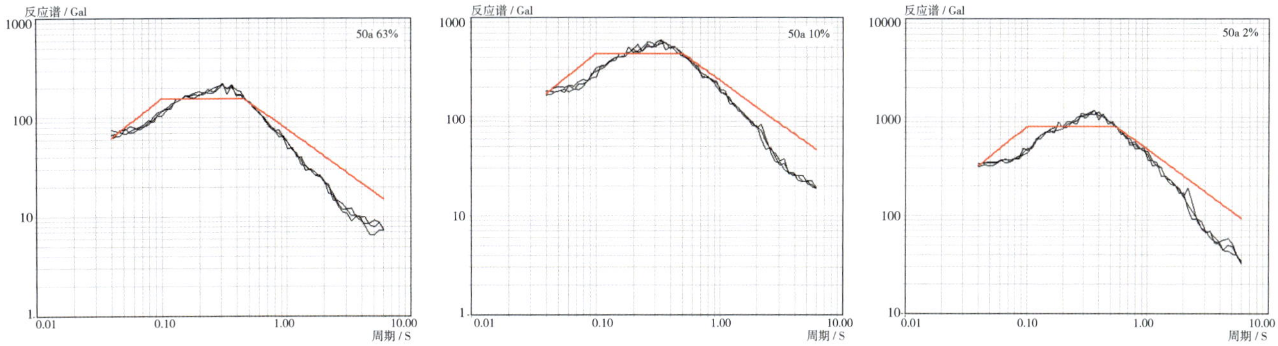

图 7.45　ZK44 钻孔不同概率水准地表水平加速度反应谱

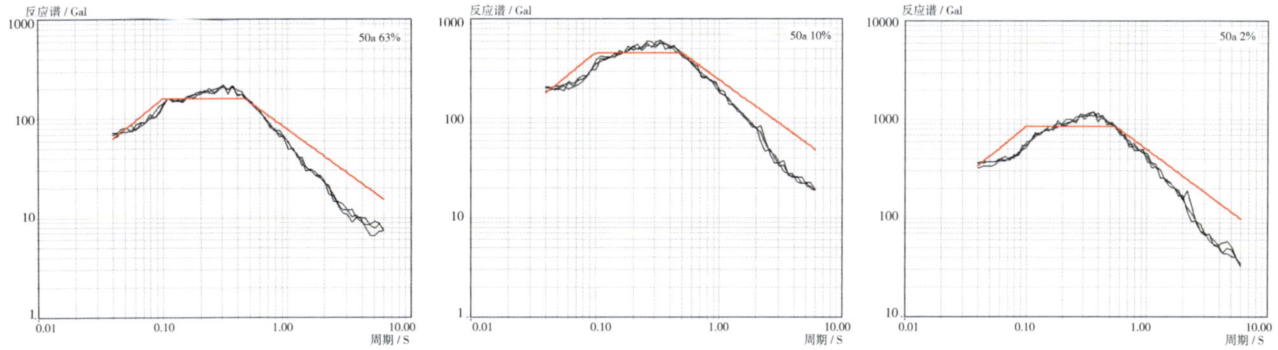

图 7.46　ZK45 钻孔不同概率水准地表水平加速度反应谱

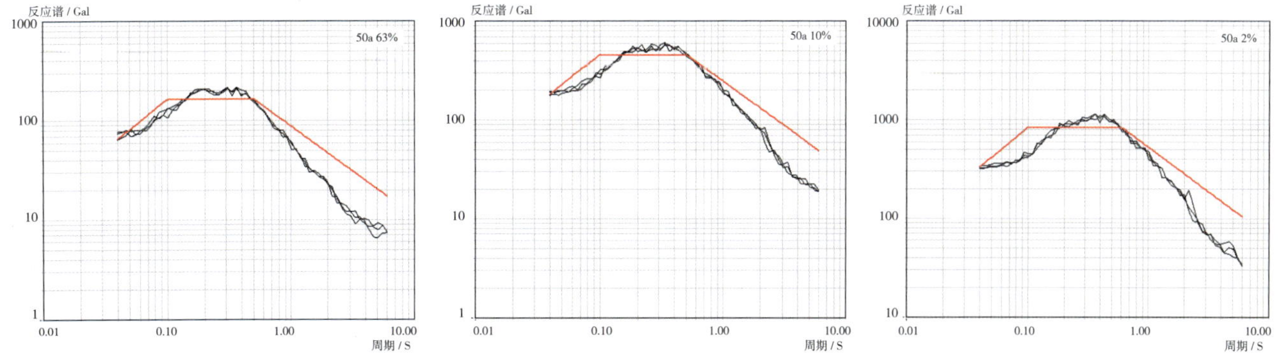

图 7.47　ZK46 钻孔不同概率水准地表水平加速度反应谱

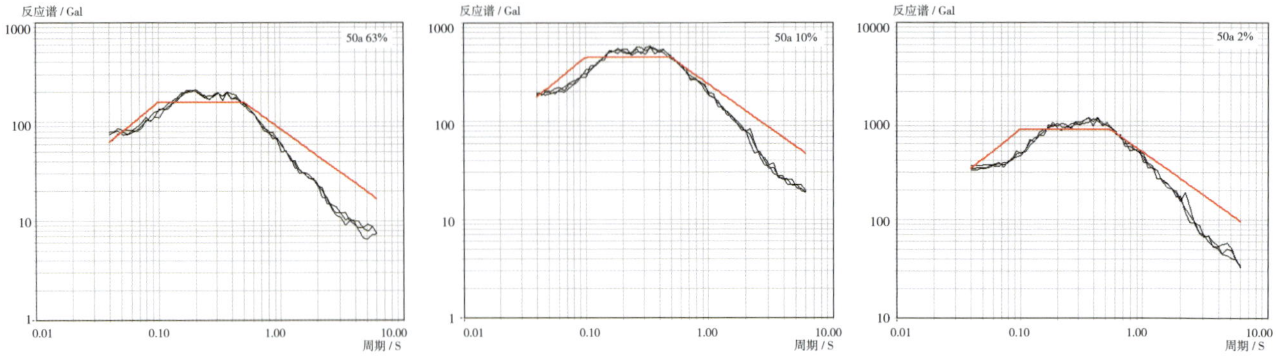

图 7.48　ZK47 钻孔不同概率水准地表水平加速度反应谱

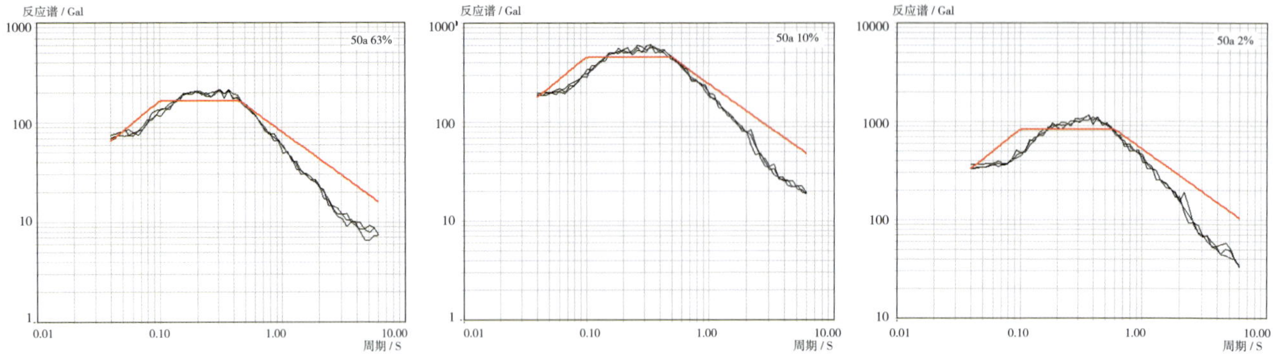

图 7.49　ZK48 钻孔不同概率水准地表水平加速度反应谱

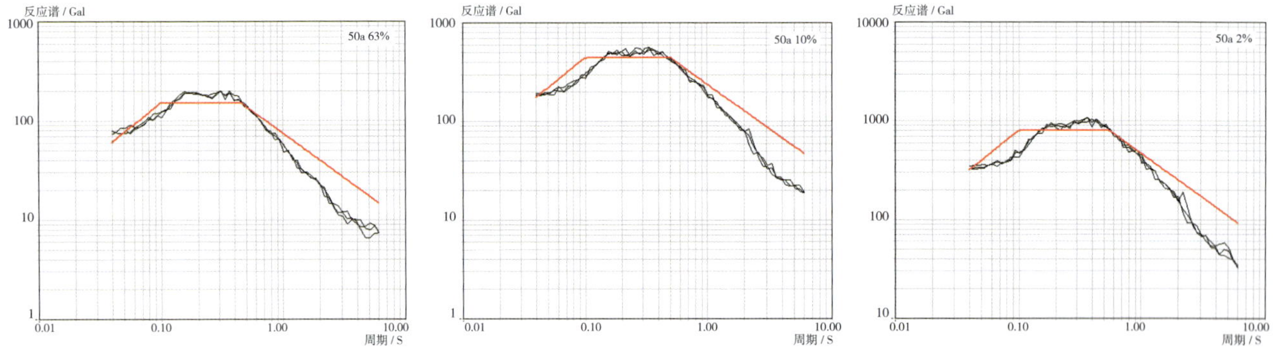

图 7.50　ZK49 钻孔不同概率水准地表水平加速度反应谱

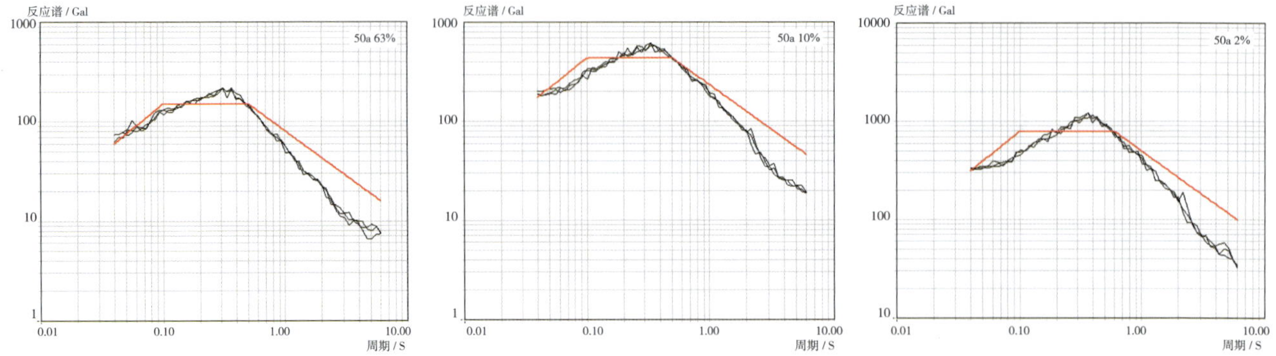

图 7.51　ZK50 钻孔不同概率水准地表水平加速度反应谱

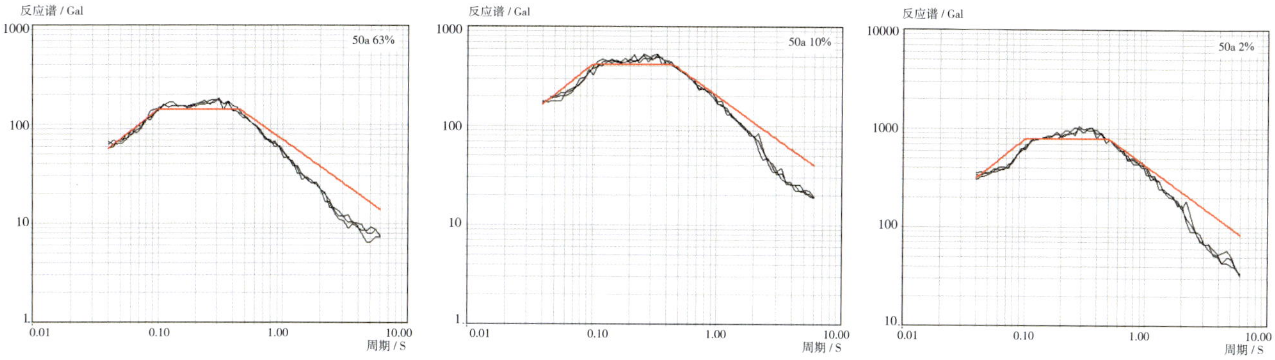

图 7.52 ZK51 钻孔不同概率水准地表水平加速度反应谱

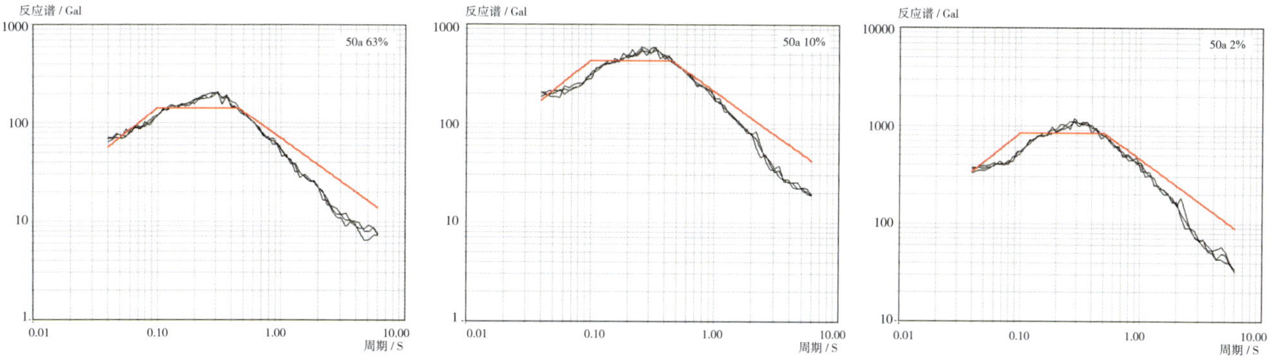

图 7.53 ZK52 钻孔不同概率水准地表水平加速度反应谱

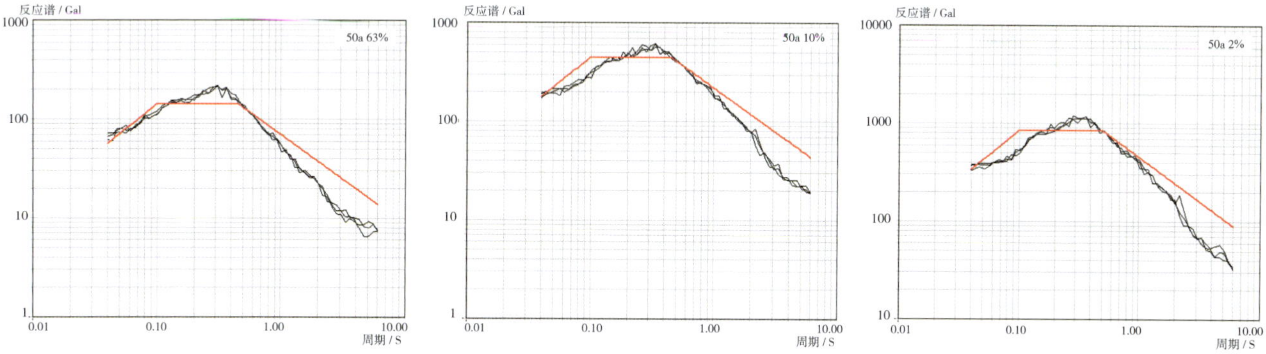

图 7.54 ZK53 钻孔不同概率水准地表水平加速度反应谱

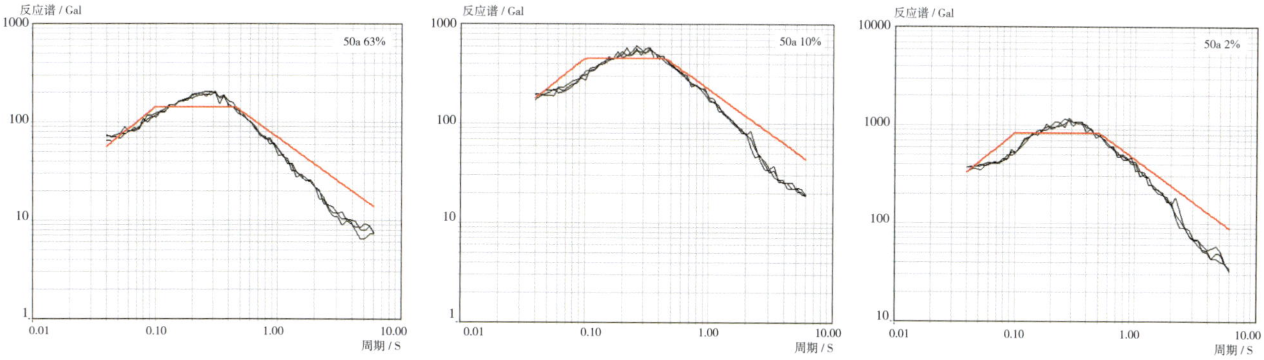

图 7.55 ZK54 钻孔不同概率水准地表水平加速度反应谱

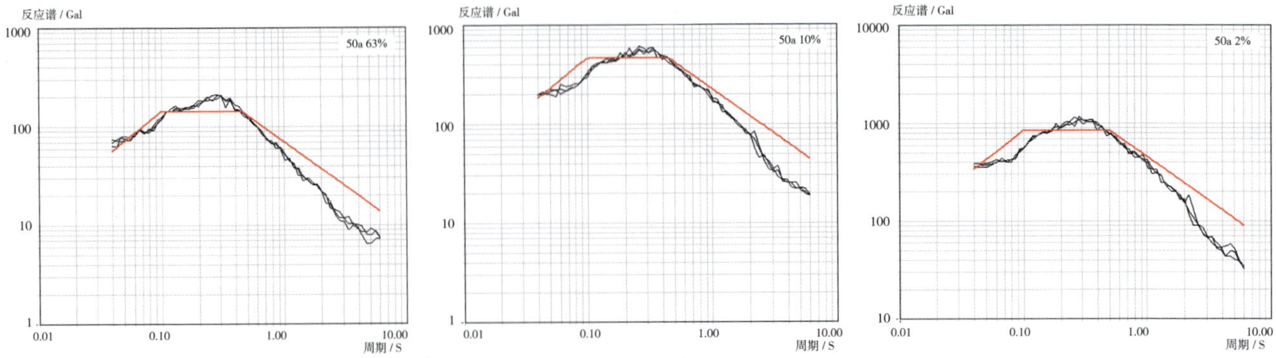

图 7.56　ZK55 钻孔不同概率水准地表水平加速度反应谱

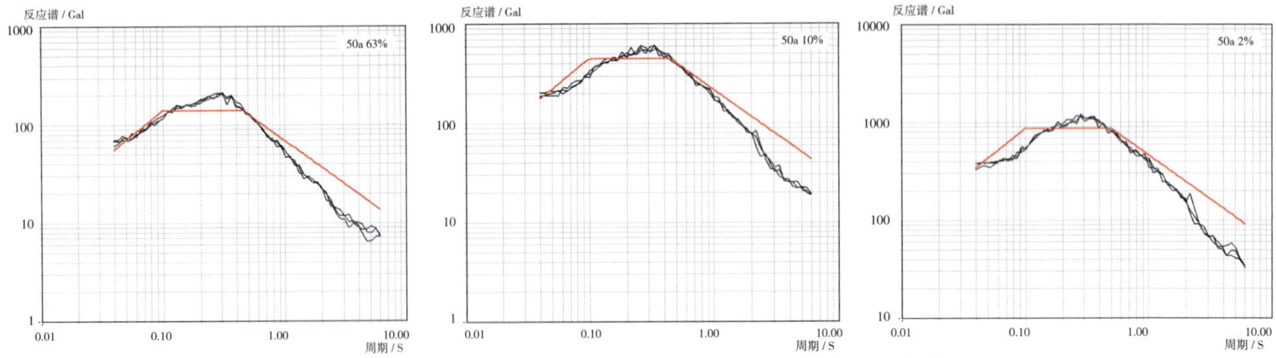

图 7.57　ZK56 钻孔不同概率水准地表水平加速度反应谱

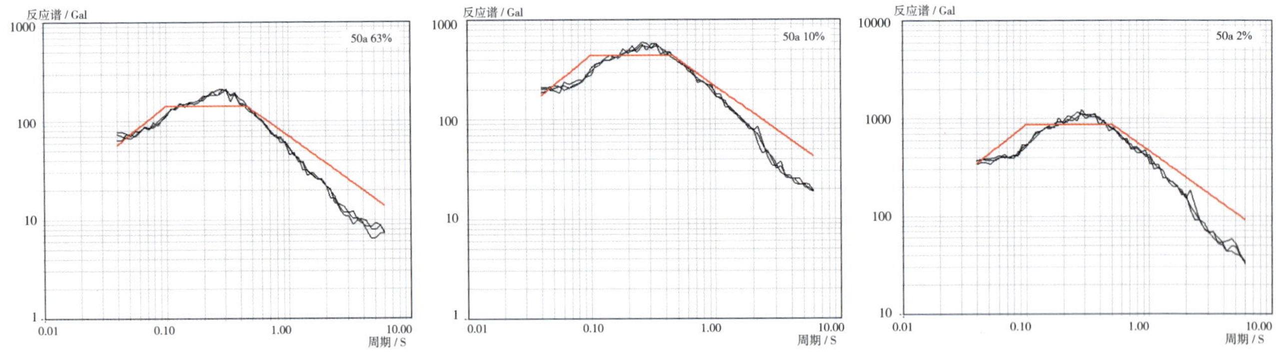

图 7.58　ZK57 钻孔不同概率水准地表水平加速度反应谱

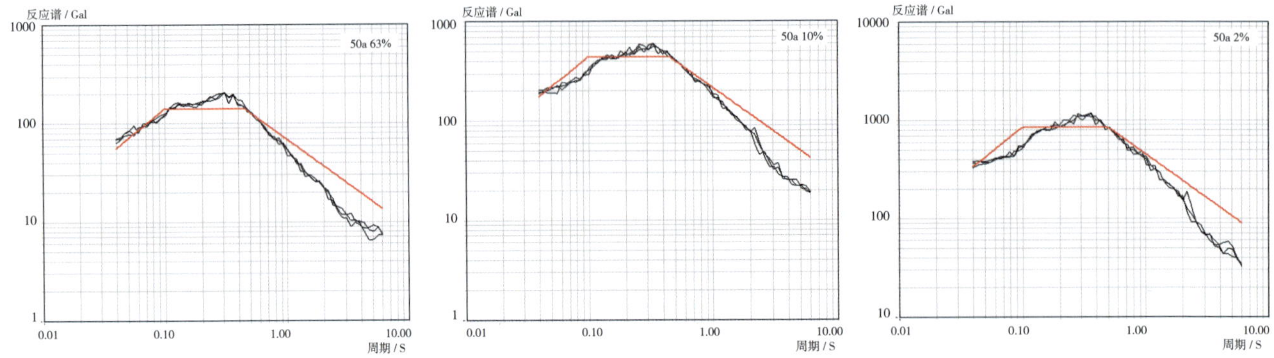

图 7.59　ZK58 钻孔不同概率水准地表水平加速度反应谱

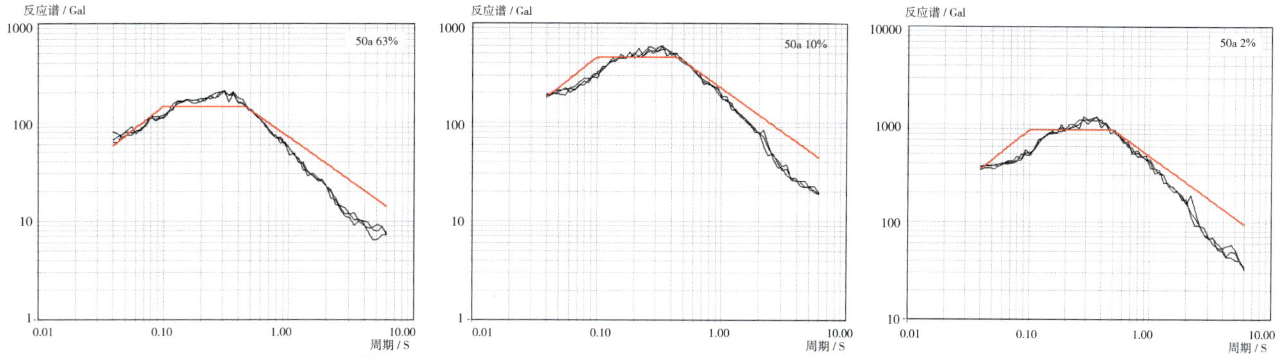

图 7.60 ZK59 钻孔不同概率水准地表水平加速度反应谱

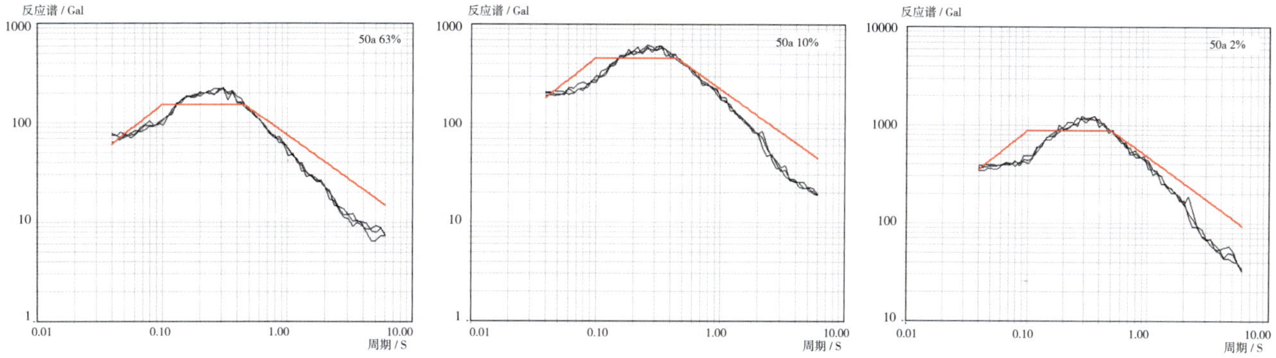

图 7.61 ZK60 钻孔不同概率水准地表水平加速度反应谱

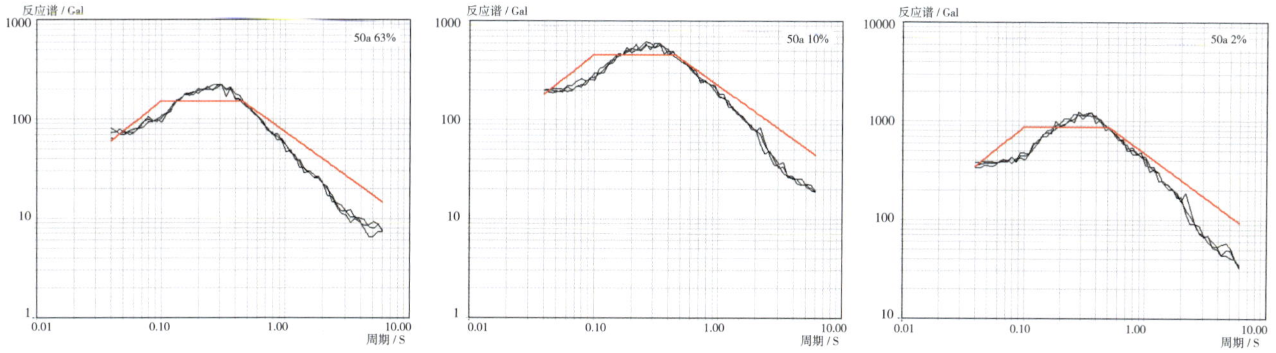

图 7.62 ZK61 钻孔不同概率水准地表水平加速度反应谱

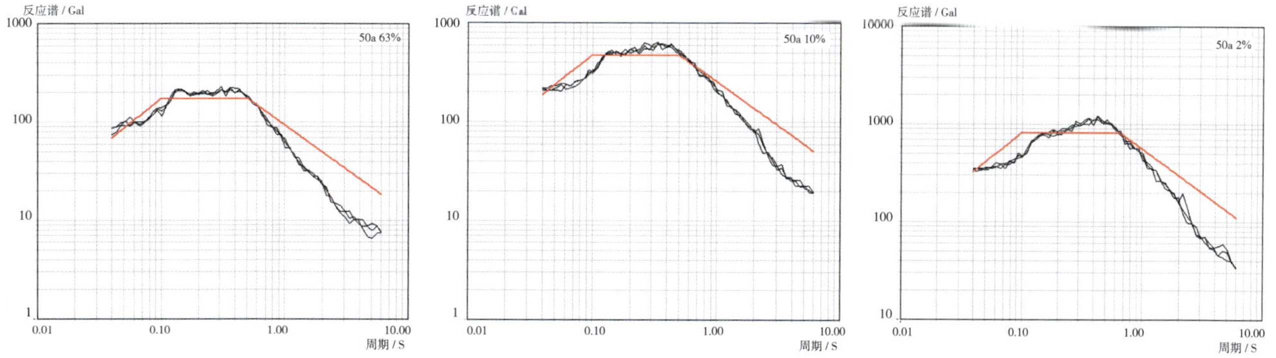

图 7.63 ZK62 钻孔不同概率水准地表水平加速度反应谱

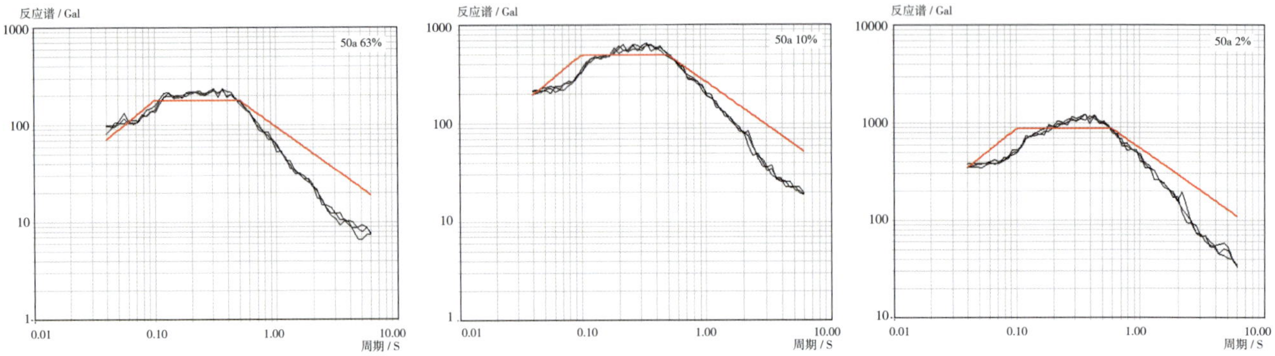

图 7.64　ZK63 钻孔不同概率水准地表水平加速度反应谱

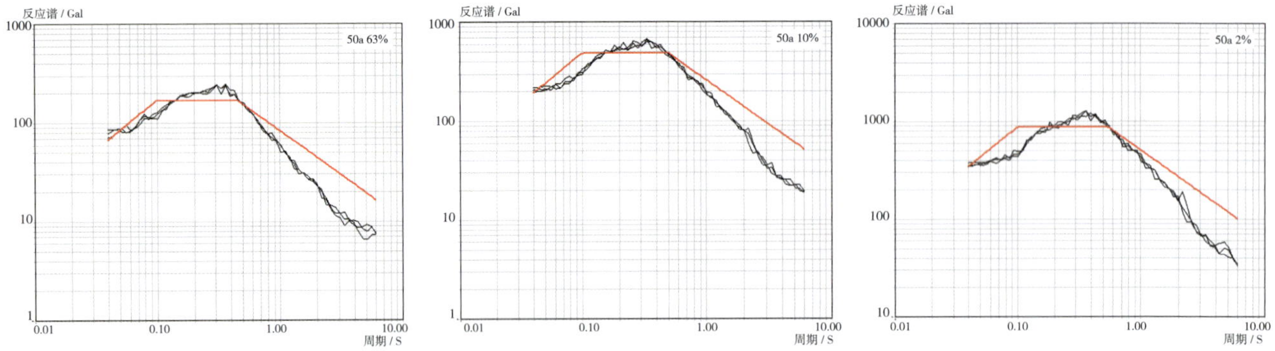

图 7.65　ZK64 钻孔不同概率水准地表水平加速度反应谱

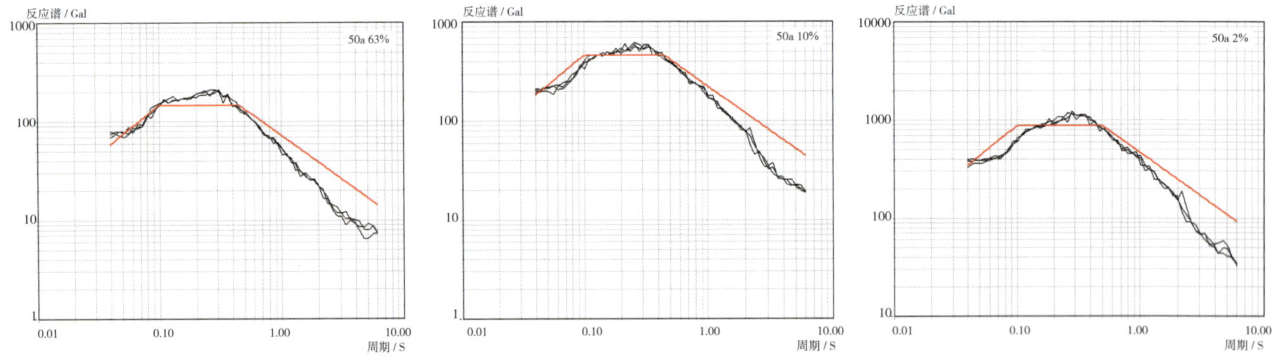

图 7.66　ZK65 钻孔不同概率水准地表水平加速度反应谱

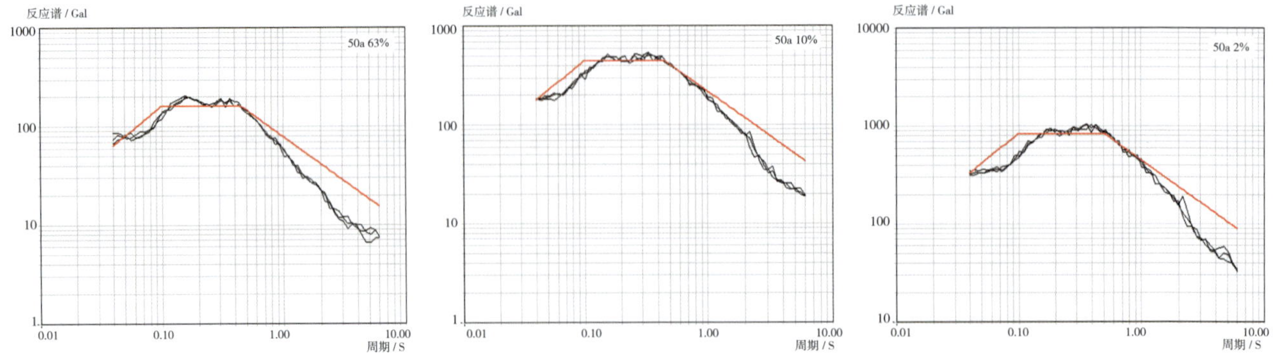

图 7.67　ZK66 钻孔不同概率水准地表水平加速度反应谱

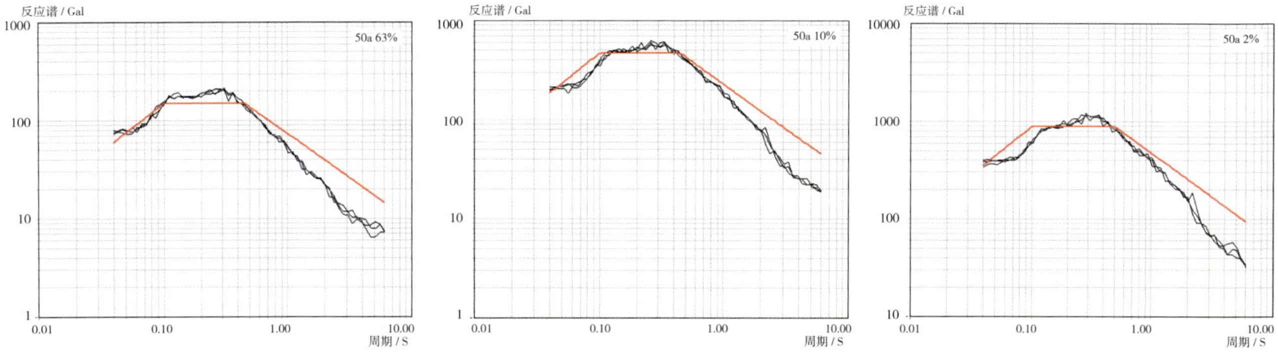

图 7.68 ZK67 钻孔不同概率水准地表水平加速度反应谱

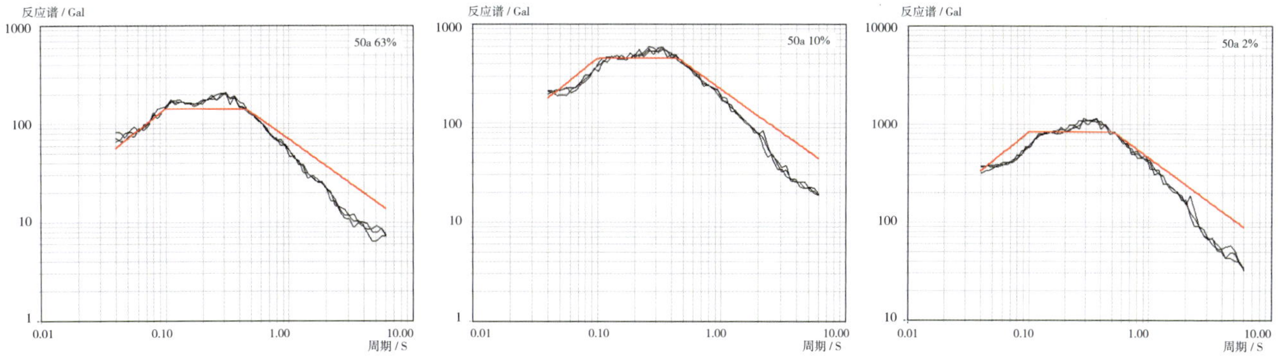

图 7.69 ZK68 钻孔不同概率水准地表水平加速度反应谱

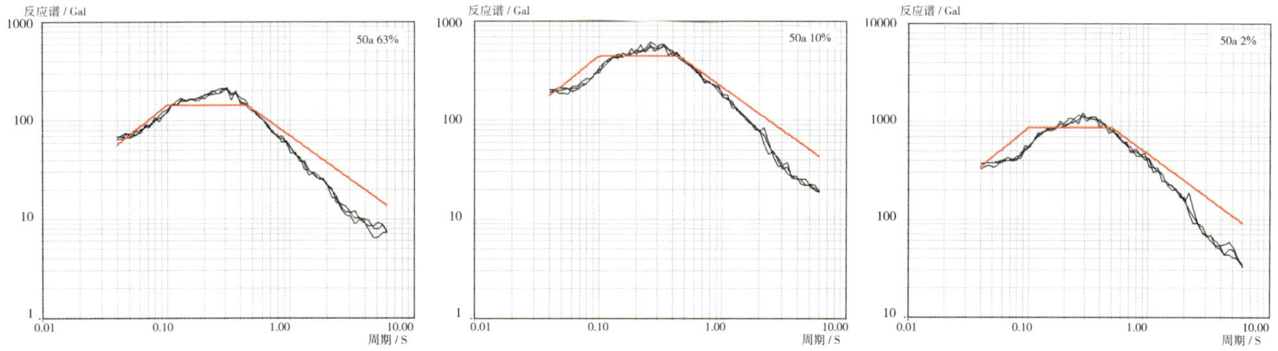

图 7.70 ZK69 钻孔不同概率水准地表水平加速度反应谱

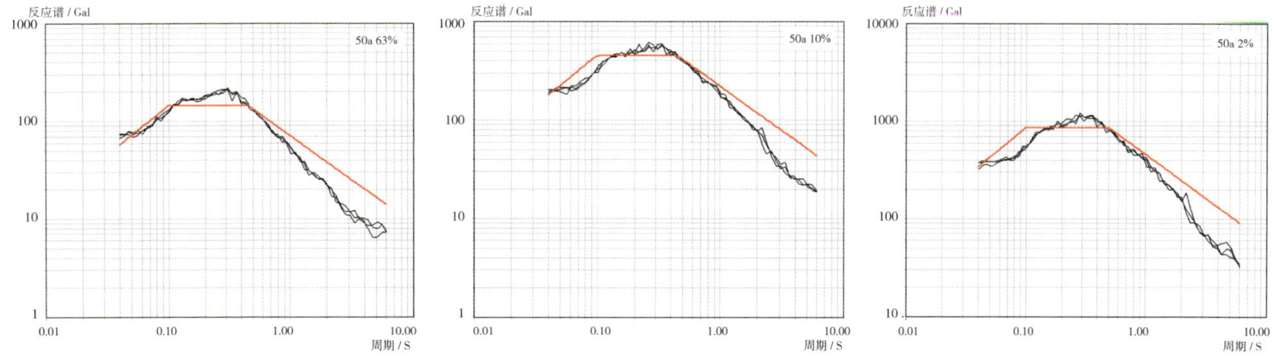

图 7.71 ZK70 钻孔不同概率水准地表水平加速度反应谱

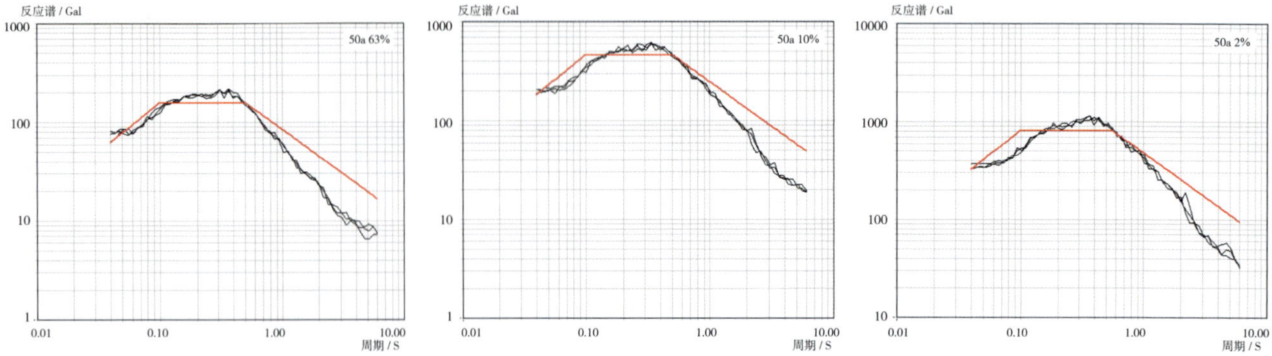

图 7.72　ZK71 钻孔不同概率水准地表水平加速度反应谱

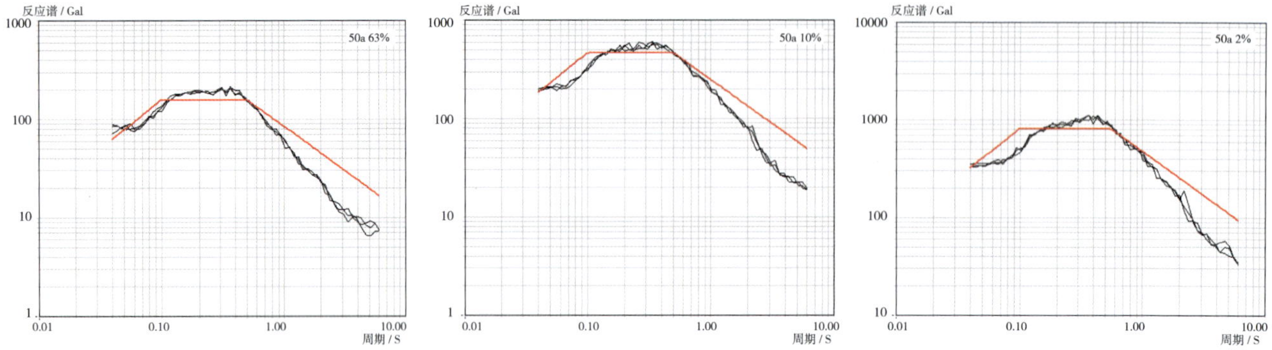

图 7.73　ZK72 钻孔不同概率水准地表水平加速度反应谱

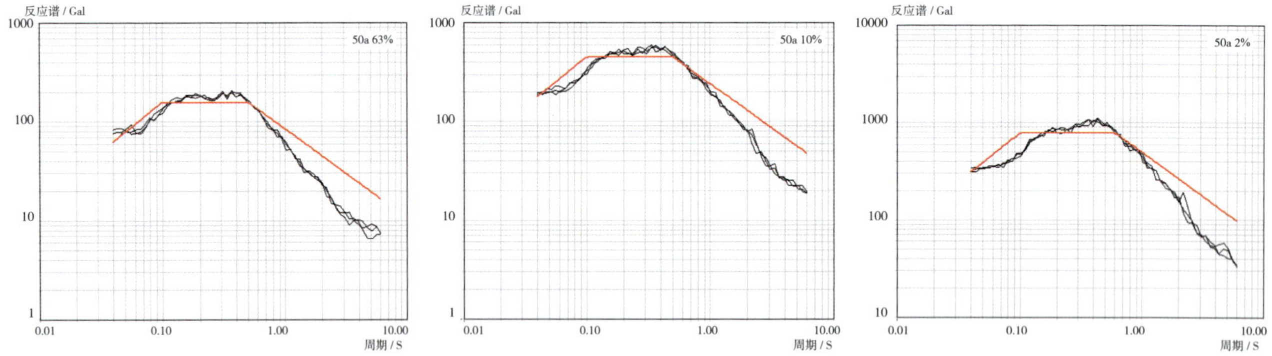

图 7.74　ZK73 钻孔不同概率水准地表水平加速度反应谱

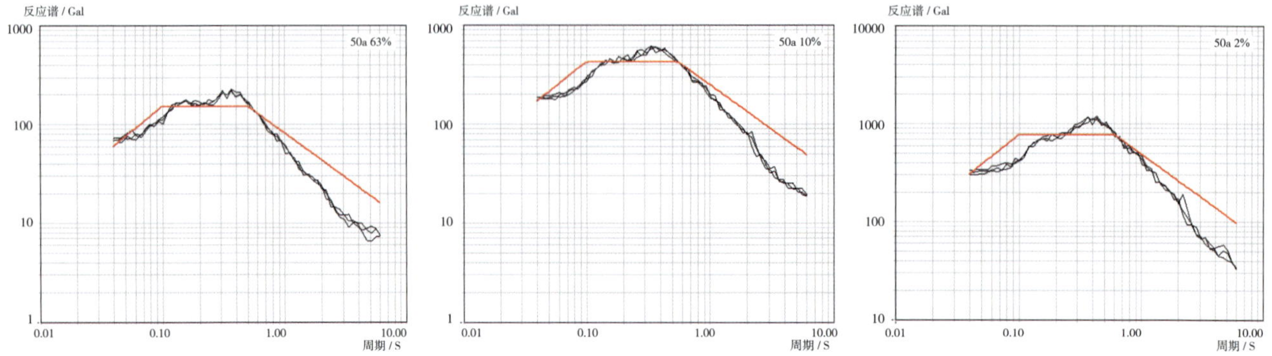

图 7.75　ZK74 钻孔不同概率水准地表水平加速度反应谱

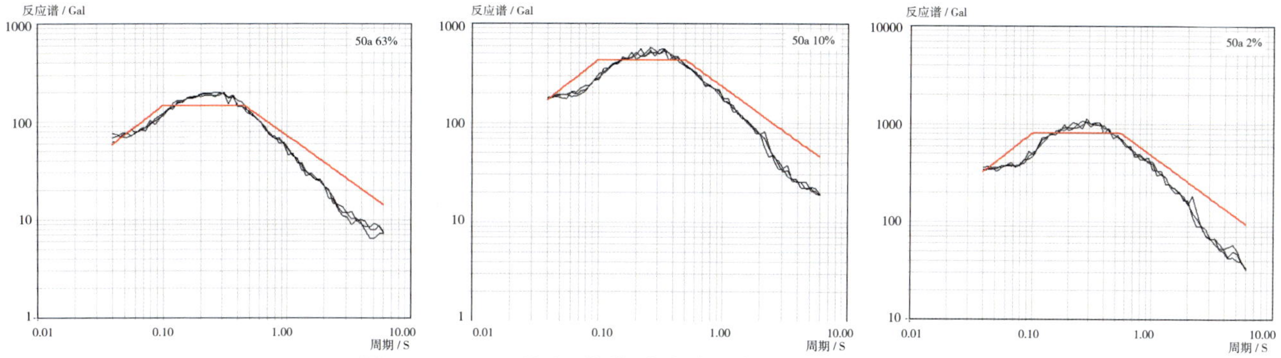

图 7.76 ZK75 钻孔不同概率水准地表水平加速度反应谱

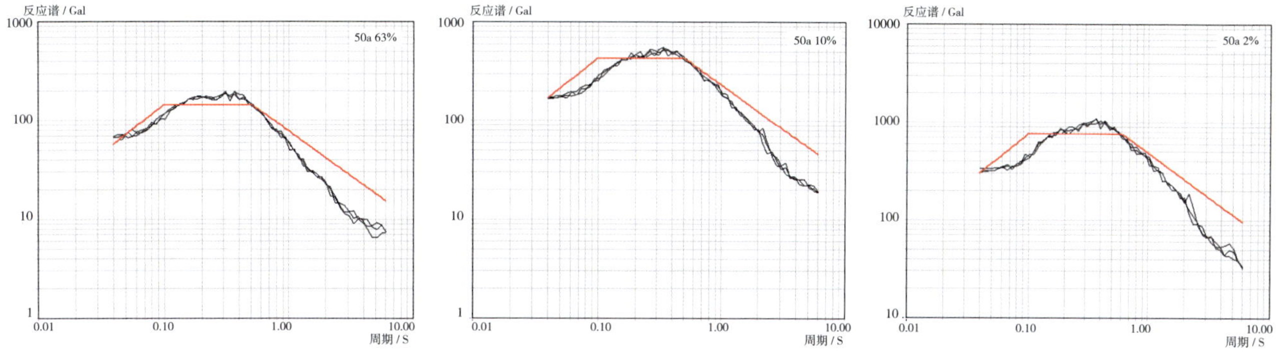

图 7.77 ZK76 钻孔不同概率水准地表水平加速度反应谱

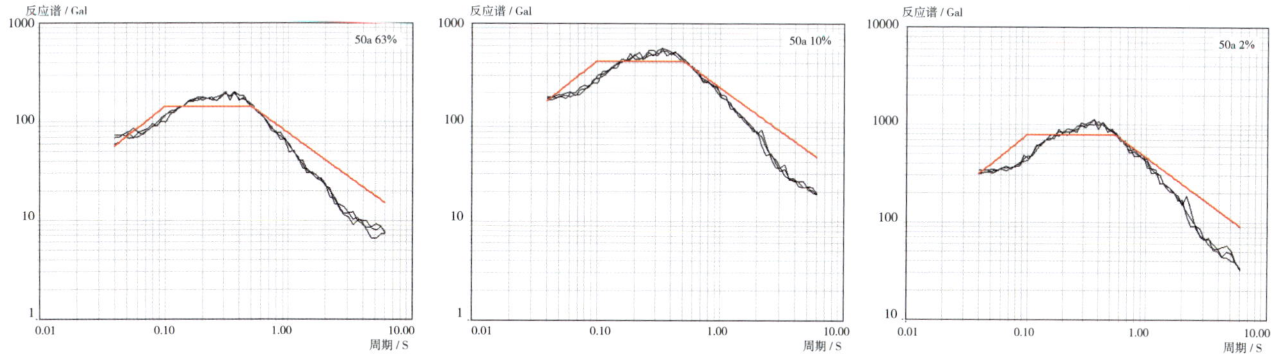

图 7.78 ZK77 钻孔不同概率水准地表水平加速度反应谱

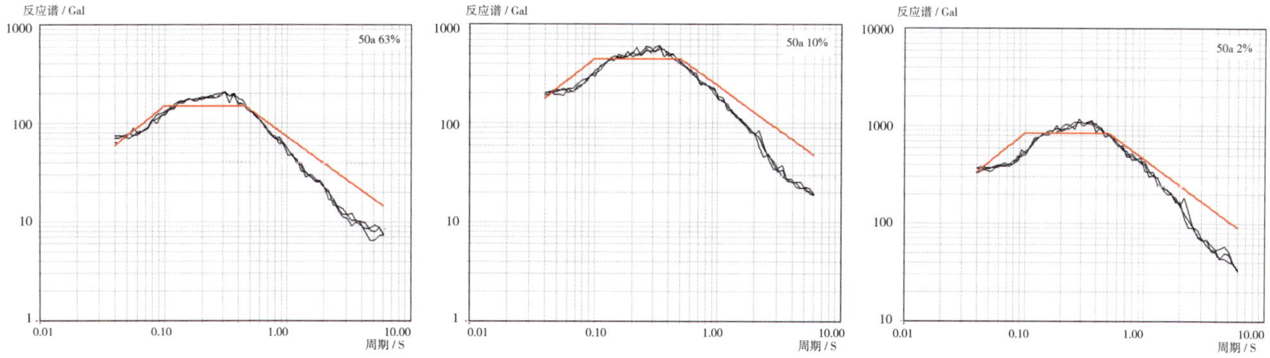

图 7.79 ZK78 钻孔不同概率水准地表水平加速度反应谱

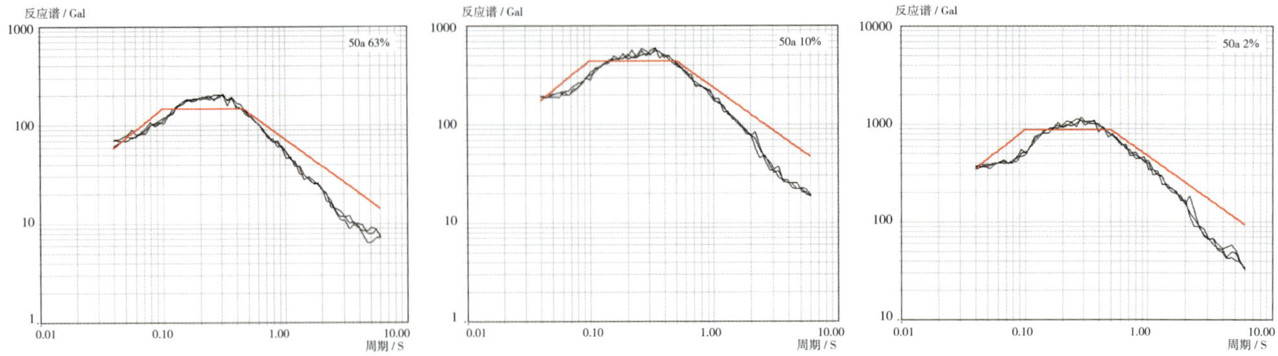

图 7.80　ZK79 钻孔不同概率水准地表水平加速度反应谱

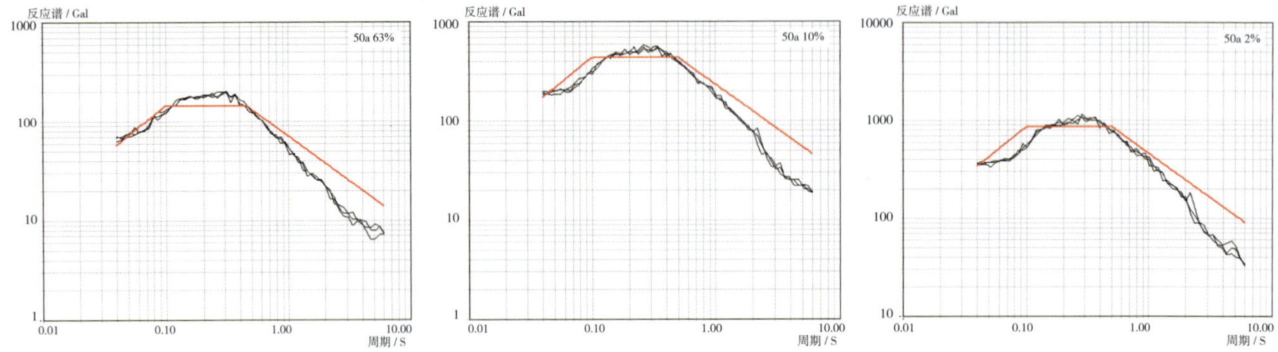

图 7.81　ZK80 钻孔不同概率水准地表水平加速度反应谱

表 7.5　场地50a不同概率水准地表动峰值加速度（Gal）与特征周期（s）

钻孔序号	坐标		63%			10%			2%		
	东经 / °	北纬 / °	A_{max}	$\bar{A}_{max}$	T_g/s	A_{max}	$\bar{A}_{max}$	T_g/s	A_{max}	$\bar{A}_{max}$	T_g/s
ZK01	97.3557	37.3484	59.3 62.5 59.6	60.5	0.45	178.1 175.4 179.7	177.7	0.45	335.1 338.6 377.0	350.2	0.50
ZK02	97.3527	37.3572	59.1 62.7 62.5	61.4	0.45	186.9 180.4 187.4	184.9	0.45	361.2 346.9 386.1	364.7	0.50
ZK03	97.3723	37.3581	54.1 57.2 55.5	55.6	0.45	157.5 169.4 171	166.0	0.45	320.4 300.1 316	312.1	0.50
ZK04	97.3433	37.3853	56.1 58.5 58.2	57.6	0.45	171.2 171.1 185.6	175.9	0.45	332.4 307.1 336.1	325.2	0.50
ZK05	97.3436	37.3744	58.2 59.8 58.6	58.9	0.45	184.3 177.4 191.2	184.3	0.45	396.7 377.6 364.5	379.6	0.50
ZK06	97.3255	37.3597	58 66.7 60.6	61.7	0.45	180.2 174.3 179.1	177.8	0.45	330.4 329.5 348.4	336.1	0.50

续表

钻孔序号	坐标		63%			10%			2%		
	东经 / °	北纬 / °	A_{max}	$\bar{A}_{max}$	T_g / s	A_{max}	$\bar{A}_{max}$	T_g / s	A_{max}	$\bar{A}_{max}$	T_g / s
ZK07	97.3277	37.3642	54.8 59.6 60.3	58.2	0.45	178.6 172.1 176.5	175.7	0.45	337.2 337.5 364.2	346.3	0.50
ZK08	97.3666	37.3807	60.1 60.5 63	61.2	0.35	193.1 182 186.1	187.0	0.40	332.4 348.9 385.3	355.5	0.45
ZK09	97.3145	37.3717	52.6 60.1 58.2	57.0	0.45	175.5 165.9 176.5	172.6	0.45	329.9 328.4 342.7	342.7	0.50
ZK10	97.3181	37.3786	51.6 57.4 59.5	56.2	0.45	168 154.5 165.1	162.5	0.50	296.5 310.9 324.6	310.6	0.50
ZK11	97.3318	37.3922	58.7 56.3 58.7	57.9	0.40	187.9 181.9 194.2	188.0	0.40	347 337.6 361.4	348.6	0.45
ZK12	97.3643	37.3597	54.9 55.4 56.5	55.6	0.40	176.2 170.8 176.2	174.4	0.40	314.2 306.2 331.3	317.2	0.45
ZK13	97.3706	37.3678	56.1 55.9 54.9	55.6	0.45	177.1 174.7 184.6	178.8	0.45	330.4 327.2 351.8	336.4	0.50
ZK14	97.3835	37.3724	59.4 64 62.5	61.9	0.45	185.4 161.2 178.2	174.9	0.50	313.9 314.4 334	320.7	0.55
ZK15	97.3846	37.3627	57.6 62.0 59.2	59.6	0.45	181.4 177.7 186	181.7	0.45	344 337.4 364	348.4	0.50
ZK16	97.3603	37.3297	56.6 57.0 59.2	57.6	0.45	177.7 174 191.8	181.1	0.45	355 319.2 347	340.4	0.50
ZK17	97.3835	37.3174	52.5 56.5 58.4	55.8	0.45	173.6 162.5 177.4	171.1	0.45	325.8 309.5 326.4	320.5	0.50
ZK18	97.3742	37.3323	53.5 58.7 58.1	56.8	0.45	170.3 164.4 178.7	171.1	0.45	341.9 318.3 342.2	334.1	0.50
ZK19	97.3249	37.3245	53.8 57.1 59.4	56.7	0.45	181.9 164.7 181.1	175.9	0.45	336.5 321 351.2	336.2	0.50
ZK20	97.4034	37.2858	55.04 60.83 65.15	60.3	0.45	181.4 179.8 188.5	183.2	0.50	334.3 334.6 353.8	340.9	0.55
ZK21	97.3236	37.3114	59.1 59.7 61.5	60.1	0.45	185.9 180.4 187.4	184.5	0.45	357.6 332.1 377.2	355.6	0.50

续表

钻孔序号	坐标		63%			10%			2%		
	东经/°	北纬/°	A_{max}	$\bar{A}_{max}$	T_g/s	A_{max}	$\bar{A}_{max}$	T_g/s	A_{max}	$\bar{A}_{max}$	T_g/s
ZK22	97.3248	37.3453	53.9 57.2 56.2	55.8	0.40	178.8 172.3 179.2	176.7	0.45	325 321.8 345.1	330.6	0.50
ZK23	97.3380	37.3258	50.0 53.9 50.4	51.4	0.45	165.1 164.2 166.6	165.3	0.45	306.9 310.2 308.8	308.6	0.50
ZK24	97.4004	37.3247	52.7 56.6 53.3	54.2	0.40	168.3 169.5 168.8	168.8	0.45	316.6 330.4 337.8	328.2	0.50
ZK25	97.3642	37.3131	52.4 54.5 55.5	54.1	0.45	168.8 162.8 169	166.8	0.45	318.9 300 331.5	316.8	0.50
ZK26	97.3333	37.3032	55.2 58.6 58.7	57.5	0.40	183.7 172.2 180.5	178.8	0.45	328.7 321.2 347.3	332.4	0.50
ZK27	97.4089	37.2632	62.4 66.5 67.2	65.4	0.45	188.3 177.8 185.2	183.7	0.50	323.3 325.8 360	336.3	0.55
ZK28	97.4064	37.2511	62.3 61.9 66.7	63.6	0.50	177.5 179.5 189.6	182.2	0.50	310 323.6 340	324.5	0.55
ZK29	97.3895	37.2548	59.4 64.6 66.3	63.4	0.45	187.8 171.4 183.2	180.8	0.50	308.2 322.1 351.5	327.2	0.55
ZK30	97.4265	37.2681	55.8 59.9 57.4	57.7	0.45	171.1 171.8 174.1	172.3	0.50	321.1 318.4 348.2	329.2	0.55
ZK31	97.4149	37.2786	57.7 64.3 65.1	62.4	0.45	178.2 174.1 185.6	179.3	0.50	311.9 315.5 338.2	321.8	0.55
ZK32	97.3389	37.2790	62.2 61.5 59.7	61.1	0.45	182.8 183.9 183.9	183.5	0.45	346 324 366.1	345.3	0.50
ZK33	97.3578	37.2816	62.0 62.1 62.4	62.2	0.45	184.1 184 186.5	184.8	0.45	363.5 344 380.5	362.6	0.50
ZK34	97.3505	37.2932	59.2 60.9 58.7	59.6	0.45	165.6 175.3 183.8	174.9	0.50	339.8 314.5 329	327.7	0.55
ZK35	97.3228	37.2883	61.8 63.4 62.8	62.7	0.45	188.1 178.5 187.8	184.8	0.45	359.7 342 378.3	360.0	0.50
ZK36	97.3616	37.2964	67.4 71.1 57.8	65.4	0.45	179.8 184.1 179.3	182.0	0.45	355.6 332.2 358.8	348.8	0.50

续表

钻孔序号	坐标		63%			10%			2%		
	东经 / °	北纬 / °	A_{max}	$\bar{A}_{max}$	T_g/s	A_{max}	$\bar{A}_{max}$	T_g/s	A_{max}	$\bar{A}_{max}$	T_g/s
ZK37	97.3691	37.3286	60.9 59.0 58.5	59.5	0.45	175.7 180.8 189	181.8	0.45	359.8 325.6 356.2	347.2	0.50
ZK38	97.3492	37.3186	63.8 65.1 68	65.6	0.45	186 186.6 180.3	184.3	0.45	328.5 334.8 349.6	337.6	0.50
ZK39	97.3264	37.3355	59.8 63.6 65.7	63.0	0.45	182.5 181.6 193	185.7	0.45	363.7 339.7 377.8	360.4	0.50
ZK40	97.3819	37.3605	60.9 68.3 61.9	63.7	0.45	186.9 176.6 185.4	183	0.50	335.3 331.1 367.2	344.5	0.55
ZK41	97.3889	37.3670	59.2 58.7 58.9	58.9	0.45	172.2 171.5 175.8	173.1	0.50	315.5 303.2 333.1	317.2	0.55
ZK42	97.3930	37.3490	60.5 67.3 67.2	65.0	0.45	186.4 188 177	183.8	0.50	356.1 327.1 349	344.0	0.55
ZK43	97.3910	37.2448	69.2 67.9 57.7	64.9	0.45	176.3 185 177	179.9	0.50	347.6 321.2 343.1	337.3	0.55
Zk44	97.4011	37.2397	56.8 61.0 61.8	59.8	0.45	164.4 171.3 180	171.9	0.50	324.4 307 325.3	318.9	0.55
ZK45	97.4072	37.3304	59.1 59.0 59.3	59.1	0.45	179.5 178.6 184.1	180.7	0.50	336.3 316.6 363	338.6	0.55
ZK46	97.4310	37.2577	63.6 64.9 65.8	64.8	0.45	172.4 187.8 187.4	182.5	0.50	313.6 319.2 334.1	322.3	0.60
ZK47	97.4350	37.2470	58.8 67.7 62.8	63.1	0.45	170.7 180.6 180.2	177.1	0.50	314 320.1 330.8	321.6	0.55
ZK48	97.4311	37.2522	63.9 65.1 64.5	64.5	0.45	175.2 184.6 180.6	180.1	0.50	323 328.4 342	331.1	0.55
ZK49	97.4195	37.2556	55.6 61.1 66.3	61.0	0.45	175.9 174.1 181.2	177.0	0.50	303.3 315.4 339.4	319.3	0.55
ZK50	97.4220	37.2448	61.2 58.7 60.1	60.0	0.45	159.9 180.5 182.6	174.3	0.50	323.5 317.4 307.9	316.2	0.55
ZK51	97.3755	37.3084	51.4 53.3 56	53.6	0.45	163.2 165.5 165.4	164.7	0.45	313.3 295.9 335.7	314.9	0.50

续表

钻孔序号	坐标		63%			10%			2%		
	东经 / °	北纬 / °	A_{max}	$\bar{A}_{max}$	T_g/s	A_{max}	$\bar{A}_{max}$	T_g/s	A_{max}	$\bar{A}_{max}$	T_g/s
ZK52	97.3850	37.3044	55.3 55.6 55.8	55.6	0.45	170 170.8 178.5	173.1	0.45	342.7 317.7 354.9	338.4	0.50
ZK53	97.3856	37.2958	55.0 59.3 56.8	57.1	0.45	170 178.1 189.2	179.1	0.45	356.2 317.9 340.4	338.1	0.50
ZK54	97.3778	37.2997	58.1 56.9 55.6	56.8	0.45	172.1 178.9 187.7	179.5	0.45	344.3 321.7 348.9	338.3	0.50
ZK55	97.3756	37.2910	53.5 58.0 59.6	57.0	0.45	180.4 177 191.6	183.0	0.45	354.9 315.7 344.9	338.5	0.50
ZK56	97.3882	37.2882	56.2 59.5 54.0	56.5	0.45	169.5 179.2 183.3	177.3	0.45	347.3 323.3 362.2	344.2	0.50
ZK57	97.3932	37.2932	55.0 58.0 58.3	57.1	0.45	176.3 164.5 185.1	175.3	0.45	356.1 321.8 356.3	344.7	0.50
ZK58	97.3379	37.3458	54.4 58.1 54.5	55.7	0.45	170.9 172.2 181.6	174.9	0.45	343.6 315.8 352.7	337.3	0.50
ZK59	97.3294	37.3505	54.8 61.0 58.4	58.1	0.45	175.5 178.9 185	179.8	0.45	355.5 329.6 359.4	348.1	0.50
ZK60	97.3823	37.2700	58.0 62.9 63.5	61.5	0.45	176 178.3 189.8	181.3	0.45	361.8 339.3 350.6	350.5	0.50
ZK61	97.3810	37.2763	56.1 62.2 62.1	60.1	0.45	174.4 178.3 189.3	180.6	0.45	362.5 333.3 346.9	347.5	0.50
ZK62	97.3992	37.3568	72.2 71.6 65.2	69.6	0.45	192.9 180.7 190.4	188.0	0.50	321.1 330.9 331.6	327.8	0.55
ZK63	97.4085	37.3568	69.8 69.1 76.1	71.7	0.45	188.3 193.4 206.3	196.0	0.50	348.1 330.9 366.4	348.4	0.55
ZK64	97.4046	37.3550	66.0 72.6 65.8	68.1	0.45	182.5 197.2 198.4	192.7	0.50	346.2 336 364.3	348.8	0.55
ZK65	97.3688	37.3650	58.9 59.0 58.5	58.8	0.45	178.2 183.8 187.3	183.1	0.45	355.6 322.5 367.2	348.4	0.50
ZK66	97.3622	37.3681	54.8 64.2 62.0	60.3	0.45	172.5 183.9 178.9	178.4	0.45	327.4 337 333.4	332.9	0.50

续表

钻孔序号	坐标		63%			10%			2%		
	东经 / °	北纬 / °	A_{max}	$\bar{A}_{max}$	T_g/s	A_{max}	$\bar{A}_{max}$	T_g/s	A_{max}	$\bar{A}_{max}$	T_g/s
ZK67	97.3586	37.3727	58.8 61.8 59.9	60.1	0.45	184.2 184.4 190.3	186.3	0.45	359.1 329.6 373.3	354.0	0.50
ZK68	97.3575	37.3762	57.4 58.2 55.9	57.2	0.45	179.8 178.3 180.7	179.6	0.45	336.2 309.9 355.5	333.8	0.50
ZK69	97.3484	37.3398	56.1 58.4 55.8	56.7	0.45	174.9 175.2 180.6	176.9	0.45	347.8 324.5 364.5	345.6	0.50
ZK70	97.3439	37.3336	56.5 62.3 55.3	58.0	0.45	173.4 179.4 186.8	179.8	0.45	347 323.1 361.6	343.9	0.50
ZK71	97.4190	37.3362	62.0 66.8 60.6	63.1	0.45	177.5 189.7 185.9	184.3	0.50	322.9 320 340.8	327.9	0.55
ZK72	97.4143	37.3370	61.3 63.9 65.3	63.5	0.45	186.9 181.9 189.4	186.0	0.50	313.3 320.5 349	327.6	0.55
ZK73	97.4149	37.3405	61.0 67.4 59.6	62.7	0.45	172.1 184 183.3	179.8	0.50	300.1 318.1 323.2	313.8	0.60
ZK74	97.3817	37.3349	59.4 63.6 60.4	61.1	0.50	171.6 165.6 177	171.4	0.55	288.2 332.3 311	310.5	0.60
ZK75	97.3940	37.3422	56.8 60.0 60.3	60.3	0.45	170.7 168.7 177.3	172.2	0.50	318.6 316.2 341.9	325.5	0.55
ZK76	97.3935	37.3341	57.0 59.1 57.3	57.8	0.45	155.6 165.9 165.7	162	0.50	295.6 301.8 318.5	305.3	0.55
ZK77	97.3790	37.3419	55.5 55.6 60.0	57.0	0.45	164.1 167.1 171.8	167.6	0.50	310.2 306 327.9	314.7	0.55
ZK78	97.4092	37.3478	58.2 62.1 58.7	59.6	0.45	172.8 180.1 182.8	178.5	0.50	337.3 325.8 362.4	341.8	0.50
ZK79	97.4142	37.3472	57.9 61.9 57.2	59.0	0.45	169.8 179.7 179.7	176.4	0.50	347.5 337 369.1	351.2	0.50
ZK80	97.4056	37.3441	56.9 61.0 57.4	58.4	0.45	172.4 176.1 174.3	174.2	0.50	340.9 327.4 361.4	343.2	0.50

第八章　地震小区划

在德令哈市规划区各模型场地土层反应分析计算的基础上，结合场地工程地貌单元分区对场地进行地震动参数区划，确定德令哈市场地地震动参数。此外，根据地震动参数及场地工程地质条件评价场地内可能发生的地震地质灾害。

8.1　地震动参数小区划

8.1.1　地震峰值加速度与反应谱特征周期分区

分析场地内控制型钻孔的地震反应分析结果及场地工程地质单元的特征，由计算结果可知，在同一概率水准下地表峰值加速度的变化没用明显的区域性差异，50 年超越概率 10% 的地表峰值加速度，最小值 163Gal，最大达 188Gal，大部分结果在 170 ~ 185Gal 之间，但是大小值没有明显的地域划分。特征周期在 0.45 ~ 0.50s 之间。反应谱的差异也不明显，图 8.1 ~ 图 8.3 为小区划范围内所有钻孔的综合反应谱，并对其进行归准，从而得到德令哈地区设计地震动参数。虽然在沉积环境上北部和南部有些小

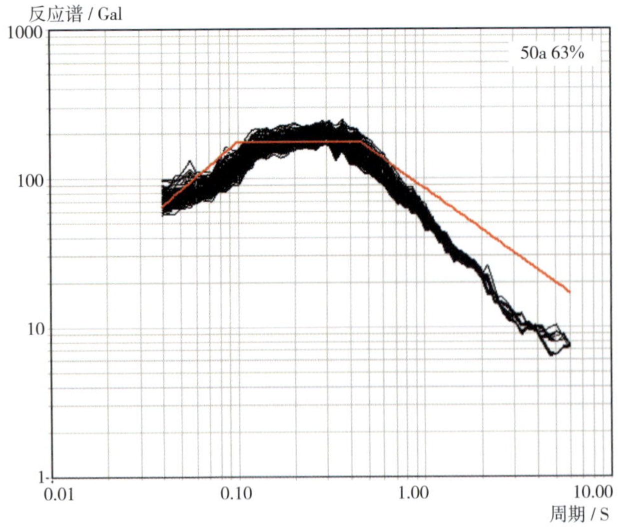

图 8.1　德令哈小区划 50a 63% 各钻孔综合反应谱曲线和归准谱

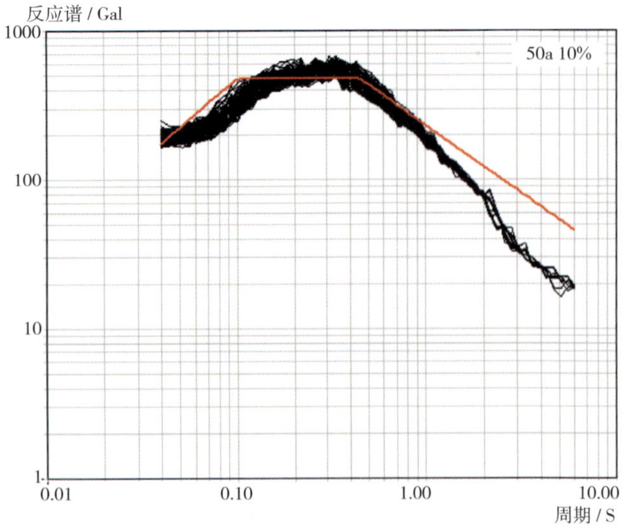

图 8.2　德令哈小区划 50a 10% 各钻孔综合反应谱曲线和归准谱

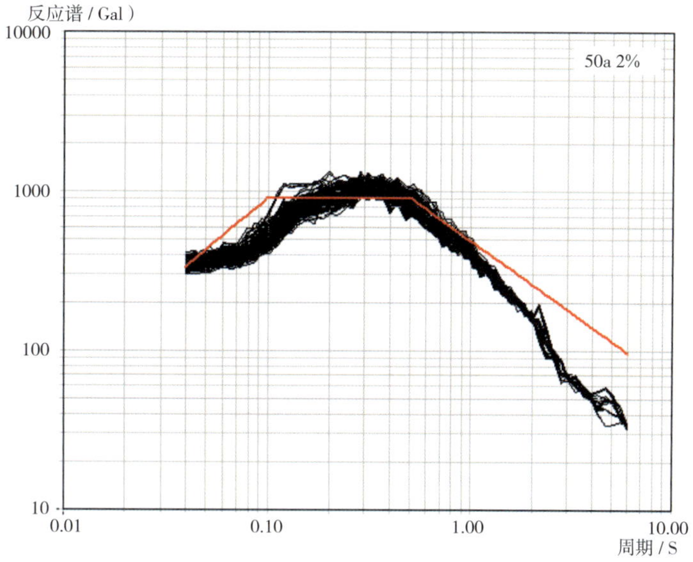

图 8.3 德令哈小区划 50a 2% 各钻孔综合反应谱曲线和归准谱

的差异，但计算结果没有明显的区分，因此，德令哈小区划最终结果，目标区地震峰值加速度和反应谱特征周期均为一个区。

8.1.2 场地设计地震动参数确定

根据各计算模型的地震反应分析计算结果，考虑统计结果、各场地反应谱曲线及其工程地质条件以及德令哈市的经济发展水平和今后发展的需要，综合确定德令哈市的水平向设计地震动参数，结果见表 8.1。

表8.1 德令哈市水平向设计地震动参数

超越概率水平	A_{max}/g	β_{max}	α_{max}	T_0/s	T_g/s	γ
P_{50}=63%	0.065	2.6	0.169	0.1	0.45	0.9
P_{50}=10%	0.175	2.6	0.455	0.1	0.45	0.9
P_{50}=2%	0.335	2.6	0.871	0.1	0.50	0.9

按照《建筑抗震设计规范》（GB 50011—2010）的要求，场地内建筑物的设计地震动参数具体形式为：

$$\alpha(T)=\begin{cases}[0.45+10(\eta_2-0.45T)]\alpha_{max} & 0\leqslant T\leqslant 0.1\\ \eta_2\alpha_{max} & 0.1<T\leqslant T_g\\ (\frac{T_g}{T})^{\gamma}\eta_2\alpha_{max} & T_g<T\leqslant 5T_g\\ [\eta_2 0.2^{\gamma}-\eta_1(T-5T_g)]\alpha_{max} & 5T_g<T\leqslant 6.0\end{cases}$$

8.1.3 地震动参数小区划结果

统计分析不同分区单元的地震动参数，综合分析判定，确定德令哈市小区划不同概率水准的设计地震动参数，结果见表 8.2 及附图Ⅲ。

表8.2 德令哈市水平向设计地震动参数

超越概率水平	A_{max}/g	β_{max}	α_{max}	T_0/s	T_g/s	γ
P_{50}=63%	0.065	2.6	0.169	0.1	0.45	0.9
P_{50}=10%	0.175	2.6	0.455	0.1	0.45	0.9
P_{50}=2%	0.335	2.6	0.871	0.1	0.50	0.9

8.2 地震动小区划图说明书

8.2.1 地震动小区划技术途径与方法

（1）本次编制的《德令哈市地震动参数小区划图》是按照中华人民共和国国家标准《工程场地地震安全性评价》（GB 17741—2005）的要求编制的。

（2）编制中贯彻了中华人民共和国国家标准《建筑抗震设计规范》（GB 50011—2010）以及中华人民共和国国家标准《岩土工程勘察规范》（GB 50011—2010，2009 版）的相关要求，借鉴了中华人民共和国国家标准《中国地震动参数区划图》（GB 18306—2001）编图的方法。

（3）在大量收集本单位及前人地震地质、地震活动性和地球物理场工作成果的基础上，进行了长时间的区域及近场地震构造与地震活动性研究，对近场区断层进行了详细现场调查，在活断层探测工作的基础上进行了本次小区划工作。

（4）在以上工作的基础上，开展了基岩地震危险性分析计算，得到 50a 超越概率水准 63%、10% 和 2% 的基岩峰值加速度和反应谱，合成了相应的地震动时程。地震危险性分析及土层地震反应分析均采用中国地震局推荐的 ESE 专用软件计算。

（5）开展了丰富扎实的场地地震工程地质条件勘测工作，划分三个工程地质单元，进行了钻探和剪切波速原位测试工作，并取样做了动三轴试验。

（6）建立分布于小区划目标区内的 80 个土层地震反应模型，通过一维等效线性化地震动反应分析计算，经分析归纳得到了该地震动参数小区划图。

8.2.2 地震动小区划图表的使用注意事项

（1）本次得到的地震小区划图，比例尺为 1 ∶ 50000，不宜放大使用。

（2）小区划图是针对新建、扩建、改建一般建设工程的抗震设计和已建一般建设工程抗震鉴定与加固使用，对于《中华人民共和国防震减灾法》或《地震安全性评价管理条例》中规定的应进行工程场地地震安全性评价的工程，不宜直接采用。

8.3 地震地质灾害区划

根据青海省地震局工程地震研究院在德令哈小区划目标区内 80 个钻孔资料，并收集德令哈地区气象、水文、地质灾害评价等资料，德令哈小区划目标区内范围内地下水埋深在自然地面 30m 以下，考虑极端气候条件下地下水位也应在自然地面 20m 以下。钻孔资料显示德令哈小区划目标区范围内，第四纪沉积环境为冲洪积沉积环境，沉积物粗大、松散。北部和南部存在一定差异，北部以粗颗粒砂乱砾石沉积为主，局部夹有粉土、细砂等；南部地区沉积物颗粒较北部为细，主要为砾砂、粗砂、粉土、粉质黏土等，目标区内为探及软弱土，自然地面以下 20m 内无饱和土。综合考虑德令哈小区划目标范围内可不考虑砂土液化和软土震陷问题。德令哈小区划目标区地形由北向南缓慢倾斜，自然坡度小于1%，地势平坦开阔，没有滑坡、崩塌灾害。目标区北侧存在白水河泥石流，直接危害区域为白水河流域，涉及黑石山水库大坝；对德令哈小区划目标区存在间接影响。根据德令哈活断层探测结果，德令哈市北侧宗务隆山山前存在宗务隆山南缘断裂，为全新世活动断裂，距目标区最近距离 5.6km；北侧托素湖—尕海之间存在托素湖—尕海隐伏断裂，由南支和北支两条断裂构成，主断裂为南支断裂，全新世活动，距目标区目标区最近距离 9.4km，北支断裂为次级断裂，晚更新世活动，距目标区目标区最近距离 4km。小区划目标区范围无活动断裂直接穿过，可不考虑发震断裂错动对地面工程的直接影响。

第九章　结　论

9.1　区域地震活动性

区域位于青藏地震区的西北部，历史地震记载不全，自有地震记载以来区域内共记录到 $M4.7$ 以上强震 58 次，其中，6.0 ~ 6.9 级地震 11 次，5.0 ~ 5.9 级地震 37 次，4.7 ~ 4.9 级地震 10 次，最大地震为 1902 年 11 月 4 日青海秀沟 6.9 级地震。

区域内地震活动在空间上呈明显的不均匀分布，场地的北部和西部地震活动频繁，东部、南部地震活动较弱，地震集中分布在三湖地区及附近、德令哈西北部和哈拉湖东部地区。区域西南部的三湖地区是柴达木盆地内现代小震活动最为活跃的地区，亦是中强震活动集中区。该区是距场地最近的一个中强震地区，该地区南、北霍布逊湖是赛什腾 — 锡铁山断裂带和柴达木盆地北中央断裂带的交会地带，由于断裂带的规模所限，地震活动呈现频度高而强度低的特点。区域内小震具有弱震密集成丛的特点，且这些小震成丛区多处于历史上强震震中区附近，自 2003 年 4 月 17 日德令哈西北 6.6 级地震以来，地震活动的频度与强度明显增强，一系列余震主要分布在德令哈以西地段，德令哈东段地震活动较弱。显示了中强震发生的构造带特征，有利于判定中强震孕育的环境。

区内地震震源深度多集中在 5 ~ 30km，属浅源构造地震范畴。

未来 100 年内，祁连山 — 六盘山地震带、柴达木 — 阿尔金地震带和巴颜喀拉山地震带都处于地震平均活动时段。

历史地震对德令哈市的最大影响烈度为Ⅴ度，其影响主要来自于中远场强震。

9.2　区域地震构造环境

工作区位于柴达木盆地东北缘，属青藏高原东北缘。青藏高原东北缘地区是由 NEE 向左旋走滑的阿尔金断裂带、NNW 向的祁连山 — 海原断裂带和近 EW 向左旋走滑的东昆仑断裂带三条巨型左旋走滑断裂所围限的一个相对独立的活动地壳块体，称为柴达木 — 祁连活动地块。由于高原整体不断隆升和向 NE 侧向挤压，在块体内部形成了一些性质不同、规模不等的晚第四纪活动断裂带。

工作区主要由北部高山地貌和南部的德令哈盆地构成，整个地形上具有北高南低的特点。北部山区主要为宗务隆山群，由于第三纪以来该地区间歇式上升和隆起，造成了本区宗务隆山地区高大山脉的存在，一般高程在 3000m 以上，最高的宗务隆山 4324m；南部的德令哈盆地高程不超过 3000m。

根据大地构造分区，工作区主要跨越祁连褶皱系和东昆仑褶皱系两个一级构造单元。

区域主压应力场为 NE 向，区域构造格架在此应力场作用下，主要发育 NW、NWW 向断裂，如：柴达木盆地北缘断裂带、大柴旦 — 宗务隆山断裂带、宗务隆山南缘断裂带等，这些断裂多具左旋走滑兼逆冲的性质。

9.3 近场区地震构造

近场区 EW 向构造发育，近 EW 向构造主要形成于华力西中期，主要有槽型海相石炭系地层及部分槽型或过渡型二叠系地层，以及华力西期花岗闪长岩构成。

近场区地震活动以弱震活动为主，地震活动具有一定的空间不均匀性，南部小震活动较频繁，自有记录以来至 2014 年 4 月共记录到 $M3.0$ 以上地震 34 次，其中，$M3.0 \sim 3.9$ 地震 28 次，$M4.0 \sim 4.9$ 地震 5 次，$M5.0 \sim 5.9$ 地震 1 次，最大地震为 1978 年 11 月 18 日，发生在研究区南部的 5.2 级地震。

通过详细的野外调查和航片解译，在近场区范围内发现并证实了 6 条断裂带，其中乌兰达坂 — 不热格斯坦断裂、灶火沟 — 巴音河水文站断裂、柏树山断裂、白水河 — 红山煤矿断裂是区域性断裂大柴旦 — 宗务隆山断裂在研究区内的分支断裂，其分支断裂规模较小，晚更新世以来不活动。宗务隆山南缘断裂为全新世活动断裂，托素湖 — 尕海断裂的北支断裂为晚更新世活动断裂，南支断裂为全新世活动断裂，上述两条断裂对新构造期及现代构造活动特征具有重要意义。

9.4 地震危险性概率分析

区域范围共划分 20 个潜在震源区，其中 7.5 级潜在震源区 9 个，7.0 级潜在震源区 6 个，6.5 级潜在震源区 5 个。根据本次活动断层探测和鉴定工作，8 号德令哈潜源区震级上限由 7.0 级提高至 7.5 级，9 号怀头他拉潜源区向东的走向做了调整。

在区域地震活动性及地震构造研究成果，潜在震源区划分结果，确定地震动衰减关系及地震带、潜在震源区的地震活动性参数的基础上，应用概率方法计算得到场地 3 个控制点不同超越概率水准的基岩峰值加速度，结果见 9.1。

表9.1 50a内不同超越概率相应的基岩水平加速度峰值（Gal）

计算控制点	63%	10%	2%
计算点 1	37	128	247
计算点 2	37	125	241
计算点 3	37	127	245

9.5 场地地震工程地质条件评价

根据场地地貌特征、地基土层结构和组成及岩土层动力学测试成果，将德令哈小区划目标区划分为两个工程地质单元。

Ⅰ河谷冲洪积扇区：该区位于巴音河两岸，布赫特山的山前。山前一带海拔高度在 2900 ~ 2950m 之间，地形以 1% 的平均坡降向 S 倾斜。该区的沉积基底为前震旦系花岗片麻岩，上覆第四系平均厚度为 121m 左右，上部地层主要由灰白色黏土砂砾石和含卵砾石层组成，厚 4 ~ 16m，为粗碎屑堆积、渗水性好，地下水埋深在 51.21 ~ 115.46m；该区总体都是布赫特山前次级（低级）的冲洪积扇，该区南部是可鲁克湖－尕海湖连线以北大面积河湖相堆积平原的组成部分，地势平坦，微向湖区倾斜，平均坡降仅为 8%，第四系覆盖层较厚，钻孔资料揭示孔深达 350.18m 仍未揭穿第四系，地下水埋深 31.05m，其中上部地层为砂砾石层和砂卵石地层，厚约 31m。

Ⅱ基岩山前冲洪积扇区：位于目标区北东部、东部，宗务隆山山前一带，沿山前分布大小不等的倾斜冲洪积扇，海拔高度在 2950 ~ 3000m，地形以 4% 的坡降向 SW 向倾斜。该冲洪积扇群的后缘山体由古老的变质岩系组成，坡体较缓。

根据场地钻孔探测和剪切波速原位测试结果，判定两个分区场地类别均为Ⅱ类场地。

9.6 场地地震动参数确定

依据场地内地貌单元的划分及不同地貌分区内的钻孔地震反应分析结果，确定区划的地震动参数见表 9.2。

表9.2 德令哈市水平向设计地震动参数

分区水平	超越概率水平	A_{max}/g	β_{max}	α_{max}	T_0/s	T_g/s	γ
Ⅰ区	P_{50}=63%	0.065	2.6	0.169	0.1	0.45	0.9
	P_{50}=10%	0.175	2.6	0.455	0.1	0.45	0.9
	P_{50}=2%	0.335	2.6	0.871	0.1	0.50	0.9

9.7 地震地质灾害分区评价

德令哈市地震小区划的目标区，位于柴达木准地台的北部欧龙布鲁克台隆之上，北邻柴北缘断缘褶带，南接柴北缘残山褶带，是新构造运动以来南北两大褶带隆升所挟持的断陷盆地。地形总体趋势由北向南逐渐降低，地形平坦开阔，地面高程 2880 ~ 3000m，地表自然坡度小于 0.8%，场地地层主要由晚更新统－全新统圆砾、角砾、砾砂、黏土、粉土等组成。地下水埋藏主城区大于 50m，南部大于 30m。综合判定场地不具备产生地震断层、地震滑坡、崩塌、泥石流、砂土液化及软土震陷等地震地质灾害。

参考文献

[1] 中国地震局 . 活动断层探测（DB/T 15 — 2009）. 中华人民共和国地震行业标准 .

[2] 曹广超、马海州、张璞，等 . 2009. 11.5kaB.P. 以来尕海沉积物氧化物地球化学特征及其环境意义 . 沉积学报，27（2）360~366.

[3] 陈忠、马海州、曹广超，等 . 2007. 尕海地区晚冰期以来沉积记录的气候环境演变 . 海洋地质与第四纪地质，27（11）：131~138.

[4] 段水强、吴秀琴 . 2005. 德令哈盆地水资源潜力开发分析 . 青海科技，2: 13~16.

[5] 樊启顺、赖忠平、刘向军，等 . 2010. 晚第四纪柴达木盆地东部古湖泊高湖面光释光年代学 . 地质学报，84（11）：1652~1660.

[6] 甘贵元、严晓兰、赵东升，等 . 2006. 柴达木盆地德令哈断陷石油地质特征及勘探前景 . 石油实验地质，28（5）：499~503.

[7] 甘贵元、姚熙涛、陈海涛 . 2007. 柴达木盆地德令哈断陷油气运聚特征 . 新疆石油地质，28（3）：279~281.

[8] 郭少斌、陈成龙 . 2007. 利用米兰科维奇旋回划分柴达木盆地第四系层序地层 . 地质科学情报，26（4）：27~30.

[9] 孙镇城、乔子真、景明昌，等 . 柴达木盆地七个泉组和第四系 — 新近系的分界 . 石油与天然气地质，27（3）：422~432.

[10] 杨用彪、孟庆泉、宋春晖，等 . 2009. 柴达木盆地东北部新近纪构造旋转及其意义 . 地质论评，55（6）：775~784.

[11] 张西营、马海州、韩凤清，等 . 2007. 德令哈盆地尕海湖 DG03 孔岩芯矿物组合与古环境变化 . 沉积学报，25（5）：767~773.

[12] 中国石油地质志编辑委员会 . 1990. 中国石油地质志 —— 青海油气区 . 北京：石油工业出版社 .

[13] 青海省地质矿产局 . 1990. 西北地区区域地层表 —— 青海分册 . 北京：地质出版社 .

[14] 陈桂华、李峰、郑荣章，等 . 2008. 逆冲型断裂同震地表变形定量分析的几个问题 —— 以汶川 M_S8.0 地震为例 . 地震地质，30（3）：674~682.

[15] 陈桂华、徐锡伟、郑荣章，等 . 2008. 2008 年汶川 M_S8.0 地震地表破裂变形定量分析 —— 北川 — 映秀断裂地表破裂带 . 地震地质，30（3）：727~738.

[16] 翠川三郎 . 1995. 连锁灾害的发生机制与实态追踪 [c]，科学朝 13. 紧急增刊，东京：大和工业株式会社，15~18.

[17] 杜春涛、孟宪梁、陈书贤，1985. 唐山地震的地裂缝 . 见：刘恢先主编 . 唐山大地震震害 . 北京：地震出版社 .

[18] 国家地震局地质研究所 . 1992. 西藏中部活动断层 . 北京：地震出版社 .
[19] 韩竹军、苗崇刚 . 2000. 伊兹米特地震地表破裂带和发震构造特点 . 国际地震动态，1：7~12.
[20] 冉勇康、陈立春、陈桂华，等 . 2008. 汶川 M_S8.0 地震发震断裂大地震原地重复现象初析 . 地震地质，30（3）：630~643.
[21] 徐锡伟、杨晓平、杨忠东 . 1996. 城市地震地质灾害及其预测问题初论 . 水文地质工程地质，3：32~35.
[22] 徐锡伟、赵伯明、马胜利，等 . 2011. 活动断层地震灾害预测方法与应用 . 北京：科学出版社
[23] 徐锡伟、陈桂华、于贵华，等 . 2010. "5・12" 汶川地震地表破裂基本参数的再论证及其构造内涵分析 . 地球物理学报，53（10）：2321~2336.
[24] 徐锡伟、陈文彬、于贵华，等 . 2002. 2001 年 11 月 14 日昆仑山库赛湖地震 (M_S8.1) 地表破裂带的基本特征 . 地震地质，24（1）：1~13.
[25] 徐锡伟、闻学泽、叶建青，等 . 2008. 汶川 M_S8.0 地震地表破裂带及其发震构造 . 地震地质，30（3）：597~629.
[26] 张受生、皇甫岗 . l988. 1833 年云南嵩明 8 级地震破裂带的研究 . 见：新疆维吾尔自治区地震局编 . 中国地震断层研究 . 乌鲁木齐：新疆人民出版社 .
[27] 郑文俊、李传友、王伟涛、尹金辉、魏占玉 . 2008. 汶川 8.0 级地震陡坎（北川以北段）探槽的记录特征 . 地震地质，30（3）：697~709.
[28] 中国地震局赴土耳其地震现场考察专家组 . 2000. 伊兹米特地震的几点启示 . 国际地震动态，1：24~27.
[29] 钟以章、丛传喜 . 1988. 从海原地震裂缝特征讨论 1975 年海城 7.3 级地震的发震构造 . 中国地震断层研究，乌鲁木齐：新疆人民出版社 .
[30] 郭安林、张国伟、强娟，等 . 2009. 青藏高原东北缘印支期宗务隆造山带 . 岩石学报，25（1）：1~12.
[31] 郝国杰、陆松年、王惠初，等 . 2004. 柴达木盆地北缘前泥盆纪构造格架及欧龙布鲁克古陆块地质演化 . 地学前缘，11（3）：114~121.
[32] 潘桂棠、李兴振、王立全，等 . 2002. 青藏高原及邻区大地构造单元初步划分 . 地质通报，21（11）：701~707.
[33] 强娟、郭安林、孙延贵，等 . 2007. 宗务隆构造带花岗岩地球化学特征及意义 . 西北大学学报 (自然科学版)，37（168）：98~102.
[34] 青海省地质矿产局 . 1991. 青海省区域地质志 . 北京：地质出版社 .
[35] 青海省地质矿产局 . 1997. 青海省岩石地层 . 北京：中国地质大学出版社 .
[36] 袁道阳、张培震、刘百篪，等 . 2004. 青藏高原东北缘晚第四纪活动构造的几何图像与构造转换 . 地质学报，78（2）：270~278.
[37] 袁道阳、张培震、刘小龙，等 . 2004. 青海鄂拉山断裂晚第四纪构造活动及其所反映的青藏高原东北缘的变形机制 . 地学前缘，11（4）：393~402.
[38] 李智敏、屠泓为、田勤俭，等 . 2010. 2008 年青海大柴旦 6.3 级地震及发震背景研究 . 地球物理学进展，25（3）：768~774.
[39] 王惠初、陆松年、莫宣学，等 . 2005. 柴达木盆地北缘早古生代碰撞造山系统 . 地质通报，24（7）：603~612.
[40] 刘小龙、袁道阳 . 2004. 青海德令哈巴音郭勒河断裂带的新活动特征 . 西北地震学报，26（4）：303~308.
[41] 孙长虹、钱荣毅、肖国林 . 2006. 2003 年青海德令哈地震序列的重新定位和发震构造 . 物探与化探，30（1）：79~82.
[42] 马杏垣主编 . l987. 中国岩石圈动力学地图集 . 北京：地质出版社 .
[43] 邓起东、冉永康、杨晓平 . 2007. 1：400 万中国活动构造图 . 北京：地震出版社 .

[44] 叶建青、沈军、汪一鹏，等 . 1996. 柴达木盆地北缘的活动构造 . 见:《活动断裂研究》编委会 . 活动断裂研究理论与应用（5）. 北京：地震出版社 .
[45] 刘林、宋哲、宋宪生，等 . 2008. 柴达木盆地北缘中新生代地质构造演化与砂岩型铀成矿关系 . 东华理工大学学报（自然科学版），31（4）：306~312.
[46] 王桂宏、谭彦虎、陈新领，等 . 2006. 新生代柴达木盆地构造演化与油气勘探领域 . 石油地质，11（1）：80~84.
[47] 高先志、陈发景、马达德，等 . 2003. 中、新生代柴达木北缘的盆地类型与构造演化 . 西北地质，36（4）：16~24.
[48] 戴俊生、曹代勇，2000. 柴达木盆地新生代构造样式的演化特点 . 地质评论，46（5）：455~460.
[49] 戴俊生、曹代勇，2000. 柴达木盆地构造样式的类型和展布 . 西北地质科学，21（2）：57~63.
[50] 杨超、陈清华、任来义，等 . 2012. 柴达木盆地构造单元划分 . 西南石油大学学报（自然科学版），34（1）：25~33.
[51] 徐锡伟、闻学泽、陈桂华，等 . 2008. 巴颜喀拉地块东部龙日坝断裂带的发现及其大地构造意义 . 中国科学（D 辑 : 地球科学），5 : 529~542.
[52] 邓起东 . 1984. 断层形状、盆地类型及其形成机制 . 地震科学研究，4 : 57~64.
[53] 丁国瑜 . 1988. 有关青藏高原活动构造的一些问题 . 西北地震学报，10（增刊）：1~11.
[54] 丁国瑜、田勤俭，等 . 1993. 活断层分段 . 北京：地震出版社 .
[55] 李吉均，等 . 1979. 青藏高原隆起的时代，幅度和形式的探讨 . 中国科学，6 : 608~616.
[56] 李吉均 . 1995. 青藏高原隆起的三个阶段及夷平面的高度和年龄 . 见：中国地理学会地貌与第四纪专业委员会 . 地貌 · 环境 · 发展 . 北京：中国环境科学出版社 .
[57] 马杏垣 . 2004. 解析构造学 . 北京：地质出版社 .
[58] 宁书年、吕松堂、杨小勤，等 . 1995. 遥感图像处理与应用 . 北京：地震出版社 .
[59] 孙殿清、吴锡浩 . 1986. 中国第四纪构造 – 气候旋回的初步研究 . 中国第四纪研究，7（2）：1~9.
[60] 田勤俭 . 1997. 活断层分段及其在地震预测中的应用（英文）. 内陆地震，4 : 382~389.
[61] 汪一鹏 . 1980. 青藏高原隆起及其地震活动 . 地震战线 .
[62] 程绍平 . 1991. 断错阶地水平位移量确定的一个理论问题 . 见:《活动断裂研究编委会》活动断裂研究（1），北京：地震出版社 .
[63] 杨景春，等 . 1995. 断层水平运动与流水地貌系统的变异 . 见：中国地理学会地貌与第四纪专业委员会 . 地貌 · 环境 · 发展，北京：中国环境科学出版社 .
[64] 杨景春 . 1985. 地貌学教程 . 北京：高等教育出版社 .
[65] 钟大赉、丁林 . 1996. 青藏高原的隆起过程及其机制探讨 . 中国科学（D 辑），26（4）：289~295.
[66] 屠泓为、赵燕杰、文勇，等 . 2012. 地震的震源机制解的计算和分析 . 地球物理学进展，1 : 68~74.
[67] Anderson, J. G., Wesnousky, S. G., Stirling, M. W.. 1996. Earthquake Size as a Function of Fault Slip Rate，Bull. Seism. Soc. Am.
[68] Matthews, M.V., Ellsworth, W. L., Reasenberg, P. A.. 2002. A Brownian model for recurrent earthquakes，Bull. Seism. Soc. Am.
[69] Mohammadioum，B., Serva，L. 2001. Stress Drop, Slip Type, Earthquake Magnitude, and Seismic Hazard，Bull. Seism. Soc. Am.

[70] Schwartz, D. P. and Coppersmith, K. J.. 1984. Fault behavior and characteristic earthquake: Examples from the Wasatch and San Andreas fault zone, J. Geophys. Res.

[71] Wells D. L., Coppersmith K. J.. 1994. New Empirical Relationships Among Magnitude, Rupture Length, Rupture Width, Rupture Area, and Surface Displacement, Bull. Seism. Soc. Am.

[72] Xu X.,Wen X.,Yu G. et al.. 2009.Co–seismic reverse– and oblique–slip surface Faulting generated by the 2008 M_w7.9 Wenchuan earthquake, China, Geology.

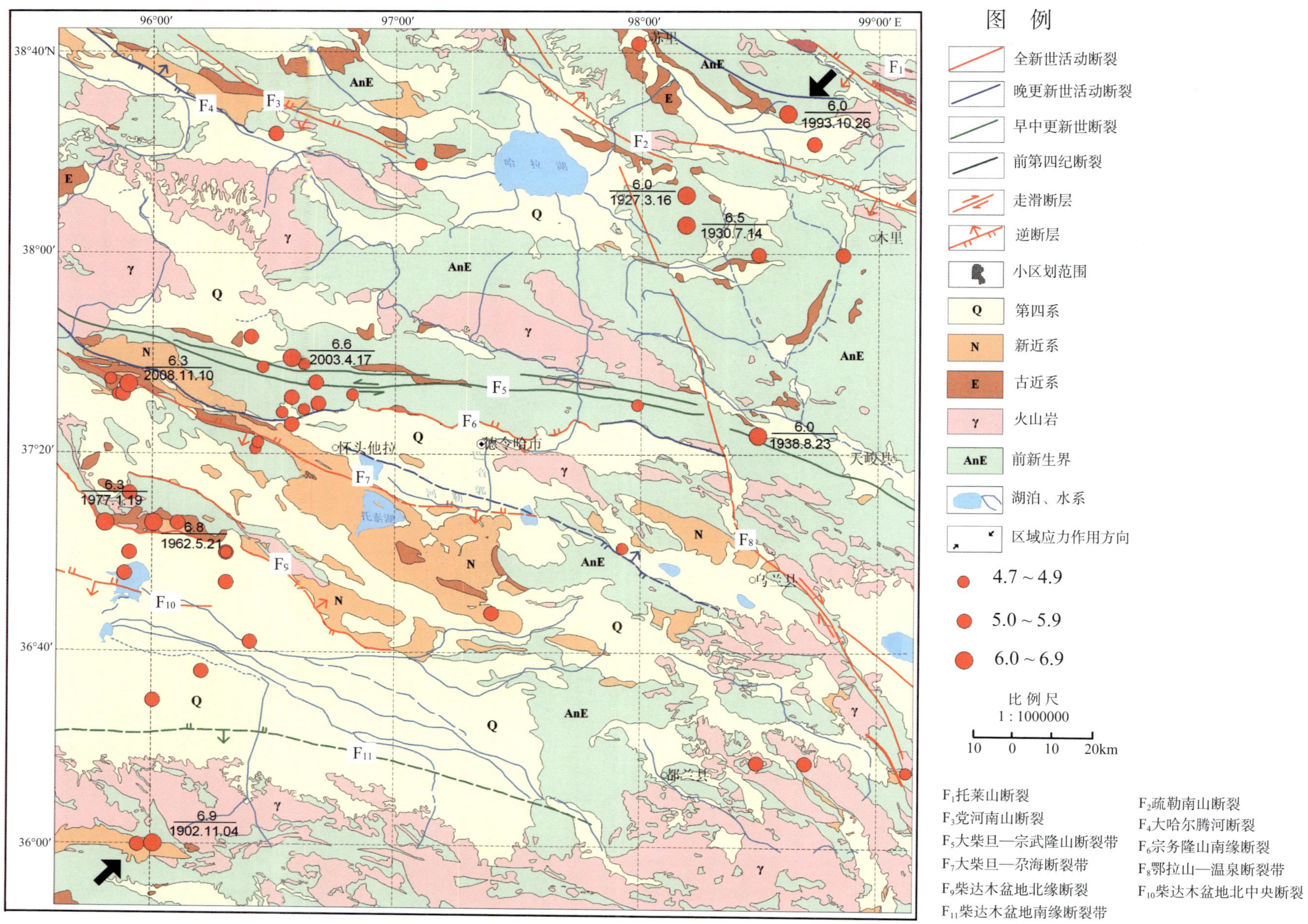

附图 I　德令哈市地震小区划项目区域地震构造图

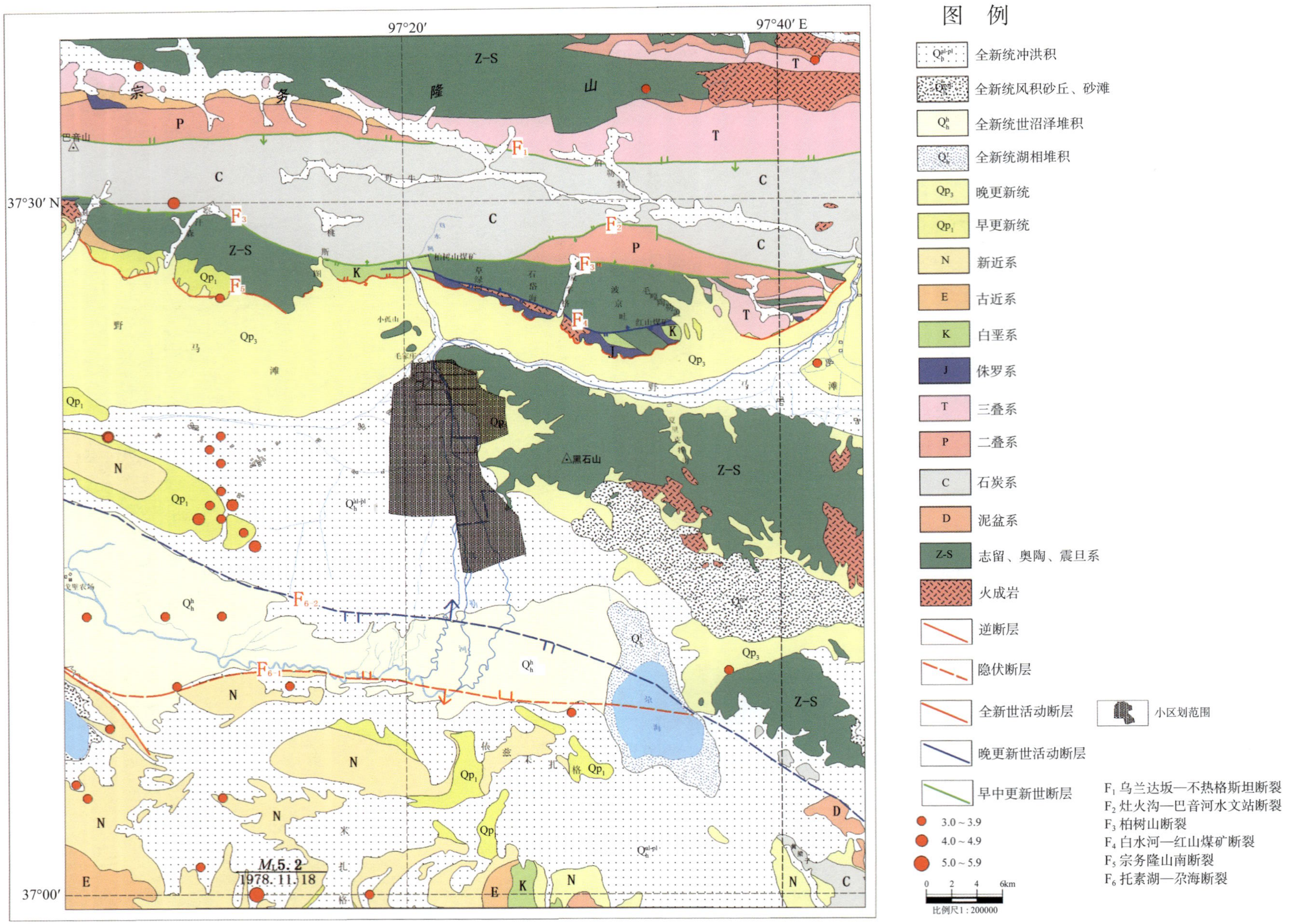

附图Ⅱ　德令哈市地震小区划项目近场区地震构造图

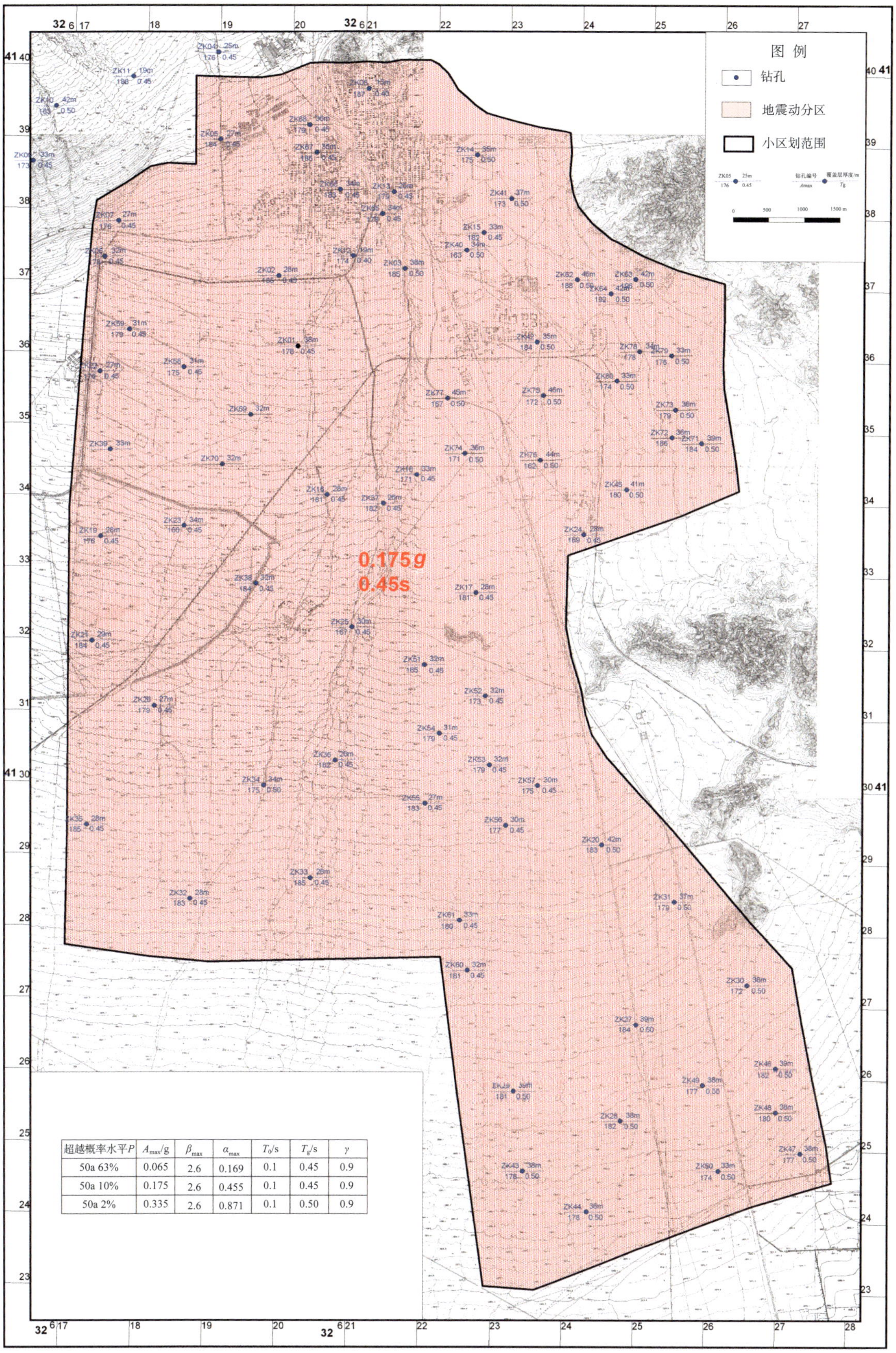

超越概率水平P	A_{max}/g	β_{max}	α_{max}	T_0/s	T_g/s	γ
50a 63%	0.065	2.6	0.169	0.1	0.45	0.9
50a 10%	0.175	2.6	0.455	0.1	0.45	0.9
50a 2%	0.335	2.6	0.871	0.1	0.50	0.9

附图Ⅲ　德令哈市地震动参数小区划图（5a10%）